国家自然科学基金地区科学基金项目（51168042）
塔里木大学校长基金重点培育项目（TDZKPY201401）
国家重大核电建设项目（红沿河核电站取水导流工程）
国家自然科学基金重点科学基金项目（51034005 ）
新疆生产建设兵团科技支疆项目（2012AB009，2012BA005）

煤矿巷道底鼓围岩破坏探测评价

——北疆活动性构造地质煤矿为例

芮勇勤　才庆祥 肖 让　杨保存　王云堂　王 成　编著

东北大学出版社

·沈 阳·

图书在版编目（CIP）数据

煤矿巷道底鼓围岩破坏探测评价：北疆活动性构造地质煤矿为例 / 芮勇勤等编著. —沈阳：东北大学出版社，2015. 11
ISBN 978-7-5517-1140-1

Ⅰ. ①煤…　Ⅱ. ①芮…　Ⅲ. ①煤矿开采—巷道围岩—底板隆起—岩体破坏形态—探测—评价　Ⅳ. ①TD322

中国版本图书馆 CIP 数据核字（2015）第 269172 号

内 容 提 要

本书针对北天山褶皱系准噶尔弧形构造带西翼中煤矿生产出现运输大巷底鼓、运输回风巷道底顶边帮隆鼓严重破坏，特别是因底鼓而造成巷道报废和影响矿山后续安全开拓开采情况，开展一系列研究：煤矿井田与地质特征，井田开拓与煤矿技术改造，构造应力分布环境巷道锚杆支护，巷道围岩应力与松动破坏区，巷道围岩松动破坏测试分类，巷道底鼓围岩松动破碎探测技术，探地雷达巷道底鼓松动破坏探测方案，副立井井底调度硐室松动破坏探测解译，主斜井、暗斜井巷道松动破坏探测解译，0403 回风、运输巷道松动破坏探测解译，0404 回风巷道松动破坏探测解译，副立井辅助运输巷道松动破坏探测解译，0402 回风、运输巷道松动破坏探测解译，巷道底鼓围岩破坏补强措施。本书成果在工程中进行广泛应用，还需深入研究；同时开展的研究可供相关领域工程技术人员教学、研究学习参考。

出 版 者：东北大学出版社
地址：沈阳市和平区文化路 3 号巷 11 号　110004
电话：024—83687331（市场部）　83680267（社务室）
传真：024—83680180（市场部）　83680265（社务室）
E-mail：neuph@neupress.com　Web：http：//www.neupress.com
印 刷 者：沈阳市第二市政建设工程公司印刷厂
发 行 者：东北大学出版社
幅面尺寸：185mm × 260mm
印　　张：16.25
字　　数：402 千字
出版时间：2015 年 11 月第 1 版
印刷时间：2015 年 11 月第 1 次印刷
责任编辑：潘佳宁
责任校对：铁　力
封面设计：刘江旸
责任出版：唐敏志

ISBN 978-7-5517-1140-1　　定　　价：55.00 元

前　　言

北天山褶皱系准噶尔弧形构造带西翼，南邻玛依勒-扎依尔褶皱带巴尔鲁克-谢米斯台褶皱带聚煤盆地，下侏罗统八道湾组区域性含煤组在活动性断裂长期作用影响下，地层发生扭曲和小错断活动，煤矿生产出现运输大巷底鼓、运输回风巷道底顶边帮隆鼓严重破坏，特别是因底鼓而造成巷道报废和影响矿山后续安全开拓开采，沿用已有的底鼓控制理论和技术难以解决巷道底鼓问题。

和布克赛尔县和什托洛盖137团煤矿矿部如图1，现场图如图2至图8。

图1　和布克赛尔县和什托洛盖137团煤矿矿部

图2　运输大巷底鼓（路梯隆起倾斜、铁道路基倾斜底隆）

图3　运输大巷底鼓巷道衬砌渗水和开裂掉块与盐絮

图 4　运输巷道底鼓边帮破坏、顶板开裂锚网补强处理

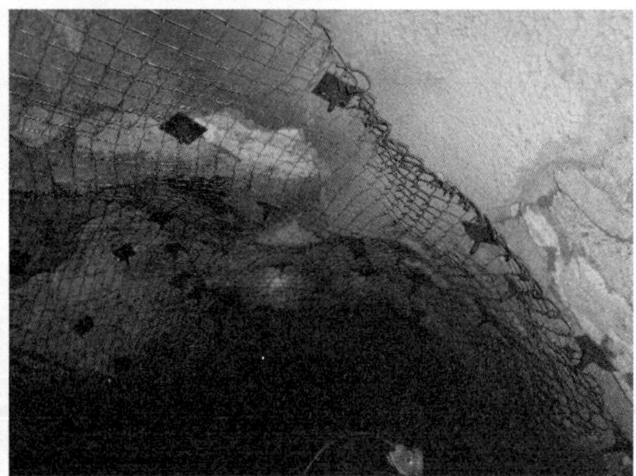

图 5　运输巷道底鼓边帮顶板破坏喷浆锚网补强处理

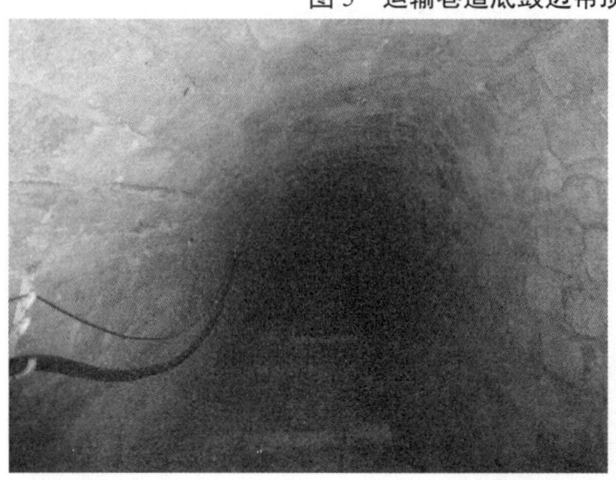

图 6　运输巷道底鼓边帮顶板衬砌偏压开裂

图 7　运煤巷道底鼓边帮顶板严重挤压破坏（被迫停产处理）

图 8　回风巷道底鼓边帮顶板挤压变形至严重破坏（行人无法站立）

为此，开展活动性构造地质条件巷道围岩应力环境及承载结构破坏现象的调查、检测与分析,研究巷道底鼓力学原理,开展活动性构造地质条件巷道底鼓影响因素的数值分析,研究活动性构造地质条件巷道底鼓控制关键技术和建立活动性构造地质条件组合承载结构耦合稳定原理及底鼓控制新途径、新方法。

项目研究的意义和必要性如下。

（1）巷道底鼓主要有挤压流动性底鼓、遇水膨胀性底鼓、剪切错动性底鼓和挠曲褶皱性底鼓。

①挤压流动性底鼓。巷道由于掘进和采动引起的作用在顶板和两帮的高应力压力向底板传递，由于底板岩体受到传递来的高应力压力作用而发生弯曲、褶皱、离层等流变，底板岩体沿着滑移面被挤入巷道内，随着底板岩体被挤入巷道内的位移量增大，巷道底鼓越来越严重。

②遇水膨胀性底鼓。这类底鼓绝大多数发生在底板岩层中含有大量的膨胀性黏土矿物如蒙脱石、高岭石、伊利石等巷道，这些黏土矿物因吸水而发生岩体膨胀性增大鼓入巷道内而发生底鼓。

③剪切错动性底鼓。当巷道底板为完整岩层且厚度大于 1/3 巷道宽度时，在较高岩层应力作用下底板通常发生剪切破坏，形成楔块岩体后，在水平应力挤压下产生错动而使底板鼓出。

④挠曲褶皱性底鼓。这类底鼓通常是层状的底板岩体在平行于层理方向的应力作用下，向巷道内产生挠曲褶皱而发生的底鼓。

（2）尽管底鼓的产生是复杂多变的，但其产生的机理主要有两个方面：在高应力的作用下，底板岩体承载力不足，岩体产生整体剪切破坏；底板岩体吸水膨胀。其主要影响因素如下。

①开采深度、底板围岩的强度和性质、水理作用、采动压力及围岩所处的应力环境都是导致巷道底鼓产生的原因。

②只有当巷道侧帮集中压力超过底板岩体极限承载力时，底板岩体才会产生整体塑性剪切破坏，向巷道内挤出，发生底鼓。

③底板岩体的承载力是决定巷道是否发生底鼓的主要因素，底板承载力越高，越不易发生底鼓；底板承载力就越低，越容易发生底鼓。底板承载力的大小取决于底板岩体的黏聚力、内摩擦角、容重，侧帮集中压力的作用宽度以及巷道底板所承受的平均压力。

④巷道发生底鼓，其膨胀位移与底板围岩的黏聚力、内摩擦角成反比关系，即膨胀位移越小，黏聚力、内摩擦角越大；与渗水半径成正比关系，渗水深度越大，底鼓就越严重。

（3）在煤矿生产中，几乎所有回采巷道都会出现不同程度的底鼓，尤其随着近些年来煤炭开采逐渐走向深部，进而应力相应增大，巷道底鼓问题日趋突出严重，从而暴露出很多影响煤矿安全生产的问题。底鼓是煤矿井巷中经常发生的一种动力现象，它与围岩的性质、矿山压力、开采深度及地质构造等直接相关。在巷道顶、底板位移量中，人们已经能够将顶板下沉和两帮移近控制在某种程度内，所以大约有 2/3 是由于底鼓引起的。这类问题给活动性构造地质条件矿井，特别是构造应力影响矿井的建设和生产带来极大的困难。底鼓使巷道变形、断面变小，影响通风、运输，制约矿井安全生产。可见，有效地解决活动性构造地质条件巷道底鼓问题，并将研究成果应用于工程实践，对类似煤矿巷道底鼓破坏围岩控制具有重要的推广应用价值和指导意义。

在本书的编写过程中，借鉴了一些相关的技术设计、现场管理和软件应用，受益匪浅，在此深表感谢！

特别感谢东北大学资源与土木学院、长沙理工大学公路工程地质灾害研究所、中国矿业大学矿业学院、塔里木大学水利与建筑工程学院、湖南科技学院给予的支持和帮助。

同时，对周基博士、邓国瑞博士、袁臻博士、刘锋博士、朱蛟硕士、刘威硕士、李英娜硕士、李超硕士、陈明苹硕士、刘一虎硕士、王建硕士、MURTADA AWAD IPRAHIM ABDALLHA 硕士、AL JARMOUZI A A A ABDULLAH 硕士等在本书编写过程中所给予的帮助，在此一并表示感谢！

最后，希望《煤矿巷道底鼓围岩破坏探测评价——北疆活动性构造地质煤矿为例》一书能给予广大读者启迪和帮助。

由于编者水平有限，加之时间仓促，书中难免存在疏漏和错误之处，恳请读者不吝赐教与指导。

编著者于望湖苑

2015 年 11 月 18 日

目　　录

第 1 章　煤矿井田与地质特征

1.1　交通位置

新疆和布克赛尔县和什托洛盖 137 团煤矿位于和布克赛尔蒙古自治县和什托洛盖镇，是兵团第七师 137 团下属企业，行政区划属塔城地区和布克赛尔蒙古自治县管辖。煤矿位于和什托洛盖镇西北 3km 处，距乌尔禾 59km，距克拉玛依市 158km，井田至和什托洛盖镇有简易公路相通，交通较为方便。地理坐标：东经：85°58′06″～85°59′25″，北纬：46°31′41″～46°32′50″。

1.2　地形地貌

137 团煤矿井田位于西准噶尔和什托洛盖盆地中部，和布克河西岸侵蚀阶地上，地貌形态为剥蚀残丘区，和布克河在井田东侧 300～600m 处，河床标高 820m，是本区域的最低侵蚀基准面。矿区地势东北高、西南低，海拔高程 830～880m，高差 50m。东部有一南北向带状残留阶地，平均海拔高程 875m，中南部阶地剥蚀殆尽，地形较平坦，平均海拔高程 840m。

1.3　地表水体

井田内地表无常年性水流，也无山泉出露，夏季暴雨形成的暂时性洪流由东北向西南顺沟快速排泄出矿区后，汇入和布克河。

1.4　气象及地震

井田为典型的大陆性气候，冬季严寒，夏季酷热，气候干燥多风，冬季降雪不多，夏季降雨量少，年降水量在 100～200mm，年平均蒸发量 1770mm。年均气温 5℃，6-8 月的最高温度 35℃，12 月至次年 2 月最低气温在-30℃以下，每年 11 月封冻，次年 3 月解冻，冻土深 1.20m，无霜期 150d。井田多风，以西北风为主，最大风力 5～8 级。

根据《中国地震动参数区划图》(GB18306—2001)，该区地震动峰值加速度为 0.05g，地震动反应谱特征周期为 0.40s。对应的地震基本烈度为Ⅵ度。

1.5　煤田开发

井田范围内自 1957 年以来，先后建井多达十几个，后因所采煤层浅部资源枯竭，煤矿改扩建等原因而相继关闭，只剩下现生产井：137 团煤矿技改井。现生产井始建于 1991 年，1998 年投入生产。现生产井已形成完整的开拓系统，建有主立井、副斜井、风井 3 个井筒。

（1）主立井、副斜井及风井井口均位于Ⅰ、Ⅱ勘探线之间，主立井位于井田中央，副斜井位于井田北部，风井位于井田中央偏北，共 3 个井口。

（2）主立井：位于井田中部，于 1991 年建井，1998 年建成，井口坐标 X：5156526.809；Y：29421465.589；H：847.434m。井筒断面为圆形，井壁为混凝土支护，净直径 3m，井深 197m，装备 1t 载人箕斗，单钩提升，钢丝绳罐道。

（3）副斜井：位于井田北部，于 1991 年建井，1998 年投产出煤，井口坐标 X：5157119.142；

Y：29421512.428；*H*：853.435m。井筒断面为半圆拱形，净宽 2.4m，净高 2.4m，井筒斜长 596m，井颈段为混凝土支护，井颈以下为锚杆支护，倾角 18°～31°，井底标高为+647.5m。井筒内设台阶、扶手，铺设 15kg/m 轨道，轨距 600mm。

（4）风井：位于井田中部偏北，井筒断面为圆形，直径 2.2m，井口标高+850.35m，井深 76m。通风系统为中央并列式，机械抽出式通风。采煤方法为房柱式，煤电钻打眼，爆破落煤。最低开采标高：+650m。主采 A_3、A_4 煤层，其余各煤层没有开采。根据生产井调查，现有矿坑系统涌水量约 205m^3/d。+671m 水平瓦斯相对涌出量 5.83m^3/t，绝对涌出量 0.270m^3/min。二氧化碳相对涌出量 5.83m^3/t，绝对涌出量 0.270m^3/min。A_3、A_4 煤层的自燃倾向性等级为Ⅱ级，自燃发火期为 3～5 个月。井田内有多处小窑开采遗迹，都分布在关闭和生产矿井的地表浅部，一般采深约 80m，开采 A_3、A_4 煤层。137 团煤矿为《新疆煤炭工业“十五”结构调整规划》中规划的和布克赛尔县七号井，规划生产能力 9 万 t/a，目前进行的技改由原来生产能力 9 万 t/a 向 45/60 万 t/a 扩建，将于 2015 年完成。煤矿生产井及废井调查一览表见表 1.1。

表 1.1 **生产井及废井调查一览表**

项目 \ 井名	废井六（原 2 号斜井）	废井四（137 团煤矿老井）	废井三（原 0 号斜井）	废井三（原 0 号付井）	废井二（137 团煤矿老井）	技改井（主立井）
井口位置 纵坐标 *X*/m	5157013	5157571	5157206	5157033	5157150	5156526
井口位置 横坐标 *Y*/m	29420893	29421930	29422299	29422336	29422243	29421465
井口位置 标高 *H*/m	855.665	874.019	844.696	840.345	845.988	847.434
构造位置	背斜南翼	背斜两翼	背斜南翼	背斜南翼	背斜南翼	背斜南翼
开采煤层	A_3	A_3、A_4	A_3	A_3、A_4	A_3	A_3、A_4
井　型	斜井	斜井	斜井	斜井	斜井	立井
井　深/m	165	80	60	95	80	197
主巷长度/m	450	200	100	165	105	向东 400
支护情况	主井筒风井块石水泥发碹锚杆支护	水泥发碹圆木	裸巷	裸巷	水泥发碹圆木	水泥发碹 31m 后锚杆
建井日期	1986 年	1999 年	1982 年	1988 年	1988 年	1991 年
停采及原因	资源枯竭	无证停产	瓦斯爆炸	资源枯竭	资源枯竭	正在生产
开采方式	房柱式	房柱式	房柱仓储式	房柱式	房柱仓储式	房柱式
产量/万 t	3	1	1	1	1	9
产　状	172°∠14°	171°∠12°	180°∠12°	121°∠8°	177°∠14°	177°∠25°
煤层厚度/m	$A_3$2.5～3.11 $A_4$1.95～2.47	$A_3$2.7～2.8 $A_4$2.1～2.3	$A_3$1.70	$A_3$1.75～2.30	$A_3$1.70～2.30	A_3 纯煤 3.83 A_4 纯煤 1.85
瓦　斯%	0.03 低瓦斯	0.03 低瓦斯	0.02 低瓦斯	0.02 低瓦斯	0.03 低瓦斯	0.1～0.2
水文简况/(m^3/d)	20	井内无水	7	井内无水	10	250
照　明	矿灯	矿灯	矿灯	矿灯	矿灯	矿灯、防爆灯
通　风	机械式通风	机械式通风	机械式通风	机械式通风	机械式通风	机械式通风
事故情况			1999 年瓦斯爆炸死亡 3 人			
回采率/%	30	30	30～40	30	30～40	40～50

（5）水源：矿区东部有自北向南流过的和布克河，此河由于受加音塔拉水库的调节，其下游为季节性河流，仅在洪水期时河水可大量补给地下水。据资料：在此河中、上游沿岸阶地上，可凿岩成井，水位埋深 3.25～14m，单位涌水量 0.44～1.02L/(s·m)。和布克河河水其水化学类型为 $HCO_3 \cdot SO_4$—CaNa 型，溶解性总固体(矿化度)443.20mg/L，总硬度 250.2($CaCO_3$，mg/L)，氯离子含量 29.1mg/L，硫酸根离子含量 134.5mg/L，pH 值 7.70，依

照《生活饮用水卫生标准》中的有关规定，感官指标、化学指标等规定项目的测试结果均符合标准要求，水质较好，为良好的供水水源，水量充足，运距约 1km，可以满足煤矿生产和生活用水。

1.6　地质构造

（1）矿区地层。矿区位于北天山褶皱系准噶尔弧形构造带西翼，托里—和什托洛盖凹陷中段，南邻玛依勒—扎依尔褶皱带，北为巴尔鲁克—谢米斯台褶皱带。从晚三迭系早中侏罗系时期开始，随着盆地两侧褶皱带不断上升遭受剥蚀，凹陷带持续均匀沉降，接收了一套陆相含煤碎屑岩建造沉积，成为聚煤盆地，下侏罗系八道湾组即为当时形成的区域性含煤组。区域地层属天山—兴安岭地层区—西准噶尔分区—玛依勒山地层小区，出露的地层有泥盆系中统呼吉尔斯特组、下石炭统和布克河组、侏罗系下统八道湾组、三工河组、中统西山窑组、头屯河组、下第三系始新—渐新统乌伦古河组和上第三系中新统塔西河组、第四系上更新—全新统地层。侏罗系下统八道湾组和中统西山窑组为区域性含煤组，地层呈东西向带状分布，第四系松散沉积物呈不规则面状分布。

（2）矿区构造。矿区位于和什托洛盖中新生代坳陷盆地中段北部的和什托洛盖复式向斜中，该复式向斜由北而南由和丰煤矿向斜、沙布其很哑布尔背斜、博尔托洛盖向斜组成，矿区主体在沙布其很哑布尔背斜东南部附近的南翼，沙布其很哑布尔背斜呈北东 80°左右的方向延伸 12km，是一北陡南缓的不对称背斜，北翼倾角 38°～48°，南翼倾角多在 20°以内，南部达 30°。核部为侏罗系下统八道湾组，两翼为三工河组，南翼还有西山窑组、头屯河组的地层。和什托洛盖复向斜中断裂构造不发育，但区域内有数条东西向盆地基底断裂，部分基底断裂具长期活动性，受其影响，其上对应的侏罗系盖层局部发生扭曲和小的错断。

（3）井田地层。老至新为下侏罗系八道湾组、下侏罗系三工河组、第四系上更新统—全新统冲洪积层。

①下侏罗系八道湾组。为井田内的含煤地层，在井田北部出露，并沿北东—南西向展布。虽在地表出露不全，但结合岩性特征和区域资料可知，该组地层为一套湖沼相含煤碎屑岩沉积。根据地质报告提供资料，依据岩性、岩相、含煤性特征，将八道湾组划分为两个岩性段，自上而下分为泥质粉砂岩段、含煤段。

（a）泥质粉砂岩段：呈近南北走向出露在井田东中部，连续沉积于下部含煤段之上，主要岩性为灰色、褐灰色泥质粉砂岩、粉砂质泥岩互层夹中粗砂岩、砂砾岩，中下部夹有 2 层炭质泥岩，岩层中水平层理发育，为一套湖泊相为主的沉积，根据已施工的 ZK101 钻孔可知，该段厚度＞240m。

（b）含煤段：出露在井田东部，呈南北走向分布，大部分被第四系覆盖，岩性为灰色、灰黄色粉砂岩、泥质粉砂岩、粉砂质泥岩、泥岩夹细中粗砂岩、砂砾岩、炭质泥岩、煤层；岩层中含有植物碎片碳化体、为一套湖滨相—泥炭沼泽相的含煤碎屑沉积，根据已施工的钻孔可知厚 251m。本段含 0.30m 以上的煤层(点)11 层，矿区 0.30m 以上的煤层平均纯煤总厚 11.07m，其中编号煤层 7 层，由下至上为 A_1～A_7，编号煤层 7 层平均纯煤总厚 9.08m。

该段下部的 A_3、A_4、A_7 煤层，是井田的主要可采煤层。

②下侏罗系三工河组。在井田东南部小面积出露，并沿南北向展布。该组地层为一套湖沼相碎屑岩沉积，在地表出露不全，根据 ZK101 钻孔资料，该组地层厚度 > 80m。

③第四系上更新统—全新统。井田内第四系广泛分布，大部分的八道湾组含煤组地层被第四系冲洪积层覆盖，主要由灰色、灰黄色、褐灰色的亚黏土、亚砂土、砂砾石、卵石堆积而成，最大厚度 8m。

（4）井田构造。井田位于沙尔其很哑布尔背斜的南翼，受背斜总体延伸的控制，井田煤岩层呈微偏东南（170°方向）倾的单斜，倾角 16° ~ 22°，深部倾角变缓 10° ~ 15°，有活动性构造运动。

1.7 煤层及煤质

（1）煤层。井田内钻孔控制 0.30m 以上的煤层 11 层，其中可采、局部可采煤层 6 层，可采煤层厚度最小值 1.17m，最大值 3.66m。井田内 0.30m 以上的煤层平均总厚度 11.07m，井田内八道湾组的平均厚度 491m，含煤系数为 2.2%。井田内编号煤层 7 层，自下而上编号为：A_1 ~ A_7，其中 A_1、A_3、A_4、A_5、A_6、A_7 共 6 层局部或全区可采煤层，A_2 煤层为不可采煤层。现分层叙述如下。

（a）A_7 煤层：该煤层位于八道湾组含煤段中上部，有 4 个控煤点，4 个见煤点，4 点可采，煤层厚度 1.17 ~ 1.39m，平均 1.32m。可采厚度 1.17 ~ 1.39m，平均可采厚 1.32m，变异系数为 8.6%，属稳定煤层。煤层结构较简单，不含夹矸。煤层全区可采，顶板为粗砂岩、泥质粉砂岩，底板为泥质粉砂岩。与 A_6 煤层层间距 2.4 ~ 4.8m，平均 3.6m。

（b）A_6 煤层：位于 A_7 煤层之下，有 2 个控煤点，2 个见煤点，2 点可采，煤层厚度 0.98 ~ 1.45m，平均 1.22m。可采厚度 0.98 ~ 1.45m，平均可采厚 1.22m，变异系数为 27%，属全区可采的较稳定煤层。煤层结构简单，不含夹矸。顶板为泥质粉砂岩，底板为泥质粉砂岩。与 A_5 煤层的层间距 10.8 ~ 11.0m，平均 10.9m。

（c）A_5 煤层：位于 A_6 煤层之下，有 2 个控煤点、2 个见煤点，1 点可采。煤层厚度 0.59 ~ 0.92m，平均 0.76m。可采厚度 0.92m，平均 0.92m，变异系数 31%，属不稳定的局部可采薄煤层，不含夹矸。煤层结构简单，顶板为粗砂岩，底板为泥质粉砂岩，与下部 A_4 煤层层间距 10.01 ~ 11.80m，平均 10.91m。

（d）A_4 煤层：位于 A_5 煤层之下，可采厚度 1.95 ~ 2.72m，平均 2.07m，变异系数 11%，属稳定全区可采煤层，含 1 ~ 2 层夹矸，夹矸厚度 0.36 ~ 0.62m，平均 0.49m，夹矸岩性为泥质粉砂岩、泥岩。煤层顶板为泥质粉砂岩、底板为泥质粉砂岩，与 A_3 煤层层间距 3.8 ~ 5.9m，平均 4.85m。

（e）A_3 煤层：位于 A_4 煤层之下，煤层可采厚度 2.13 ~ 3.11m，平均 2.55m。变异系数 14%，属全区可采稳定中厚煤层，含 1 ~ 3 层夹矸，夹矸厚度 0.10 ~ 0.40m，平均 0.27m，夹矸岩性为泥质粉砂岩、含炭泥岩。煤层顶板泥质粉砂岩，底板为泥质粉砂岩、含炭泥岩。

井田可采煤层特征见表 1.2。

表 1.2　　　　　　　　　　　　　**可采煤层特征表**

煤层号	全层厚度/m	可采厚度/m	层间距/m	夹矸层数	结构	数据统计		可采性指数	稳定性	可采性	可采程度		顶、底板及夹矸岩性		
	两极值 平均值（点数）	两极值 平均值（点数）	两极值 平均值（点数）			标准差	变异系数/%				可采范围	最低水平/m	顶板	底板	夹矸
A_7	1.17 ~ 1.39 1.32（4）	1.17 ~ 1.39 1.32（4）	2.4 ~ 4.8 3.6(2)	无	较简单	11.35	8.6	1.00	较稳定	可采	全矿区	350	粗砂岩、泥质粉砂岩	泥质粉砂岩	
A_6	0.98 ~ 1.45 1.22（2）	0.98 ~ 1.45 1.22（2）	10.8 ~ 11.00 10.9(2)	无	较简单	32.94	27	1.00	较稳定	可采	全矿区	350	泥质粉砂岩	泥质粉砂岩	
A_5	0.59 ~ 0.92 0.76（2）	0.59 ~ 0.92 0.76（2）	10.01 ~ 11.8 10.91(2)	无	较简单	23.56	31	0.50	较稳定	局部可采	全矿区	350	粗砂岩	泥质粉砂岩	
A_4	1.97 ~ 3.74 2.93（8）	1.97 ~ 2.69 2.42（8）	3.8 ~ 5.9 4.85(2)	0 ~ 1	简单	26.62	11	1.00	较稳定	可采	全矿区	300	泥质粉砂岩	泥质粉砂岩	泥质粉砂岩、泥岩
A_3	2.39 ~ 4.11 2.78（9）	2.13 ~ 3.13 2.58（9）	47.5	2 ~ 3	简单	36.12	14	1.00	较稳定	可采	全矿区	300	泥质粉砂岩	泥质粉砂岩、含炭泥岩	泥质粉砂岩、含炭泥岩

（2）煤质。

①煤的物理性质。根据地质报告提供资料：各煤层煤的物理性质基本相同，煤呈黑色，断口或节理均不明显，煤层呈条带状结构、水平层理状结构，断口为贝壳状，煤的视相对密度在 1.28t/m^3 ~ 1.48t/m^3。其中：A_7 平均值为 1.34m^3/t；A_6 平均值为 1.30m^3/t；A_5 平均值为 1.30m^3/t；A_4 平均值为 1.30m^3/t；A_3 平均值为 1.34m^3/t。各煤层视相对密度统计见表 1.3。

表 1.3　　　　　　　　　　　　　**编号煤层容重成果统计表**

样品编号	工程名称	采样深度/m	煤层号	视密度/(t/m^3)
069-106MA-015	ZK101	428.52-429.68	A_7	1.34
069-106MA-016	ZK101	432.68-434.15	A_6	1.30
069-106MA-018	ZK101	458.40-461.60	A_4	1.28
069-106MA-004	ZK101	314.81-315.77	A_4	1.32
A_4统计值 = $\frac{\text{极小值－极大值}}{\text{平均质（点数）}}$				1.28-1.32 1.30(2)
069-106MA-005	ZK101	327.20-329.25	A_3	1.33
069-106MA-020	ZK101	469.22-471.75	$A_{3下}$	1.34
069-106MA-019	ZK101	466.67-467.45	$A_{3下}$	1.36
A_3统计值 = $\frac{\text{极小值－极大值}}{\text{平均质（点数）}}$				1.33-1.36 1.34(3)

各煤层的宏观煤岩组分，以亮煤为主，丝炭次之，镜煤少量，宏观煤岩类型为半亮煤—光亮型煤。煤的镜下显微组分中，以镜质体为主，含量在 69.1% ~ 82.4%之间，平均为 72.2%。镜质体以无结构基质镜质体和碎屑镜质体为主，基质镜质体油浸反射色为浅灰色。惰质体次之，含量一般在 17.6% ~ 30.7%之间，平均为 25.5%；主要是丝质体和半丝质体，还有部分碎屑惰质体，油浸反射色为白色，突起较高。壳质体少量，含量一般在 0.2% ~ 2.0%之间，平均为 1.16%。主要是小孢子体，呈蠕虫状分布，煤的矿物含量在 11.8% ~ 27.4%之间，平均 18.62%，无机组分中黏土矿物占 93%左右，它们呈浸染状分布。另有少量的碳酸

盐类矿物，碳酸盐类矿物为方解石脉。各煤层煤的显微类型均为微镜惰煤。从煤的显微组分来看，镜质体和惰质体相加含量很高，肉眼观察煤层时，多见有炭化的植物叶片及树片残体，炭化的植物根。煤层的顶底板岩层及伪顶底炭质泥岩中均含有大量的炭化植物碎片，由此说明成煤的原始物质为高等植物，煤层的成因类型为腐植煤类。煤的镜质体反射率在0.28%～0.47%之间，平均为0.39%，其变质程度为0阶段。

②各煤层的工业分析。

（a）水分：各煤层的原煤水分含量一般在4.96%～7.38%之间，平均为6.08%；精煤水分含量一般在4.26%～7.40%，平均为5.20%。均属于长焰煤的正常含量区。

（b）灰分：各煤层原煤灰分产率一般在12.93%～30.46%之间，平均为20.34%，A_3、A_4、A_5、A_6四层煤为中灰煤，A_7煤层为低灰煤。煤层总体上为低-中灰煤。

（c）挥发分：各煤层原煤挥发分一般在45.57%～51.97%之间，平均为47.63%，精煤挥发分一般在45.00%～52.04%之间，平均为46.78%。所有样品精煤挥发分产率均在37%以上。煤的变质程度较低，因而煤的挥发分产率较高，属长焰煤的挥发分产率区。

1.8 瓦斯及其他

（1）瓦斯。根据地质报告，A_3煤层平均瓦斯含量3.273mL/g可燃质，瓦斯成分以甲烷为主，属甲烷、氮气带，吨煤瓦斯含量达0.327m^3。A_4煤层瓦斯含量9.778 mL/g可燃质，瓦斯成分以氮气为主，属甲烷、氮气带，吨煤瓦斯含量达0.977m^3。根据煤矿2005年11月在+671m水平监测，瓦斯相对涌出量5.83m^3/t，绝对涌出量0.270m^3/min。二氧化碳相对涌出量5.83m^3/t，绝对涌出量0.270m^3/min，该矿井为低瓦斯矿井。

（2）煤尘。经对A_3、A_4、A_5、A_7煤层取样进行爆炸性试验，火焰长度大于300mm，最小也有100mm，扑灭火焰所需的岩粉量基本大于70%，煤尘都具有爆炸性。

（3）煤的自燃。A_3、A_4煤层的自燃倾向性等级为Ⅱ级，自燃发火期为3～5个月，每年的3、4月份井下较易发生自燃着火。

（4）地温。根据地质报告提供资料，区内地温无明显异常，地温变化不大，无地下高温区。

1.9 水文地质

（1）水文地质概况。井田位于和什托洛盖盆地中段，北邻谢米斯台山，地势北高南低，东高西低，地形条件不利于地下水的形成。井田处于欧亚大陆中心，属内陆干旱性气候，夏季气温高，温差大，降水少，蒸发大，属典型的大陆性气候。据夏子街184团气象站资料：一般在10月份开始降雪，来年4月份气温回升。5～8月份气温最高，7月份(多年)平均气温为25℃，最冷为1月份，多年平均最低气温为-15℃。降水量集中在5～8月，多为暴雨、阵雨。降水量最大在7月份。多年平均降水量为17mm，蒸发也集中在这4个月内，7月份最大，为425mm，是降水量的20倍。区内地表水系不发育，仅有和布克河通过本区。此河发源于塔克台高原，全长150km，落差1/100，年径流量$0.387\times10^9m^3$。该河流主要依靠融雪水和暴雨补给，因此河水径流量受季节制约，在融雪期的4～5月份水量最大，约占全年总流量的 45%～50%。每年 9～10 月秋汛期，水位略有上涨，河面结冻自 11 月底至来年 3 月份。和布克河横穿岩层走向，所以水量流失非常严重。年径流量 $0.387\times10^9m^3$ 的和布克河，出山口后即大量渗失，流至夏子街以南的姚安台布克即全部渗入地下。现在和布克河上游有加音塔拉水库，对下游地下水的补给有一定的影响。在洪水期，和布克河有涓涓细流，但流至和什托洛盖即行消失。该河的特点是：在上游是潜水补给河水，而在中、下游则是河水补给潜水。这种地表水与地下水互相补给、互相支配的作用构成了水力上的一体性，反映在水位的涨落上仅有时间上的差别，没有截然不同的相反的现象，同时在水化学特征上也表现为渐变的现象。区域内没有常年性河流，也无山泉出露，仅在融雪期和暴雨后有暂时洪水流，是缺水区，大气降水是该地区地下水的主要补给源。区域内地层主要由侏罗系及第四系组成，岩性主要为砂岩、砾岩、粉砂岩及泥岩，构造形态为一向南倾的单斜，地下水主要赋存于砂岩及砂砾岩的孔隙、裂隙中。由于粉砂岩、泥岩等隔水层的存在，在其下部形成层间承压水。上部风化带则以裂隙、孔隙水为主。第四系松散沉积物主要由亚黏土、亚砂土、砂砾卵石堆积而成，呈水平状大面积分布，地下水主要呈条带状沿和布克河及其上游支流分布。

（2）井田含(隔)水层的主要特征。井田内共分成 3 个含(隔)水层(段)，详见表 1.4。

表 1.4　含(隔)水层(段)划分一览表

地层代号	含(隔)水 层(段) 编 号	含(隔)水 层(段)名 称
Q_{3-4}^{pal}	I	第四系上更新－全新统冲洪积透水不含水层
J_1s	II	下侏罗系三工河组相对隔水段
J_1b	III	下侏罗系八道湾组裂隙孔隙弱含水段

①第四系透水不含水层（Ⅰ）。由上更新－全新统的冲洪积(Q_{3-4}^{pal})砂、砾、亚砂土、亚黏土组成，大面积分布在井田内，据钻孔控制的情况，厚 11.09～15.09m，由于分布位置较高，这些松散堆积物虽透水性较好，但不具储水条件，为透水不含水层。

②下侏罗系三工河组相对隔水段（Ⅱ）。在井田东南部小面积出露，并沿南北向展布。该组地层为一套湖沼相碎屑沉积，据 ZK101 钻探资料，该组地层厚度大于 80m。根据该孔简易水文观测成果及岩性组合特征划分为相对隔水层。由于该组地层的存在，部分阻碍了和布克河河水的侧向渗透补给。

③下侏罗系八道湾组孔隙裂隙弱含水段（Ⅲ）。大面积被第四系覆盖，仅在井田东部及东北部有大面积出露。自上而下为一套河流相过渡到湖泊相、泥炭沼泽相至湖泊三角洲相的含煤沉积建造。主要由浅灰色、褐色、灰色泥质粉砂岩、粉砂质泥岩、泥岩夹细砂岩及煤组成，偶夹有粗砂岩、砾岩。共含煤 12～15 层。据 ZK201 孔抽水试验成果：水位降深 11.00m，钻孔单位涌水量为 0.00944L/(s·m)，渗透系数 0.01379m/d。由此可知，此含水段渗透性差，富水性弱。水化学类型属 $SO_4\cdot Cl-Na$ 型，溶解性总固体(矿化度)2.76g/L，水质较差，为微咸水。

（3）地下水的补给、径流与排泄。井田内无常年地表水流，地下水的补给主要来源于大气降水，其中暴雨形成的洪水及雪融水通过地表风化裂隙、构造裂隙或其他途径顺地层渗入到地下补给地下水。矿区东部的和布克河河水在洪水期的远距离侧向渗透补给也是井田地下水的补给方式之一。侏罗系地层由于其特殊的岩性结构特征，含水层(段)或隔水层(段)都是以较大的岩性块段来划分的。因此，决定了侏罗系地层的富水性及渗透能力较差，尤其是煤系地层主要由泥质岩石夹少量的砂岩及煤组成，裂隙不甚发育，透水性和富水性都较弱，地下水径流不畅，交替滞缓，因此，井田地下水运移缓慢，交替不频。反映到水化学特征上，则表现为随着运移距离的延长或地层的加深，溶解性总固体(矿化度)逐渐增高。井田内未见地下水的天然露头，地下水向地层深处运移是地下水排泄的方式之一，未来矿井的疏干排水将是地下水排泄的主要方式。

（4）地表水与地下水的关系。井田内无常年地表水流，因此地下水与地表水应不存在直接的水力联系。但暴雨形成的洪水或雪融水等暂时性地表水流可通过地表风化裂隙缓慢渗透补给地下，虽补给量甚微，两者之间仍存在一定的水力联系，但不密切。

（5）各含水层(段)间的水力联系。如前所述，井田内仅划分了三种不同类型的含(隔)水层，由于第Ⅰ透水不含水层直接覆于第Ⅲ含水段之上，本身虽不含水，但大气降水、雪融水可通过此层顺层补给第Ⅲ含水段，二者之间存在一定的水力联系。

（6）矿坑充水因素分析及矿床水文地质类型。

①直接充水因素。由于第Ⅲ含水段的存在，在未来矿井的开采过程中，地下水将通过岩石风化裂隙和构造裂隙下渗进入未来矿坑，特别在Ⅰ～Ⅱ线 450m 以上时，由于自然流场受人为因素的改变，随冒落带、陷落区的形成，地下水将直接进入矿坑。

②间接充水因素。大气降水特别是暴雨形成的洪水对未来矿井的突发性充水是不可忽视的间接充水因素。

③水文地质类型。井田远离地表水体，除融雪和暴雨季节外，无地表水补给。气候干燥少雨，地形地貌有利于自然排水。岩石透水性弱，地下水补给条件很差。矿床充水主要源于第Ⅲ含水层孔隙裂隙承压水及大气降水。据 ZK201 孔抽水试验成果，单位涌水量为 0.00944L/(s·m)，渗透系数 0.01379m/d。利用大井法预算的矿井涌水量为 1315.18m^3/d，由此可知，Ⅲ含水层透水性差，富水性弱。井田属顶底板直接进水、水文地质条件简单的煤矿床，其水文地质勘探类型为二类一型。

（7）矿井涌水量预测。根据生产井调查，现有矿坑系统+671m 水平涌水量约 205m^3/d。地质报告按大井法预测+450m 水平涌水量为 1315.18m^3/d。由于本矿井开采下限为+580m，水文地质条件简单，无地表水补给且地下水补给条件很差，设计按大井法估算+580m 水平矿井正常涌水量+1100m^3/d，最大矿井最大涌水量按 1300m^3/d 考虑。

第2章 井田开拓与煤矿技术改造

2.1 井田境界及储量

（1）井田境界。

井田东西走向长约 2.2km，南北倾斜宽约 1.7km，面积 2.8025km^2。

开采深度：由+760m 至+580m 标高。

（2）储量。

井田内含主要可采煤层 3 层，由上至下编号为：A_7、A_4、A_3 号煤层，煤层倾角在 16°～22°，深部倾角 10°～15°。A_7 煤层平均厚度 1.32m；A_4 煤层平均厚度 2.07m；A_3 煤层平均厚度 2.55m。根据新疆维吾尔自治区国土资源厅新国土资储评[2007]008 号《新疆和布克赛尔蒙古自治县和什托洛盖 137 团煤矿技改井详查地质报告》矿产资源储量评审意见书：井田范围内 760～580m 标高内共有（332）+（333）资源量 450.74 万 t。其中（332）资源量 268.59 万 t，（333）资源量 182.15 万 t，另外还探求了（334）资源量 154.82 万 t。预测资源量（334）154.82 万 t，由于预测资源量控制程度极低，可作为矿山企业进一步开展地质勘查工作的依据。矿井限制开采范围内批准的资源储量分水平计算见表 2.1 和表 2.2。

表 2.1 矿井地质资源量汇总表 万 t

开采水平	煤层编号	地质资源量				矿井工业资源储量
		331	332	333	合计	（331）+(332)+(333)
+580m 以上	A_7		45.31	116.61	161.92	161.92
	A_6					
	A_4		73.97	62.42	136.39	136.39
	A_3		149.31	3.12	152.43	152.43
	小计		268.59	182.15	450.74	450.74
	合计		268.59	182.15	450.74	450.74

表 2.2 矿井可采资源量汇总表 万 t

开采水平	煤层编号	矿井工业资源储量	永久煤柱			开采损失	矿井设计可采储量
			井田边界煤柱	井筒及工业地煤柱	小计		
+580m 以上	A_7	161.92	8.2	5.1	13.3	29.72	118.90
	A_6						
	A_4	136.39	1.3	8.1	9.4	25.4	101.59
	A_3	152.43	1.6	9.9	11.5	28.19	112.74
	小计	450.74	11.1	23.1	34.2	83.31	333.23
	合计	450.74	11.1	23.1	34.2	83.31	333.23

厚煤层采区回采率按 75%计算，中厚煤层采区回采率按 80%计算，薄煤层采区回采率按 85%计算。经计算：矿井设计工业储量为 450.74 万 t，永久煤柱损失 34.2 万 t，开采损失为 83.31 万 t，可采储量为 333.23 万 t。

2.2 安全煤柱的留设

（1）井田边界煤柱。东、西、北部边界各留设 20m 宽的边界煤柱。

（2）井筒及工业场地保护煤柱。根据《建筑物、水体、铁路及主要井巷煤柱留设与压煤开采规程》的第 71～75 条规定的要求，立井围护带宽度定为 20m，工业场地围护带宽度定为 15m，保护煤柱以移动角法计算，走向移动角取 75°。

矿井+671m 以上以原立井为中心，向东留设了 100m 保护煤柱，向西留设了 70m 保护煤柱。矿井采用仓储式采煤法，采空区内留有规则的煤柱，所采 A_3、A_4 煤层均为中厚煤层（A_4 煤层平均厚度 2.07m；A_3 煤层平均厚度 2.55m），且 A_7 煤层未开采，因此原采空区未对地表造成影响。原主立井井筒防滑煤柱位于设计利用斜井及设计轨道下山、回风下山的保护煤柱内，不需另行留设。因此已留设的保护煤柱满足规范的要求。

（3）主要运输及回风巷煤柱。该矿井设计为 1 个水平下山开采，水平内划分为一个双翼采区，主要运输石门和回风石门垂直煤层走向布置，运输石门和回风石门煤柱均位于工业场地保护煤柱内。

（4）各采区煤柱。矿井开采过程中水平内划分为一个双翼采区，因此无采区隔离煤柱。

（5）各采区内区段煤柱。井田内煤层倾角 16°～22°，深部倾角 10°～15°。矿井开采过程中采用垮落法管理顶板，区段之间留设 10m 区段隔离煤柱。

（6）上下山的岩石移动角按 70°计算。根据《建筑物、水体、铁路及主要井巷煤柱留设与压煤开采规程》的第 83 条第 1 款规定要求，经计算，矿井轨道下山、回风下山保护煤柱宽度为 40m（两侧各 20m）。

2.3 矿井设计生产能力及服务年限

矿井年工作日 330d。每天 3 班作业，其中 2 班生产，1 班准备。日净提升时间 16h。

根据地质报告、设计委托，结合井田内煤层的资源储量、开采技术条件、煤炭市场的需求、煤矿的设计委托等多方面因素综合考虑，并依据《新疆维吾尔自治区煤炭工业“十一五”发展规划》，确定矿井设计生产能力为 9 万 t/a(后期视市场需要可扩大矿井生产能力 45/60 万 t/a)。该井型从矿井可采储量分析，其服务年限满足设计规范要求。井田范围内+760m～+580m 标高内共有（332）+（333）资源量 450.74 万 t。其中（332）资源量 268.59 万 t，（333）资源量 182.15 万 t。设计利用工业储量为 450.74 万 t（+580m 以上），永久煤柱损失 34.2 万 t，开采损失为 83.31 万 t，可采储量为 333.23 万 t。储量备用系数取 1.4，矿井服务年限经计算矿井+580m 水平以上服务年限为 26.45a。

2.4 井田开采影响

井田内有多处小窑开采遗迹，都分布在关闭和生产矿井的地表浅部，采深最大 165m，开采煤层为 A_3、A_4。井田内除现有生产井以外的其他矿井均已关闭。

井田内西部煤层倾角较大，工作面支架应采用适用于大倾角工作面的支架并采取防倒、防滑措施。煤层顶底板岩石均属软弱岩石，开采过程中必须采取措施预防顶板垮落事故及巷道底鼓，工作面支架应采取措施防扎底。井田远离地表水体，除融雪和暴雨季节外，无地表水补给。井田区域气候干燥少雨，地形地貌有利于自然排水。岩石透水性弱，地下水补给条件很差。矿床充水主要源于第Ⅲ含水层孔隙裂隙承压水及大气降水。利用大井法预算的+450m 标高矿井涌水量为 1315.18m^3/d，属顶底板直接进水、水文地质条件简单的煤矿床，其水文地质勘探类型为二类一型。井田内地势开阔、平坦，对井筒及工业场地选址非常有利。

2.5　开拓方案的选择

根据实地调查，本矿井为生产矿井，已有 7 多年的开采史，井型为 9 万 t/a，实际生产能力约 6 万 t/a，已形成完整的生产系统，井筒及巷道支护良好，围岩稳定，可以利用。现工业场地及地面设施均可利用，已有井筒支护良好，未受采动影响，围岩稳定，可以利用。电源、水源条件较好，提升、运输、通风、排水系统完整，资源丰富，开采条件较好。现生产矿井采用主立井、副斜井开拓方式。主立井、副斜井井筒、+ 671m 水平车场等开拓工程已完成。主立井、副斜井均已延深到+671m 水平。+671m 以上 A_3、A_4 煤层已基本采空，其上的 A_6、A_7 煤层位于 A_3、A_4 煤层采动影响范围内，导致+671m 以上 A_6、A_7 煤层无法开采。

现生产矿井的主立井位于井田中央，采用 1t 载人箕斗单钩提升，钢丝绳罐道，井筒净直径 3m，现浇混凝土支护，支护厚度 300mm，承担煤炭提升、人员、小件材料上下，进风任务。现生产矿井的副斜井位于井田中央北部，井筒断面为半圆拱形，净宽 2.4m，净高 2.4m，井筒斜长 596m，井颈段混凝土支护，井颈以下锚杆支护，倾角 18°～31°，井底标高为+647.5m。井筒内设台阶、扶手，铺设 15kg/m 轨道，轨距 600mm。现生产矿井的风井位于井田中部偏北，井筒断面为圆形，直径 2.2m，井口标高+850.35m，井深 76m。

根据矿井地形地质条件、煤层赋存条件、井田开采范围及矿井开采现状、现有井筒状况、地面设施及矿井设计生产规模等因素综合考虑，设计提出混合提升立井下山开拓。将现生产矿井的主立井改造后作为混合提升立井，井筒净直径 3.0m，装备 1t 标准罐笼，钢罐道，担负矿井提升煤炭、矸石，人员、设备、材料上下、进风任务。利用现生产矿井的风井，担负矿井回风任务，内设梯子间，兼作安全出口。利用现生产矿井的副斜井作第二安全出口。全井田划分为一个水平下山开采，水平下部运输标高+580m，水平上部回风标高+671m，阶段高度 91m。水平内划分一个双翼采区，采区东翼走向长度约 900m，采区西翼走向长度约 500m。在混合提升立井西侧布置轨道下山，在混合提升立井东侧布运输下山，利用运输下山以东原 A_4 煤层中的探巷作为回风下山。

（a）方案优点：可充分利用已有设施、设备及井巷工程；对现有生产系统稍加改造即可满足 9 万 t/a 的设计生产能力要求；建井工期最短；总投资最低。

（b）方案缺点：生产能力只能满足 9 万 t/a，无扩大生产能力的潜力。如需扩大生产能力，需另掘主提升井筒，势必增大投资。

2.6　水平划分

根据已确定的矿井开拓方式，结合《煤炭工业小型煤矿设计规定》关于水平服务年限的要求，同时结合煤矿开采现状，全矿井划分为 1 个水平下山开采，水平内只划分一个双翼采区，走向长度为约 1400m，垂高 91m。下部运输大巷标高+580m、上部回风大巷标高为+671m。运输下山(铺设带式输送机)垂直煤层倾向，沿 A_3 号煤层底板布置。轨道下山垂直煤层倾向，沿 A_4 号煤层底板布置。

2.7 大巷布置与开采顺序

由于全井田划分为一个水平，水平内只划分一个双翼采区，因此井下无大巷运输。

全矿井划分为1个水平下山开采，水平内只划分一个双翼采区，开采顺序为先采西翼，再采东翼，东西翼交替开采。先采上部煤层，后采下部煤层。

2.8 煤炭及辅助运输方式的比较及选定

本矿井为生产矿井，现已采至+671m 水平(现有水平)，+671m 以上资源已基本采完，正在进行新水平开拓工程的准备工作，根据已确定的矿井开拓方式，井下煤仓布置在混合提升立井车场(标高+671m)内，距混合提升立井井筒仅 90m。因此，矿井+671m 井底车场运输采用人推矿车运输方式，可以满足生产能力要求。采区辅助运输主要为人推矿车运输方式，在采煤工作面轨道顺槽设一台无极绳绞车辅助运输。

2.9 采区布置及装备

2.9.1 采煤方法的选择

矿井投产采区主要可采煤层编号为 A_3 ~ A_7 煤层，煤层厚度 0.92 ~ 2.55m(平均值)，其中：A_3煤层平均厚度 2.55m，A_4煤层平均厚度 2.07m，A_6煤层平均厚度 1.22m，A_7煤层平均厚度 1.32m。各煤层倾角 17° ~ 22°，属倾斜近距离煤层群。煤层顶底板岩性以泥岩、炭质泥岩、粉砂质泥岩为主，岩石稳定性较差，抗压强度较低。该矿属低沼气矿井，煤尘具有爆炸危险性，煤层易自燃发火，发火期为 3 ~ 6 个月。根据煤层赋存条件，结合煤矿开采技术水平，设计推荐 A_6、A_7煤层采用走向长壁单体液压支柱爆破落煤输送机铲装采煤法。设计主要针对 A_3、A_4煤层提出 2 个方案进行技术经济比较。

（1）A_6、A_7煤层：走向长壁单体液压支柱爆破落煤输送机铲装采煤法。

沿煤层走向布置工作面运输顺槽和回风顺槽至采区边界，沿煤层倾斜方向掘进，开切眼沟通运输顺槽和回风槽。工作面长度 100m，配备 ZMS-12 型湿式煤电钻，打眼放炮落煤，工作面支护选用 DZ14-25/80 型单体液压支柱配 HDJB-1000 金属铰接顶梁，工作面煤炭运输采用 SGB-420/30 型可弯曲刮板输送机(带可移动挡煤板和铲煤板，由千斤顶推动带有铲煤板的刮板输送机铲装爆破后的落煤)，工作面运输顺槽配备 SGB-420/30 型刮板输送机和 DTL65/22×2 型可伸缩带式输送机。采高 1.22 ~ 1.32m，每天 2 个循环，循环进度 1.0m，工作面日进度 2m，月进度 44m，年进度 528m。工作面端头支护采用 DZ14-25/80 型单体液压支柱配 HDJB-1000 金属铰接顶梁。工作面支架采取防倒防滑及防扎底措施。工作面生产能力 7.9 ~ 8.6 万 t/a。考虑尚有部分掘进煤，满足 9 万 t/a 生产能力要求。

（2）A_3、A_4煤层。

方案 1：走向长壁单体液压支柱爆破落煤采煤法。沿煤层走向布置工作面运输顺槽和回风顺槽至采区边界，沿煤层倾斜方向掘进开切眼勾通运输顺槽和回风槽。工作面长度 100m，配备 ZMS-12 型湿式煤电钻，打眼放炮落煤，工作面支护选用单体液压支柱(DZ25-25/100)配 HDJB-800 金属铰接顶梁，工作面煤炭运输采用 SGB-420/30 型可弯曲刮板输送机，工作面运输顺槽配备 SGB-420/30 型可弯曲刮板输送机和 DTL65/22×2 型可伸缩胶带输送机。采高 2.0m ~ 2.3m，每天 2 个循环，循环进度 0.8m；工作面日进度 1.6m，月进度 35.2m，年进度 422.4m。工作面端头支护采用 π 形钢梁配单体液压支柱，四对八梁，一梁三柱。工作面支架需采取防倒防滑防扎底措施。工作面生产能力 10.5 ~ 13.0 万 t/a。满足 9 万 t/a 生产能力要求。

方案 2：走向长壁悬移顶梁液压支架一次采全高采煤法。沿煤层走向布置工作面运输顺槽和回风顺槽至采区边界，沿煤层倾斜方向掘进开切眼勾通运输顺槽和回风槽。工作面长度 100m，配备 ZMS-12 型湿式煤电钻，打眼放炮落煤，工作面支护选用 XDY-1TY 型悬移顶梁液压支架，工作面煤炭运输采用 SGB-420/30 型可弯曲刮板输送机，工作面运输顺槽配备 SGB-420/30 型可弯曲刮板输送机和 DTL65/22×2 型可伸缩胶带输送机。采高 2.0 ~ 2.3m，每天 2 个循环，循环进度 0.8m；工作面日进度 1.6m，月进度 35.2m，年进度 422.4m。工作面端头支护采用 π 形钢梁配单体液压支柱，四对八梁，一梁三柱。工作面支架采取防倒防滑防扎底措施。工作面生产能力 10.5 ~ 12.0 万 t/a。满足 9 万 t/a 生产能力要求。

方案 1 优点：设备购置及安装费较方案 2 低，设备维修费用低；对工人技术水平要求较方案 2 低；对顶板的适应性好。方案 1 缺点：工面推进速度较慢，工作面单产低，加大了对采空区煤层自燃发火预防管理的工作量；工作面工人移柱工作量大；工作面安全条件较方案 2 差。

方案 2 优点：悬移支架可以实现集中控制、自移，机械化程度高，工人劳动强度低，推进速度快、单产高，一个工作面即可达到 9 万 t/a 的设计生产能力。悬移支架整体性好，工作面安全性好，适合在煤层顶板条件较差的煤层中使用。方案 2 缺点：设备购置及安装费较方案 1 高，投资大，设备维修费用高。对工人技术水平要求较高。

经过上述技术经济分析比较，方案 1 投资低，工作面单产高，技术成熟，易于管理，对顶板的适应性好。为加强安全管理、推进技术进步，设计推荐 A_3、A_4 煤层采用走向长壁单体液压支柱爆破落煤采煤法（方案 1）。各方案的技术经济比较见表 2.3。

表 2.3　　采煤方法经济比较表

比较内容 / 方案名称	投资/万元			差值
	井巷工程	采掘设备	合计	
方案 1：走向长壁单体液压支柱爆破落煤采煤法	154	99	253	-61
方案 2：走向长壁悬移顶梁液压支架一次采全高采煤法	154	160	314	0

2.9.2　工作面采煤，装煤，运煤方式及设备选型

采煤：工作面采煤选用 ZMS-12 型湿式煤电钻，打眼放炮落煤（现改为独臂掘进机）。

装煤：爆破落煤直接落入可弯曲刮板输送机，辅以人工攉煤（现改为机械化综采）。

运煤：工作面配备一台 SGB-420/30 型可弯曲刮板输送机，运输能力为 80t/h，工作面运输顺槽配备一台 SGB-420/30 型可弯曲刮板输送机和一台 DTL65/22×2 型可伸缩带式输送机，运输能力为 200t/h。满足工作面生产能力要求。

2.9.3　工作面顶板管理方式、支架选型

工作面顶板管理采用全部垮落法。

支架选型如下。

（1）A_6、A_7煤层。

首采工作面位于井田西部A_7煤层内，煤层平均厚度为1.32m。根据地质报告，首采工作面煤层倾角为19°～22°。A_6煤层平均厚度为1.22m。设计首采工作面选用DZ14-25/80型单体液压支柱配HDJB-1000型金属铰接顶梁支护，一梁一柱。

DZ14-25/80型单体液压支柱主要参数如下。

支撑高度：870～1400mm；伸缩行程：530mm；额定工作阻力：250kN。

额定工作液压：50MPa；初撑力：75～100kN；泵站压力：15～20MPa。

油缸直径：80mm；底座面积：113cm²；支柱质量：34.55kg。

工作面支护参数计算如下。

（a）工作面顶板压力估算。

由于缺少必要的压力测试工作总结，走向长壁单体液压支柱采煤工作面的顶板压力计算目前尚没有准确可靠的方法，设计根据以往经验并参考类似开采条件下矿井的压力显现情况作如下计算。

$$P = (6 \sim 8)\times M\times \gamma\times \cos\alpha \tag{2.1}$$

式中：P—顶板压力，kN /m²；M—开采高度，1.32m；γ—岩石容重，2.6t/m³；α—煤层倾角，取20°。

$$P = (6 \sim 8)\times 1.32\times 2.6\times 9.8\times \cos 20° = 189.6 \sim 252.8\text{kN/m}^2$$

（b）支柱密度。

$$N= P / P_1 \tag{2.2}$$

式中：N—支柱密度，根/m²；P_1—支柱工作阻力，250kN；P—顶板压力，252.8kN/m²；N=252.8/250=1.01根/m²。

（c）支柱间距。

排距取1m；柱距取0.7m。验算：支柱密度=1/(1×0.7)=1.43根/m²>1.38根/m²，满足要求。

（d）支柱数量。

由于A_7煤层平均厚度只有1.32m，为保证工作面有足够的有效通风断面积，A_3煤层工作面采用4～5排支柱控顶，即最小控顶距为4m，最大控顶距为5m。

$$Z = L_0\times L_1\times K_0\times N \tag{2.3}$$

式中：Z—支架数量(架)；L_0—工作面长度，100m(不含端头支架)；K_0—备用系数，据《煤炭工业小型煤矿设计规定》取1.2。N—支柱密度，根/m²；L_1—支柱控顶距，m。

$$Z = 100\times[(5+4)/2]\times 1.2\times 1.43=772\text{根}$$

配套的HDJB-1000型金属铰接顶梁数量与支柱的数量相同，即772根。由于煤层倾角大，煤层顶底板较软，需采取措施防止支柱倾倒和扎底以及顶板冒落，具体方法为：支柱穿靴(安装底盘)，支柱间用细钢丝绳连为一体，工作面顶板铺设金属网。

（2）A_3、A_4煤层。

A_3煤层平均厚度 2.55m，A_4煤层平均厚度 2.07m。开采 A_3、A_4煤层时采用 DZ25-25/100 型单体液压支柱配 HDJB-800 型金属铰接顶梁支护，一梁一柱。

DZ25-25/100 型单体液压支柱主要参数。

支撑高度：1700 ~ 2500mm；伸缩行程：800mm；额定工作阻力：250kN。

额定工作液压：31.8MPa；初撑力：118 ~ 157kN；泵站压力：15 ~ 20MPa。

油缸直径：100mm；底座面积：109cm^2；支柱质量：63(有液) ~ 58(无液)kg。

工作面支护参数计算如下。

（a）工作面顶板压力估算。

由于缺少必要的压力测试工作总结，走向长壁单体液压支柱采煤工作面的顶板压力计算目前尚没有准确可靠的方法，设计根据以往经验并参考类似开采条件下矿井的压力显现情况作如下计算：

$$P = (6 \sim 8)\times M\times\gamma\times\cos\alpha \tag{2.4}$$

式中：P—顶板压力，kN /m^2；M—开采高度，2.0m ~ 2.3m(为操作方便，A_4煤层留 0.25m 底煤)；γ—岩石容重，2.6t/m^3；α—煤层倾角，取 20°。

$$P = (6 \sim 8)\times(2.0 \sim 2.3)\times2.6\times9.8\times\cos20° = 297.4 \sim 440.5\text{kN/m}^2$$

（b）支柱密度。

$$N= P / P_1 \tag{2.5}$$

式中：N—支柱密度，根/m^2；P_1——支柱工作阻力，250kN；P—顶板压力，440.5kN/m^2。

$$N=440.5/250=1.76\ \text{根/m}^2$$

（c）支柱间距。

排距：排距取 0.8m；柱距：取 0.7m。

验算：支柱密度=1/(0.8×0.7)=1.79 根/m^2>1.76 根/m^2，满足要求。

参考类似开采条件下工作面支护参数，排距取 0.8m，柱距取 0.7m。

（d）支架数量。

工作面采用 4 ~ 5 排支柱控顶，即最小控顶距为 3.2m，最大控顶距为 4m。

$$Z = L_0\times L_1\times K_0\times N \tag{2.6}$$

式中：Z—支架数量(架)；L_0—工作面长度，100m(不含端头支架)；K_0—备用系数，据《煤炭工业小型煤矿设计规定》取 1.2；N—支柱密度，根/m^2；L_1—支柱控顶距，m。

$$Z = 100\times((5+4)/2)\times1.2\times1.79=967\ \text{根} \tag{2.7}$$

配套的 HDJB – 800 型金属铰接顶梁数量与支柱的数量相同，即 967 根。由于煤层倾角大，煤层顶底板较软，需采取措施防止支柱倾倒和扎底以及顶板冒落，具体方法为：支柱穿靴(安装底盘)，支柱间用细钢丝绳连为一体，工作面顶板铺设金属网。

A_3、A_4煤层由于工作面下端头空间低矮，端头支护采用单体液压支柱配金属铰接顶梁，顶梁只拆、装，不移动，一梁一柱。A_6、A_7煤层端头支护采用 DZ25 型单体液压支柱配 3mπ 形钢梁，四对八梁、一梁三柱的支护方式。

运输、回风顺槽加强支护段采用 DZ25 型单体液压支柱配 2.3m 的 π 形钢梁支护，回风、运输顺槽加强支护长度为 20m。均为双加强支护方式。

2.9.4 采煤工作面生产参数

正常生产时布置 1 个采煤工作面，可以满足设计生产能力的要求。

设计首采工作面采用走向长壁单体液压支柱爆破落煤采煤法，工作面长度 100m，循环进度 1.0m，1 日 2 个循环，日进度 2.0m，正规循环率按 80%考虑。月进度 44m，年进度 528m。采煤工作面开帮回采率 95%，工作面年生产能力为 8.6 万 t/a。考虑掘进煤时，1 个工作面生产能满足矿井生产能力的要求。回采工作面特征见表 2.4。

表 2.4 回采工作面特征表

工作面编号	机械化程度	工作面长度/m	日循环数/个	循环率/%	推进度/m			年产量/万 t
					日	月	年	
11W701	炮采	100	2	80	2	44	528	8.6

2.9.5 采区及工作面回采率

厚煤层采区回采率按 75%计算，中厚煤层采区回采率按 80%计算，薄煤层采区回采率按 85%计算。A_6煤层属于薄煤层，A_7、A_3、A_4煤层为中厚煤层。工作面回采率：A_7、A_3、A_4煤层一次采全高，工作面回采率 95%；A_6煤层一次采全高，工作面回采率 97%。

2.9.6 移交生产达产能力

设计投产工作面位于井田+580m 水平一采区 A_7煤层西翼第一区段(+640m ~ +671m)内。工作面采用走向长壁单体液压支柱爆破落煤采煤法。1 个回采工作面回采可以达到设计生产能力的要求。

A_6、A_7煤层回采工作面生产能力按下式计算：

$$A = L\times r\times h_1\times C_1\times L'\times n\times \eta\times d\times 10^{-4} \tag{2.8}$$

式中：L—工作面长度，100m；r—煤的容重，1.3t/m³；h_1—开帮高度，1.22m ~ 1.32m；C_1—开帮回采率，95%；L'—循环进度，1.0m；n—日循环数，2；η—正规循环率，0.80；d—年工作日，330d。

$$A = 100\times1.3\times(1.22 \sim 1.32)\times0.95\times1.0\times2\times0.8\times330\times10^{-4} = 7.9 \sim 8.6 \text{ 万 t/a}$$

A_3、A_4煤层回采工作面生产能力按下式计算：

$$A = L\times r\times h_1\times C_1\times L'\times n\times \eta\times 10^{-4} \tag{2.9}$$

式中：L—工作面长度，100m；r—煤的容重，1.3t/m³；h_1—开帮高度，2.0m ~ 2.3m(为操作方便，A_4煤层留 0.25m 底煤)；C_1—开帮回采率，95%；L'—循环进度，0.8m；n—日循环数，2；η—正规循环率，0.80；d—年工作日，330d。

$$A = 100\times1.3\times(2.0 \sim 2.3)\times0.95\times0.8\times2\times0.8\times330\times10^{-4} = 10.5 \sim 12.0 \text{ 万 t/a}$$

2.9.7 煤层分组，分层关系和开采顺序

一采区主要开采的煤层自上而下分别为 A_7、A_6、A_4、A_3煤层，分三个区段回采，一区

段段高 31m，二区段段高 30m，三区段段高 30m。工作面斜长约 100m。煤层赋存条件为倾斜近距离煤层群，煤层易自然发火，煤层开采顺序为自上而下分区段回采，即同一区段内由 A_7 煤层至 A_3 煤层自上而下逐层回采。先采完上一区段，再采下一区段。

2.9.8　采区尺寸及巷道布置

设计矿井开拓方式为一个水平下山开采，设计一采区为双翼采区，西翼走向长度约 600m，东翼走向长度约 950m。一采区回风大巷标高为+671m，下部运输大巷标高为+580m，采区走向长度为 1550m，阶段垂高 91m，倾斜长度约 326m。采区轨道下山上部车场标高+671m，中部车场标高+640m、+610m，下部车场标高+580m。在+640m、+610m 布置区段石门，采区轨道上山与各煤层之间通过区段石门联系。

2.9.9　井底车场，装车点及硐室

矿井井底车场及装车站布置在+671m 水平，水泵房和变电所布置在+580m 水平。井底煤仓位于+671m 水平，装车站为双轨装车。装车站形式为石门尽头折返式。

2.9.10　采区煤，矸运输和辅助运输方式及设备选型

采区煤、矸运输采用刮板输送机配带式输送机的连续运输方式。工作面配备一台 SGB-420/30 型可弯曲刮板输送机，工作面运输顺槽一台 SGB-420/30 型刮板输送机和一台 DTL65/22×2 型可伸缩带式输送机。满足工作面生产能力要求。

（1）煤的运输系统。11W701 采煤工作面爆破落煤经刮板输送机→A_7 煤层工作面运输顺槽刮板输送机→A_7 煤层工作面运输顺槽带式输送机→A_7 煤层溜煤眼→运输上山→井底煤仓→装车站→混合提升立井→地面。

（2）矸石运输系统。石门掘进工作面的矸石(矿车)→轨道下山中部车场→轨道下山→轨道下山上部车场→混合提升立井→地面。

（3）材料及设备运输系统。材料及设备经混合提升立井→+671m 运输石门→＋671m 工作面回风顺槽→11W701 采煤工作面。

（4）采区通风。工作面采用 U 形通风方式，运输顺槽进风，回风顺槽回风，掘进工作面采用 KDF-5 型对旋轴流式局部扇风机，压入式通风。

新鲜风经混合提升立井井筒→+671m 水平井底车场→轨道下山→轨道下山＋640m 中部车场→＋640m 运输石门→11W701 采煤工作面运输顺槽→11W701 回采工作面→11W701 工作面回风顺槽→＋671m 回风石门→风井。

（5）采区排水。工作面水经水沟自流→11W701 工作面运输顺槽→＋640m 运输石门→轨道下山＋640m 中部车场→轨道下山→轨道下山下部车场→＋580m 水平井下水仓。

2.10　煤矿技术改造

和布克赛尔县和什托洛盖 137 团煤矿，行政区划属塔城地区和布克赛尔蒙古自治县，矿井挂靠于新疆生产建设兵团第七师 137 团；安全监管由兵团安全监察局管理。

目前，137 团煤矿属于 9 万 t/a 技改 45 万 t/a 矿井，2011 年年底完成 45 万 t/a 产能核定，2012 年 5 月份综采设备投入使用后实际生产能力可达 100 万 t/a。根据《中华人民共和

国煤炭分类标准》（GB 5751-2009），煤类主要为长焰煤（41CY），煤质属低灰、低硫、低磷、高发热量41号长焰煤，挥发分52.25%、灰分3.80%、全硫0.16%，发热量达到6500kJ以上，属优质亮煤，煤质可作为动力用煤和民用煤，更是炼油用煤和煤化工用煤最佳煤源。

2.10.1 矿山基本情况

矿区位于和什托洛盖镇西北3km，距和丰县30km，气候适宜，交通十分便利，距217国道3km，距国家二级干线奎北铁路站台30km。该矿井距110kV变电所4.5km，10kV双回路已经架设完毕，矿区内具备通信、网络现代化。煤炭销售主要供克拉玛依热电厂和供热公司、阿勒泰地区供热公司、水泥厂、石灰烧制公司等。2011年和丰鲁能煤电化项目开始运营，新建燃煤发电总装机容量达到900MW，额定耗煤量为300万t/a，克拉玛依于2012年新建燃煤发电总装机容量900MW，额定耗煤量为300万t/a，2012年乌尔禾开工建设燃煤发电总装机容量达到900MW，额定耗煤量为300万t/a；和丰煤化工项目合计耗煤量为849万t/a；农七师招商引资煤制气项目于2010年在奎屯市已开工。徐矿集团建设煤制气项目已经开工建设，年需煤量为1400万t/a，2011年开始，和丰地区煤炭市场已出现供不应求的现象，矿井煤质在整个和丰地区为最优煤质，煤炭销售情况良好。矿区副立井如图2.1、独臂掘进机拆装如图2.2、矿区活动性构造地质条件如图2.3，以及0302，0402采区布置如图2.4。

图2.1　副立井

图2.2　第二套独臂掘进机组拆装

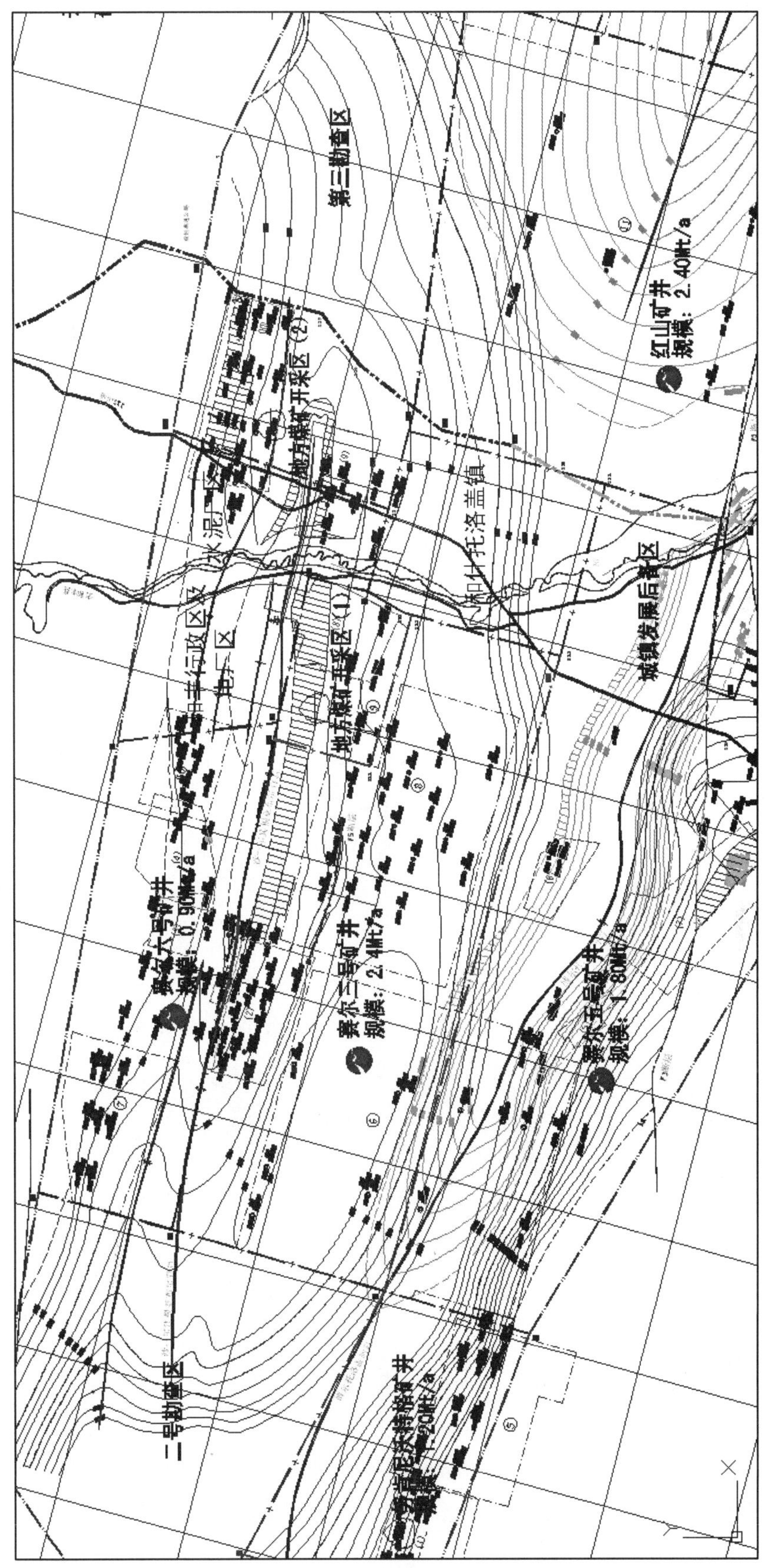

图 2.3　矿区活动性构造地质条件示意图

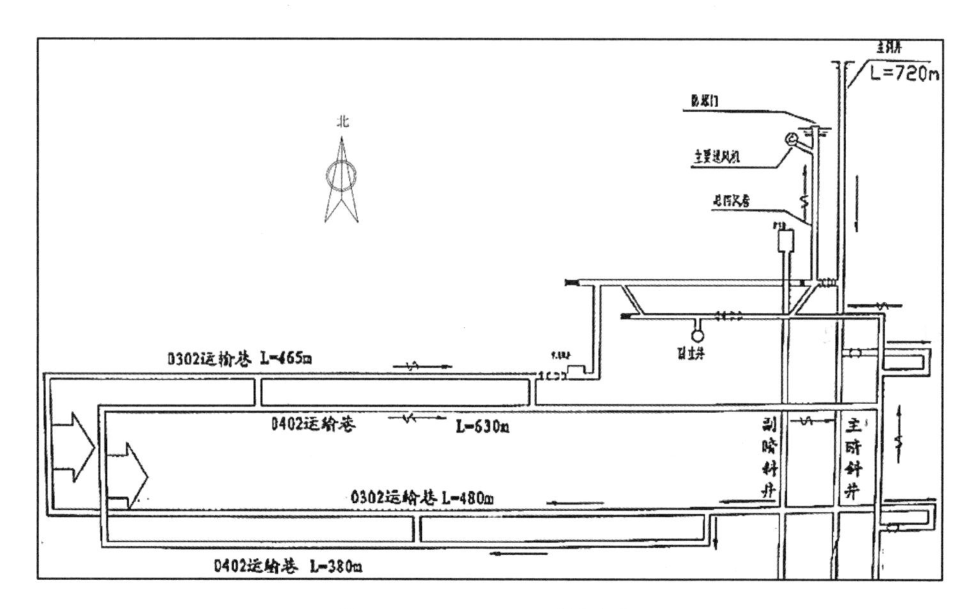

图 2.4　0302，0402 采区布置

和布克赛尔县和什托洛盖 137 团煤矿井总面积约为 7.04km²，总的资源储量估算为 57.63Mt，可采煤层为 A_7，A_6，A_4，A_3。2009 年 3 月分经新疆维吾尔自治区发改委对和丰及什托洛盖矿区作矿区总体规划评审通过。总体规划划定矿井矿区南部增加 25.367km²煤田，煤田资源储量为 154.46Mt。将和布克赛尔县和什托洛盖 137 团煤矿规划建设为 150 万 t/a 矿井。矿井矿区面积经产业升级和总体规划调整后为 33.1489km²，总资源储量为 212.09Mt，可以满足 150 万 t/a 矿井的需要。从 2006 年 8 月起开始投入井上下的技术改造，累计完成投资 16780 万元。

2.10.2　矿山地面生产系统改造

①“两堂一舍”土建工程于 2006 年完成。地面锅炉房于 2008 年完工。

②地面副立井提升系统改造。将原有的 1.2m 绞车改造为 2.0m 双滚筒绞车，绞车房于 2010 年完工，绞车现已安装完毕并正式投入使用。

③供电系统改造。将原有的单回路供电改造为双回路供电，已于 2007 年改造完毕并投入使用，2011 年建设高、低压变电所，现已竣工。

④通风系统。煤矿于 2007 年将原矿井主风机拆除并安装 75kW 对旋风机 2 台。

⑤运输系统。煤矿于 2008 年在斜井口建设皮带走廊并铺设 800mm 皮带。

⑥压风系统。煤矿于 2008 年和 2011 年各购置空压机 1 台，空压机房及制氮机房于 2011 年 7 月建设完毕并投入使用。

⑦地面视频监控及井下人员定位系统已于 2011 年 8 月底安装到位并投入使用。

2.10.3　井下生产系统改造

①运输系统改造。煤矿于 2007 年将原矿井主斜井进行井筒改造，并于 2008 年将原主斜井矿车提升运输改造为皮带运输，共计铺设 800mm 大倾角皮带两部，铺设长度为 900m。

②通风系统改造。煤矿于 2009 年对总回风斜井进行改造(改变支护方式及扩大断面)，于 2010 年完工并投入使用。

③采掘系统改造。煤矿井采用爆破掘进，2012 年 6 月份购置掘进机 1 台，9 月份投入使用，已实现综掘；2012 年 10 月份购置掘进机 1 台，12 月份投入使用，实现综掘。

④监测监控系统。煤矿井于 2007 年安装 KJ73N 监测监控系统，与 2009 年安装远程监控系统。

⑤排水系统。煤矿井于 2008 年购置 3 台 D85-30X11 离心泵，于 2008 年建成井下水仓，现已投入使用。

⑥供电系统。煤矿井于 2009 年建成井下高压变电所并完成高压入井，于 2011 年购置以东变电站于 10 月份完成供电系统改造，并投入使用。

和布克赛尔县和什托洛盖 137 团煤矿采掘工作面通风系统布置如图 2.5 所示和采掘工作面运输系统布置如图 2.6 所示。

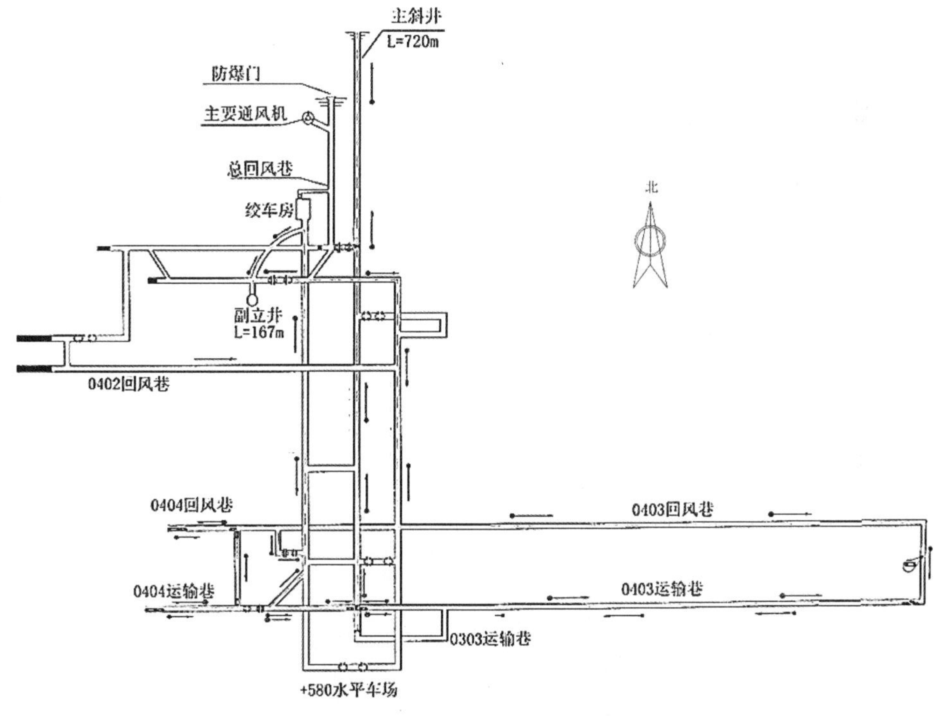

图 2.5　采掘工作面通风系统布置

为配合 2012 年 5 月综采系统的运行，在原有投资的基础上需新建项目。

工业广场建联合建筑需投入资金 360 万元(内设大型会议室、任务交代室、监控中心、澡堂、充灯房、娱乐健身房等)；机修车间需投入资金 280 万元；综采采区巷道工程需投入资金 1200 万元；综采设备及安装需投入资金 3300 万元。

和布克赛尔县和什托洛盖 137 团煤矿 45 万 t/a 改扩建工程及质量标准化建设于 2011 年完工，并于 2011 年年底通过 45 万 t/a 产能核定验收，至 2012 年 5 月份综采设备正式投入使用后实际生产能力可达 10 万 t/a。总之，和布克赛尔县和什托洛盖 137 团煤矿煤质优良，煤炭资源丰富，市场前景广阔，具有很强的发展潜力，随着矿井的逐步改造完成和企业的不断发展壮大，将为兵团事业发展和地方经济的振兴作出应有的贡献。

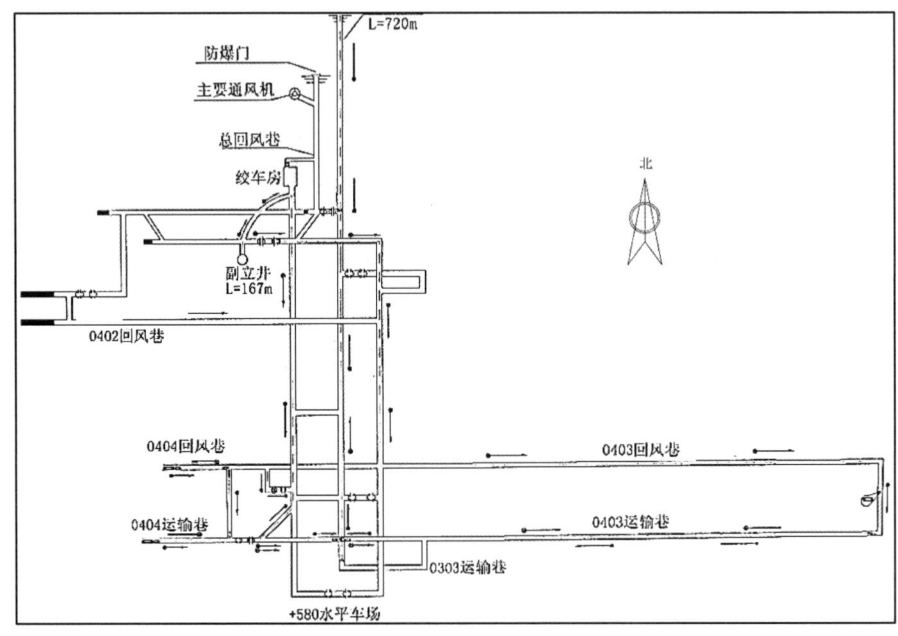

图 2.6　采掘工作面运输系统布置

2.10.4　技改前巷道断面支护参数

（1）+671m 水平车场和运输石门。+671m 水平车场和运输石门巷道断面支护参数如图 2.7。现场调查+671m 水平车场和运输石门巷道稳定，局部地段，特别是有水地段出现微底鼓，边帮、拱顶的喷混层出现开裂、剥落现象。

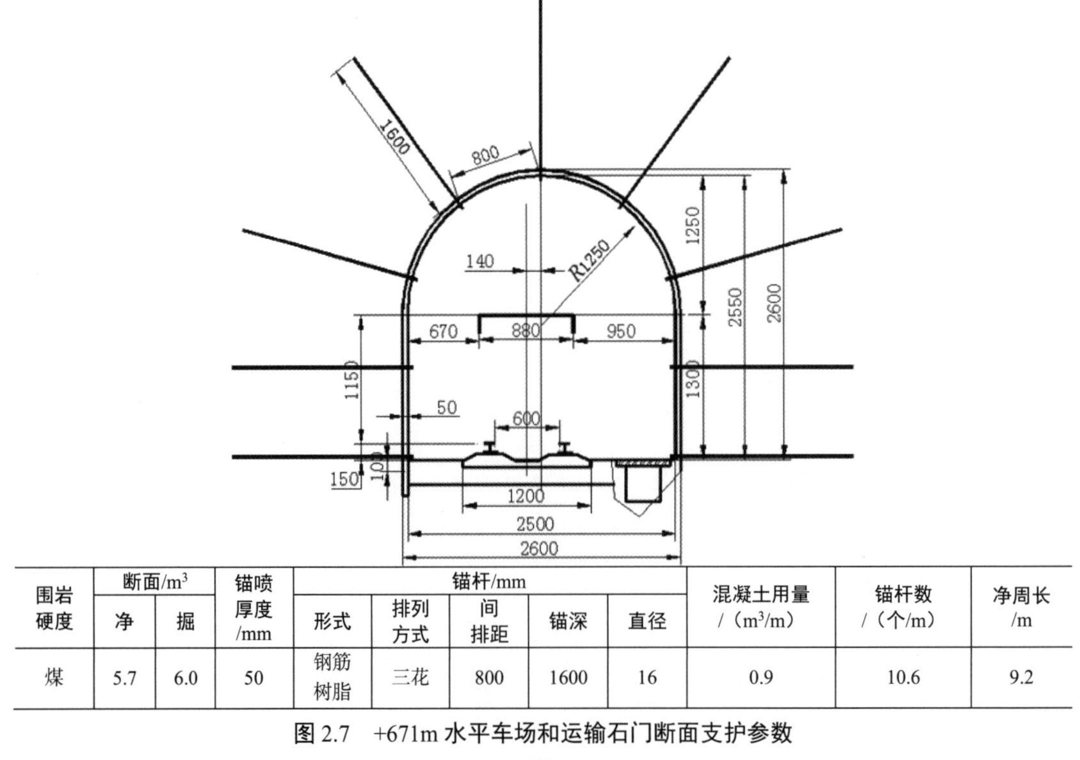

围岩硬度	断面/m^3		锚喷厚度/mm	锚杆/mm					混凝土用量/（m^3/m）	锚杆数/（个/m）	净周长/m
	净	掘		形式	排列方式	间排距	锚深	直径			
煤	5.7	6.0	50	钢筋树脂	三花	800	1600	16	0.9	10.6	9.2

图 2.7　+671m 水平车场和运输石门断面支护参数

（2）运输下山。运输下山巷道断面支护参数如图 2.8。现场调查运输下山巷道稳定，局部地段、特别是有水地段出现微底鼓，边帮、拱顶的喷混层出现开裂、剥落现象。

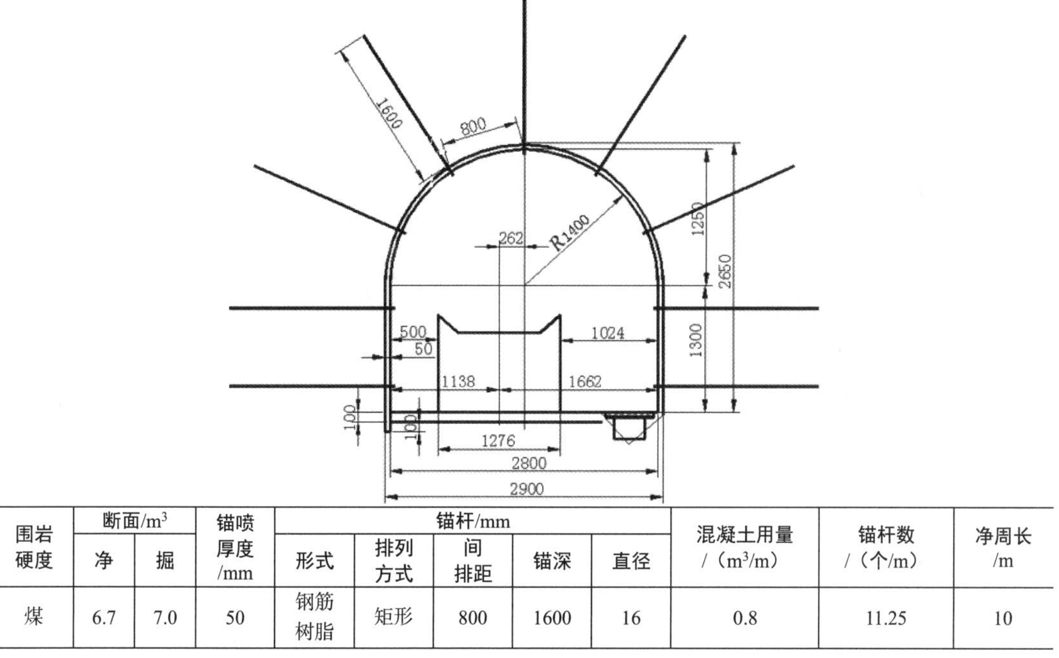

围岩硬度	断面/m³		锚喷厚度/mm	锚杆/mm					混凝土用量/（m³/m）	锚杆数/（个/m）	净周长/m
	净	掘		形式	排列方式	间排距	锚深	直径			
煤	6.7	7.0	50	钢筋树脂	矩形	800	1600	16	0.8	11.25	10

图 2.8　运输下山运输巷道断面支护参数

（3）+671m 回风石门。+671m 回风石门巷道断面支护参数如图 2.9。现场调查+671m 回风石门巷道稳定，局部地段，特别是有水地段出现底鼓，边帮、拱顶的喷混层出现开裂、剥落现象。局部地段进行多次补强、维修。

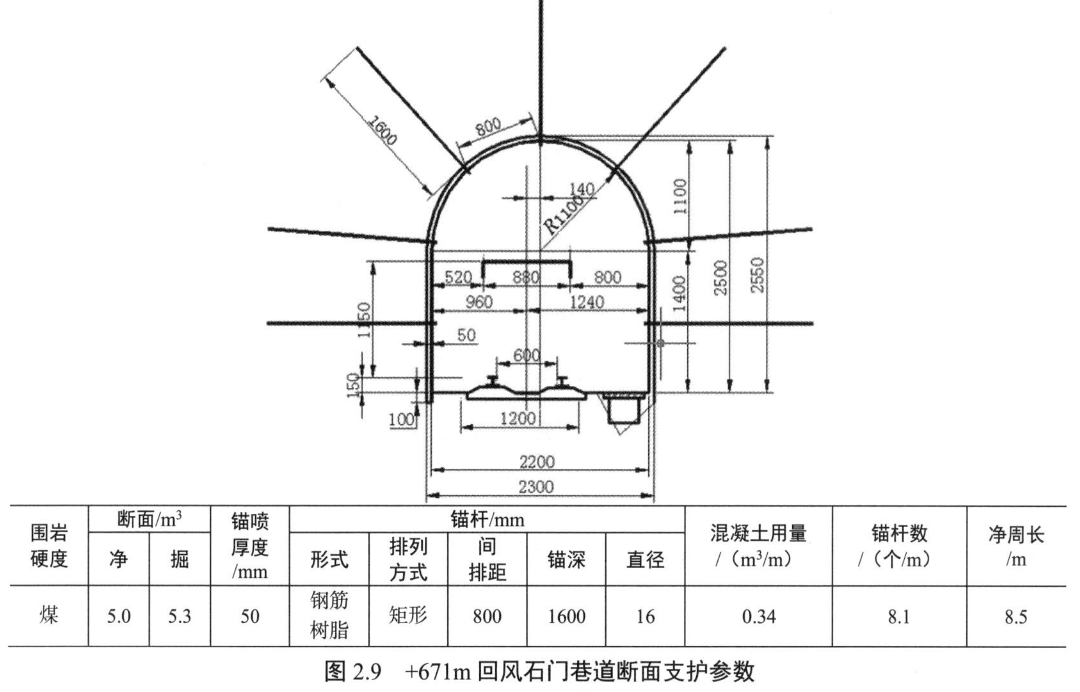

围岩硬度	断面/m³		锚喷厚度/mm	锚杆/mm					混凝土用量/（m³/m）	锚杆数/（个/m）	净周长/m
	净	掘		形式	排列方式	间排距	锚深	直径			
煤	5.0	5.3	50	钢筋树脂	矩形	800	1600	16	0.34	8.1	8.5

图 2.9　+671m 回风石门巷道断面支护参数

（4）轨道下山。轨道下山巷道断面支护参数如图 2.10。现场调查轨道下山巷道稳定，局部地段，特别是有水地段出现底鼓，边帮、拱顶的喷混层出现开裂、剥落现象。局部地段进行多次补强、维修。

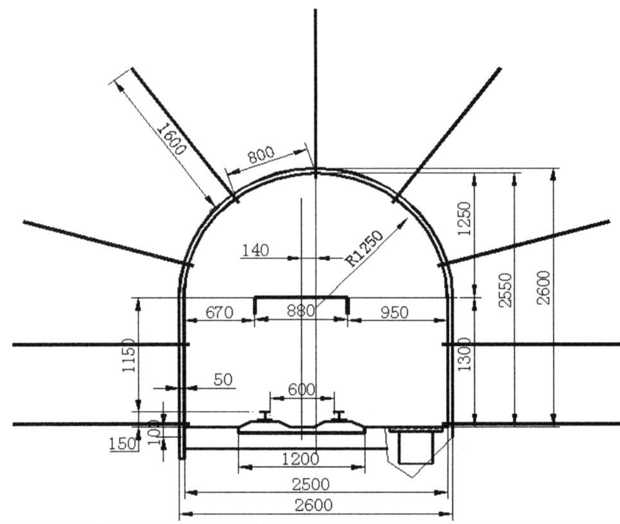

围岩硬度	断面/m³		锚喷厚度/mm	锚杆/mm					混凝土用量/（m³/m）	锚杆数/（个/m）	净周长/m
	净	掘		形式	排列方式	间排距	锚深	直径			
煤	5.7	6.0	50	钢筋树脂	三花	800	1600	16	0.9	10.6	9.2

图 2.10　轨道下山巷道断面支护参数

（5）+671m，+580m 水平车场。+671m，+580m 水平车场巷道断面支护参数如图 2.11。现场调查+671m，+580m 水平车场和运输石门巷道稳定，局部地段，特别是有水地段出现微底鼓，边帮、拱顶的喷混层出现开裂、剥落现象。

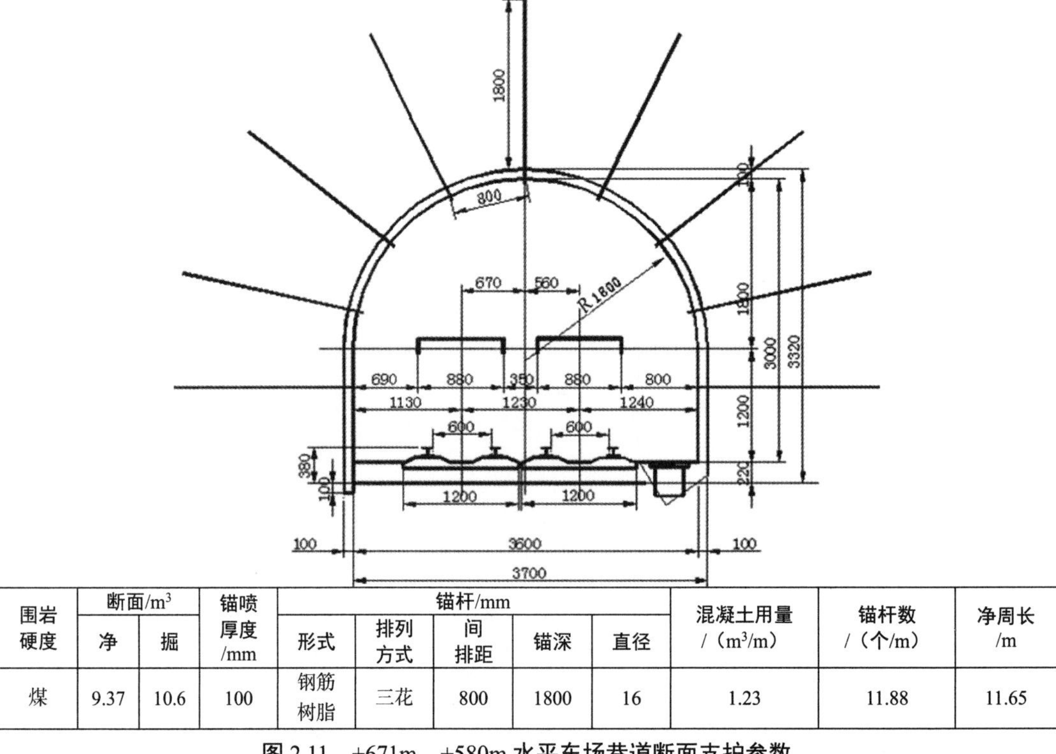

围岩硬度	断面/m³		锚喷厚度/mm	锚杆/mm					混凝土用量/（m³/m）	锚杆数/（个/m）	净周长/m
	净	掘		形式	排列方式	间排距	锚深	直径			
煤	9.37	10.6	100	钢筋树脂	三花	800	1800	16	1.23	11.88	11.65

图 2.11　+671m、+580m 水平车场巷道断面支护参数

（6）+671m 水平装车站。+671m 水平车场巷道断面支护参数如图 2.12。现场调查+671m 水平车场和运输石门巷道稳定，局部地段，特别是有水地段出现微底鼓，边帮、拱顶的砌碹层出现开裂、凸起现象。

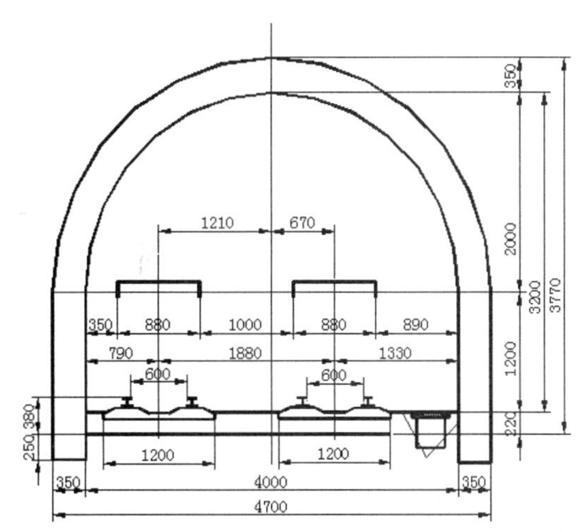

围岩硬度	断面/m³		锚喷厚度/mm	料石消耗量/（m³/m）				混凝土用量/（m³/m）			轨型/（kg/m）	备注
	净	掘		拱	墙	基	小计	水沟	盖板	小计		
2-3	11.04	16.06	350	2.39	0.99	0.26	3.65	0.114	0.0226	0.1366	22	双轨

图 2.12　+671m 水平车场巷道断面支护参数

（7）工作面回风（轨道）顺槽。工作面回风（轨道）顺槽巷道断面支护参数如图 2.13。现场调查工作面回风（轨道）顺槽巷道稳定、中等稳定和不稳定情况，局部、整体地段出现底鼓，上下边帮凸出，往往上边帮凸出严重，顶板破碎、沉陷、冒落，经常二次支护、维护保证生产。

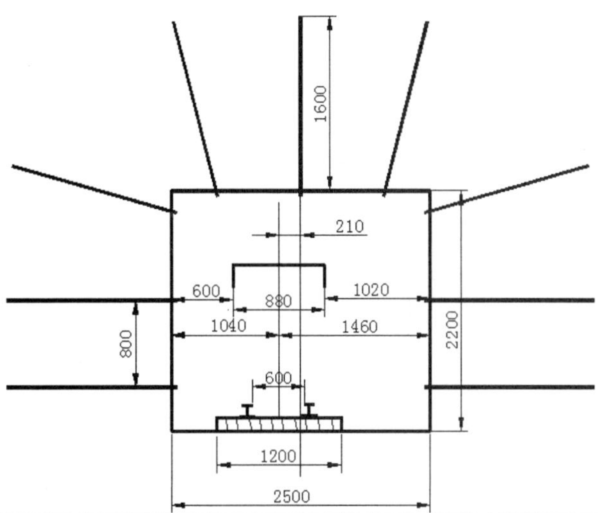

围岩硬度	断面/m²		锚喷厚度/mm	锚杆/mm					锚杆数/（个/m）	净周长/m
	净	掘			排列方式	间排距	锚深	直径		
2-3	-	5.5	-	钢筋树脂	三花	800	1600	16	10.8	9.4

图 2.13　工作面回风（轨道）顺槽巷道断面支护参数

（8）工作面运输顺槽。工作面运输顺槽巷道断面支护参数如图 2.14。现场调查工作面运输顺槽巷道稳定、中等稳定和不稳定情况，局部、整体地段出现底鼓，上下边帮凸出，往往上边帮凸出严重，顶板破碎、沉陷、冒落，经常二次支护、维护保证生产。

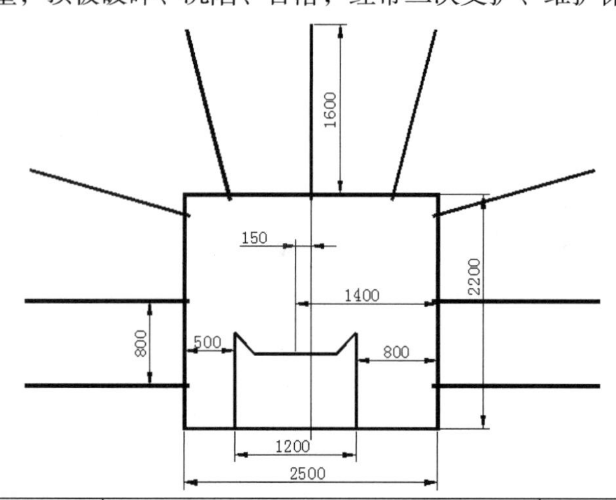

围岩硬度	断面/m²		锚喷厚度/mm	锚杆/mm					锚杆数/（个/m）	净周长/m
	净	掘			排列方式	间排距	锚深	直径		
3	5.5	5.5	-	钢筋树脂	交错	800	1400	16	10.8	9.4

图 2.14　工作面运输顺槽巷道断面支护参数

（10）回风运输下山。回风运输下山巷道断面支护参数如图 2.15。现场调查回风运输下山巷道稳定，局部地段，特别是有水地段出现底鼓，边帮、拱顶的喷混层出现开裂、剥落现象。局部地段进行多次补强、维修。

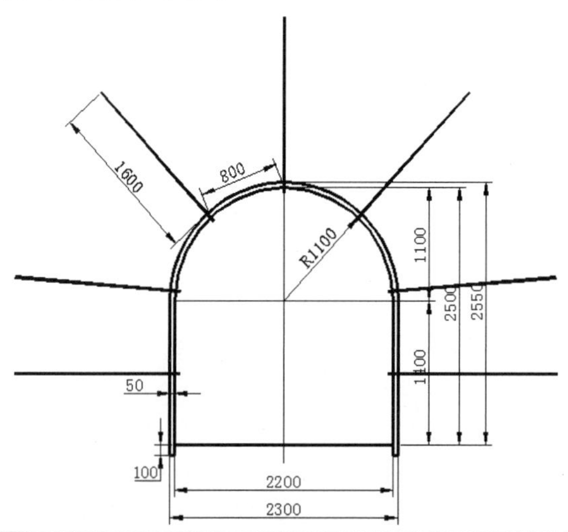

围岩硬度	断面/m²		锚喷厚度/mm	锚杆/mm					锚杆数/（个/m）	净周长/m
	净	掘			排列方式	间排距	锚深	直径		
煤	5.0	5.3	50	钢筋树脂	矩形	800	1600	16	8.1	8.5

图 2.15　回风运输下山巷道断面支护参数

（11）采煤工作面布置。采煤工作面布置如图 2.16 至图 2.22 所示。

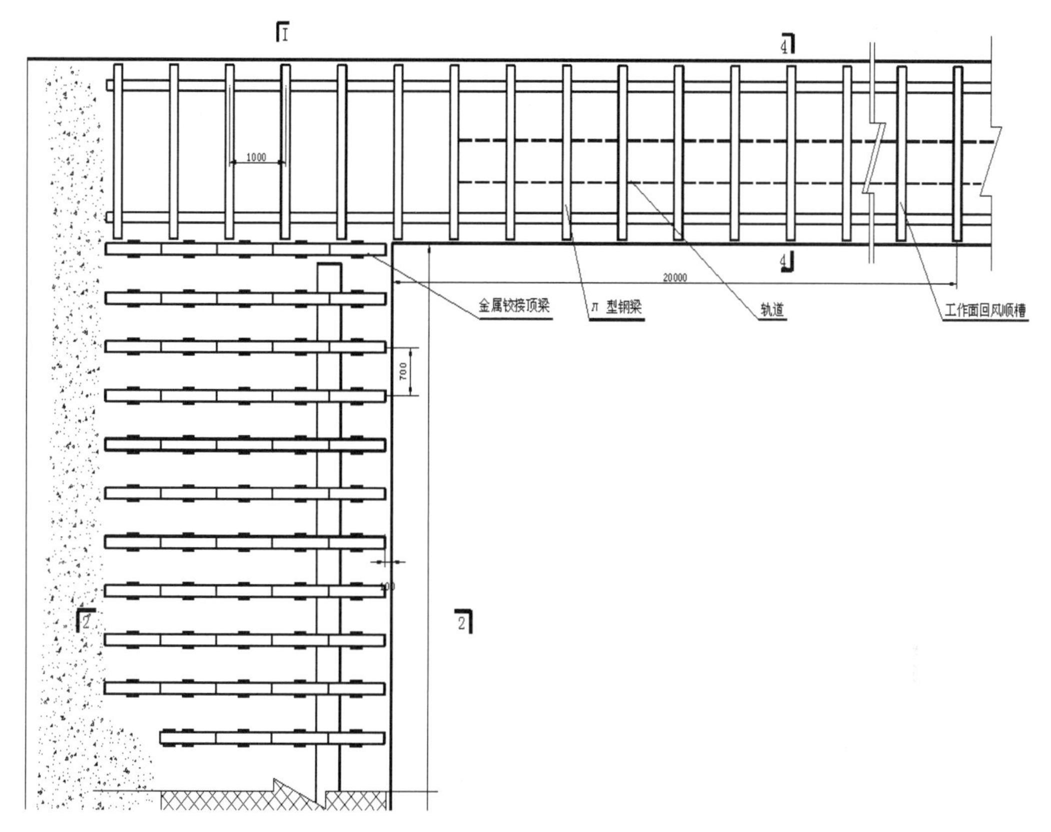

图 2.16　采煤工作面及回风顺槽巷道布置图

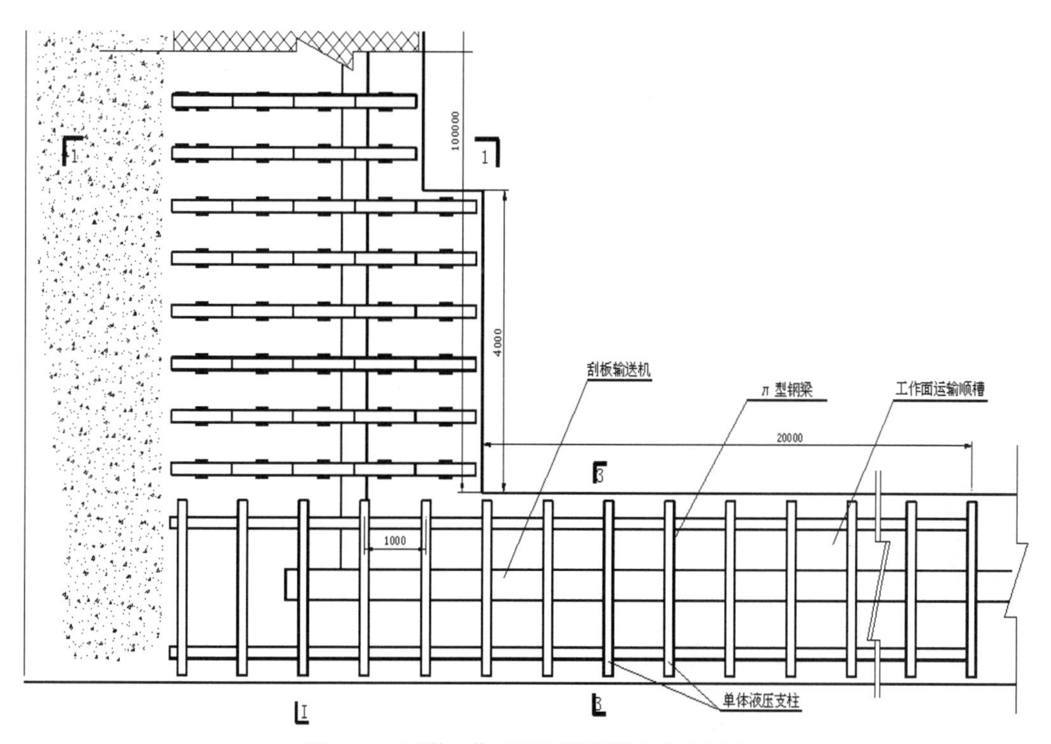

图 2.17　采煤工作面及运输顺槽巷道布置图

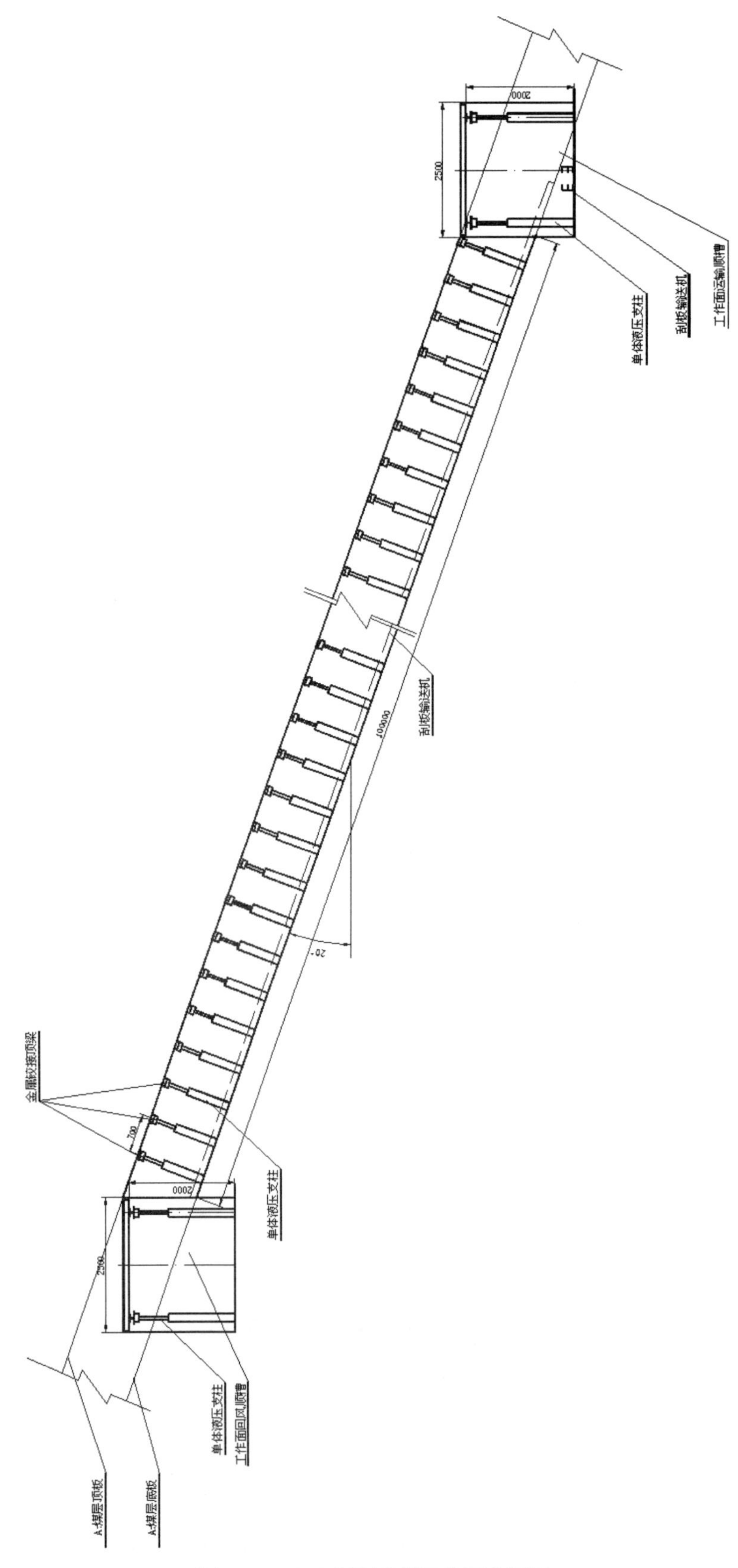

图 2.18　Ⅰ-Ⅰ剖面采煤工作面布置图

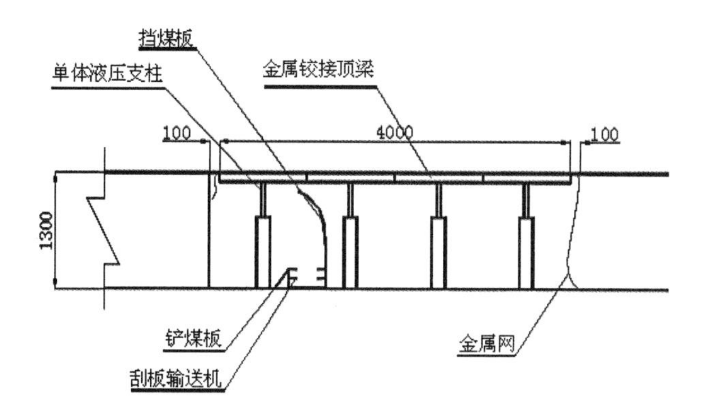

图 2.19　1-1 剖面采煤工作面布置图

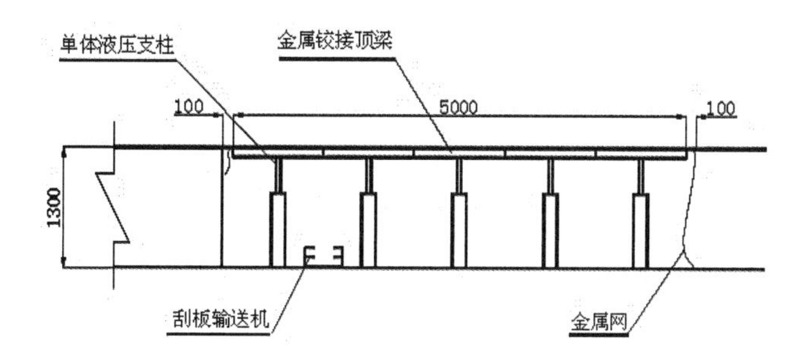

图 2.20　2-2 剖面采煤工作面布置图

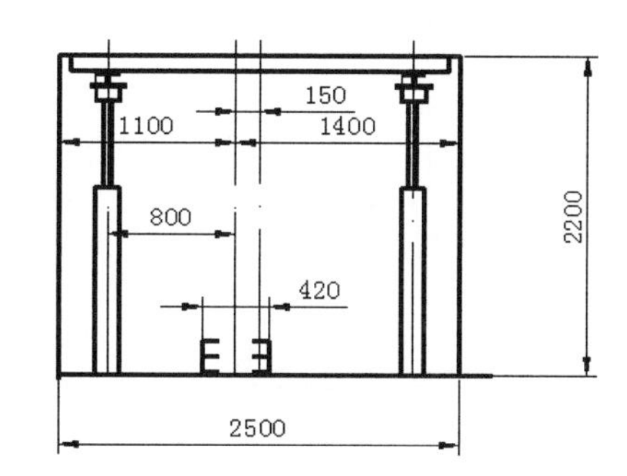

图 2.21　3-3 剖面采煤工作面运输顺槽巷道布置图

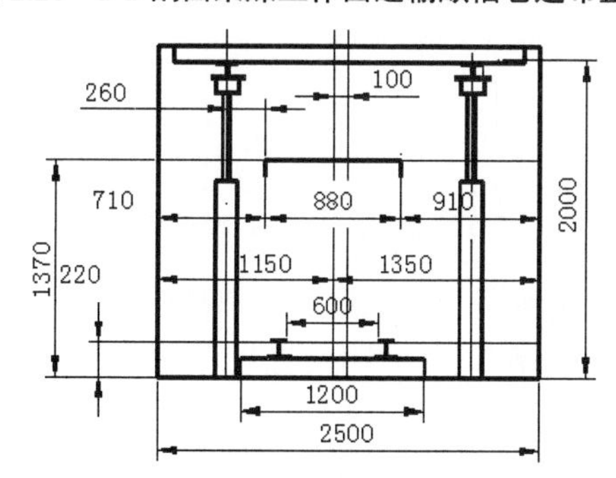

图 2.22　4-4 剖面采煤工作面回风顺槽巷道布置图

实践证明，巷道支护技术取得成功的关键在于：普通爆破掘进巷道支护技术参数需要优化调整，有效控制松动圈的范围（围岩松动圈范围可达 1.3～2.0m），克服巷道支护维护困难。如若巷道采用光面爆破的方法掘进，可以有效地控制围岩自身的承载力，有效控制松动圈的范围（围岩松动圈范围可达 0.8～1.0m），可以实现原有普通爆破掘进巷道支护技术参数的应用，但是施工过程复杂，技术水平要求高。

可见，采取独臂掘进机全断面高效掘进的新技术方法，可以有效地遏制围岩的破碎，即松动圈的范围（围岩松动圈范围可达 0.3～0.5m），围岩自身承载力得到保证，合理支护措施实施得当，可以确保巷道的稳定，实现活动性构造地质条件下煤矿巷道底鼓破坏防治。一般巷道采用锚网钢带的支护，讲求局部技术管理的科学性。

2.10.5　技改后回采巷道断面支护参数

目前，矿山技改正在进行中，工作面采煤实现了综合机械化普采方法，工作面巷道的掘进由普通爆破全断面掘进调整为独臂掘进机全断面掘进方法。

（1）0403 工作面回风（轨道）顺槽。

0403 工作面回风（轨道）顺槽巷道断面支护参数如图 2.23。0403 工作面回风（轨道）顺槽巷道仍采用普通爆破全断面掘进，巷道基本稳定。一般巷道采用锚网钢带的支护，局部地段采取了锚网钢带+钢梁、锚网钢带+刚性梯形支架的支护，以及局部布设锚索。工作面回风（轨道）顺槽巷道出现底板微底鼓、顶板破碎部分下沉、上下帮破碎部分微凸起。

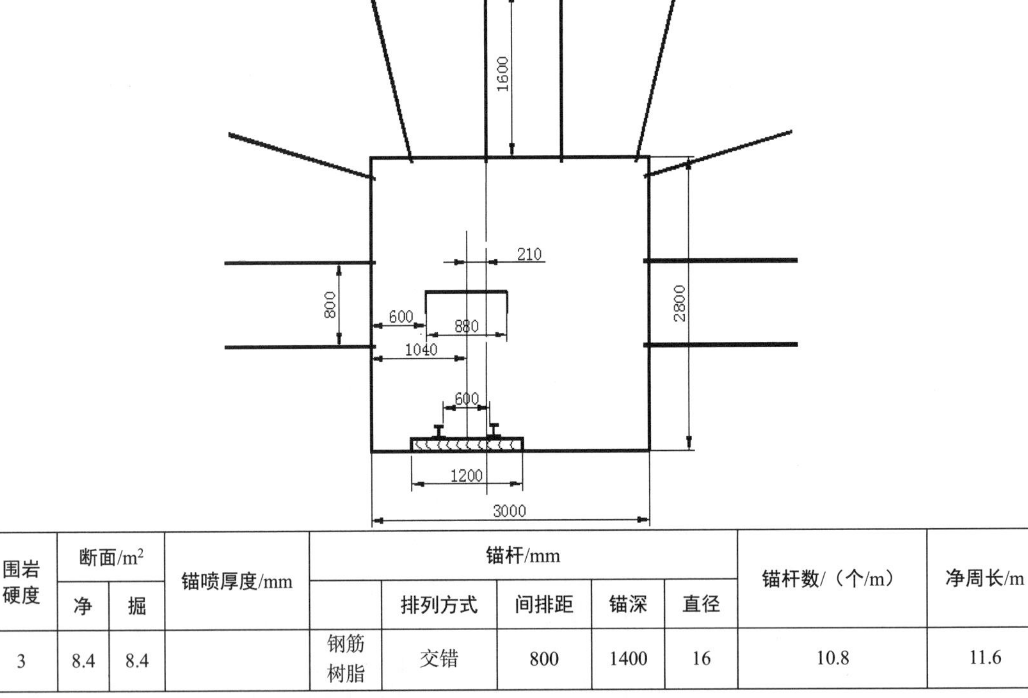

围岩硬度	断面/m²		锚喷厚度/mm	锚杆/mm					锚杆数/（个/m）	净周长/m
	净	掘			排列方式	间排距	锚深	直径		
3	8.4	8.4		钢筋树脂	交错	800	1400	16	10.8	11.6

图 2.23　0403 工作面回风（轨道）顺槽巷道断面支护参数

0404 工作面回风（轨道）顺槽巷道，采用普通爆破全断面掘进 90m，出现了上述问题，巷道基本稳定。为此，由采用普通爆破全断面掘进改为独臂掘进机全断面掘进方法。

（2）0403 工作面运输顺槽。

0403 工作面运输顺槽巷道断面支护参数如图 2.24 和图 2.25 所示。

0403 工作面运输顺槽巷道实现了独臂掘进机全断面掘进方法掘进，围岩自身的承载力得到有效保护，巷道稳定。一般巷道采用锚网钢带的支护，局部地段采取了锚网钢带+钢梁的支护，以及局部布设锚索。0403 工作面运输顺槽巷道未出现底板底鼓，顶板岩层基本完整，下沉量 2～18mm，上下帮岩层微破碎，基本无凸起。0404 工作面运输顺槽巷道，实现了独臂掘进机全断面掘进方法掘进，巷道稳定。

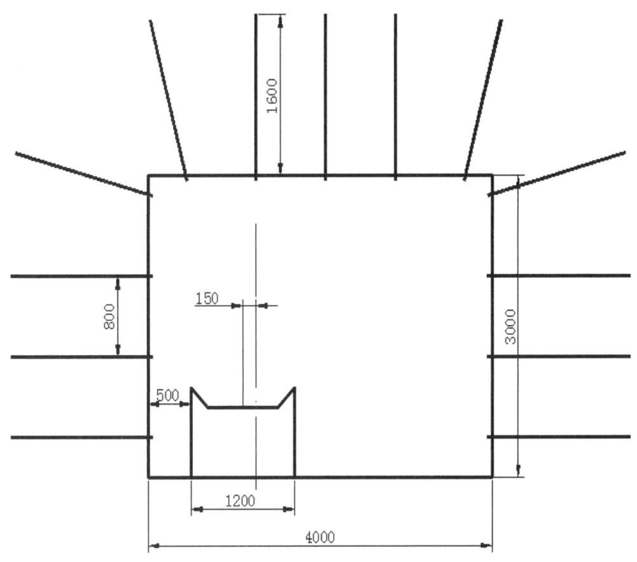

图 2.24　0403 工作面运输顺槽巷道断面支护参数

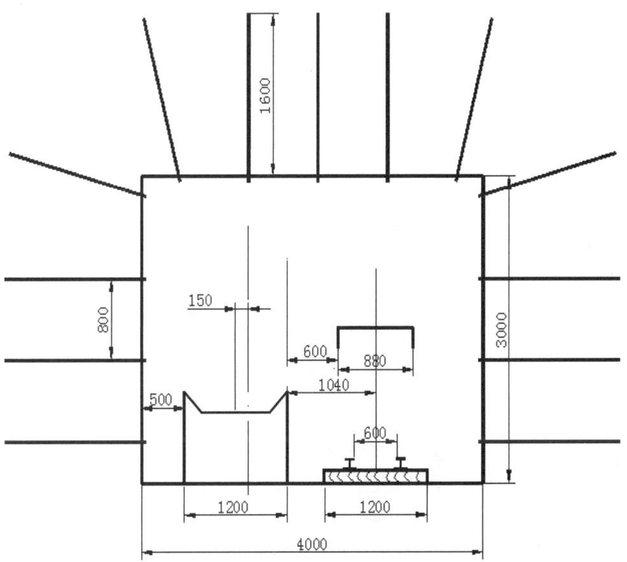

围岩硬度	断面/m²		锚喷厚度/mm	锚杆/mm					锚杆数/（个/m）	净周长/m
	净	掘			排列方式	间排距	锚深	直径		
3	-	12.0	-	钢筋树脂	三花	800	1600	16	10.8	14.0

图 2.25　0403 工作面运输（轨道）顺槽巷道断面支护参数。

（3）0403 工作面回风（轨道）顺槽和运输（轨道）顺槽巷道支护参数优化

在原有的普通爆破掘进巷道支护技术参数的基础上，巷道支护参数优化如下，如图 2.26 和图 2.27 所示。

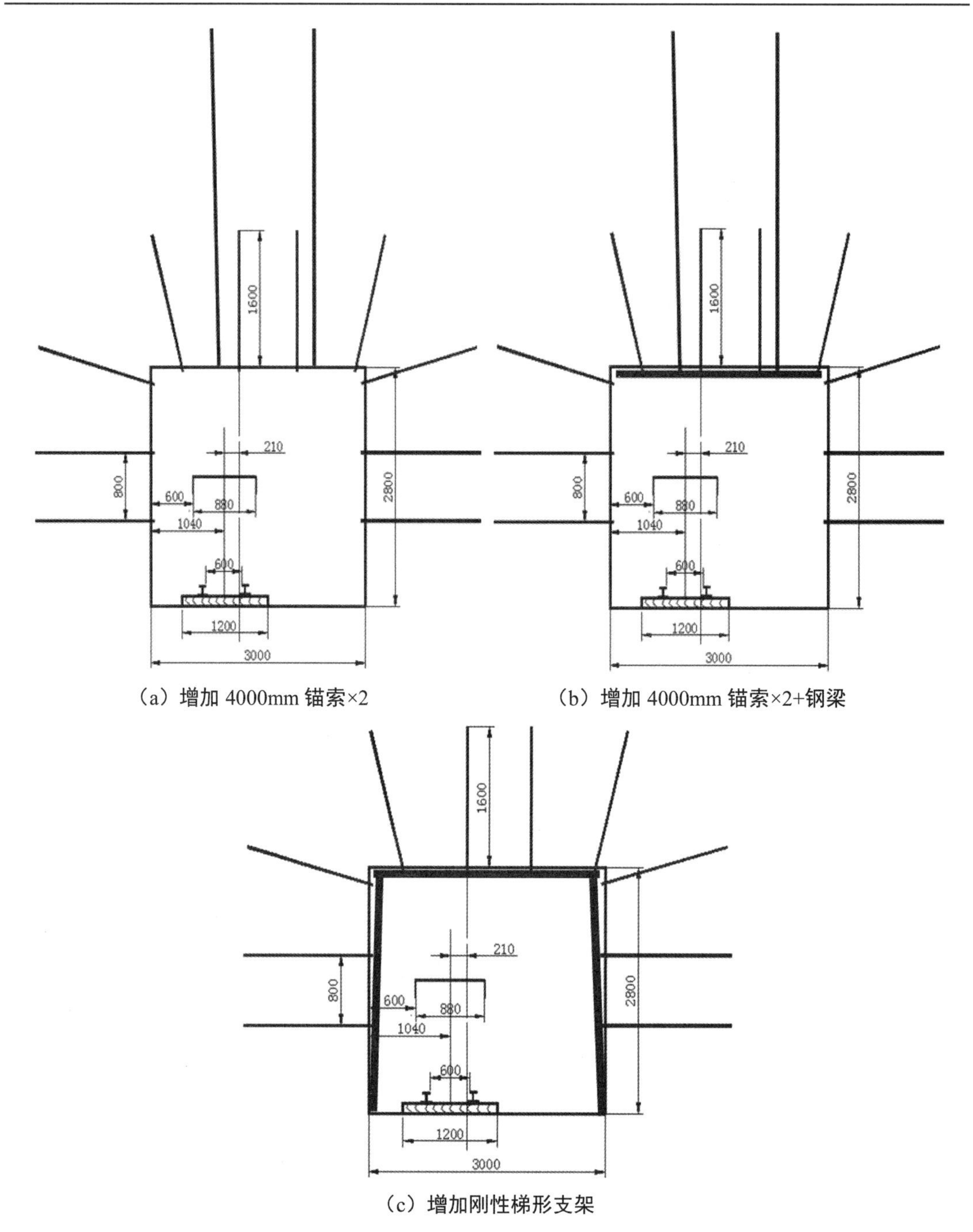

（a）增加 4000mm 锚索×2　　（b）增加 4000mm 锚索×2+钢梁

（c）增加刚性梯形支架

图 2.26　0403 工作面回风（轨道）顺槽巷道断面支护参数

上下帮布置索脚锚杆，下倾 10°，实现稳帮支顶强底概念的巷道底鼓控制。锚杆长度由 1600mm 调整至 1600mm（巷道围岩稳定类别）、1800mm（巷道围岩中等稳定类别）和 2200mm（巷道围岩不稳定类别），视变形情况布设顶板钢梁+锚索 4000mm×2，实现组合承载结构概念的围岩承载结构耦合稳定控制。配合加固两帮、顶板、顶角和底角的底板锚杆，锚杆长度为 1600mm，间排距为 800mm，有效建立巷道底鼓破坏支护控制关键技术。独臂掘进机全断面掘进方法掘进，围岩自身的承载力得到有效保护。一般巷道采用锚网钢带的支护，局部地段采取了锚网钢带+钢梁的支护，以及局部布设锚索，实现了巷道稳定。

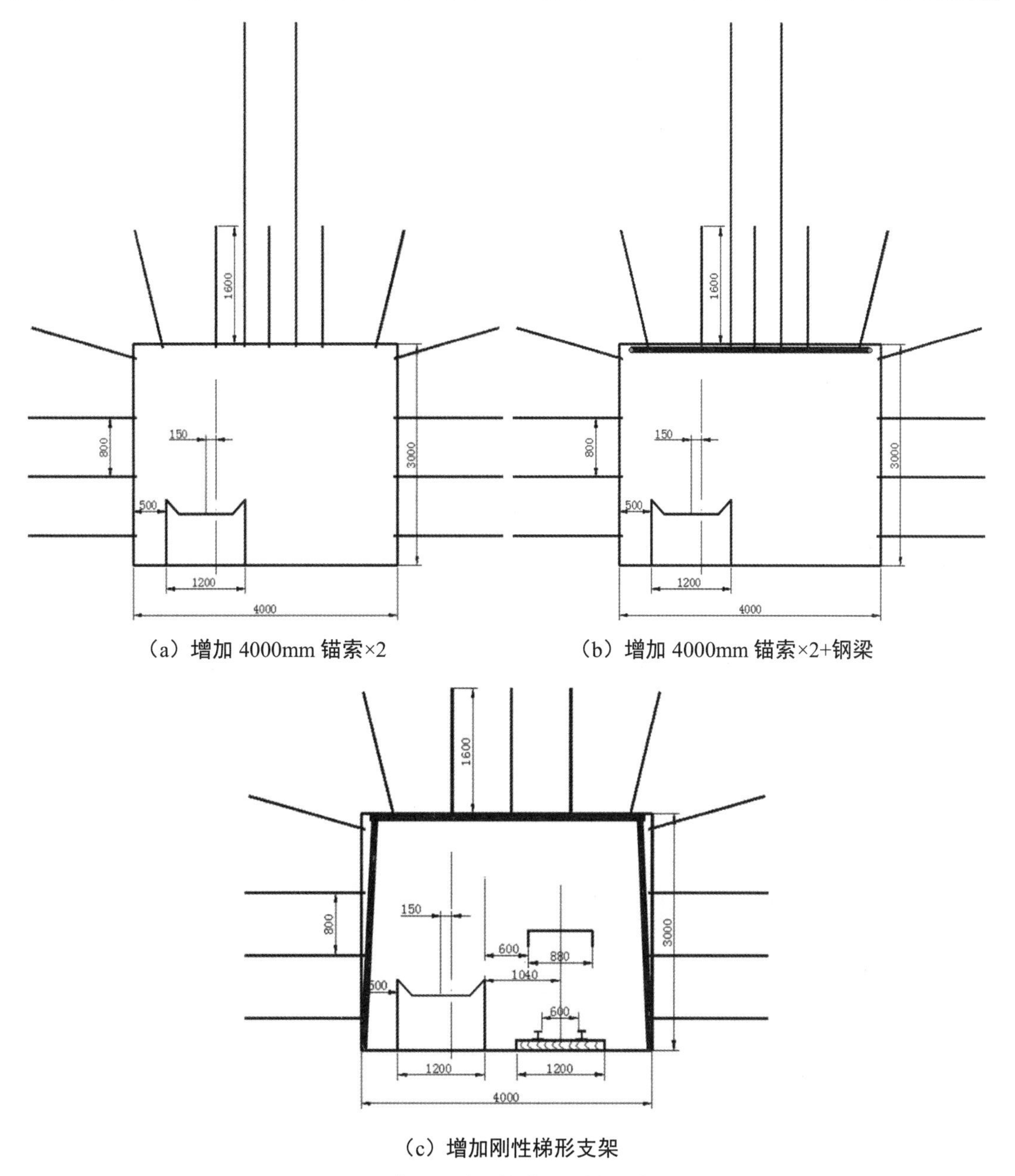

（a）增加 4000mm 锚索×2　　（b）增加 4000mm 锚索×2+钢梁

（c）增加刚性梯形支架

图 2.27　0403 工作面运输（轨道）顺槽巷道断面支护参数

（4）面临的问题。

产生巷道底鼓围岩破坏问题的主要原因是：由于顶板为泥质粉砂岩，底板为泥质粉砂岩、含炭泥岩，夹矸为泥质粉砂岩、含炭泥岩，基本属于软岩，遇水易泥化、膨胀，在排水不完善、无底板地锚、无边帮锁脚锚情况，极易发生巷道底鼓，边帮变形破坏引起凸出、顶板开裂离层引起冒落。即使暂时稳定的巷道，在活动断裂构造应力的作用下，顶板为泥质粉砂岩，底板为泥质粉砂岩、含炭泥岩流变效应，往往引起巷道微底鼓，边帮形变。

由于使用普通的爆破方法，巷道炮眼布置爆破掘进冲击应力波干涉，破坏了极易破碎的顶板为泥质粉砂岩，底板为泥质粉砂岩、含炭泥薄岩层状岩体的完整性，降低了围岩自身的承载力，围岩松动圈范围可达 1.3 ~ 2.0m。全断面巷道掘进施工方法与上下断面巷道掘进施工方法对比，不利于保护围岩自身的承载力和有效发挥锚网钢带（梁）的支护作用。锚杆支护发挥悬吊、组合梁索固作用有限，特别是牵挂、减跨作用大打折扣，巷道底鼓、边帮形变、顶板破碎下沉表现得尤为突出，不得不补设锚索和钢梁等措施，以便维护生产。巷道支护技术的专家系统需要建立完善、优化调整合理的巷道支护参数，实现巷道稳定。一般巷道采用锚网钢带的支护，局部地段采取锚网钢带+钢梁、锚网钢带+刚性梯形支架的支护，以及局部布设锚索，有效地确保巷道稳定。

第3章　国内外巷道底鼓围岩破坏研究

3.1　掘进对底板岩层稳定性的影响

回采巷道掘进时，若水平地应力（特别构造应力的影响）大于垂直地应力，则巷道的开挖对底板岩石来说，是降低了围压；当水平应力超过底板岩石的单轴抗压强度时，底板在开掘过程中即遭到破坏。从能量的角度分析，底板岩层处于三向应力状态时，允许储存较大的应变能。巷道开掘后，在周围形成应力集中区，在应力集中区形成能量集聚。当围岩最小主应力降低，允许储存的能量随之降低。如果集聚的能量大于该点的极限储存能，多余的能量将自动向深部转移，转移能量区域产生塑性变形或破裂。

3.2　巷道结构工作特性

在大量的巷道工程建设实践中，通过对巷道工程的现场观测、试验以及计算、推理分析，大致认识到巷道结构工作状态有以下特点。

（1）巷道结构在施工阶段就进入工作状态。

一般地面结构是施工完成后才承受活载、风载及自重等荷载，施工阶段的荷载一般较小,而巷道结构是在受载状态下构筑的,施工过程中要承受围岩垂直压力和水平侧向压力。对于长度较大的巷道工程而言，尽管人们习惯于按平面问题来简化计算工作，但针对这种施工过程的特殊工作特性，巷道工程也应该是一个空间结构体系，因此，巷道结构在施工阶段和使用阶段有不同的工作状态。

（2）围岩地质条件对巷道结构设计影响很大。

巷道结构的主要荷载是围岩压力，围岩压力与围岩级别及工程性质紧密相关，彻底弄清围岩的工程性质是困难的，在巷道结构设计过程中常需参考借鉴类似工程的成功经验。如果围岩是很破碎的软弱岩体，一般可以看成是破碎、松散的连续体，按松散体计算松散压力或按连续介质理论确定围岩压力；如果围岩是较完整的岩体，则要按工程地质方法确定围岩压力，此时特别要注意岩体结构面的不利和有利的组合，这样才能在安全条件下，有效和经济地建造巷道结构。此外，巷道结构埋深不同，所处地质构造部位不同，原岩初始应力也不同，初始应力释放将对巷道工程的开挖和稳定产生很大影响。还要特别注意的是，围岩地质条件在设计时只是有一个概略的资料，施工过程中才能逐步了解地质状态，并且随着时间的推移,由于受力状态的变化,岩体还会流变,甚至于还有地壳运动的因素，如地震等，都会使围岩随时间有一个明显或不明显的变化。

（3）围岩具有一定的自承载能力。

巷道结构所处的围岩不单纯是对结构产生荷载，也是承担荷载的组成部分，围岩压力由巷道结构和围岩共同承担，围岩有一定的自承载能力。不论在垂直方向或水平方向，围岩均有一定的自稳范围和自稳时间，随着岩体类型和构造的不同，其自稳范围和自稳时间在一个很大的范围内变化。巷道结构就是要充分利用或者改善围岩的自稳范围和自稳时间的大小，要做到这一点，就要求围岩产生一定的变形和一定范围的塑性区，同时也要及时进行支护。设计和施工者的任务就是将这一变形控制在允许范围之内，完全不变形是不可能的，同时过大变形也会带来支护的困难和造价的增高。充分发挥围岩的自承载能力，是现在巷道工程设计施工区别于传统方法的根本点，通过锚杆、锚索、喷射混凝土等对围岩的加固是提高围岩自承载能力的有效措施。

（4）巷道水的赋存状态对巷道结构的设计施工产生巨大的影响。

一般说来，巷道水不仅影响巷道工程施工阶段的结构和人员的安全以及施工方法的选择，而且带来巷道工程运行期间的防排水问题，巷道水的发育也能在很大程度上恶化围岩级别及工程性质。在设计和施工中首先要了解巷道水的情况，还要注意巷道水的变化，注意巷道水变化带来的地层参数的变化和静、动水压力的变化。

（5）施工方法和施工时机对围岩及巷道支护结构的稳定有制约作用。

由于巷道结构是以巷道空间代替岩体的承载结构，而此替代过程是在某种范围和时间内依赖围岩的自承载力实现的，所以施工方法和施工时机能在很大程度上影响围岩及巷道支护结构的稳定。考虑到这种因素，在构筑预期的巷道结构的过程中，尤其在软弱、破碎围岩当中，要注意对围岩的过度扰动、限制超挖，要注意巷道结构与围岩共同工作或者与辅助支护结构、临时支护结构共同作用，形成空间受力体系，以减少或控制变形，并注意构成封闭的三向受力体系，这一原则习惯上称为“勤支护、早封闭、弱扰动”。因此，巷道结构的施工步骤要有严格的工作程序和施作时间规定。

（6）多期支护对改善巷道结构稳定有明显积极作用。

开挖早期适时进行初期支护，但支护刚度不大，以便围岩产生一定的变形，在变形发展到一定水平后再进行二次支护，两者支护措施共同构成永久巷道结构。这种多次支护的方法不仅能主动控制围岩的变形，而且能改善作业空间环境、节约工程造价。

工程设计必须建立在科学合理的力学模型基础之上，随着巷道工程计算理论的发展，作为巷道结构设计必需的计算模型也有了其理论依据，但具体计算模型的确定，应能反映以下情况。应尽可能将所有因素考虑进去，反映结构实际工作状态以及围岩与结构的边界关系，假定条件尽可能接近实际且不宜过多。计算模型中有关参数应该是能够测定的、实用的，且受人为因素干扰的程度较小。计算出的结果既不过于保守也不偏于不安全，如应力、应变等应真实可靠，符合经济实用、安全合理原则。荷载确定简单明确，荷载种类符合结构在施工和使用阶段的实际情况。计算模型适用范围应尽可能广泛，具有普遍性且能被反复检验。由于巷道工程所处地质环境的复杂性以及施工方法的差异性，以某个理想的计算模型来适用于所有的围岩环境，对于巷道工程来说是很难实现的，因此，必然会存在多种适用于各自围岩条件的计算模型。从巷道结构设计实践来看，巷道结构设计的计算模型大致可以归纳为三大类：第一类“荷载-结构模型”，基于结构力学的分析模型，围岩对结构产生荷载，承载主体是衬砌结构，同时围岩对结构的变形有约束作用。第二类“围岩-结构模型”，基于连续介质力学的分析模型，衬砌结构对围岩的变形起限制作用，承载主体是围岩。第三类“收敛-约束模型”，以连续介质力学、结构力学等理论为基础，结合实测、经验的分析模型。

目前，随着一些前后处理功能强大的有限元软件的开发，如 ANSYS、FLAC、3D-σ 和 ADINA 等软件，使数值分析被广大工程设计施工所接受，在越来越多的巷道工程实践中得到广泛应用，也对设计施工方案、方法确定发挥了积极的理论指导作用。显然采用数值分析的围岩-结构模型原则上任何场合都可以适用，主要的准备工作就是确定各种材料本构模型的参数以及围岩初始应力等条件。围岩-结构模型与目前一些先进施工技术条件下的巷道结构的实际工作状态是基本吻合的，如锚喷支护、钢架格栅支护等具有快速、密贴、早强等特点，对限制围岩的变形可以起到及时有效的约束作用，是充分发挥围岩自承载力的一项有效措施，这正好符合围岩-结构模型的特点。正因为如此，围岩-结构模型成为目前发展迅速的运用越来越广泛的分析方法，如图 3.1 所示。

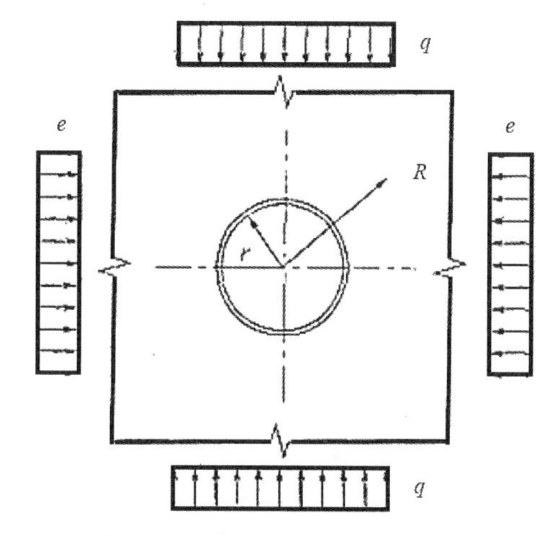

图 3.1　围岩—结构模型计算简图

收敛-约束模型又称特征曲线模型，是指利用围岩的收敛特征曲线与衬砌结构的支护特征曲线关系求出支护结构的类型和尺寸的计算模型。收敛-约束模型计算简图如图 3.2 所示，

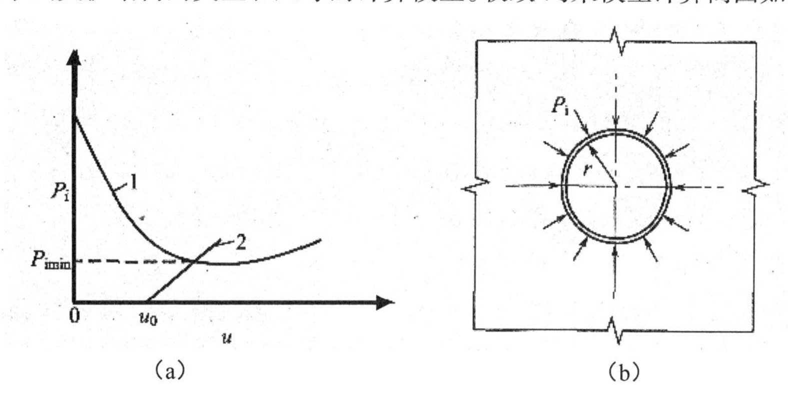

图 3.2　收敛—约束模型计算简图

曲线 1 为围岩的收敛特征曲线，按连续介质力学方法得到，横坐标为巷壁位移 u，纵坐标为衬砌对洞周围岩的支护阻力 P_i，该曲线也可理解为围岩的支护需求曲线；曲线 2 为

衬砌结构的支护特征曲线，由结构力学方法得到的衬砌结构受力变形关系曲线，该曲线也可理解为衬砌结构的支护补给曲线。

如果掌握了围岩的收敛特征曲线和衬砌结构的支护特征曲线以及施作衬砌结构前已经发生的初始自由变形 u_0，那么两曲线的交点纵坐标 P_{imin} 即为支护结构上的最终围岩变形压力，交点横坐标即为支护结构的最终变形量。有了支护结构的围岩变形压力后，即可按一般结构力学的方法分析支护结构的内力，进而设计截面尺寸。

3.3 构造应力影响作用下底板岩层抗弯刚度的变化

回采期间，工作面超前支承压力通过两帮传递给底板，巷道底板岩层存在零应变点，零应变点以上的岩层须承受垂直拉伸应变。而回采巷道的底板岩层一般为层状岩体，其抗拉强度由层间的弱面控制，因而抗拉强度很小，巷道底板岩层将在拉伸应变的作用下产生离层，同时大大降低底板岩层的抗弯刚度。底板岩体中的破裂面形态是巷道底鼓产生的重要因素，它决定了底鼓发生时所呈现的形式和底鼓的量级，底板岩层的破裂面包括沿岩体原生结构面形成的破裂面，也包括由岩石破坏产生的新生破裂面。不同的底板岩体结构和应力状态可产生不同的破裂面形态。

研究表明，软煤巷道比中硬煤巷道更容易产生底鼓。这就说明回采巷道底板难以在两帮煤体传递的支承压力作用下产生压模效应。若在支承压力作用下两帮被破坏，相当于巷道宽度加大。一般巷道比构造应力巷道底鼓量小主要是由于巷道两帮煤体强度较大，在支承压力的作用下两帮破碎区和塑性区较小，底板“暴露”的宽度较小；而构造应力巷道由于两帮破碎区和塑性区较大，底板“暴露”宽度较大，在水平应力的作用下产生剪切破坏或压曲，从而底板水平位移增大，底鼓量增大。

3.4 巷道围岩承载结构的数值分析

（1）巷道围岩塑性区分布，以总回风下山为例，如图 3.3 所示。

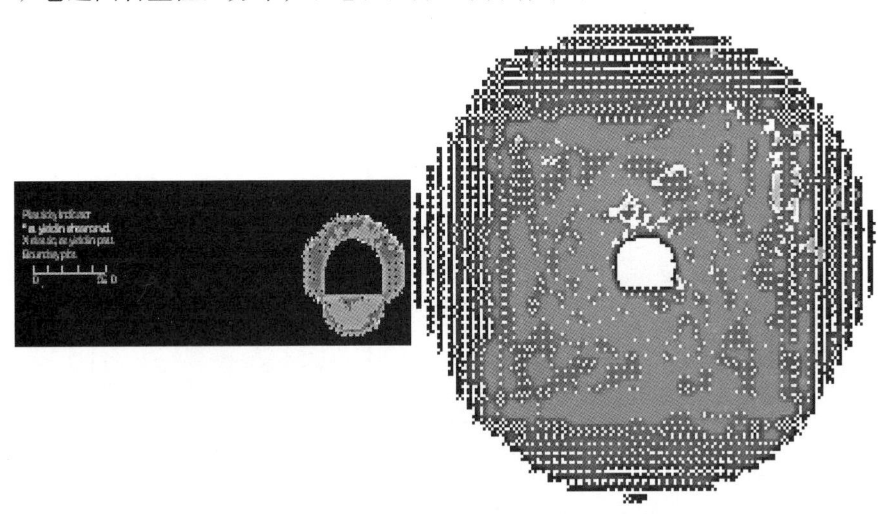

图 3.3 巷道围岩塑性区分布

巷道掘进过程中，由于底板没有及时得到控制，含膨胀性矿物成分较多的底板岩层遇水极易膨胀，出现严重底鼓变形现象，影响巷道的正常使用。

巷道底帮鼓起主要变形方式为顶板下沉和巷道底鼓，最大下沉区域集中在巷道顶板中部，极限垂向位移达到 20cm，甚至更大；在巷道底部，底鼓变形破坏现象严重，最大底鼓区域集中在巷道底板中部，极限垂向位移达 30cm，甚至更大。由于巷道出现底鼓变形，帮部产生侧向水平位移，导致巷道帮部产生鼓出变形，与现场发生的变形相接近。

（2）巷道围岩垂直应力分布如图 3.4。

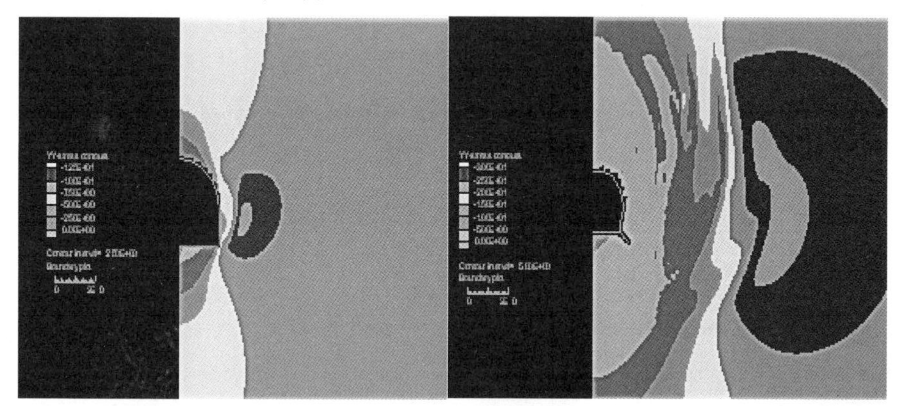

图 3.4　巷道围岩垂直应力分布

（3）围岩内聚力分布如图 3.5。

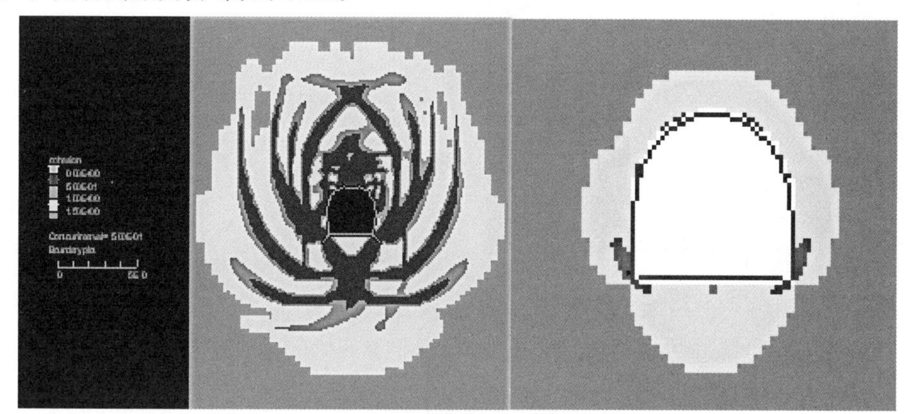

图 3.5　巷道围岩内聚力分布

（4）巷道底鼓变形破坏机理如图 3.6 和图 3.7。

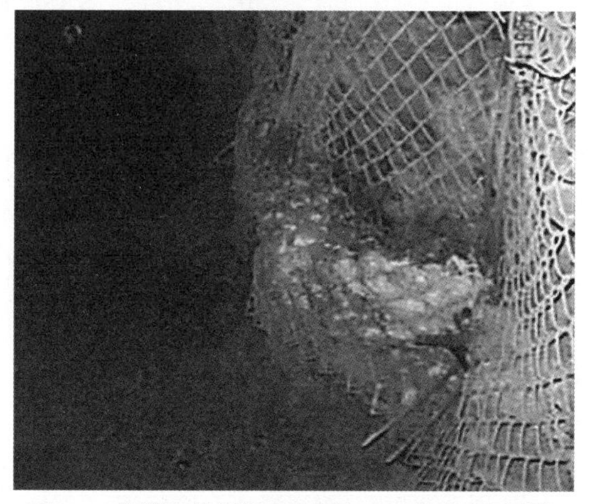

图 3.6　巷道底鼓帮部产生侧向水平位移变形破坏

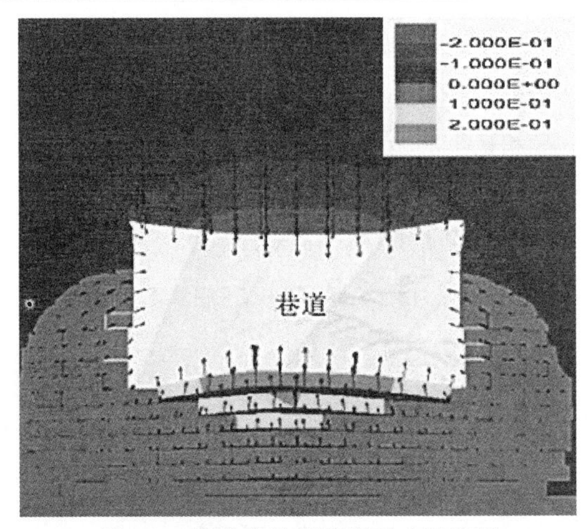

图 3.7　巷道底鼓帮部变形破坏机理

（5）优化支护后的巷道垂向位移矢量场如图 3.8。

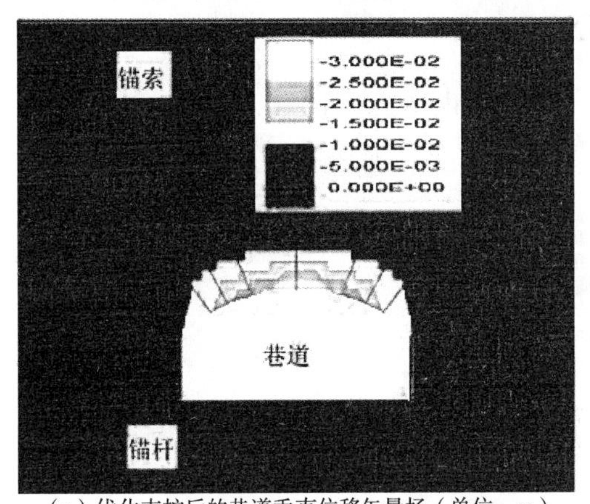

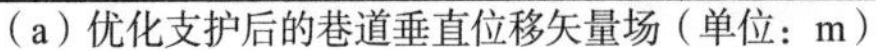
（a）优化支护后的巷道垂直位移矢量场（单位：m）

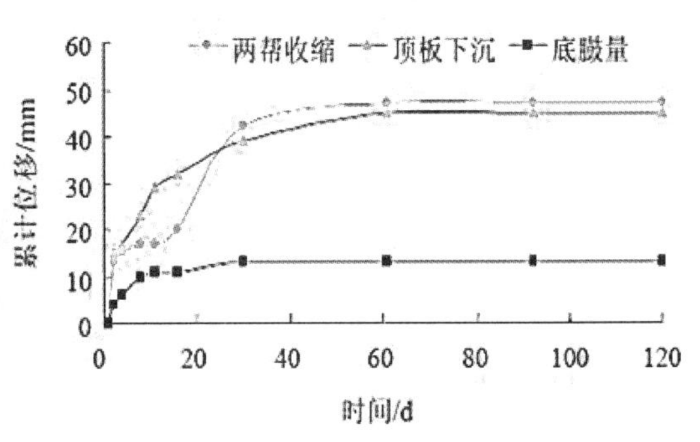

（b）围岩移近累计位移与时间关系曲线

图 3.8　优化支护后的巷道底鼓有效控制

对于泥岩底板型巷道结构，巷道一般为上硬中碎下软的典型结构，在活动构造应力场和自重应力场相互作用下，巷道破坏变形表现为：高应力接触→底板和帮部的蠕变→顶板下沉加速→应力释放、调整和转移的一个循环过程。由此看来，控制顶沉、防止底鼓和加固煤帮成为泥岩底板岩层巷道稳定性控制的主要因素。从图 3.8 可看出，巷道主要变形方式为顶板下沉，下沉最大的区域主要集中在巷道顶板中部，但发生最大下沉值的区域范围有限。从巷道位移矢量场分析，位移等值区域分布比较均匀，说明变形的协调性较好，锚索网支护系统和围岩在强度和刚度上耦合效果明显，围岩稳定性得到基本控制。围岩移近累计位移与时间关系曲线所示，巷道变形量不大，未出现大的顶板下沉、离层和帮鼓现象，巷道成型好，围岩变形量小。巷道的顶板和底鼓控制得很好，两帮移近量稍大。底鼓控制非常理想，与采取挖掉底板的泥岩，以及采用底角锚杆的技术有至关重要的关系。

3.5　构造应力巷道变形特点

（1）构造应力巷道的矿山压力显现特点。

①巷道围岩初始变形速度大，掘进后第一天底鼓和两帮移近量达几十毫米以上。

②底鼓持续时间长，一般都要持续几个月甚至巷道全封闭。

③在巷道开挖时发生高应力劈裂现象。巷道经常突然来压，造成锚杆破断，两帮和顶板可听到岩体破裂的劈啪声。

④与一般软岩巷道不同，深井动压巷道围岩变形具有明显的分层性，一般情况下首先是两帮煤体被迅速挤出，紧接着是强烈底鼓，然后是顶板下沉。

（2）巷道开挖后集中应力峰值迅速向两帮煤体内部移动，由于两帮煤体强度较低，巷道围岩大范围松散破碎，围岩应力场难以在短时间内通过自身的调节达到平衡，应力峰值相对无限外移。而浅部煤巷掘出后，围岩应力也有一个调整过程，应力峰值同样向两帮煤体内移动，但应力场很快达到新的平衡。这是深部煤巷和一般煤巷的矿压显现显著不同的特点。因此，相对而言，浅部动压巷道的外部围岩是稳定的，而深部动压巷道的外部围岩相对不稳定。

（3）巷道支护的任务。防止巷道表面附近破碎岩体垮落和蠕变变形，而且还需限制围岩应力峰值的外移和塑性区的扩展，维护巷道稳定。

3.6　锚喷支护力学分析和破坏形态

当前，关于锚喷支护的力学作用，流行着两种分析法：一种是从结构观点出发（支撑观点），把喷层与围岩部分岩体组合起来，视为组合拱，把锚杆与围岩组合在一起，视为组合梁、承载拱，把大块危石用锚杆锚固在围岩上，视为悬吊作用等，属此类；另一种是从围岩和支护共同作用的观点出发（围岩加固观点），把支护视作围岩的外力（或视作围岩与支护共同体内的内力）和围岩的承载力来考虑。

显然，支撑作用观点是一种近似处理方法，无法考虑支护与围岩的共同受力作用，解释某些现象会遇到困难，如锚杆锚固在破碎岩层内，同样能发挥一定作用，但用锚杆的悬吊理论就不好解释。加固作用观点，考虑了支护对围岩的支承作用与加固作用：支承作用是由于支护对围岩施加外力，从而使围岩受力状态得到改善，反过来也使支护受力得到改善。如喷层对围岩产生支护抗力，使围岩由二向受力变成三向受力状态，改善了围岩受力条件，发挥了围岩的自承作用，与喷层相似，锚杆通过受拉对锚固区造成径向受压作用。加固作用是指锚喷支护加强了围岩承载力，如喷层喷入岩体裂隙中，提高了岩体强度。锚杆锚入围岩中，也起到提高和保护围岩抗剪强度的作用。根据岩体的地质特征和力学特性，锚喷支护的破坏形态和围岩类型分如下几种。

（1）坚硬裂隙岩体，这种岩体的岩块十分坚硬，岩体破坏只能沿裂隙面剪裂或拉裂。其原因或是岩体自重的作用，或是初始应力过大，裂隙面强度低，常见的破坏形式是危石松动塌落，围岩局部坍塌。围岩压力一般表现为顶部大，两帮小，底部没有。如果坚硬岩层中夹有软弱夹层，还容易出现软弱夹层顺层滑落或顺层挤出。这种岩层锚喷支护以后，整体破坏极少，局部破坏有：喷层拉裂、错剪、剪裂、撕裂和剥落（如图3.9）。这些现象主要是危石滑移、松动或塌落所致。危石塌落有时引起岩体局部坍塌，尤其是碎裂岩体或薄层岩体。因为危石岩体结构互相镶嵌，不至于坍塌，一旦危石坍落，破裂区会引起一连串塌落，这是锚喷支护设计要考虑的。

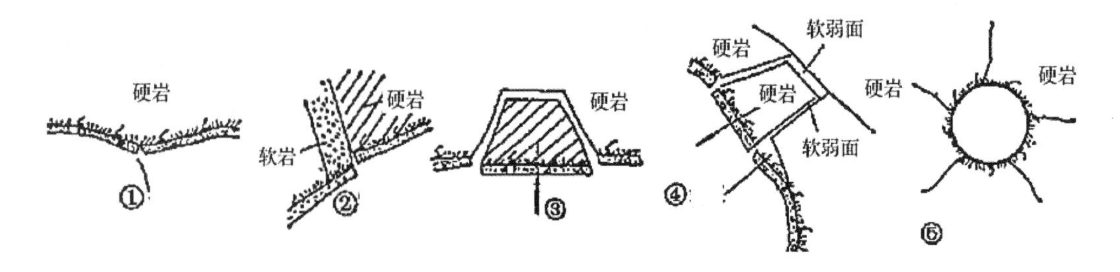

①拉裂；②错剪；③剪裂；④塌裂；⑤发射状开裂

图 3.9　坚硬裂隙岩体锚喷支护破坏形态

（2）破碎软弱岩体。这类岩体破碎，岩块强度低，其破坏形态表现为先挤压性变形、松动，而后发展至片帮、冒顶。冒顶可发展得很快，冒得高，这是一个特点。但这种岩体没有明显的流变特性，如无极大的初始应力作用，片帮冒顶前的变形量不大。当最大初始应力位于垂直方向时，破坏通常开始在巷道两侧。即两侧岩体外挤，顶部岩层下沉、松动、冒顶。当刚性支护不允许两侧岩体外挤时，出现两侧或拱腰部围岩压力增大，而当两侧岩体外挤时，导致顶压猛增。当最大初始应力位于水平方向时，顶底部易出现破坏，围岩压力主要来自顶部。破碎岩体开挖的巷道，锚喷支护破坏形态与最大初始应力有关。当 λ_0=1 时，围岩四周压力均匀，喷层周围出现剥落或剪切破坏；当 λ_0<1 时，最大主应力位于垂直方向，围岩塑性区位于巷道两侧，剪切破坏使两侧出现破裂楔体，或者四周受压引起剪切破坏。

（3）塑性流变岩体。它具有明显的塑性和流变性质，有极大的蠕变位移。破坏形态表现为硐壁内挤，顶板下沉，底板隆起，巷道断面缩小，围岩处于塑性流动状态。但随时间延长，围岩变形释放，达到新的平衡状态。塑性流变岩体的自稳时间很短，无自承能力，易于冒顶。初始冒顶不如破碎软弱岩体那么严重。支护后，围岩压力一般来自四周，当水平方向应力大于垂直方向应力时，漩体、喷层呈尖桃形破坏，如图 3.10；当垂直方向应力大于水平方向应力时，围岩压力主要来自顶部，漩体、喷层成平顶形破坏，如图 3.11。

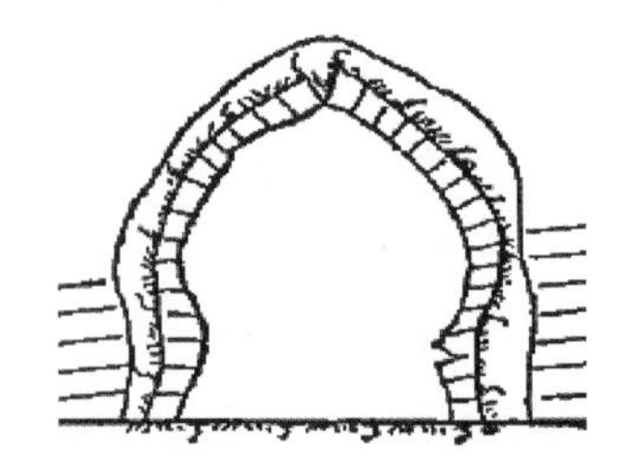

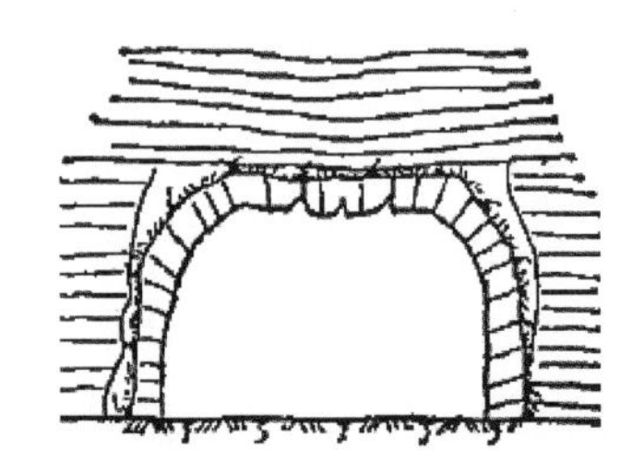

图 3.10　塑性流变岩体尖桃形破坏形态　图 3.11　塑性流变岩体平顶形破坏形态

（4）膨胀潮解岩体。此类岩体都具有一定塑性、流变性特征，但与塑性流变岩体不同，它遇水膨胀大，潮解力强。如果有水存在，支护极为困难，围岩自稳时间极短，甚至完全不能自稳。在膨胀性岩体开挖巷道时，围岩除有形变压力外，还有膨胀压力。膨胀压力都是四周均匀，如巷道有积水，会出现底鼓。这种岩体经过水化、泥化，潮解，围岩强度逐渐变小至零，出现冒顶或极大的形变压力。

3.7　锚喷支护设计施工原则

（1）为确保围岩不出现有害松动，发挥锚喷支护施工快的特点，做到支护及时，喷速凝、早强混凝土，紧跟开挖面，设计和施工应对锚喷支护的施工顺序、时间、支护面与开挖面的距离，都应提出严格要求。

（2）准确、合理地调节控制围岩变位，在不出现有害松动的条件下，允许围岩有一定程度的变位，以便充分发挥围岩的自承能力。锚喷支护中，采用二次喷混凝土或二次锚固法。第一次允许围岩有较大的变形，第二次变形量就会迅速减小。当围岩变形很大时，企图用二次锚喷仍是不足，必须采用可缩性支护来调节、控制。实际上，锚杆是一种良好可缩性支护。喷层留纵向变形缝也可提高可缩性，等待围岩变形停止，再喷混凝土封住纵向变形缝。修筑底拱，控制围岩继续变形。一般在复喷前或复喷时封底。利用延迟支护时间来控制围岩变位，但是若支护较晚，易出事故。围岩总的变形量，应控制在允许极限位置之内。变位大的应增加锚杆数量，加钢丝网或适当增加喷厚。

（3）喷层厚度不宜过大，以发挥喷层柔性支护的优点。通常第一次喷厚 3 ~ 10cm，喷层总厚不超过 10 ~ 20cm，大跨度的巷道允许适当增加。喷层最小厚度为 5cm。破碎软弱岩层的最小喷厚为 10cm。如果喷层强度不足，可加锚杆或金属网。

（4）巷道断面形状尽量与围岩压力相适应。四周来压，宜用圆形。除坚硬岩层外，应设底拱以封闭支护。断面轮廓尽可能采用圆滑曲线，光爆施工减少应力集中，增强喷层结构效应。当地质条件突变时一般断面不变，用增减锚杆和金属网调节。

（5）设计和施工应把围岩和支护视为共同体，喷层与岩面、喷层与喷层、喷层与金属网、喷层与锚杆，都要有良好的黏结和连接，以造成两者之间共同变形、共同受力的条件。喷层与岩面的黏结力，锚杆的锚固力，都是保证质量的检验项目。从锚固力大小角度来看，黏结式螺纹锚杆效果最好。

（6）锚杆在锚喷支护中起很大作用，锚杆通过受拉向锚固区提供压力来改善围岩受力状态，锚杆与围岩共同变形、共同工作，预应力锚杆的拉力更大。锚杆尚能通过受剪来提高围岩强度（c、φ 值）。

（7）锚杆布置以重点布置（局部布置）和整体布置（系统布置）相结合，危石和软弱层的滑落处、节理面和软弱面、顶部和侧帮上部，应是重点加固的部位。当最大初始应力位于垂直方向时，锚杆重点布置在侧帮；当最大初始应力位于水平方向时，重点布置在拱顶围岩。锚杆数量多少，即锚杆间排距的确定，以发挥喷层作用和施工方便为原则，即通过锚杆数量的变化，使喷层始终具有有利的厚度。合理的锚杆数量，正好使第一次喷层下围岩达到稳定状态、复喷厚度作为安全储备。锚杆排、间距不大于锚杆长度的 1/2，也要与一次开挖的进度、巷道宽度相适应，以便于施工。

（8）锚杆长度应充分发挥锚杆强度作用而获得经济合理的锚固效果。所以锚杆应力尽量接近锚杆的抗拉强度或锚固强度。黏结式锚杆沿长度应力分布不均，利用率低，但锚固力大，施工方便。设计中允许锚杆局部应力适当超过锚杆屈服极限。某些专著中要求锚杆长度超出围岩的塑性区的观点是错误的，这会使锚杆的效用变得很低而造成浪费。但锚杆过短，使锚杆应力超过承载力，很难起到保护四周岩体的 c、φ 值的作用。所以锚杆的最小长度一般不宜小于围岩松动区的厚度。

（9）围岩的自稳时间，是确定支护的施工顺序与施工时间。如果围岩自稳时间长，可先锚后喷；若自稳时间短，甚至边挖边塌，可采用超前锚杆，或喷-锚-喷。第一次喷层时间，通常要求自稳时间内完成一半喷层厚度。第二次喷层，除塑性流变和膨胀性岩层外，要求第一次喷层不出现破裂时进行。有两种做法：一是缪勒提倡的，在第一次喷层支护下，待围岩稳定后，再施行第二次复喷。如发现第一层强度不足，增加锚杆调节。复喷是为了支护安全。两次喷射时间为 3 个月至 6 个月。二是待围岩变形发展到第一层临近破裂（围岩变形量达到第一喷层破裂时变形量的 80%时），喷第二层。围岩变形量和时间关系可由实测或计算确定。一般两层相隔时间为 15 ~ 30 天左右。

（10）设计施工要和现场监控工作相配合，及时掌握施工动态，防止危险状态出现，以便修改设计，指导施工，对支护效果和围岩稳定性做出正确估计。监控工作有：围岩变位量测，用来确定围岩松动范围和围岩内应力分布状况；断面收敛量测，用来评定围岩变化动态，围岩最终稳定状态和混凝土复喷时间；锚杆应力量测，配合上述两种监控工作，确定锚杆根数和长度；喷层接触压力和喷层内切向应力量测，用来检验和指导喷层厚度是否选择适当。

（11）水是造成围岩松动的重要原因，对膨胀岩层和潮解岩层，危害更大。裂隙岩层注意防止水过大的渗透压力，所以要有良好的排水体系。若水量不大，先喷后开排水孔排水，若水量水压都大，采用开挖面上留排水道集水坑排水，有水地段应加强围岩与喷层的黏结。

（12）坚硬裂隙岩层的破坏形式是沿节理面松动塌落，采用锚杆支护效果好。大断面巷道以施加或不施加预应力长锚杆和锚索为主，喷混凝土与钢筋网为辅。在长锚杆中间辅以较短的中间锚杆，以支承锚杆间岩石。锚杆锚固重点一般放在顶部和高边墙巷道的侧壁上。锚杆数量、长度、直径的选用及其配置，都要考虑承受危石的重量和裂隙岩体塌落区的重量，锚杆锚固在稳定岩体中。锚杆方向与岩层面正交，与岩体主结构面成较大角度布置，垂直于巷道周边轮廓线。预应力锚杆应灌注砂浆。

（13）破碎软弱岩体的破坏特点是围岩松动早，来压快，易塌方。所以应早支护，早封闭，设底拱。一般采用锚杆、喷层、金属网联合支护。

（14）塑性流变岩体，围岩变形与时俱增，变形量大，来压快，围岩压力大，持续时间长。这类岩体采用何种支护形式，至今尚无定论。一般认为“先让后顶”，把围岩较大的应力和变形释放，再用特强支护顶住。有必要试验特强锚喷或锚喷与传统支护相结合的复合支护。采用可缩性大的支护，以锚为主，采用短、密锚杆，形成塑性挤压带，配合留有纵向变形缝喷层。这种喷层允许变形 50cm 还不破坏。

（15）膨胀潮解岩体要有良好的排水设置，并要及时封闭围岩。若局部膨胀，只需局部处理。若围岩全部膨胀，必须采用封闭式圆形支护，并配置钢筋网。若膨胀性极大，采用双层支护效果好。先锚喷一层，预留膨胀空间，再用钢筋网喷混凝土或传统支护。

众所周知，巷道工程设计由于地质环境复杂、基础信息缺乏，无论采用理论计算法还是工程类比法，依据目前的技术水平，都不可能得到十分准确的结果。另外，由于工期、经费、勘测手段等因素的限制，在开挖前不可能将地质信息等施工中可能出现的因素搞得十分清楚，而必须通过开挖后所揭示的地质条件对围岩级别进行再认识和再确定，所有这些，将严重影响设计和施工决策的可靠性。设计文件中所拟定的断面尺寸、结构形式、支护参数、预留变形量和施工方法等设计参数均不是一成不变的，需要在开挖过程中重新评估和确认，必要时须做调整或修正。因此，巷道工程的设计无法在开工前就做到一步到位，这就是巷道工程有别于其他土木工程的重要特征。正因为如此，目前在巷道工程设计中，广泛采用经验借鉴、理论分析、现场量测技术、信息反馈、超前预报和动态调整相结合的所谓"动态设计法"。

巷道工程动态设计法又称信息化设计，与地面工程迥然不同，在巷道工程的动态设计法中，勘察、设计、施工等诸环节之间有交叉、反复、变更等现象。在前期地质调查和试验资料的基础上，根据经验方法或通过理论计算进行预设计，初步选定支护参数；然后根据预设计进行施工。同时，还需在施工过程中进行监控量测、超前预报，对量测数据进行理论分析，获得关于围岩稳定性和支护系统力学和工作状态的信息；然后结合有关规范和经验，对预设计有关支护参数及施工方案进行调整；而且这个过程是反复持续下去的动态过程，即修改设计、再施工、再量测、再反馈，直到建成一个长期稳定的巷道结构体系。由此可见，动态设计方法与过去采用的一般设计方法相比，有了很大的改变。它不仅仅包括施工前的设计，还包括施工过程中的设计，即把过去截然分开的施工和设计两个阶段融合为一体，构成了一个完整的动态设计过程。同时也可以看出，这种方法并不排斥以往各种理论计算、经验类比以及模型试验等设计法，而是"变孤军奋战为多兵种联合作战"，把它们最大限度地容纳在自己的理论系统中，发挥各种方法特有的优势；变一步到位为多步调整，让各种传统方法在一个动态系统中不断发挥作用。

实践表明，巷道工程特别适合于采用动态设计法，因为一般巷道工程多为线状结构物，不仅通过对已成巷道的地质素描与摄影、工程测量、巷道水观测以及位移应力监测等手段获得围岩的基本信息，还可以通过超前地质预报、地球物理探测等先进技术手段探测开挖面前方的围岩情况。因此，完全具备在开挖过程中进行设计和施工调整的技术条件。

3.8　巷道底鼓的防治措施

（1）卸压法。卸压法的实质是采用一些人为的措施改变巷道围岩的应力状态，使底板岩层处于应力降低区，从而保证底板岩层的稳定状态。它特别适用于控制高地应力的巷道底鼓。目前出现的卸压法有切缝、打钻孔、爆破及掘巷卸压等形式。打钻孔这种措施在技术上有很大难度，因为在钻孔间距很小的情况下，打直径为 50 ~ 60mm 的孔而不发生偏斜是非常不容易的。此外，这种措施的卸压范围比底板切缝小，因而要考虑到钻孔后发生底鼓的可能性。

（2）用锚杆加固底板。底板通常是成层的，因而非常适合于用锚杆加固。木锚杆一般用于巷道范围内的垂直钻孔，钢锚杆则用于斜孔，锚入两帮下面（约与巷道两帮成 35°～40°）的地层中。其作用在于减少巷道底板的破碎程度。这样支护的工作原理主要有两个方面：一是将软弱底板岩层与其下部稳定岩层连接起来，抑制因软弱岩层扩容、膨胀引起的裂隙张开及新裂隙的产生，阻止软弱岩层向上鼓起。二是把几个岩层连接在一起，作为一个组合梁，起承受弯矩的作用。此组合梁的极限抗弯强度比各个单一岩层的抗弯强度的总和大。在各种各样的地质条件下所做的试验表明，成功地加固软弱底板并不一定要求它具有层状构造，底板岩层经过锚杆加固以后增加了抗弯强度。

（3）底板注浆。底板注浆一般用于加固已破碎的岩石，提高岩层抗底鼓的能力。当底板岩石承受的压力超过岩体本身的强度而产生裂隙和裂缝时，应采用注浆的办法使底板岩层的强度提高，达到防治底板底鼓的目的。由于所选择注浆的形式、材料、压力和时间长短不同，岩层中的裂隙可能全部或部分被粘合，当注浆压力高于围岩强度时，会产生新的裂隙并有浆液渗入。

注浆后岩层达到的结合强度主要取决于选择的注浆材料：采用聚氨酯材料，岩层间的结合强度较高，加固的效果较好，但底板潮湿时粘和强度较低，成本也较高，注水泥浆虽然成本低，但结合强度较低，所以在选择材料时要根据实际情况合理选择。还应指出，软岩进行底板注浆不能保证取得成效。如果将注浆和锚固结合使用，就可以使原来只适用两者的范围得到扩展。

（4）巷道壁充填。在巷道和未采煤柱之间的巷道壁充填，主要是通过把侧翼地层压力支点转移到远离巷道的地方而改善压力分布，从而增加底板黏土从未采煤柱的下面向巷道流动的阻力。另外一种用于永久性巷道的底板支护是，在巷道底板上先挖出矩形坑槽，然后再填以遇水硬结的材料，使之成为混凝土反拱。这种支护具有较高而且平均一致作用于底板上的支护阻力。加装可伸缩支撑件可进一步加强混凝土反拱，使其获得更大的抵抗底鼓的残余变形阻力的能力。

（5）巷道中水的控制。在很多地下巷道中都有水的存在，而水的存在是造成巷道底鼓的重要原因，因为水的侵蚀会使自然界中几乎所有矿物强度软化。因此重要的是使用什么方法来保证底板不受水的严重影响。这就要求地下巷道排水要及时和通畅，同时要求高标准的排水。

3.9 巷道支护衬砌的主要类型

巷道优化设计内容：巷道初支作为取水工程永久性构筑物的一部分，应避免巷道围岩日久破碎和水的侵蚀，产生松弛、掉块、坍塌以致围岩失稳，危及取水巷道安全运营，初支施工与稳定应满足至永久衬砌工程建成时期并营运的需要，所以巷道的衬砌支护是十分必要的。巷道支护衬砌有：锚喷衬砌、整体式衬砌、复合式衬砌。

（1）锚喷衬砌。

①喷混凝土支护；

②喷混凝土+锚杆支护；

③喷混凝土+锚杆+钢筋网支护；

④喷混凝土+锚杆+钢筋网+钢架支护。

锚喷衬砌是一种加固围岩，控制围岩变形，能充分利用和发挥围岩自承能力的支护衬砌形式，具有支护及时，柔性、紧贴围岩、与围岩共同变形等特点，在受力条件上比整体式衬砌优越，对加快施工进度、节约劳动力及原材料、降低工程成本等效果显著，能保证围岩的长期稳定。

（2）整体式衬砌是被广泛采用的衬砌方式，有长期的工程实践经验，技术成熟，适应多种围岩条件。因此，在巷道洞口段、浅埋段及围岩条件很差的软弱围岩中采用整体式衬砌较为稳妥可靠。

（3）复合式衬砌是由内，外两层衬砌组合而成，第一层称为初期支护，第二层为二次衬砌，目前大型过水断面巷道已经普遍采用复合式衬砌。复合式衬砌的初期支护采用锚喷支护，二次衬砌采用模筑混凝土衬砌。其优点是能充分发挥锚喷支护快速、及时，与围岩密贴的特点，充分发挥围岩的自承能力，使二次衬砌所受的力减到最小。

锚喷衬砌：在复合式巷道衬砌中，锚杆衬砌被用作巷道初期支护的主要手段，利用快速、及时、与围岩密贴的特点，充分发挥围岩的自承能力，使二次衬砌所受的力减到最小。喷射混凝土利用泵或高压风作动力，把混凝土混合料通过喷射机、输料管及喷头直接喷射到巷道围岩壁上的支护方法。喷射混凝土是在巷道掘进后立即施工，以覆盖岩面，维护巷道围岩稳定的结构物，具有不需要模板、施工速度快、早期强度高、密实度好、与围岩紧密黏结、不留空隙的突出优点。

巷道掘进后及时喷射混凝土支护，可以起到封闭岩块、防治破碎松动、填充坑面及裂隙、维护和提高围岩的整体性、帮助围岩发挥自身的结构作用、调整围岩应力分布、降低应力集中、控制围岩变形、防止掉块、防止坍塌等作用。锚杆支护是锚喷支护的主要组成部分，锚杆支护是通过锚入岩体内部的钢筋与岩体融为一体，达到提高围岩的力学性能，改善围岩的受力状态，实现加固围岩、维护围岩稳定的目的。大量试验和工程实践表明，锚杆对保持隧道围岩稳定、抑制围岩变形发挥了良好的作用。如图 3.12 所示，利用锚杆的悬吊作用、组合拱作用、减跨作用、组合梁作用将围岩中的节理、裂隙串成一体，提高围岩的整体性，改善围岩的力学性能，从而发挥围岩自承能力。锚杆支护不仅对硬质围岩，而且对软质围岩也能起到良好的支护效果。为了充分发挥锚杆对围岩的支护作用，从技术上要求：第一紧跟开挖面及时安装锚杆支护系统；第二要确保锚杆全长注浆饱满，端头锚固坚固，与岩体连成整体；第三要求锚杆达到使用耐久，避免松弛、锈蚀、腐蚀损坏。本设计综合考虑上述巷道支护衬砌情况开展初支设计。岩体中锚杆的作用主要体现在对层理结构面张开和滑动的控制上，即为锚杆的基本支护作用。

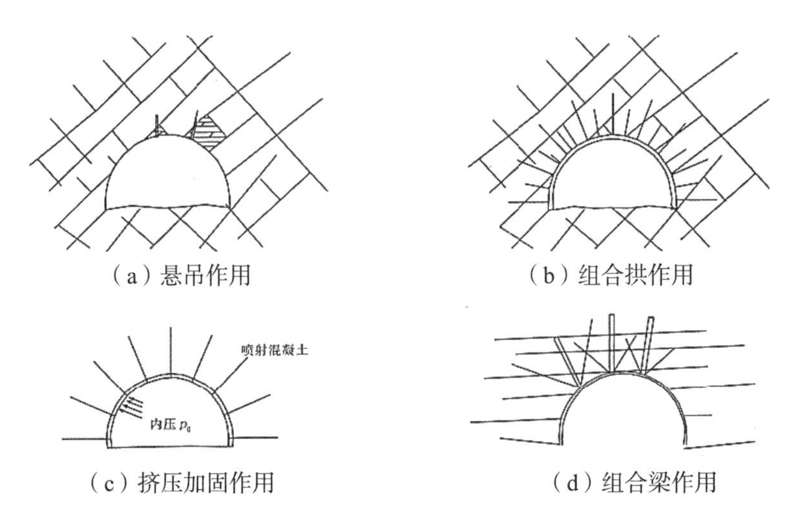

（a）悬吊作用　　（b）组合拱作用

（c）挤压加固作用　　（d）组合梁作用

图 3.12　锚杆对围岩的支护机理

层理结构面张开时锚杆受拉力作用，层理结构面滑动时锚杆受剪力作用。这两种基本支护作用可以同时存在，当锚杆与层理结构面斜交时，层理结构面的滑动使锚杆既受拉又受剪，或层理结构面张开和滑动同时形成时，锚杆也同时受到两种力的作用；反过来，锚杆则同时控制层理结构面的张开和滑动，这两种基本支护作用形式称为锚杆的强化作用，如图 3.13。

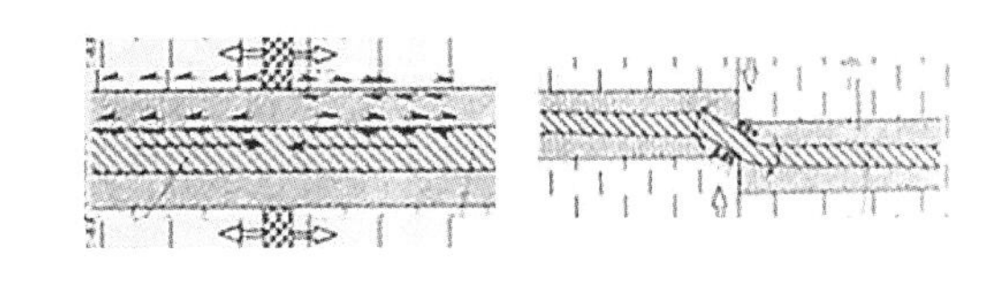

（a）张开作用形式　（b）滑动作用形式

图 3.13　锚杆支护作用

岩层失稳形式以溃屈、铰接拱变形失稳为主，即梁柱溃屈模型，适用于跨厚比较大而纵向应力较高的情况。在铰接拱处纵向荷载形成局部集中应力，当此应力达到一定值时，铰接拱出现破坏，导致层理岩体的破坏。这两种失稳都属于岩体结构失稳，主要控制因素是岩体跨度和厚度的比值。锚杆的支护作用是将多层层理岩层组合起来。锚杆受力仍是拉力和剪力，从施加支护的岩体中拆下的锚杆弯曲说明锚杆受到了剪力的作用。组合梁作用理论认为锚杆将层理岩体锚固成了一个整体，显然夸大了锚杆的支护作用。因此，组合梁作用理论的成功之处是它针对层状岩体结构变形和失稳提出了支护机理，但认为围岩成为整体则是不确切的。

可见，锚杆的主要作用是控制围岩结构岩体的变形和失稳，认识锚杆的支护作用，要从分析围岩的结构变形和失稳机理入手。不同结构类型的岩体，其变形和失稳机理不同，锚杆的主机理也就不同，因此要按照岩体结构分类研究锚杆的支护机理，但是锚杆的受力不外乎拉力和剪力两种。了解锚杆支护机理是设计锚杆参数、优化布置的依据，图 3.14 所示为层理岩体的锚杆优化布置形式。

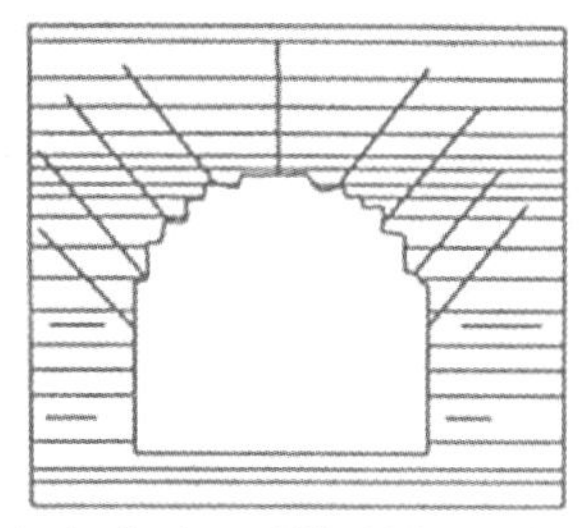
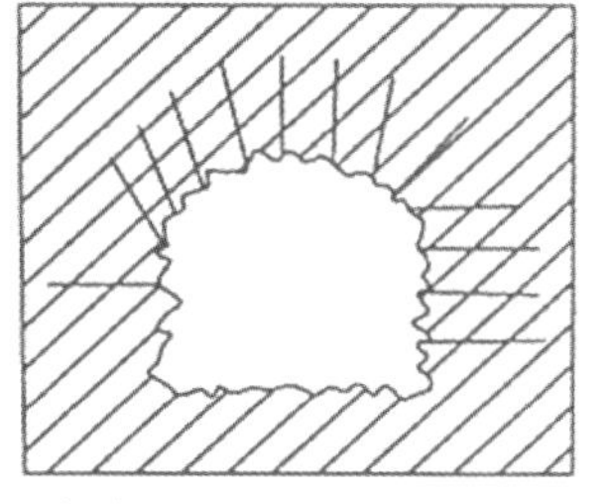
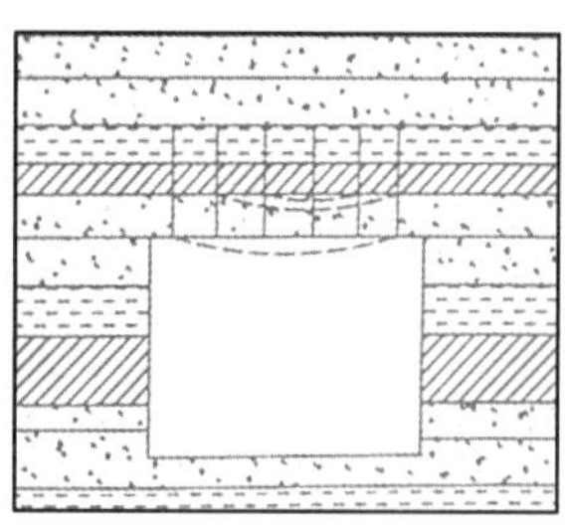

（a）水平地层拱形吊顶锚杆（b）倾斜地层顶板边墙锁固锚杆　　（c）吊顶锚杆

图 3.14　锚杆支护优化布置

3.10　复合式衬砌结构设计

（1）复合式衬砌一般规定。

复合式衬砌是近年来兴起的一种新型衬砌形式，尤其在公路、铁路、水工隧（道）洞等巷道工程中应用广泛。复合式衬砌由内、外两层衬砌组合而成，通常称第一层衬砌为初期支护，一般为锚喷类柔性支护；第二层衬砌叫做二次衬砌。

复合式衬砌的优点是采用先后两次支护，能充分发挥围岩的自承能力，对衬砌受力非常有利。围岩在柔度较大的外层支护条件下，可产生较大的形变但又不至于造成松动压力，释放了大部分的变形能，因而能使后设的内层衬砌减小受力，改善内层衬砌受力状态，充分利用衬砌材料的抗压强度，从而提高衬砌的承载力。围岩变形基本稳定后施作内层衬砌，内层衬砌又会对原先处于二次受力状态的外层支护产生径向抗力，从而改善外层支护受力条件。复合式衬砌是巷道结构工程采用新奥法进行设计与施工，并在我国推广应用所取得的成果之一。

复合式衬砌内外两层组合的方式有锚喷支护和混凝土衬砌、锚喷支护和喷射混凝土衬砌、可缩式钢拱喷射混凝土支护和模筑或喷射混凝土衬砌以及装配式衬砌（管片）和模筑混凝土衬砌等，一般常用的是锚喷支护与整体混凝土衬砌的组合。也就是说，根据围岩条件，复合式衬砌初期支护采用喷射混凝土、锚杆、钢筋网和钢架等支护形式单一或组合施工，并通过监控量测手段，确定围岩已基本趋于稳定，再进行内层二次衬砌施工，二次衬砌可采用模筑混凝土、锚喷、拼装式衬砌等，但一般采用模筑混凝土。巷道断面设计时，预留一定的洞周变形量是复合式衬砌设计的特点之一，具体预留周边变形量大小随围岩条件、巷道宽度、埋置深度、施工方法和初期支护刚度等因素的影响而定。一般Ⅰ、Ⅱ级围岩变形量小，可不预留变形量；但Ⅲ ~ Ⅴ级围岩特别是软弱、破碎围岩的变形量较大，要多预留变形量。然而，要精确计算预留变形量是困难的，一般采用工程类比法确定并通过实地监控测量加以修正。

（2）复合式衬砌结构初期支护设计。

复合式衬砌的初期支护一般指锚杆喷射混凝土支护，必要时配合使用钢筋网和钢拱架，外层支护与围岩形成统一的受力整体，共同承担因开挖巷道所产生的围岩释放应力。由于影响支护结构的因素很多，如围岩状态、支护施作时间、衬砌刚度和施工方法等，有些因素又无法事先预测，因此分析计算只能作为设计时的参考，必须根据施工过程的实际监控量测结果予以动态修正。根据目前的设计做法，一般强调“强初期、弱二次”的设计原则，因此初期支护可考虑承担全部围岩压力，而二次衬砌仅作为安全储备和提高防水等级加以考虑。

（3）复合式衬砌结构二次衬砌设计。

复合式衬砌的二次衬砌主要目的是增加安全储备、防水、防破碎和内部装饰要求，二次衬砌一般受力比较均匀，为防止应力集中，宜采用连接圆顺、等厚的马蹄形断面，其厚度按施工要求而定，一般不超过 60cm，交通巷道厚度为 30 ~ 50cm。但影响二次衬砌受力状态的因素很多，除围岩级别、地下水状态、巷道埋置深度外，还有初期支护的刚度及其施作时间等，故设计二次衬砌时，应综合考虑各种因素的影响，以期达到安全、经济的目的。对于一些软弱、破碎围岩的条件，不易做到待初期支护变形完全稳定后再施作内层衬砌。例如，国内外巷道现场试验表明，软弱流变围岩巷道，在施工后 2 ~ 3 年甚至 5 ~ 6 年围岩变形才最终稳定，当松软围岩流变引起的延滞变形历时很长时，内层衬砌所承受的荷载主要是由于围岩流变延滞变形产生的形变压力，这种情况应考虑时间效应，可考虑按黏弹塑性有限元法进行计算；此外，部分锚杆腐蚀失效、围岩物理力学参数因涌水等因素而降低，也会对二次支护产生附加岩土压力。因此，我国有关巷道工程设计规范都规定，巷道复合衬砌计算时，初期支护设计，应按主要承载结构计算。

二次衬砌设计，对于Ⅲ类及以上围岩可作为安全储备，按构造要求设计；对于Ⅳ类及以下围岩，应按承载结构设计，一般视围岩情况以 40% ~ 100%的围岩压力作为二次衬砌的外荷载；明洞和浅埋巷道的二次衬砌按承载结构设计。二次衬砌的围岩压力确定后，结构内力即可计算；我国有关巷道设计规范也给出了二次衬砌的经验范围值，可作为设计参考。

（4）次衬砌施作时间的确定。

由于二次衬砌一般是作为一种安全储备而设置的，所以二次衬砌的施作应在围岩和初期支护变形基本稳定后进行，且应同时具备四项标准：室周边水平收敛速度以及拱顶或底板垂直位移速度明显下降；巷道周边水平收敛速度小于 0.2mm/d，拱顶或底板垂直位移速度小于 0.1mm/d；施作二次衬砌前的位移相对值已达到总相对位移量的 90%以上；初期支护表面裂缝不再继续发展。为减少洞内各工序间的干扰，当围岩自稳性能较好且巷道跨度不大时，可在整个巷道贯通后再施作二次衬砌。对于按承载结构设计的二次衬砌以及当采取一定措施仍难以符合上列条件的储备型二次衬砌，可提前施作二次衬砌，且应予加强。

（5）复合式衬砌结构设计实例。

巷道围岩岩体较破碎，围岩级别属Ⅳ ~ Ⅴ级围岩。巷道区地下水以裂隙水为主，有地表降雨补给，大部分从地表地下排泄。根据巷道断面尺寸、工程地质条件、围岩级别、埋置位置及施工条件，巷道的衬砌结构设计分别采用了明洞式衬砌和复合式衬砌两种形式。复合式衬砌设计根据覆盖层厚度分浅埋式和深埋式，深埋与浅埋的界定按规范和本报告确定进行。

①衬砌设计。由于先修衬砌，再回填洞身，结构受力明确，应按整体式衬砌结构设计。

衬砌的围岩压力按有关内容确定，结构内力计算按有关方法进行。通过计算采用现浇钢筋混凝土结构，混凝土强度 C_{25} 或 C_{30}，衬砌厚度 40cm；边坡开挖采用 1:0.5 坡率，坡面用钢筋网喷射混凝土防护，锚杆采用水泥砂浆锚杆，杆体 HRB335Φ22@1.0m×1.0m，L=3.0m，喷射混凝土厚度 150mm。

②浅埋段及断层破碎带处复合式衬砌设计。浅埋段复合式衬砌基本对应于巷道进出口的Ⅳ、Ⅴ级围岩地段，断层破碎带处围岩级别为Ⅴ级。由于浅埋地段及断层破碎带处围岩自稳能力差、变形快，容易引起地表变形、开裂。因此，为了及时稳妥地控制围岩较大变形的发生，初期支护设计采用了早期强度高、刚度大的格栅钢架与锚喷联合支护。其中Ⅴ级围岩段还须采用 HRB335Φ22 超前锚杆，环向间距 1.0m，纵向间距 1.6m，L=3.5m，初期支护设计结合工程类比方法按剪切破坏理论验算。二次衬砌按承载结构设计，围岩压力按规范 JTG D70—2004 计算，根据Ⅳ、Ⅴ级围岩不同，分别以其 60%和 80%的压力进行衬砌内力计算。此外，要求尽快施作二次衬砌，使二次衬砌和初期支护共同受力。

③深埋段复合式衬砌设计。深埋段复合式衬砌基本对应于巷道洞体的Ⅲ级围岩地段，采用初期支护和二次衬砌，初期支护同样按剪切破坏理论计算并结合工程类比方法，二次衬砌只作为初期支护的安全储备，主要采用工程类比法并按构造要求设计。上述各类衬砌结构的支护参数如表 3.1 所示。

表 3.1　各类衬砌结构支护参数

围岩级别	初期支护							二次衬砌		预留变形量/cm
	喷射混凝土厚度/cm	锚杆			钢筋网		钢架间距/m	拱墙厚度/cm	仰拱厚度/cm	
		直径/mm	间距/m	长度/m	直径/mm	间距/m				
Ⅲ	10	22	1.2	2.5	6	0.30		35		3
Ⅳ	18	22	1.0	3.0	6	0.25	1.0	40	35	8
Ⅴ	22	22	0.8	4.0	6	0.20	0.8	45	40	10

3.11　国内重大工程中同类技术的研究应用案例

（1）开展降低我国煤炭开采对环境损害的相关基础理论研究

以神东矿区为代表的我国西北煤炭大型生产基地，地处毛乌素沙漠地带，其煤层赋存条件突出特点为：煤层埋藏浅（大部分在 100m 以浅）、上覆基岩薄、地表覆盖厚风积沙松散层，且松散层与基岩层之间蕴藏着当地工农业与生活必需的唯一潜水资源。大规模长壁开采浅埋煤层，必将不同程度地影响甚至破坏上覆含水层，从而造成水资源大量流失，导致本就非常脆弱的地表生态环境进一步恶化。

大规模高效开采浅埋煤层与宝贵水资源保护已成为我国西北煤炭资源开发面临的重大课题。“保水采煤”从提出至今，已取得不少的理论成果和工程实践经验，但主要都是以短壁开采为主要手段，以合理留设煤柱为技术关键，来控制含水层不被采动破坏。为取得最大综合经济效益和最大限度地提高煤炭资源回收率，综合考虑安全与环保的要求，在我国西部要尽可能形成浅埋煤层长壁工作面保水开采技术，即长壁开采后浅表水暂时形成下降漏斗仍能恢复到原来状态的开采技术。

（2）工业性试验及推广应用

相关学者在类似矿山工程试验及应用情况如下。

河南平顶山煤业公司四矿、河北金牛能源股份有限公司葛泉矿、湖南省群力煤矿、江西萍乡矿务局巨源煤矿、湖南涟邵矿业集团牛马司实业公司水井头矿、湖南涟邵矿业集团金竹山实业有限公司土朱矿、江西丰城矿务局尚庄煤业邮箱公司、邵阳长城公司斜岭煤矿等几十多个。

试验前后巷道底鼓开展情况对比如图 3.15 至图 3.17。

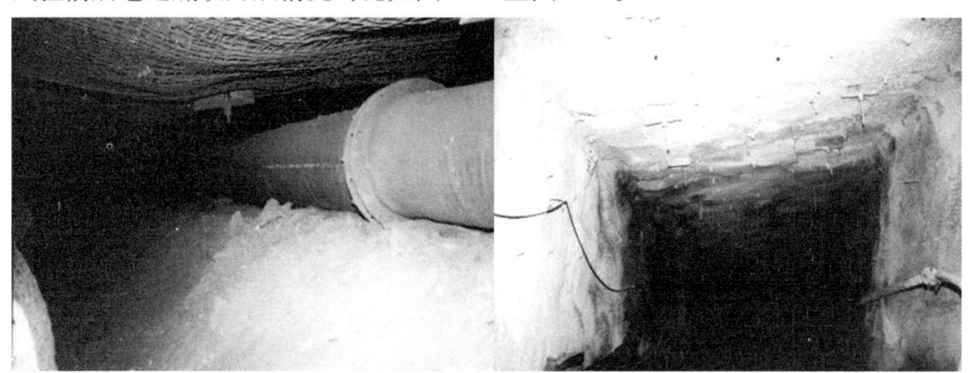

图 3.15　试验前后巷道顶板下沉与治理

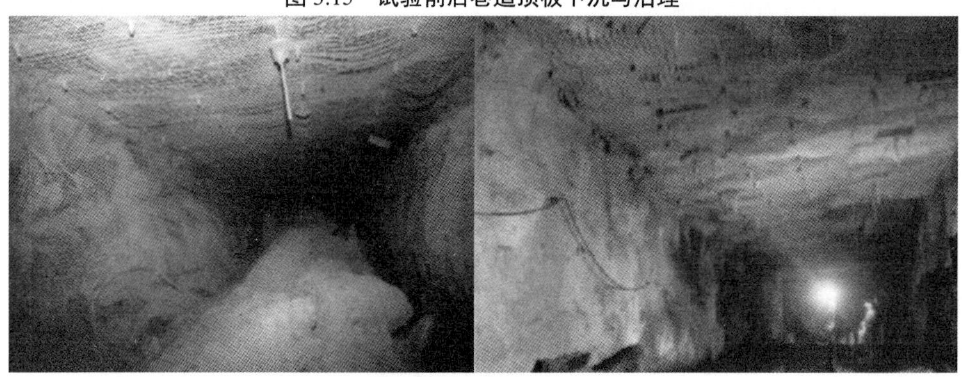

图 3.16　试验前后巷道边帮挤出与治理

图 3.17　试验前后巷道底鼓与治理

第 4 章　构造应力分布环境巷道锚杆支护

4.1　全球构造应力场的分布特点

地应力场是三向不等压应力场，据统计，绝大部分地区的两个主应力位于水平面或接近水平面上；最大水平主应力 $\sigma_{h.max}$ 随深度呈线性增长，普遍大于垂直应力 σ_v，其比值在很多情况下大于 2，见表 4.1；最小水平主应力 $\sigma_{h.min}$ 也随深度呈线性增长，与最大水平应力值相差较大，见表 4.2；垂直应力随深度增加呈线性增加，一般等于上覆岩体自重，在多数情况为最小主应力，少数情况为中间主应力，个别情况为最大主应力。

表 4.1　　世界各国水平主应力与垂直应力关系

国家名称	$\sigma_{h,av}/\sigma_v$ /%			$\sigma_{h,max}/\sigma_v$
	<0.8	0.8~1.2	>1.2	
中国	32	40	28	2.09
澳大利亚	0	22	78	2.95
加拿大	0	0	100	2.56
美国	18	41	41	3.29
挪威	17	17	66	3.56
瑞典	0	0	100	4.99
南非	41	24	35	2.50
前苏联	51	29	20	4.30
其他地区	37.5	37.5	25	1.96

表 4.2　　两个水平主应力比值表

实测地点	统计数目	$\sigma_{h,min}/\sigma_{h,max}$ /%			
		1.0~0.75	0.75~0.50	0.50~0.25	0.25~0
斯堪的纳维亚等地	51	14	67	13	6
北美	222	22	46	23	9
中国	25	12	56	24	8
中国华北地区	18	6	61	22	11

因此，构造应力主要为水平应力，如果令平均水平构造应力是最大、最小水平主应力之和的一半，总结全球地应力实测结果如图 4.1。

由美国科学院院士 Mary Lou Zoback 领衔，有多国科学家参加的在全球岩石圈计划下开展的“世界应力图”研究计划，收集并分析、整理了全球范围内有关现代构造应力的测量和研究成果，在此基础上编制了全球现代构造应力方向与板块运动角速度迹线图(如图 4.2)，该图反映了全球岩石圈构造应力场的总体和分区特征。

通过分析可见，平均水平构造应力在煤矿开采深度范围内较为分散，两个水平主应力对比明显，反应了构造应力具有明显的方向性；随着向地壳深部发展，构造应力场趋向于静水压力状态。全球大范围的构造应力是由于板块运动引起的，全球大部分地区的最大水平主应力方向与板块运动（角速度）迹线保持较好的一致性，反映出构造应力与板块运动的关系密切。

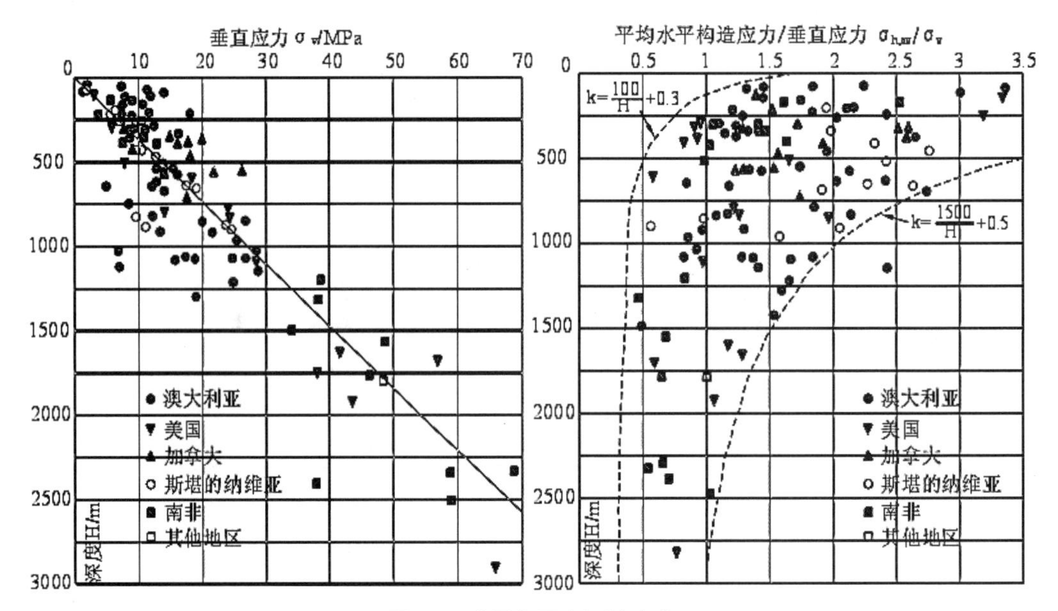

图 4.1　世界各国实测地应力

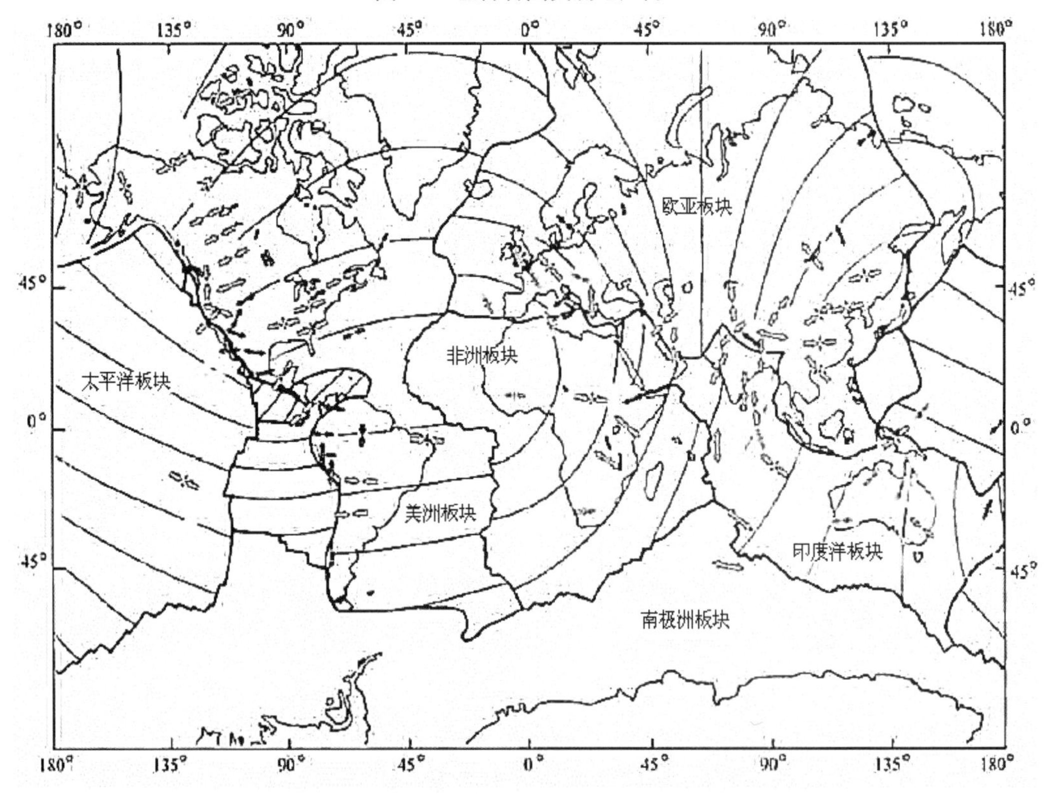

图 4.2　全球现代构造应力方向与板块运动角速度迹线

（细线指示板块绝对运动速度迹线；粗箭头和细箭头分别指示最大和最小水平主应力方向）

4.2　中国构造应力场的分布特点

根据全国实测的地应力统计分析，不同深度地应力大小及分布频度见表 4.3。

表 4.3　　全国不同深度地应力大小分布频度及平均值

深度	应力值频度	大小与分布频率								
		最大水平构造应力 $\sigma_{h,max}$/MPa					最小水平构造应力 $\sigma_{h,min}$/MPa			
20	大小	0~4	4~8	8~12	12~20		0~2	2~6	6~18	
	%	38	51	5	6		31	40	29	
100	大小	0~4	4~8	8~12	12~16	16~32	0~2	2~4	4~7	7~17
	%	22.5	22.5	26	29	10	17	21	38	24
350	大小	0~8	8~15	15~25	25~90		0~5	5~9	9~13	13~53
	%	9	30	45	16		18	25	32	25
850	大小	0~20	20~30	30~40	>40		<15	15~25	25~35	
	%	11	37	26	26		24	57	19	
1500	大小	<30	30~47	47~54	54~89		<25	25~35	35~50	
	%	20	21	40	19		34	54	12	
2500	大小	<60	60~75	75~110			<40	40~50	50~60	
	%	32	41	27			28	50	22	
3800	大小	80~100	100~120	120~150			<65	65~75	75~100	
	%	26	42	32			4	74	22	

全国平均值	深度/m	20	100	35	850	1500	2500	3800
	最大水平应力　/MPa	3.6	8	12.9	29	47.1	66.4	112.9
	最小水平应力　/MPa	3.3	3.8	7.8	13.7	28.6	44.7	68.4
	垂直应力　/MPa	0.8	2.5	9.4	21.4	36.7	60.6	96.6

由表 4.3 不同深度的平均应力值，作出全国不同深度的平均应力曲线如图 4.3。

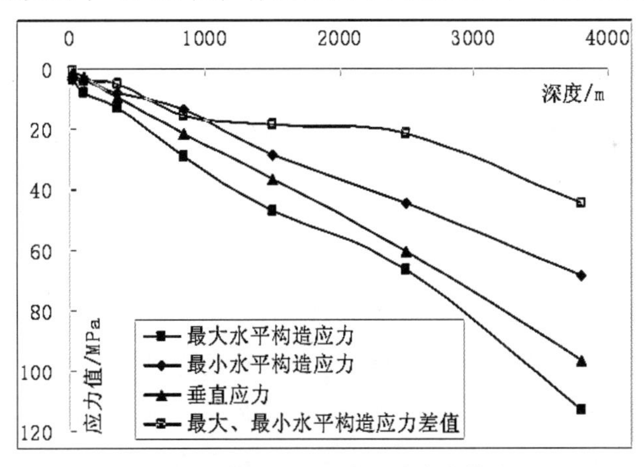

图 4.3　全国不同深度平均应力曲线

由表 4.3 的数据进行回归分析，可以得到不同应力的回归方程。

①中国大陆最大水平构造应力 $\sigma_{h,\ max}$=0.0278H+0.0537，相关系数 R = 0.9963；

②中国大陆最小水平构造应力 $\sigma_{h,\ min}$=0.0174H+1.6346，相关系数 R = 0.9985；

③中国大陆垂直应力 σ_{v}=0.025H+0.0537，相关系数 R = 0.9995。

回归方程说明了最大、最小水平构造应力与垂直应力都是随深度呈线性增长，以最大水平应力增长最快，垂直应力次之，最小水平应力最慢。根据这种规律，如果一个地区没有大的地质构造影响，可以通过测量几个地点的应力值，推导出整个地区的应力分布状况。中国大陆板块主要受到西伯利亚板块、太平洋板块、印度洋板块与菲律宾板块的相互挤压作用，形成的构造应力迹线与构造应力分区如图 4.4。中国大陆地壳在 350m 范围内，构造应力比较分散；深度大于 350m，同一深度的最大、最小构造应力分布在一个较小的范围内。平均最大、最小构造应力与垂直应力随深度呈线性增加，并且在 1000m 范围内，构造应力方向性随深度增加越来越明显。中国大陆构造应力以北东 – 南西为主，以构造应力方向，可分为如图 4.4 所示的几大构造应力区，每个区最大构造应力方向大致相同。

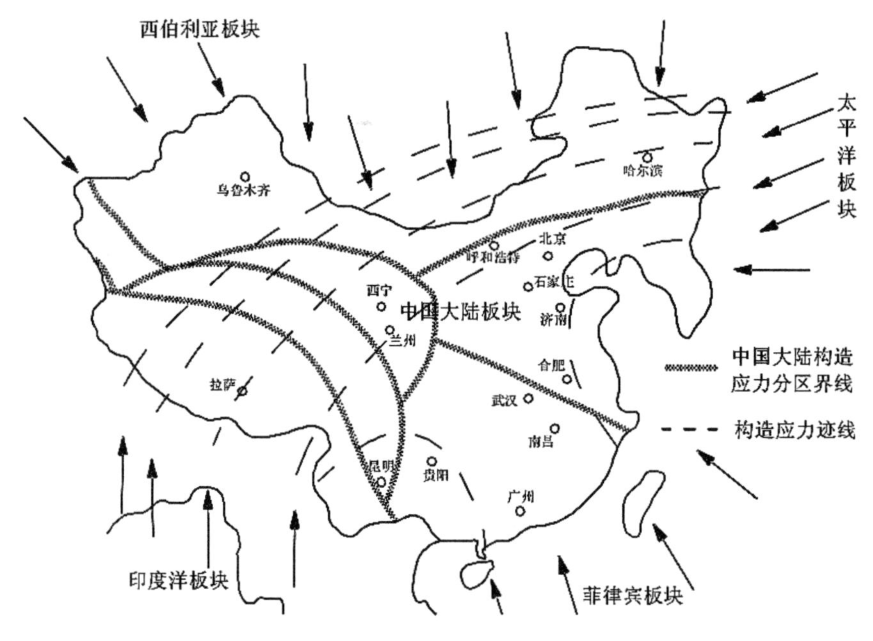

图 4.4　中国大陆构造应力迹线与构造分区

4.3　构造应力场中煤巷锚杆支护表现特征

随着水平构造应力的增加，巷道围岩的破坏程度越来越严重；巷道顶底板岩层之间相互错动，层间离层量逐渐增加，导致岩层抗剪、抗弯能力减弱，最终顶底板剪切破坏，使顶板锚杆失去支护作用，顶板岩层逐渐冒落成拱形；两帮煤体向巷道空间呈总体移动趋势，与直接顶间错动位移逐渐加大，帮部的煤体完整性较好。帮锚杆主要受拉伸变形，其中上肩角锚杆受力最大，其次为中间位置锚杆，下部锚杆受力最小，在侧压系数大于 2 后，锚杆受力变化不大；顶锚杆主要受到剪切变形，顶板肩角与中间锚杆受力较大；岩层破坏后顶锚杆提供约束力，提高岩体的残余强度。巷道顶板下沉最严重，有一定底鼓量；两帮煤体与顶底板岩层之间相互滑动，向巷道空间内整体移动，煤帮塑性扩容明显；随侧压系数的增加，巷道表面位移呈加速变形趋势，尤其在顶底板剪切破坏之后，表面位移迅速增加。巷道顶、底附近围岩水平应力大于垂直应力，巷帮附近围岩垂直应力大于水平应力；在巷道顶部岩层冒落前，顶部围岩应力随侧压系数增大而增大，顶部岩层冒落后，顶部应力降低；巷道底部围岩应力随侧压系数增大而增大；帮部垂直应力随侧压系数增大而减小，在侧压系数大于 2 时，垂直应力稳定在原岩应力水平，水平应力随侧压系数增大而增大。构造应力场中煤巷锚杆支护应采用高预紧力锚杆支护系统，变被动支护为主动支护。顶锚杆杆体选用抗剪切能力强、刚度大的材料，帮锚杆杆体选用抗拉伸能力强、延展率大的材料。

4.4　构造应力作用下巷道顶板的破坏形式

现场进行地下煤炭开采时，所处的煤系岩体一般为层状结构。巷道开挖后，原来由煤体传递的构造应力的一部分向顶板中转移，顶板下部岩层中的水平应力增大；与此同时，巷道顶板的垂直应力减小到零，从而使顶板层状岩层在构造应力作用下产生相互滑移离层，如图 4.5（a）。由于水平应力(相当于载荷)增大而垂直方向应力(相当于约束围压)减小，巷道顶板岩层强度低于围岩应力而剪切破坏，如图 4.5（b）。

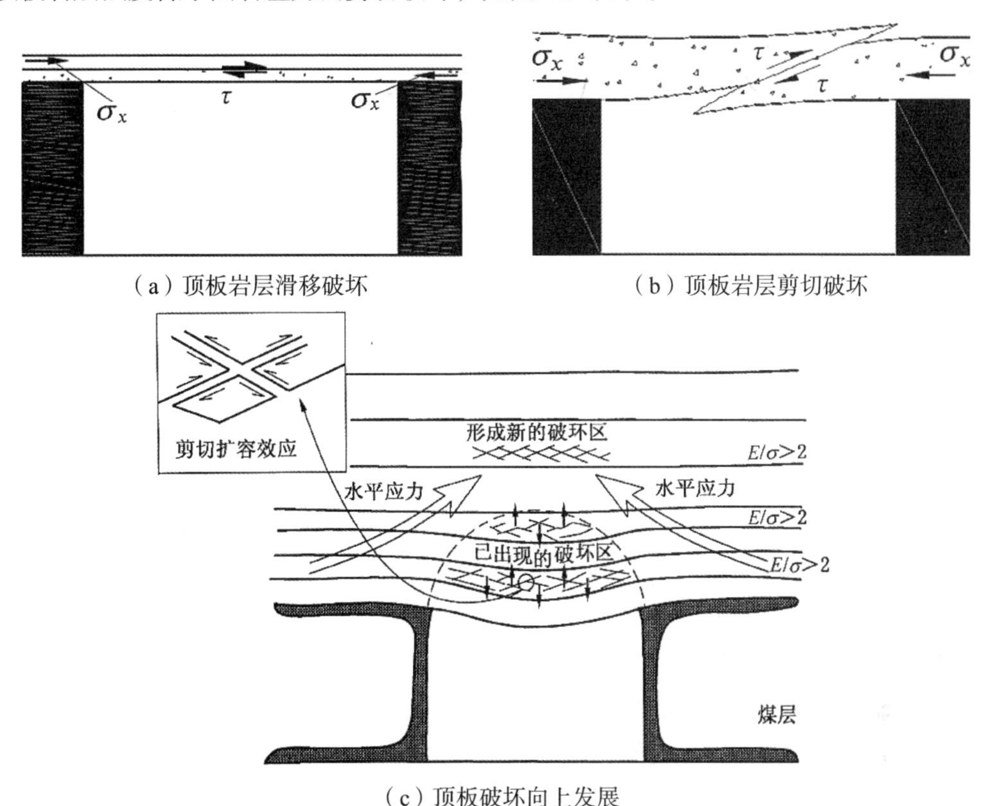

（a）顶板岩层滑移破坏　　（b）顶板岩层剪切破坏

（c）顶板破坏向上发展

图 4.5　构造应力作用下顶板的破坏

剪切破坏的岩层失去支撑作用，原来由该岩层承受的载荷将转嫁到其上部相邻岩层，从而导致水平构造应力进一步向顶板深部转移，顶板破坏向上发展，直至遇到强度足够高的岩层，或者被有效的支护系统所阻止，如图 4.5（c）。破坏范围达到一定程度，便可能在自重产生的垂直载荷作用下发生冒落，形成自然平衡拱式稳定结构。

4.5　构造应力作用下锚杆支护作用

（1）“刚性梁”作用

众所周知，地下岩体抗拉强度很小，又往往被层理、节理、裂隙等弱面所切割，弱面的抗拉强度几乎为 0，抗剪强度主要取决于作用在该弱面上的正压力，当正压力不大时，弱面的抗剪强度也很弱。因此，巷道开挖后在围岩变形很小时，就出现开裂、离层、滑动、裂纹扩展和松动等，使围岩强度大大弱化。如果巷道开挖后立即安装锚杆，但未施加预紧力，由于锚杆极限变形量大于围岩极限变形量，又由于各类锚杆都有一定的初始滑移量，因而锚杆不能阻止围岩的开裂、滑动和弱化。只有当围岩的开裂位移达到相当的程度以后，锚杆才起到阻止裂纹扩展的作用，这时围岩已经几乎丧失抗拉和抗剪的能力，加固体的抗拉和抗剪主要依靠锚杆的抗拉和抗剪能力。

如果在安装锚杆的同时，立即施加足够的预紧力，不仅消除了锚杆支护系统的初始滑移量，而且给围岩一定的预压应力。这对于受拉截面来说，可以抵消一部分拉应力，从而大大提高抗拉能力；对于受剪截面，由于压应力产生的摩擦力，大大提高了加固体的抗剪能力。同时，由于锚杆的预紧力，避免了巷道围岩过早出现张开裂缝，可以减缓围岩的弱化过程，保证了巷道的长期稳定。在较大构造应力水平下，锚杆预紧力的大小对顶板稳定性具有决定性的作用。当预拉力大到一定程度时，锚杆长度范围内和锚杆长度以上的顶板离层得以消除，如图 4.6 所示。

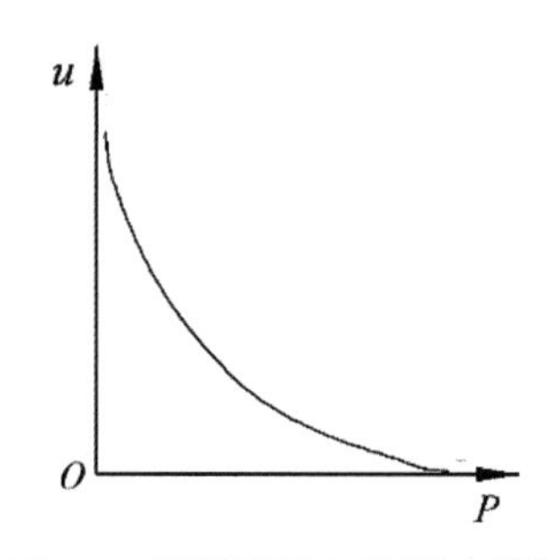

图 4.6 顶板离层与预紧力关系

因此，高预紧力的短锚杆比无预紧力的长锚杆会起到更好的支护效果。通过对锚杆施加较大的预紧力以充分利用水平构造应力来维护顶板稳定性，使顶板岩层处于横向压缩的状态，免受水平应力的破坏。预紧力锚杆的作用在于给顶板及时提供很高的初撑力以形成"刚性"顶板，与组合梁不同，"刚性"梁不存在横向弯曲变形，只有纵向的微小的膨胀和压缩变形。由于水平构造应力对顶板的破坏呈剪切形式，并且在高水平构造应力条件下顶板表面的剪切破坏是不可避免的，但通过建立"刚性"梁顶板可提高顶板整体的抗剪强度，阻止其的破坏作用不向顶板纵深方向扩散。

在"刚性"梁顶板的条件下，顶板的稳定性与垂直压力关系不大，比如采深、长壁工作面超前垂直支承压力等。在"刚性"梁顶板的条件下，顶板的垂直压力被转移到巷道两侧煤体纵深，如图 4.7。巷道两侧附近煤体的压力减少，片帮现象缓和。与被动锚杆支护原则"先护帮，后控顶"相对照，主动锚杆支护的原则是"先控顶，后护帮"。

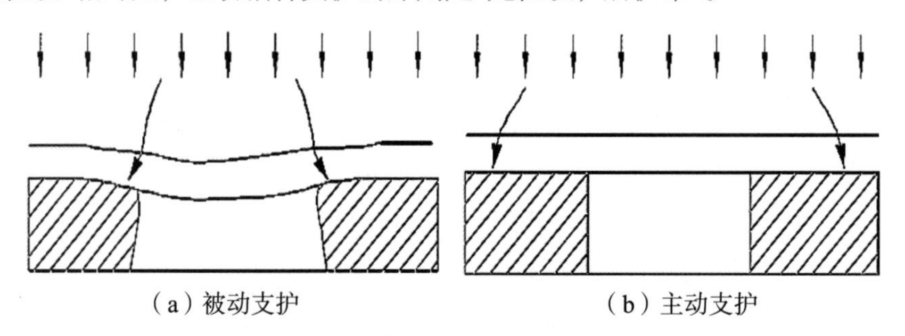

（a）被动支护　　（b）主动支护

图 4.7 主动支护与被动支护的垂直应力传递

美国的实践证明，高预紧力锚杆系统在构造应力大、顶板层理极端发育的复合顶板及破碎顶板的情况下使用起来是比较成功的。美国的这种支护思想及成功经验最近已经影响到加拿大、澳大利亚、英国等国家，使这些国家的锚杆技术也朝这个方向发展。

（2）围岩加固作用

在围岩出现强度破坏之前，锚杆主要通过提供轴向约束和横向约束对锚固范围内的顶板岩石产生围压，提高锚固范围内的岩层承受水平构造应力的能力。尽管增加围压可以提高岩石的强度进而提高其承受水平构造应力的能力，但要显著地提高顶板岩层的强度极限从而防止岩层屈服破坏，需要锚杆提供的支护阻力太高，多数情况下，这会超出任何锚杆支护体系所具有的支护能力范围，所以锚杆支护在设计上并不着眼于阻止岩石的强度破坏。实际上，锚杆支护的作用效果主要体现在顶板岩石的后破坏阶段。对于已经达到强度极限进入屈服状态以后的岩石，只要对其提供很小的约束作用，就可以使其残余强度得到很大提高，从而使岩层能够继续承受相当大的载荷。澳大利亚通过对相同条件下安装锚杆和未安装锚杆的顶板岩层中的水平构造应力的大量现场实测，充分证实了锚杆支护后对于提高和保持岩层传递水平构造应力能力的作用效果，如图 4.8。这足以说明，通过提供约束，可以显著地提高煤岩体的残余强度。

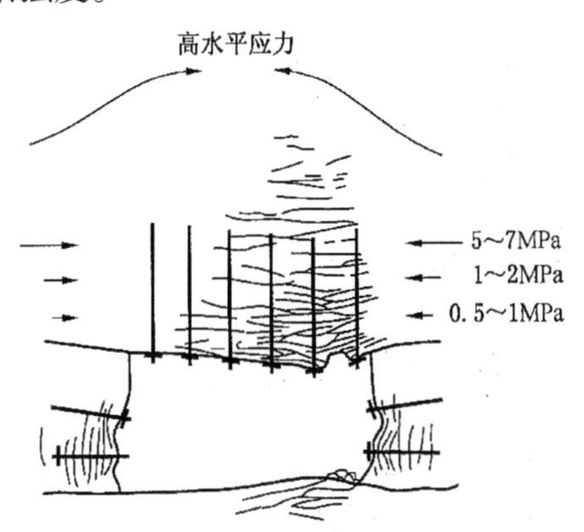

图 4.8　构造应力下锚杆支护作用

由于锚杆的作用，尽管锚固范围内的顶板岩体已经破坏，但锚杆可以提供一定的约束力，防止岩体的滑动，提高破碎岩体的峰后残余强度，继续承受巷道传递上来的大部分水平构造应力，避免应力的向上转移形成新的破坏区，顶板“弱化高度”得到控制。

4.6　构造应力作用下锚索的剪切破坏

锚杆与锚索的支护优势在于其高抗拉强度。但其抗剪强度却很低，仅是其抗拉强度的 1/10 ~ 1/5。由于锚杆、锚索与孔壁之间的间隙很小，顶板岩层稍有移动，锚杆、锚索就易受到剪切破坏。

（1）现场锚索破断统计分析

据矿区锚索破断统计，巷道顶板安装的锚索密度为 1 ~ 2 根/棚，个别情况下为 3 根，每米巷道 1.25 根。被统计的破断锚索中，钢绞线长 4 ~ 6m。按照国家标准，Φ15.24mm 和 Φ17.87mm 钢绞线的最小额定破断载荷为 260kN 和 350kN。根据观测，锚索的破断载荷一般为 120～200kN，最大破断载荷 241kN，最小破断载荷 90kN，平均破断载荷 166kN；锚索破断大多为钢绞线断裂。根据钢绞线破断的断口形态，可将损坏锚索分为 3 部分：拉伸断裂，断口基本齐平，断口处有明显的拉伸颈缩痕迹，占 20%；剪切断裂，断口有成 45°单斜剪切和呈 45°X 形剪切两种，占 30%；混合受力破坏，包括扭拉断裂、扭剪断裂、拉剪断裂及拉扭剪断裂，占 50%。另外，在部分断裂的钢绞线中，每根钢绞线中有 1～2 根钢丝断口呈撕裂状，撕裂长度 100～300mm。

据矿区观测结果表明：锚索实际工作载荷远未达到其额定载荷，锚索的破断载荷也远未达到其最小额定破断载荷，锚索的实际破断载荷仅为其理论最小额定破断载荷的 63.5%；采用直径 15.24mm 钢绞线的锚索与采用直径 17.87mm 钢绞线的锚索的破断载荷并无区别，锚索的破断率也基本相同；布置在断层构造带附近的巷道，由于受到地层构造应力的影响，巷道中锚索的破断率最高，达到 50%～60%。根据锚索破断的断口形态破断载荷分析，大多数锚索是被剪断的。

（2）锚索破断内在机理

巷道顶板在发生下沉的同时，会在其层面内发生移动和变形，这在巷道中经常可以看到，比如锚杆间距的缩短，顶板钢带的弯曲，顶板岩层台阶的下沉与错动等。另外由于构造应力的作用，顶板压力和变形大，在支护阻力不足以抵抗顶板的下沉时，顶板岩层会产生离层或断裂，尤其对薄层状顶板和层间黏聚力较弱的顶板岩层，层面运动的不均匀和不连续造成顶板岩层的层间明显错动；离层或断裂的顶板岩层会产生一定的弯曲转动、褶皱、层间错动等活动，从而与锚固在其内的锚索产生剪切作用。在锚杆、锚索的剪切强度不足以抑制岩层的错动情况下，就产生顶板锚杆、锚索的剪切破断。

4.7 构造应力场中锚杆支护措施

根据以上相似模拟实验与现场实例分析，针对构造应力场中水平应力较大的特点，巷道锚杆支护采取的措施：

①使用高预紧力锚杆，变被动支护为主动支护，提高巷道顶板的刚度，消除了锚杆支护系统的初始滑移量，而且给围岩一定的预压应力，避免巷道围岩过早出现张开裂缝，最终提高围岩的抗拉与抗剪能力；

②改变原来的“先护帮，后控顶”的支护原则，坚持“先控顶，后护帮”原则；

③顶锚杆采用强度大、刚度大、抗剪阻力大的杆体材料，以控制顶板岩层的相互滑移与离层，达到形成“刚性”顶板的目的，并使顶板的垂直压力转移到巷道两侧煤体纵深；

④帮锚杆采用抗拉伸能力强、延展率大的杆体材料，以约束两帮煤体的塑性变形，杜绝片帮现象的发生。

第 5 章　巷道围岩应力与松动破坏区

围岩是一种天然的复杂地质体，表现出弹性、弹塑性、粘弹性、粘塑性等多种力学性质。但工程上最关心围岩应力形式主要有三种：开挖前天然岩体应力状态；开挖后围岩体应力重分布状态；支护衬砌后围岩应力状态改变情况。由于开挖形成了地下空间，破坏了岩体原有的相对平衡状态，因而将产生一系列复杂的岩体力学作用，这些作用可归纳为：

①煤矿巷道开挖破坏了岩体天然应力相对平衡状态，巷道周边岩体将向开挖空间松胀变形，使围岩中应力产生重分布作用，形成新的应力状态，称为重分布应力状态；

②在重分布应力作用下，巷道围岩将向洞内变形位移。如果围岩重分布应力超过了岩体的承受能力，围岩将产生破坏；

③围岩变形破坏将给煤矿巷道的稳定性带来危害。因而，需对围岩进行支护、衬砌，变形破坏的围岩将对支衬结构施加一定的荷载，称为围岩压力（或称山岩压力、地压等）；

④在有压巷道中，作用有很高的内水压力或活动性构造应力，并通过衬砌或洞壁传递给围岩，这时围岩将产生一个反力，称为围岩抗力。

5.1　无压巷道围岩重分布应力

巷道围岩重分布应力理论研究是以圆形截面为基础的，其他形状巷道应力通常可以通过乘以不同应力集中系数修正得到解决。

（1）弹性重分布应力的大小。

当围岩为坚硬致密的块状岩体，天然应力大约等于或小于其单轴抗压强度的一半时，围岩呈弹性变形。可近似视为各向同性、连续、均质的线弹性体，其围岩重分布应力可根据弹性力学计算。埋深于地下弹性岩体中的水平圆形巷道，受力情况如图 5.1 所示。

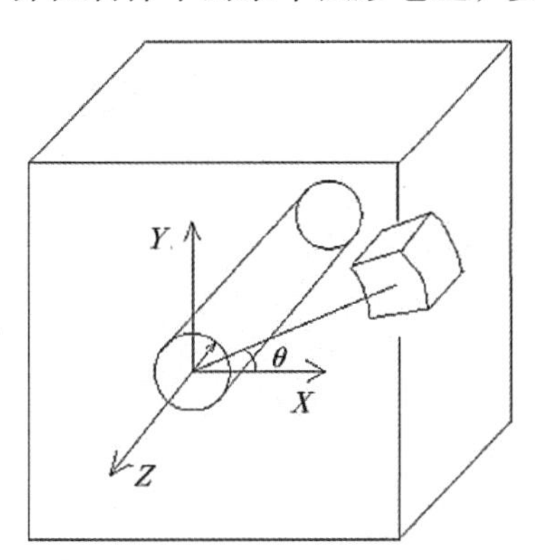

图 5.1　圆形巷道壁一点的应力

但是，通常巷道半径相对于洞长很小，可按平面应变问题考虑，简化为两个两侧受均布压力的薄板中心小圆孔周边应力分布的计算问题。

图 5.2 为柯西方法的简化模型，取极坐标，得薄板中任意一点的应力及方向。考虑平面问题不计体力，得到 M 点各分量。

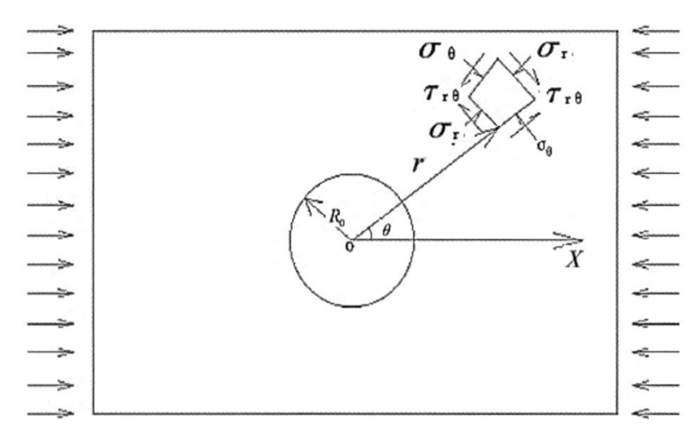

图 5.2　柯西分析示意图

$$\begin{cases}\sigma_r=\dfrac{p}{2}\left[\left(1-\dfrac{R_0^2}{r^2}\right)+\left(1+\dfrac{3R_0^4}{r^4}-\dfrac{4R_0^2}{r^2}\right)\cos 2\theta\right]\\ \sigma_\theta=\dfrac{p}{2}\left[\left(1+\dfrac{R_0^2}{r^2}\right)-\left(1+\dfrac{3R_0^4}{r^4}\right)\cos 2\theta\right]\\ \tau_{r\theta}=-\dfrac{p}{2}\left(1-\dfrac{3R_0^4}{r^4}+\dfrac{2R_0^2}{r^2}\right)\sin 2\theta\end{cases}\tag{5.1}$$

式中：σ_r，σ_θ，$\tau_{r\theta}$—M点的径向应力、环向应力、剪应力，以压应力为正，拉应力为负；θ—极角，自水平轴起始，逆时针方向为正；r—巷径。

而煤矿巷道受力图简化如图 5.3 所示。

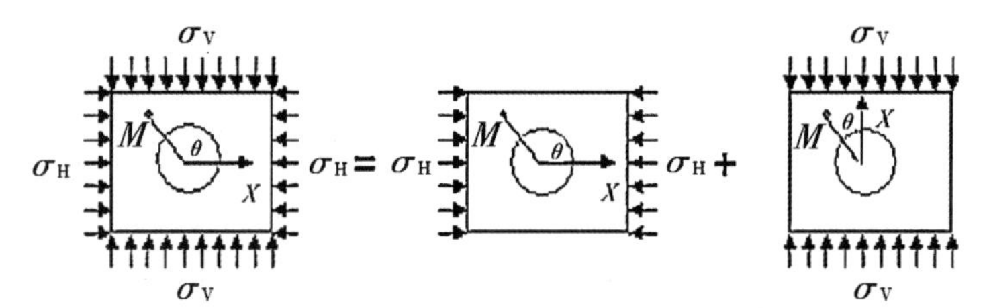

图 5.3　圆形巷道围岩应力分析模型计算简图

代入柯西公式，化简得到地下圆形巷道开挖应力重分布计算公式：

$$\begin{cases}\sigma_r=\dfrac{\sigma_H+\sigma_V}{2}\left(1-\dfrac{R_0^2}{r^2}\right)+\dfrac{\sigma_H-\sigma_V}{2}\left(1+\dfrac{3R_0^4}{r^4}-\dfrac{4R_0^2}{r^2}\right)\cos 2\theta\\ \sigma_\theta=\dfrac{\sigma_H+\sigma_V}{2}\left(1+\dfrac{R_0^2}{r^2}\right)-\dfrac{\sigma_H-\sigma_V}{2}\left(1+\dfrac{3R_0^4}{r^4}\right)\cos 2\theta\\ \tau_{r\theta}=-\dfrac{\sigma_H-\sigma_V}{2}\left(1-\dfrac{3R_0^4}{r^4}+\dfrac{2R_0^2}{r^2}\right)\sin 2\theta\end{cases}\tag{5.2}$$

或者引入天然应力比值系数化简后得下面公式：

$$\begin{cases}\sigma_r=\sigma_V\left[\dfrac{1+\lambda}{2}\left(1-\dfrac{R_0^2}{r^2}\right)-\dfrac{1-\lambda}{2}\left(1+\dfrac{3R_0^4}{r4}-\dfrac{4R_0^2}{r^2}\right)\cos 2\theta\right]\\ \sigma_\theta=\sigma_V\left[\dfrac{1+\lambda}{2}\left(1+\dfrac{R_0^2}{r^2}\right)+\dfrac{1-\lambda}{2}\left(1+\dfrac{3R_0^4}{r4}\right)\cos 2\theta\right]\\ \tau_{r\theta}=\sigma_V\dfrac{1-\lambda}{2}\left(1-\dfrac{3R_0^4}{r4}+\dfrac{2R_0^2}{r^2}\right)\sin 2\theta\end{cases}\tag{5.3}$$

式中：σ_V、σ_H—岩体铅直和水平天然应力；R_0—巷道半径，且 $\lambda=\sigma_V/\sigma_H$。

考虑到巷道壁上重分布应力的特点，可把 $r=R_0$ 代入上面的计算式，得到巷道壁上的重分布应力为：

$$\begin{cases}\sigma_r=0\\ \sigma_\theta=\sigma_H+\sigma_V-2(\sigma_H-\sigma_V)=\sigma_V[1+\lambda+2(1-\lambda)\cos 2\theta]\\ \tau_{r\theta}=0\end{cases} \tag{5.4}$$

由上式可知，巷道壁处的 $\tau_{r\theta}=0$，$\sigma_r=0$，为单向应力状态，且 σ_θ 大小与巷道室尺寸半径 R_0 无关。在 $\theta=0°$，180°（即巷道壁两侧）处，有 $\sigma_\theta=3\sigma_V-\sigma_H=(3-\lambda)\sigma_V$；在 $\theta=90°$，270°（即巷道顶、底）处，则有 $\sigma_\theta=3\sigma_V-\sigma_H=(3-1)\sigma_V$。

所以，当 $\lambda<1/3$ 时，巷道顶底将出现拉应力；当 $1/3<\lambda<3$ 时，σ_θ 为压应力且分布较均匀；当 $\lambda>3$ 时，巷道壁两侧出现拉应力，巷道顶底出现较高的压应力集中。

（2）塑性围岩重分布应力。

煤矿巷道开挖后，巷道壁的应力集中最大，当它超过围岩屈服极限时，巷道壁围岩就由弹性状态转化为塑性状态，并在围岩中形成一个塑性松动圈。随着距巷道壁距离的增大，径向应力 σ_r 由零逐渐增大，应力状态由巷道壁的单向应力状态逐渐转化为双向应力状态，围岩也就由塑性状态逐渐转化为弹性状态。弹性区以外则是应力基本未产生变化的天然应力区（或称原岩应力区）。围岩中出现塑性圈、弹性圈和原岩应力区，如图 5.4。

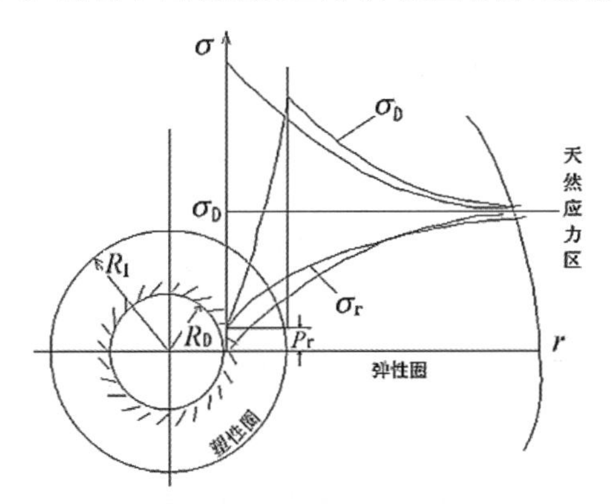

图 5.4　塑性圈、弹性圈和原岩应力区图

塑性松动圈的出现，使圈内一定范围内的应力因释放而明显降低，而最大应力集中由原来的硐壁移至塑、弹性圈交界处，使弹性区的应力明显升高。一般采用弹塑性理论求解塑性圈内的围岩重分布应力。径向应力为

$$\sigma_r=p_i+C_m\cot\phi_m\left(\frac{r}{R_0}\right)^{\frac{2\sin\phi_m}{1-\sin\phi_m}}-C_m\cot\phi_m \tag{5.5}$$

环向应力为

$$\sigma_\theta=p_i+C_m\cot\phi_m\frac{1+\sin\phi_m}{1-\sin\phi_m}\left(\frac{r}{R_0}\right)^{\frac{2\sin\phi_m}{1-\sin\phi_m}}-C_m\cot\phi_m \tag{5.6}$$

由以上可知：

①塑性圈内围岩重分布应力与岩体天然应力 σ_0 无关，而取决于支护力 p_i 和岩体强度 C_m，ϕ_m 值。

②巷道壁上（$r=R_0$）。

$$\begin{cases}\sigma_r = p_i \\ \sigma_\theta = p_i \dfrac{1+\sin\phi_m}{1-\sin\phi_m} + \dfrac{2C_m\cot\phi_m}{1-\sin\phi_m}\end{cases} \tag{5.7}$$

若 $p_i=0$，则

$$\begin{cases}\sigma_r = 0 \\ \sigma_\theta = \dfrac{2C_m\cot\phi_m}{1-\sin\phi_m}\end{cases} \tag{5.8}$$

③塑性圈与弹性圈交界面（$r=R_1$）的应力。

在弹性圈与塑性圈交界面上，由弹性应力=塑性应力得式（5.9）。由该式可知：塑、弹性圈交界面上的重分布应力取决于 σ_0 和 C_m，φ_m，而与 p_i 无关，则表明支护力不能改变交界面上的应力大小，只能控制塑性松动圈半径（R_1）的大小。

$$\begin{cases}\sigma_{r\,pe} = \sigma_0(1-\sin\phi_m) - C_m\cos\phi_m \\ \sigma_{\theta\,pe} = \sigma_0(1+\sin\phi_m) + C_m\cos\phi_m \\ \tau_{r\theta\,pe} = 0\end{cases} \tag{5.9}$$

5.2　有压巷道围岩重分布应力计算

当巷道内壁上作用有较高的内水压力时，围岩中的内水压力在上述重分布应力计算的基础上更加复杂。下面重点讨论内水压力引起的围岩附加应力，可用弹性厚壁筒理论来计算。若有压巷道半径为 R_0，内水压力为 P_a，则压巷道围岩重分布应力为

$$\begin{cases}\sigma_r = \sigma_0\left(1-\dfrac{R_0^2}{r^2}\right) + P_a\dfrac{R_0^2}{r^2} \\ \sigma_\theta = \sigma_0\left(1+\dfrac{R_0^2}{r^2}\right) - P_a\dfrac{R_0^2}{r^2}\end{cases} \tag{5.10}$$

上式表明：内水压力使围岩产生负的环向应力，也即拉应力。当这个环向应力很大时，则常使围岩产生放射性裂隙。内水压力使围岩产生附加应力的影响范围大致为 6 倍半径。

5.3　弹性力学方法

根据前面的围岩重分布应力分析可知，当岩体天然应力比值系数 $\lambda<1/3$ 时，巷道顶、底将出现拉应力值为 $\sigma_\theta=(3-1)\sigma_v$。两侧壁出现压应力集中，其值为 $\sigma_\theta=(3-\lambda)\sigma_v$。在这种情况下，若巷道顶、底板的拉应力大于围岩的抗拉强度 σ_t（严格地说应为一向拉、一向压的拉压强度）时，围岩就要发生破坏。其破坏范围可用图 5.5 所示的方法进行预测。

在 $\lambda>1/3$ 的天然应力场中，巷道壁围岩均为压应力集中，顶、底压应力 $\sigma_\theta=(3-1)\sigma_v$，侧壁为 $\sigma_\theta=(3-\lambda)\sigma_v$。当 σ_θ 大于围岩的抗压强度 σ_c 时，巷道壁围岩就要被破坏。沿巷道周压破坏范围可按图 5.6 所示的方法确定。对于破坏圈厚度，可以利用围岩处于极限平衡时主应力与强度条件之间的对比关系求得。当 $r>R_0$ 时，在 $\theta=0$，π/2，π，3π/2 四个方向上，$\tau_{r\theta}=0$，σ_r 和 σ_θ 为主应力。围岩的强度为

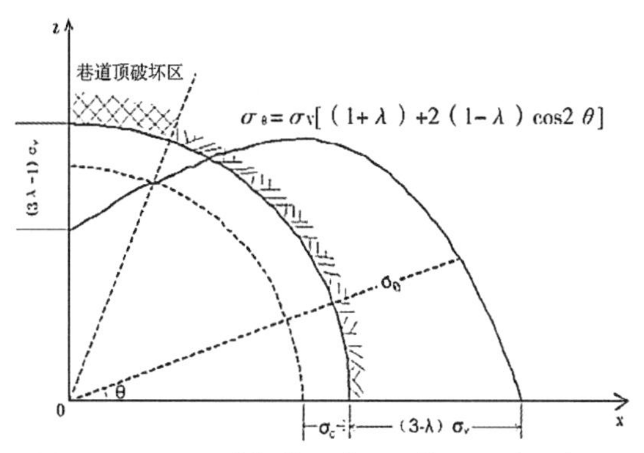

图 5.5　$\lambda<1/3$ 时巷道顶破坏区范围预测示意图

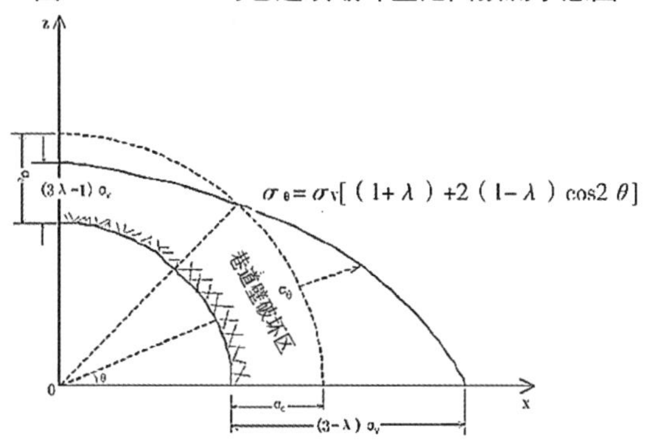

图 5.6　$\lambda>1/3$ 时巷道壁破坏区范围预测示意图

$$\sigma_1=\sigma_3\tan^2\left(45^\circ+\frac{\phi_m}{2}\right)+2C_m\tan\left(45^\circ+\frac{\phi_m}{2}\right) \tag{5.11}$$

若用 σ_r 代入上式，求出 σ_1（围岩强度）为

$$\sigma_1=\sigma_r\tan^2\left(45^\circ+\frac{\phi_m}{2}\right)+2C_m\tan\left(45^\circ+\frac{\phi_m}{2}\right) \tag{5.12}$$

然后与 σ_θ 比较，若 $\sigma_\theta\geq\sigma_1$，围岩就破坏，因此，围岩的破坏条件为

$$\sigma_\theta\geq\sigma_r\tan^2\left(45^\circ+\frac{\phi_m}{2}\right)+2C_m\tan\left(45^\circ+\frac{\phi_m}{2}\right) \tag{5.13}$$

最后，可根据上式用作图法来求 x 轴和 z 轴方向围岩的破坏厚度，其具体方法如图 5.7 和图 5.8 所示。

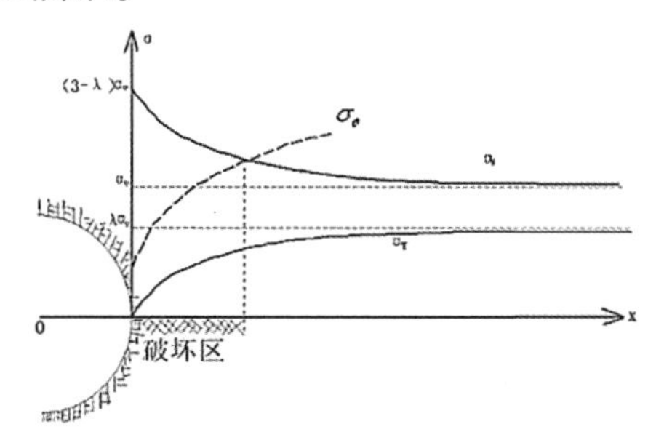

图 5.7　x 轴方向破坏区厚度预测破坏示意图

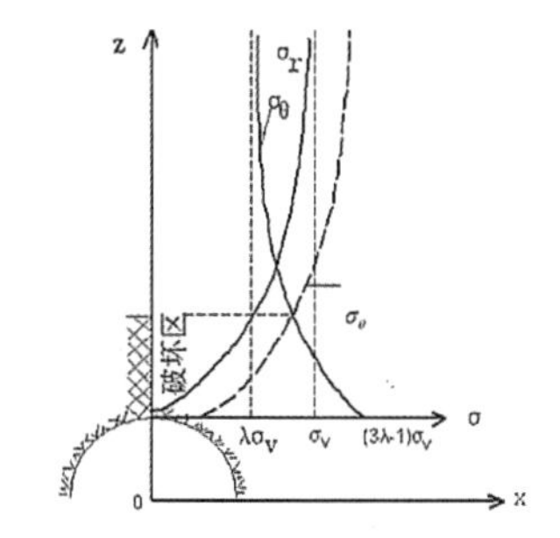

图 5.8　y 方向破坏厚度预测示意图

在求出 x 轴和 z 轴方向的破坏圈厚度之后，其他方向上的破坏圈厚度也可由此方法大致推求。在岩体中天然应力 $\sigma_H=(\lambda-1)\sigma_V$ 时，用以上方法可精确得到各个方向的破坏圈厚度。确定了 θ 方向和 r 轴方向的破坏区范围，则围岩的破坏区范围也就确定了。

5.4 弹塑性力学方法

在裂隙岩体中开挖煤矿巷道时，将在围岩中出现一个塑性松动圈。围岩的破坏圈厚度为 R_1-R_0，关键是确定塑性松动圈半径 R_1，下面就在假设岩体天然应力 $\sigma_H=\sigma_V=\sigma_0$ 的条件下简要推导塑性松动圈半径，如图 5.9 所示。在弹性圈内的应力为

$$\begin{cases}\sigma_{re}=\sigma_0\left(1-\dfrac{R_1^2}{r^2}\right)+\sigma R_1\dfrac{R_1^2}{r^2}\\ \sigma_{\theta e}=\sigma_0\left(1+\dfrac{R_1^2}{r^2}\right)-\sigma R_1\dfrac{R_1^2}{r^2}\end{cases}\tag{5.14}$$

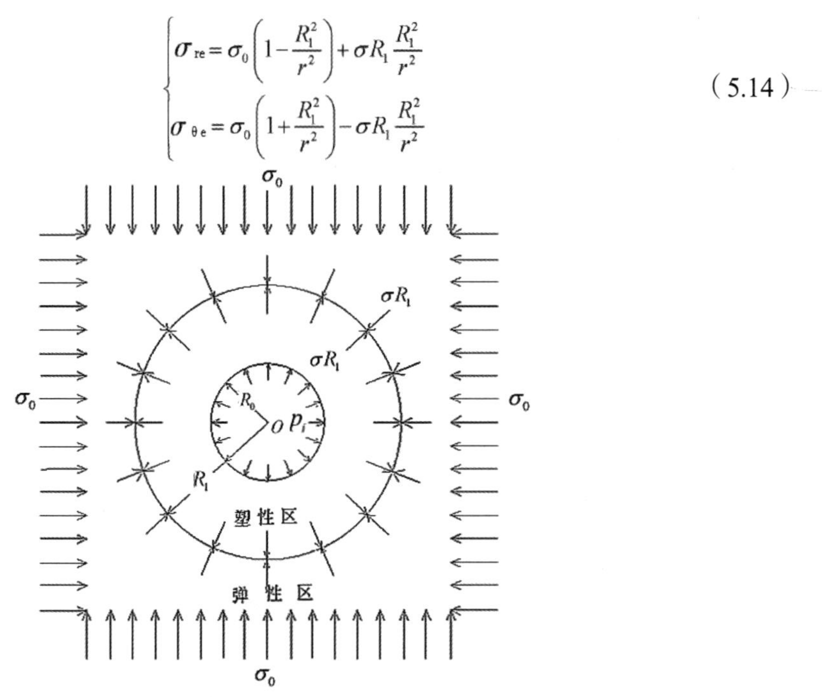

图 5.9 弹塑性区交界面上的应力条件

在弹、塑性圈交界面上的弹性应力为 $\cot\phi_m$

$$\begin{cases}\sigma_{re}=\sigma R_1\\ \sigma_{\theta e}=2\sigma_0-\sigma R_1\end{cases}\tag{5.15}$$

交界面上的塑性应力

$$\begin{aligned}&\sigma_{rp}=(p_i+C_m\cot\phi_m)\left(\frac{R_1}{R_0}\right)^{\frac{2\sin\phi_m}{1-\sin\phi_m}}-C_m\cot\phi_m\\ &\sigma_{R_1}=(p_i+C_m\cot\phi_m)\frac{1+\sin\phi_m}{1-\sin\phi_m}\left(\frac{R_1}{R_0}\right)^{\frac{2\sin\phi_m}{1-\sin\phi_m}}-C_m\cot\phi_m\end{aligned}\tag{5.16}$$

由界面上弹性应力与塑性应力相等，得

$$\sigma_{R_1}=(p_i+C_m\cot\phi_m)\left(\frac{R_1}{R_0}\right)^{\frac{2\sin\phi_m}{1-\sin\phi_m}}-C_m\cot\phi_m\tag{5.17}$$

解出 R_1，得到修正芬纳-塔罗勃公式：

$$R_1=R_0\left[\frac{(\sigma_0+C_m\cot\phi_m)(1-\sin\phi_m)}{p_i+C_m\cot\phi_m}\right]^{\frac{1-\sin\phi_m}{2\sin\phi_m}}\tag{5.18}$$

得到卡斯特纳（Kastner）公式：

$$R_1=R_0\left[\frac{2}{\xi+1}\frac{\sigma_c+\sigma_0(\xi-1)}{\sigma_c+p_i(\xi-1)}\right]^{\frac{1}{\xi-1}}\quad\left(\xi=\frac{1+\sin\phi_m}{1-\sin\phi_m}\right)\tag{5.19}$$

从计算公式可以看出：巷道开挖后，围岩塑性圈半径 R_1 随天然应力 σ 的增加而增大，随支护力 p_i、岩体强度 C_m 的增加而减小。

5.5　几种弹塑性力学方法比较

图 5.10 是在同等条件下几种弹塑性力学方法比较应力曲线。从图 5.10 可以看出，柯西解适合于材料全部为弹性的情况，在出现塑性的情况下，其解与布雷解存在较大差别，而这种差别是不容许的。在塑性区，切向应力将逐步松弛，一直到相当于材料强度的最大值。隧道附近区域的塑性性态有将隧道的影响延伸到围岩相当远处的作用。在完全弹性的情况下，切向应力在巷道半径 3.5 倍处将降低到只高于初应力的 10%；而在弹塑性情况下，弹性区的应力在同一距离处比初应力大 70%，需要延伸到 10 倍半径处才会使巷道应力变动到比初始应力大 10%。因此，在弹性层里两条并不相互影响的巷道，在塑性岩层里则可能会相互影响。虽然解析法可用来求解开挖洞室周围岩体的应力分布，但其求解的范围及正确性受到很大限制，表现在：解析法求解时需建立力学模型，然后相对于该模型建立微分方程，但模型通常与实际状态有差异。解析法通常需假定岩体为弹性材料或为特有的塑性材料，而无法考虑岩体的非线性特征。为求解微分方程，通常需假设应力函数，而微分方程解的正确性与假设的函数有关系。解析法通常需要进行较多的、烦琐的公式推导。

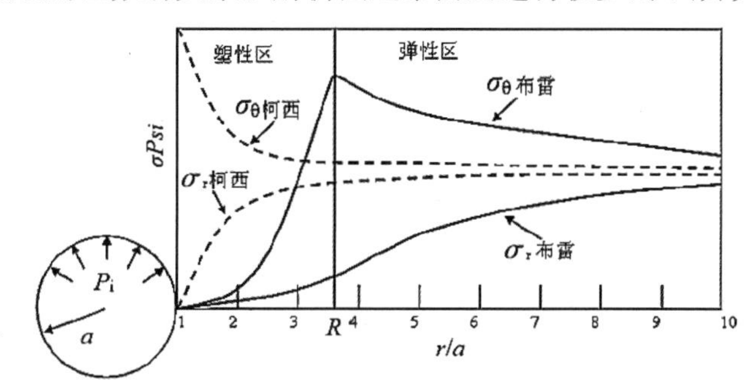

图 5.10　同等条件下柯西解和布雷解的应力曲线

5.6　数值分析法

（1）巷道围岩稳定性数值模拟研究现状。随着计算机的发展，数值计算法被广泛应用于计算及分析巷道承重结构以及岩体的应力状态。方法包括有限元法、边界元法、离散元法，等等。其中，有限元法应用最为广泛，它的优点在于分析岩体的应力时，可以考虑岩体的非线性、塑性及破坏特征，可以模拟不同岩层特性、非圆形开挖面、不同开挖过程等。有限元法分析内容包括弹性、弹-塑性、弹-黏-塑性等方面，不仅可分析连续介质，还有学者提出了夹层单元、节理单元等模型，用以模拟岩体内部的夹层节理、裂隙等不连续面。以前分析巷道主要是按平面应变问题考虑，计算机和计算技术的发展，使得三维立体分析成为可能。通过三维分析，可以较真实地模拟巷道的开挖和围岩应力释放的过程，了解在各施工步骤下围岩的动态相应，预测围岩的变形以及可能会出现的险情，达到优化设计、指导施工、保证安全的目的，因而得到了广泛的应用。边界元法在巷道围岩稳定性分析中的应用是为了克服有限元法在无限域问题应用中的限制，Bettess 于 1977 年提出无限单元具有不连续变形性质的节理岩层的一种新的数值计算方法。离散元法适用于研究在准静力或动力条件下的节理系统或块体集合的力学问题，它既可处理完全被节理切割的围岩，也可处理不完全被节理切割的围岩，其最大优点是能够模拟包括岩块破坏运动的大位移。块体之间可以是角角接触、角边接触或是边边接触。

（2）巷道围岩稳定性数值模拟。随着计算机技术的不断发展，各种数值分析方法越来越多地应用在工程中，可用于处理很多复杂的岩土工程问题，但是目前数值模拟法还不能完全满足工程的需要，从而限制了它在工程中的应用。试验和工程实际均表明岩石类材料的非均匀性对宏观破裂机制有着非常显著的影响，目前有限元法适用于连续介质，而对于非连续介质计算结果不理想。另外有限元法的计算程序复杂冗长，由于是区域性解法，分割的元素数和节点数较多，导致需要的初始数据复杂繁多，最终得到的方程组的元数很大，这使得计算时间长，而且对计算机本身的存储也提出了要求。边界元法主要适用于常系数线弹性模型的问题，也能求解物理和几何非线性问题，但获取基本解比较困难。其应用范围以存在相应微分算子的基本解为前提，对于非均匀岩石类介质等问题难以应用。边界元法对于非线性问题、半无限域问题、特别是区域的角点等的处理目前还在研究之中。离散元主要用于分析节理岩体及其与锚杆（索）的相互作用接触稳定问题，当岩体并未被结构面切割成块体的集合时，离散元就不适合。离散元法适于处理由连续介质向非连续介质转化的破坏问题，但对于连续体计算结果精度不高。目前工程中大多采用二维离散元法，三维离散元法由于理论部分还有待进一步完善，实际中很少运用。

（3）巷道围岩稳定性数值模拟研究的发展趋势。由于围岩岩体的非连续性和多变性，单纯应用一种数值分析方法有时不能完全满足计算要求。通过耦合，可以充分发挥不同数值方法的优点，提高计算速度和精度。因此，为了尽量表现岩体的工程特性和提高分析结果的准确性，在研究围岩稳定性的过程中，各种数值计算方法的耦合将会被越来越多地应用，如有限元与边界元的耦合，离散元与边界元的耦合以至有限元、边界元及离散元三者的耦合等。围岩失稳是一个相当复杂的过程，通常伴随着变形的非均匀性、非连续性和大位移等特点，是一个高度非线性科学问题。因此，对它的力学行为进行预测和控制，必须借助非线性科学。分形几何是近十几年来发展起来的研究非线性现象地的理论和方法，它在处理诸如岩石破碎、岩体结构节理粗糙度及岩层的不规则分布等难以解决的复杂问题时得到了一系列准确的解释和定量结果。在不久的将来，非线形科学将会在巷道围岩稳定性分析中有越来越多的应用。目前，数值模拟分析方法都是针对一些传统的工程问题，对于高地应力区、高水压力下的围岩稳定分析较少。深部岩体所处的复杂的地质环境，导致地应力高、温度高、渗透压高，加之较强的时间效应，使深部岩体的组织结构、基本行为特征和工程响应均发生根本性变化。另一方面，深部岩体处于多场、多相耦合作用，地下水、瓦斯、温度均会对岩体的基本性质和工程响应带来很大影响。这种条件下，传统的方法将遇到很大的挑战，需要研究这一特殊条件下围岩稳定的新方法和新理论。数值分析的基础均离不开建立工程问题模型，结合工程实际情况，建立反映工程岩体真实性质的数值计算模型是数值分析成功的关键所在。

第 6 章　巷道围岩松动破坏测试分类

实践结果表明，巷道围岩开挖存在松动圈是一个普遍现象。松动圈的形成是从周边开始逐渐向深部扩展的，直至达到另一新的三向应力平衡状态为止，它有一个发生、发展和稳定的过程。稳定后的松动圈厚度值反映了围岩应力、围岩强度等共同作用的结果。影响松动圈厚度的因素很多，如初应力场、岩体物理力学参数、巷道几何性质、地下水以及施工方法等，都不同程度影响到松动圈的厚度。岩体物理力学参数则是影响松动圈的内在因素。由于天然岩体的复杂性，加之现有测试技术和量测设备的局限性，要准确地分析和确定巷道岩体的各种物理力学参数还有一定的困难。而现在工程单位所提供的岩体物理力学参数都是在一定范围之内的变幅值。

因此，正确掌握岩体物理力学参数变化对松动圈厚度的影响，其灵敏度如何，对设计和施工都有很大的帮助。此外，尽管所建巷道工程场地和实用功能一旦确定，巷道所处的工程建设环境和设计性状变化的空间就不是很大，但结合现有的设计与施工技术还是有很大优化的余地，所以了解其变化对松动圈厚度及发展规律的影响也有着很大的现实意义。

6.1　岩体物理参数的影响

一般来说，岩体具有高的抗压强度和极低的抗拉、抗剪强度，所以在松动圈厚度值确定时着重考虑抗压强度的影响，结合摩尔库伦准则单轴抗压强度表达。可以发现，只需具体研究内摩擦角及黏聚力各自变化时的影响就行了。

（1）内摩擦角的影响。内摩擦角在力学上可以理解为块体在斜面上的临界自稳角，在这个角度内，块体是稳定的；大于这个角度，块体就会产生滑动。具体到工程上，岩体内摩擦角很大程度上表征了岩体的完整性，是评价岩体强度的重要指标之一。在黏聚力一定时，内摩擦角越小，岩体强度越高，反之强度越低。同等条件下，摩擦角改变对松动圈厚度影响较为显著，松动圈厚度随摩擦角增大而减小。松动圈厚度值还受所选的界定标准影响。当松动圈厚度较大，例如大于 1.5m 时，由于较深处围岩松动不太明显，对体积应变变化不太敏感，所以体积应变确定的松动圈值偏小，相比之下，剪切应变和屈服区变化较为敏感，能较好地显示松动圈范围。当松动圈厚度较小，例如小于 1.5m 时，体积应变和塑性屈服区判定标准确定的松动圈值与理论值相符，表明屈服区松动明显，而剪切应变确定的松动圈值偏大，表明剪切应变在中小松动圈范围内变化过于敏感。因此，对于大松动圈的判定，采用剪切应变和塑性屈服区判定标准判定松动圈范围；对于中小松动圈，采用体积应变和塑性屈服区判定标准判定松动圈范围。

（2）黏聚力的影响。黏聚力原本是用于评价黏性土强度的一个重要指标，它包括有原始黏聚力、固化黏聚力及毛细黏聚力。原始黏聚力：由于土粒间水膜受到相邻土粒之间的电分子引力而形成的，可以恢复其中的一部分或全部。固化黏聚力：由于土中化合物的胶结作用而形成的，不能恢复。毛细黏聚力：由于毛细压力所引起的，一般可忽略不计。显然，天然岩土体也具有土体相类似的性质，岩体黏聚力的大小表征了构成岩体各矿物成分及各结构面的胶结强弱。因此，黏聚力也通常作为岩体质量等级划分一个重要指标被考虑。

6.2 围压（地应力）的影响

地下一定深度的岩体会受到一定的围岩压力作用，这种压力作用随深度增加也相应地增加。地下工程的兴建，需要大量开挖地下空间。一旦地下岩体被开挖，围岩中与巷道毗邻的岩石中预先存在的应力将被释放，这会使巷道附近的围岩产生弹塑性变形，在巷道周围可以观测到开挖扰动区，也即前文提到的松动圈。不同围压条件下巷道围岩应力分布及松动圈的特征的充分认识，对巷道不同埋深条件下，巷道施工合理确定支护条件至关重要。

围压较小时，松动圈依然存在，表明巷道开挖造成岩体局部应力集中超过岩体强度而屈服，也验证了巷道开挖松动圈是普遍存在的现象。同时，对正方形巷道，松动圈发展从角点开始，再扩展到各边中部，且屈服边界在围压较小时接近圆形，当围压达到一定程度后，角点处破坏发展较快，直到屈服边界接近巷道形状。

6.3 巷道几何形状的影响

巷道形状对松动圈的分布和厚度大小都有较大影响。相比之下，圆形巷道受力较为合理，松动圈分布均匀，厚度较小，支护相对较为容易，是巷道形状设计优先考虑的类型。马蹄形和双马蹄形巷道起拱处受力状况和圆形巷道一样，松动圈分布均匀，厚度较小，支护容易；但直墙处的侧鼓和底鼓明显，要进行特殊的加固处理，才能确保安全。矩形和正方形巷道松动圈厚度较大，范围也广，且分布不均匀，不便于支护，矩形短边更有可能会出现较大变形，要严防塌方。

6.4 巷道松动圈测试方法

松动圈的形成是一个十分复杂的力学时空过程，它属于灰色系统，有许多不确定因素。由于岩体是一种非常复杂的力学介质，单纯从力学角度来研究其特性存在很大的困难，实测方法作为一种简单、实用的手段被广泛应用。松动圈实测方法很多，大体可分为两大类：一类是直接观察比较法，常用的包括：钻孔潜望镜法、观钻孔电视法、钻孔取心法、多点位移计法等。另一类是物理方法，常用的包括形变电阻率法、声测法和地质雷达实测法等。

（1）钻孔潜望镜法。钻孔潜望镜法是通过带光源的光学棱镜系统直接观测或照相记录孔壁延时状态来判别松动圈范围。岩石潜望镜带有电光源和倾斜反射镜，可深入钻孔观察，同时岩石潜望镜带有照相机，可以把围岩裂缝照下来加以分析比较判别松动圈范围。

（2）观钻孔电视法。观钻孔电视法是通过特制的孔内摄像机传给地面电视，然后观察记录孔壁岩石状态来判别破碎区范围。它是将测得的探头所处的深度值转化为数字量后再进行编码，并与摄像机拍摄的视频图像信号同步进入动态字符叠加器中，再由字符叠加器将深度数值与视频图像信号进行叠加后，以视频信号方式输出到计算机中进行同步记录或在显示器上显示，进行实时监视。该方法的特点是：适用范围非常广泛，不仅可于各种方向的钻孔如垂直、倾斜、水平钻孔等，探测结果清晰、直观，观察也具有一定的空间效果，符合人眼观察习惯；此外，该设备体积小、重量轻、携带方便、操作简单，只需进行简单连接便可进行操作。

（3）钻孔取芯法。钻孔取芯法将钻孔岩芯由浅至深顺序排列，经比较确定。该方法虽简单、方便、直观、实用，但对于软弱或破碎岩体，钻孔取芯率相对较低时，很难较完整、准确地获得钻孔内的地质资料，给松动圈判别带来一定难度。

（4）多点位移计法。多点位移计法利用破裂区内测点位移或位移波速突变，经比较确定松动圈范围。该方法通常是在开挖抵达欲测断面前就埋好多点位移计，才能达到较好效果。多点位移计测试方法的优点是测试数据可靠，但缺点是观测工作量大；仪器为一次性消耗，费用高，精度较差，所需时间也相对较长。

（5）形变电阻率法。形变电阻率法是利用各种岩石的电阻率不同，而同类岩石的电阻率随节理、裂隙、孔隙情况不同而不同的原理判别松动圈的范围。该方法的优点是布点测量方便、测试范围大、观测简单、快速经济、不破坏岩体原有状态，并可以一次布设若干组电极分段（区）观测，还可以长期定时观测。缺点是对仪器精度要求较高，需要良好的电极布置技术。

（6）声测法。声测法是利用各类岩石中声波速度不同，且同种岩石随破裂程度增加声速降低原理来判定松动圈范围。声波的波速随介质裂隙发育、密度降低、声阻抗增大而降低，随应力增大、密度增大而增加。因此，测得的声波波速高则说明围岩完整性好，波速低说明围岩存在裂缝，围岩有破坏发生。测出距离围岩表面不同深度的岩体波速值，作出深度和波速曲线，然后再根据有关地质资料可推断出被测试巷道的围岩松动圈厚度。该方法的优点是测试技术成熟可靠，原理简单，仪器便宜可以重复使用。存在的主要问题是，在测试中，经常要提供风和水管，工作量较大。

（7）地质雷达实测法。地质雷达实测法是利用雷达产生高频短脉冲电磁波和能量向岩体介质内发射，利用岩体介质中节理、裂隙断裂等界面上的反射波不同来探测裂缝的位置，判别松动圈范围。地质雷达法测试的优点是不需钻孔，精度、效率和分辨率高，灵活方便，剖面直观，测试快速，现场即可得到裂缝位置图，得出松动圈范围。缺点是仪器昂贵。

6.5　巷道围岩松动圈的分类

一般根据巷道围岩松动圈厚度大小不同，围岩碎胀变形不同，可把开挖后的围岩破坏分为小、中、大松动圈围岩三类。

（1）当围岩松动圈厚度值 L_p=0 ~ 40cm 时，为小松动圈围岩。在这类围岩中，松动圈厚度值小，围岩稳定性好，由此而产生的碎胀变形量较小，一般只有几毫米。碎胀变形量数值一般小于低应力下锚杆弹塑性变形，故不需要考虑碎胀变形压力因素，而且松动圈内围岩的自重也很小，只用喷射混凝土支护亦能保证工程的安全，所以不必采用锚杆支护或其他普通支护形式。

（2）当围岩松动圈厚度值 L_p=40 ~ 150cm 时，称为中松动圈围岩。由于围岩应力大于岩体强度，距周边 1.5m 范围内岩块靠相互镶嵌、咬合而保持暂时的平衡状态。中松动圈围岩碎胀变形比较明显，变形量也较大。通常可以采用锚喷联合支护保持岩体稳定。

（3）一般情况下，当松动圈厚度大于 1.5m 时，称为大松动圈围岩。由于围岩松动范围大，产生很大的变形压力，若采用刚性支护往往很难奏效，也很不经济，所以通常采用锚喷网支护较为合适。巷道围岩松动圈分类是采用松动圈的值作为综合指标的分类方法。

巷道围岩破坏松动圈是指巷道开挖后，支护基本稳定，用声波仪测定围岩声波降低范围的平均值，它是反映围岩应力和岩体强度相互作用结果的一个综合性指标，通过现场实测获取。主要分类、换算见表 6.1 至表 6.3。围岩松动圈是反映围岩应力和岩体强度相互作用结果的一个综合性指标，围岩应力包括了工程的埋深、构造应力、动压应力的影响，以及破岩方法、巷道跨度、形状等影响应力的因素。围岩强度包括了水的影响、层理及夹层等影响围岩强度的因素。现场试验表明，到目前为止，通过实测获取松动圈厚度并根据该值设计锚喷支护参数的方法在松动圈厚度小于 3m 的情况下是成功的，而对于大于 3m 松动圈厚度则仍处于研究中。

表 6.1　**巷道围岩稳定性（松动圈）分类**

围岩类别		分类名称	围岩松动圈/cm
小松动圈	I	稳定围岩	0～40
中松动圈	II	较稳定围岩	40～100
	III	一般围岩	100～150
大松动圈	IV	一般不稳定围岩	150～200
	V	不稳定围岩	200～300
	VI	极不稳定围岩	>300

表 6.2　**按巷道围岩变形量控制的围岩分类**

围岩分类	I	II	III	IV	IV	V
开挖后围岩变形量/mm	5	6～10	10～50	50～100	100～200	>200

表 6.3　**国内外围岩分类方法换算**

分类名称	分类依据及代表符号	分类档次					
工程岩体分级标准	岩体质量指标（BQ）	I	II	III	IV	V	IV
锚杆喷射混凝土支护设计规范	岩体质量系数	I	II	III	IV	V	
水利水电工程地质察规范	岩体质量评分（A～E之和）	I	II	III	IV	V	
铁路隧道设计规范	预测方程系数值	VI	V	IV	III	II	I
公路隧道设计规范	岩体质量指标（BQ）	VI	V	IV	III	II	I
煤矿井巷锚喷支护设计试行规范	坑道岩体质量	I	II	III	IV	V	
防护工程设计规范	指标（R_m或R_s）	I	II	III	IV	V	
军用物资洞库锚喷支护技术规定	岩体质量指标	I	II	III	IV	V	
岩体坚固性系数分类	f_{kp}	≥8.0	≥6.0	≥3.0	≥2.0	≤1.5	

注：本分析计算主要依据国际、国标和公路围岩分类及支护分级标准。

6.6　围岩松动圈判别

根据围岩松动圈支护理论，围岩松动圈分类方法见表 6.4 所列。

表 6.4　**围岩松动圈分类表**

围岩类别		分类名称	松动圈/cm	支护机理及方法	备注
小松动圈	I	稳定围岩	0～40	喷射混凝土支护	围岩不易风化可不支护
中松动圈	II	较稳定围岩	40～100	锚杆悬吊理论喷射局部支护	随机锚杆支护
	III	一般围岩	100～150	锚杆悬吊理论喷射局部支护	刚性支护局部破坏
大松动圈	IV	一般不稳定围岩	150～200	锚杆组合拱理论，喷层、金属网局部支护	刚性支护大面积破坏
	V	不稳定围岩	200～300	锚杆组合拱理论，喷层、金属网局部支护	围岩变形有稳定期
	VI	极不稳定围岩	>300	待定	围岩变形在一般支护条件下无稳定期

第 7 章　巷道底鼓围岩松动破碎探测技术

对巷道围岩松动与稳定的研究，现有的研究成果多把巷道围岩分为弹性区、塑性区和最内的破裂区。对弹性区和塑性区的解答已有了一些较成熟的理论，但对于破裂区的尺寸，如果进行理论计算，则仍没有定论。虽然对破裂区已有一些计算公式，但是，由于其对破裂区内岩石破裂后的性质认识不充分，用于定量还与实际情况差距较大。主要是由于现有计算理论的一些基本假设与实际围岩的状态存在较大差距。

巷道松动圈是围岩应力超过岩体强度之后而在巷道周边形成的破裂带，其物理状态表现为破裂缝的增加及岩体应力水平的降低。松动圈测试就是探测开挖后新增破裂缝及其分布范围，围岩中有破裂缝与没有破裂缝的界面就是松动圈的边界。在现场，对松动范围的厚度测试，可用声波法、多点位移计法或探地雷达法等方法测试。

7.1　国内外巷道底鼓围岩松动破碎研究

（1）松动圈理论研究状况

有关松动圈理论的研究，始于 20 世纪初，约在 70 年代中期开始活跃起来。国外有代表性的理论学说主要有如下几种：1926 年，普罗托奇亚科夫提出的自然平衡拱学说；1946 年，太沙基从现场的研究出发，提出了冒落拱理论（楔形拱体学说），但是由于地下工程的深度越来越大，该理论遭遇到很大的挑战，在一些情况下，已经不再适用；1974 年，日本学者池田和彦等人利用声测技术实测了松动圈，并结合实验室研究成果，提出了根据岩体波速和岩石波速计算松动圈的经验公式，一定程度上与实际较为接近；1982 年，印度学者 A.K.Duke 等人从弹塑性分析出发，发展出了图示法确定松动圈的半径，但是只是停留在理论研究阶段，与实际情况并不相符；1989 年，苏联学者 E.I.Shemyakin 等人提出了不连续区的概念，给出了不连续厚度计算的经验公式。

我国对围岩松动圈的研究以中国矿业大学董方庭教授为代表，从 20 世纪 80 年代至今，做了大量的现场测试和实验室研究工作，提出了一套围岩松动圈支护理论。包括：围岩松动圈的大小是地应力与围岩强度的函数；支护的主要对象；围岩松动圈分级及相应的支护等级等。由于松动圈实通过测得到，没有做任何原理方面的假设，这样不会引起计算分析误差。围岩的分类是按照喷锚支护机理来划分的，便于支护设计，这种学说推广较快。但是，仍然有一些地方需要进一步研究和完善。上述关于松动圈理论的介绍在一定程度上反映了目前在松动圈确定理论研究方面的发展水平，但是，其中有的方法应用范围很窄，比较粗略、近似：一方面，绝大多数理论是在一些假定基础上进行的研究，而这些假定与工程实际情况有较大出入；另一方面，多数理论对于松动圈的确定没有考虑时间因素的影响，实际工程过程中，随着时间的推移，松动圈的发展常富于变化；再一方面，岩层的复杂多样，结构面、节理、水等也对松动圈的发展有很大影响。

近年来，新兴的有限元、离散元等计算程序，例如 Flac、Abaqus、Phase^{2D}、Adina、

GeoStudio、Ansys、Plaxis 等，基于这些软件所进行的数值模拟分析大大拉进了松动圈预测结果与实际情况的差距。在实际工程中，以实测数据为依据，使用数值模拟方法进行预测，结合类似工程数据，最终得到具有工程价值结果的方法，正在被越来越广泛地接受、运用。

围岩松动圈是围岩应力超过岩体强度之后在围岩周边形成的破碎带，其物理状态表现为破裂缝的增加及岩体应力水平的降低。松动圈测试就是探测开挖后新的破坏裂缝及其分布范围，围岩中有新破裂缝与没有破裂缝的界面位置就是松动圈的边界。基于松动圈测试原理，相应的测试方法有超声波探测法、多点位移计量测法、探地雷达探测法等。

（2）围岩松动圈声波测试方法

岩体声波测试原理是利用声波作为信息载体，测量声波在岩体内传播的波速、振幅、频率、相位等特征，来研究岩体的物理力学性质、构造及应力状态的方法。在岩体中，超声波的传播速度与岩体的密度及弹性常数有关，受岩体结构构造、地下水、应力状态的影响，波速随岩体裂隙发育而降低，随应力增大而加快的特性，通过测试超声波在巷道围岩一定深度范围内的传播速度，根据波速的变化，就可以判定围岩的松动范围。

超声波方法测试松动圈的主要优点是测试技术成熟可靠，原理简单，仪器可重复使用；缺点是工作量大，抗干扰性差。超声波测试时需要注水耦合，若围岩比较破碎，破裂岩体波速与水的波速差别不大，不能明显判断松动圈范围。

（3）围岩松动圈多点位移计量测方法

松动范围内岩石由于破裂缝的产生与扩展，碎胀变形较深部未松动围岩的变形量要大，通过在钻孔中不同深度安设围岩内位移测点，观测围岩内位移的变化趋势，变形速度及变形量突然增大的区域即为松动圈的边界。

多点位移计量测法的优点是测试数据可靠，测试原理明确，操作简单；缺点是观测工作量大，仪器费用高，测试精度较低，监测时间长。多点位移计量测法适用于变形量大的软岩。对于变形量小的围岩，由于其精度有限，难以采用该方法。

（4）围岩松动圈探地雷达测试方法

探地雷达利用主频为 10^6 ~ 10^9Hz 波段的电磁波，以宽频带短脉冲的形式，由地面通过天线发射器发送至地下，经地下目的体或地层的界面反射后返回地面，被雷达天线接收器所接收，通过对所接收的雷达信号进行处理和图像解译，达到探测前方目标体的目的。对采集的数据进行编辑、处理，可得到不同形式的探地雷达剖面，对探地雷达剖面进行解释，即可得到所测结果。工作原理如图 7.1 所示。

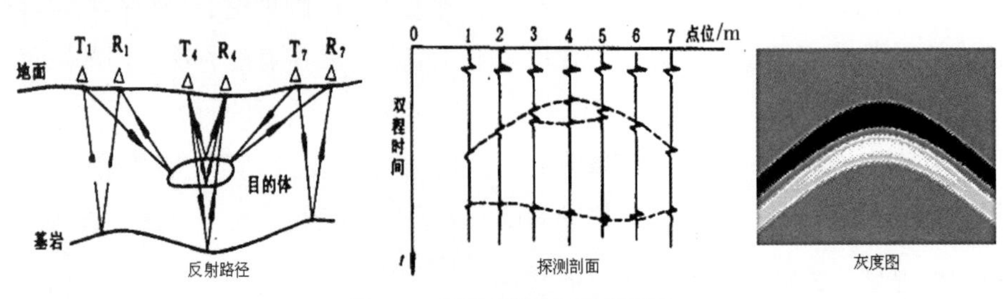

图 7.1　探地雷达工作原理图

探地雷达探测法的优点是：不需钻孔，精度、效率和分辨率较高，操作简单，抗干扰，剖面直观，适应能力强。缺点是仪器昂贵。探地雷达探测法适用广泛，可用于围岩的含水层、裂隙带、断层等灾害隐患的探测，围岩超前地质预报等。

（5）围岩松动圈其他探测方法

①地震波法。地震波在不同性质岩石或同一岩层中传播时，由于岩石强度、孔隙度、裂隙、密度的差异，具有不同的速度。其波速测试原理是直接利用总波的到时拟合曲线，进行岩层速度对比与判断。目前，国内研制的矿井智能资源探测仪，设有专门的松动圈测试功能。地震波法的优点是测试在围岩纵向进行，测试巷道围岩范围大，数据可靠、快速，缺点是仪器较贵，探头布置、仪器安装困难。地震波法在日本应用较多，我国则应用较少。

②渗透法。当岩体有较多裂隙生成和发展时，渗透率将变大，就能找出渗透率大的范围，就能测试出松动圈范围。其优点是测试原理简单。缺点是对软岩和遇水膨胀的岩层，测试难度大，工作量大。

③钻孔摄像测试法。钻孔摄像测试提出了一条新的测试围岩松动圈的思路，智能化程度高，但同样需要钻孔，操作繁琐，且其判别标准有待更多的工程实践进行验证。

7.2　探地雷达探测原理与方法

7.2.1　探地雷达探测原理

探地雷达探测的基本原理是使用电磁波穿透工程介质，当存在电磁性质差异界面时，电磁波发生反射，根据反射波的时程与动力学特征确定介质的结构。

探地雷达利用电磁波，以宽频带短脉冲的形式，由地面通过天线发射器发送至地下，经地下目的体或地层的界面发射后返回地面，被雷达天线接收器所接收，通过对所接收的雷达信号进行处理和图像解译。探地雷达探测原理如图 7.2 所示。

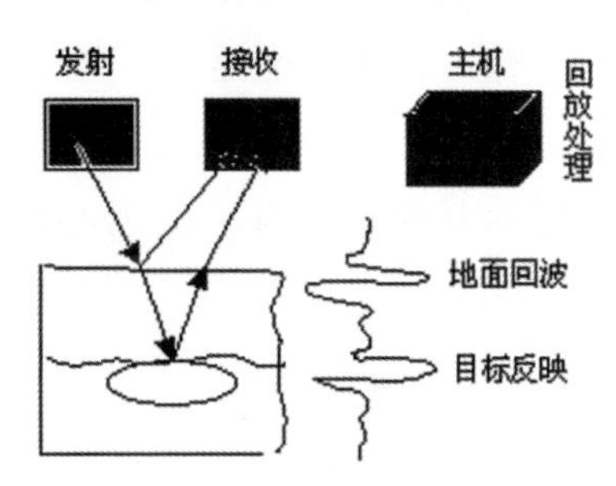

图 7.2　探地雷达探测原理图

设探测深度为 X，则

$$X=\frac{1}{2}VT \tag{7.1}$$

式中：V—雷达波传播速度；T—双程传播时间。

其中

$$V=\frac{C}{\sqrt{\varepsilon}} \tag{7.2}$$

式中：$C=3.0\times10^{8}\mathrm{m/s}$（电磁波在真空中传播的速度，即光速）；$\varepsilon$—相对介电常数，常

见材质相对介电常数值如表 7.1 所列。

表 7.1 常见材质相对介电常数、电导率、速度表

介质	电导率/（S/m）	介电常数（相对值）	速度/（m/ns）
空气	0	1	0.3
纯水	10^{-4} ~ 3×10^{-2}	81	0.033
海水	4	81	0.01
冰		3.2	0.17
花岗岩（干）	10^{-8}	5	0.15
花岗岩（湿）	10^{-3}	7	0.1
玄武岩（湿）	10^{-2}		8
灰岩（干）	10^{-9}	7	0.11
灰岩（湿）	2.5×10^{-2}		8
砂（干）	10^{-7} ~ 10^{-3}	4 ~ 6	0.15
砂（湿）	10^{-4} ~ 10^{-2}	30	0.06
淤泥	10^{-3} ~ 0.1	5 ~ 30	0.07
黏土（湿）	10^{-1} ~ 1	8 ~ 12	0.06
页岩（湿）	10^{-1}	7	0.09
砂岩（湿）	4×10^{-2}		
土壤	1.4×10^{-4}	2.6 ~ 15	0.13 ~ 0.17（ε_r=3 ~ 5）
永久冻土	$1e^{-5}$ ~ $1e^{-3}$	4 ~ 8	0.12
混凝土		6.4	0.12
沥青		3 ~ 5	0.12 ~ 0.18

7.2.2 电磁波的工程介质传播特性

介质的电特性决定了探地雷达的使用范围和使用效果，在介质的诸多物性参数中，电导率和介电常数是两个关键指标，其中，电导率决定了电磁波在该介质中的穿透深度，而介电常数则决定了电磁波在该介质中的传播速度。

同时，电导率还决定了两种不同介质的对比度以及电磁波在介质中的“足印”（电磁波在介质中的覆盖范围）。地磁波在工程介质中的传播，遇到电特性差异的介质时发生透射和反射，透射的地磁波继续向前传播，反射的电磁波一样发生透射和反射，透射回介质表面的地磁波被雷达接收天线接收，地磁波传播路径如图 7.2 所示。

介电常数不仅确定了电磁波在介质中传播的速度，同时，不同材质的介电常数的差异决定了电磁波的反射程度，反射系数用 R 表示。

$$R=\frac{\sqrt{\varepsilon_1}-\sqrt{\varepsilon_2}}{\sqrt{\varepsilon_1}+\sqrt{\varepsilon_2}} \tag{7.3}$$

式中：ε_1，ε_2—反射界面两侧的相对介电常数。

通过对反射系数公式进行分析，可以得出两点：界面两侧介质的电磁学性质差异越大，反射波越强。电磁波从介电常数小进入介电常数大的介质时，即从高速介质进入低速介质，反射系数为负，即反射波振幅反向。这是判定界面两侧介质性质与属性的重要依据。

在巷道工程探地雷达探测中，电磁波如从空气（相对介电常数为 1）中进入混凝土（初衬或二衬）（相对介电常数约为 6.4）中，根据式（7.3）反射系数 R 小于零，反射振幅反向，折射波不反向；从衬砌后边的脱空区再反射回来时，反射系数 R 大于零，反射波不反向，因而，脱空区的反射与混凝土表面的反射方向正好相反。反射波的振幅和方向特征是

雷达波判别最重要的依据。如果衬砌后边富水（相对介电常数为 81），电磁波从该界面反射也发生反向，与表面反射波同向，而且反射振幅较大。混凝土中的钢筋，波速近乎为零，反射波反向，而且反射波振幅特别强。

7.2.3　雷达探测数据处理

（1）软件简介。

LTD 探地雷达后处理软件（目前版本号为：IDSP6.0）是一款针对 LTD 系列探地雷达产品的综合性后处理软件。能够对 LTD 系列产品采集的雷达数据以及国际上流行的其他探地雷达数据格式进行数据显示、滤波、反褶积、偏移等操作，方便用户发现雷达数据中的异常情况及生成后续报表文件。

（2）数据处理流程。

不同的探测目的，所采集到的雷达数据也千差万别，因此在进行数据处理之前，需要确定合理的处理流程。主要包括有：显示方式的改变、噪声的去除、增益的调整等。具体流程如图 7.3。

（3）数据处理方法。

目前的探地雷达都是以超宽带雷达为主，因此在记录了各种有效波的同时，也记录了干扰波。而滤波的作用主要是压制干扰信号提高信噪比，提取地下介质的响应特征信号。滤波尤其是一维滤波是雷达信号处理上的常用方法。小波变换（Wavelet Transform），有人称之为"子波变换"，是一种新发展起来的数学分析与信号处理方法。小波变换克服了傅里叶分析方法在描述信号频率特征的同时，却无法同时反映局部时间的频率变化的局限性。小波变换是用于压制噪声信号，提高有用信号。

小波变换的思想可以根据信号的最高主频范围，依据选定的尺度参数来压制干扰信号，小波变换对数据进行处理，理论上，信号的畸变最小。尺度参数越小，保留信号的频率越高，尺度参数越大，保留信号的频率成分越低。通过对尺度参数的不同选择来得到最佳的分析处理结果。

雷达图像经过小波变换处理前后对比图，经过对比可以发现，处理前的雷达图像（如图 7.4）较为杂乱，干扰信号较多，经过小波变化处理的雷达图像（如图 7.5）信噪比明显提高，有利于探测目标的识别。

7.2.4　巷道围岩松动的探地雷达波相识别

巷道掘进后，其围岩在高应力作用下发生了松动、破碎，电磁波从衬砌表面向围岩深处传播过程中，遇到破碎的围岩会产生相对杂乱的反射回波信号，围岩破碎区同相对完整的弹塑性区交界面将造成雷达波的强反射，波幅骤增，之后迅速恢复正常变化规律；又由于强反射造成透射波能量很小，很快消失殆尽，据此追踪电磁波同相轴的连续性，即可确定围岩松动范围。

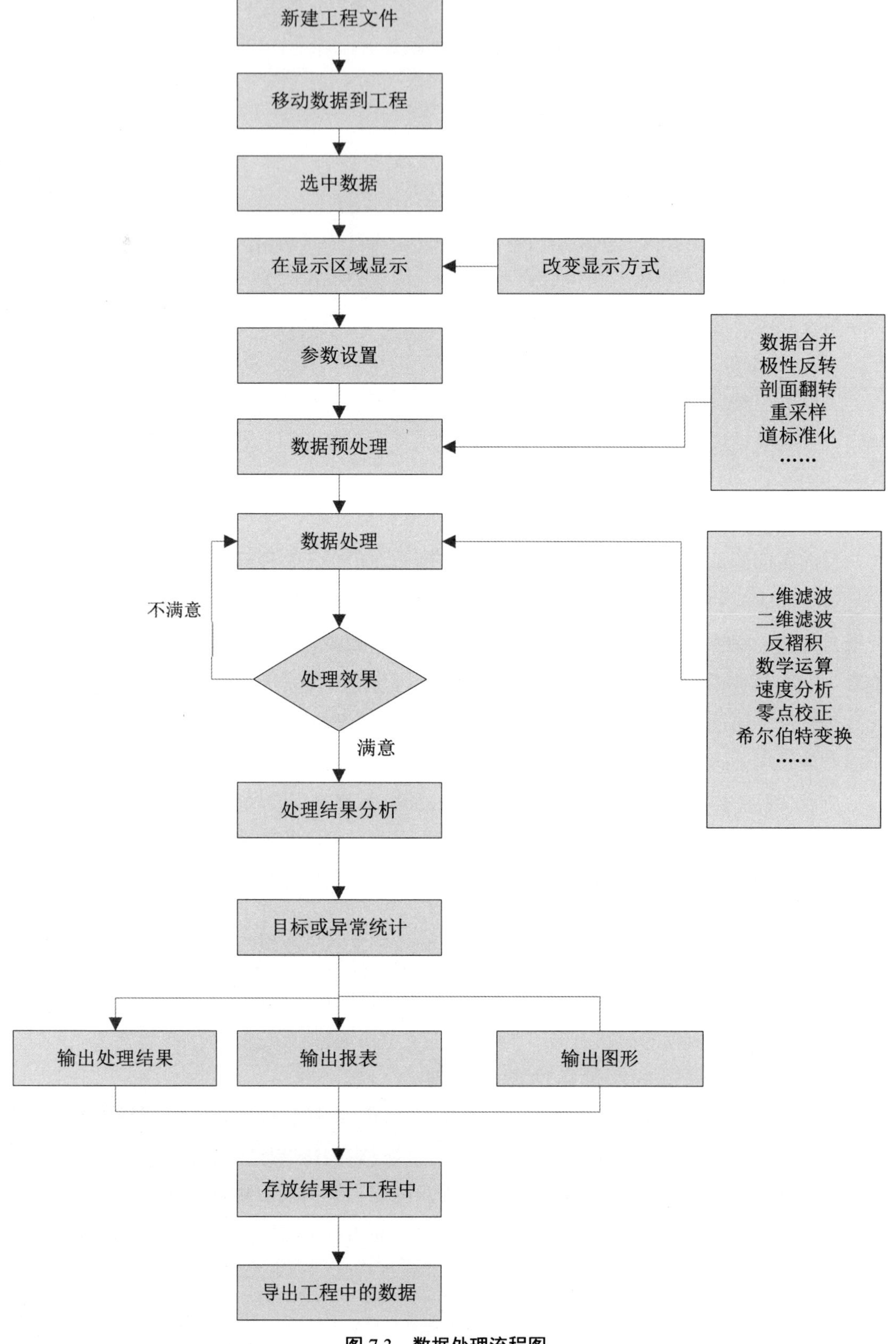
新建工程文件
移动数据到工程
选中数据
在显示区域显示
改变显示方式
参数设置
数据合并
极性反转
剖面翻转
重采样
道标准化
……
数据预处理
数据处理
不满意
处理效果
满意
一维滤波
二维滤波
反褶积
数学运算
速度分析
零点校正
希尔伯特变换
……
处理结果分析
目标或异常统计
输出处理结果
输出报表
输出图形
存放结果于工程中
导出工程中的数据

图 7.3　数据处理流程图

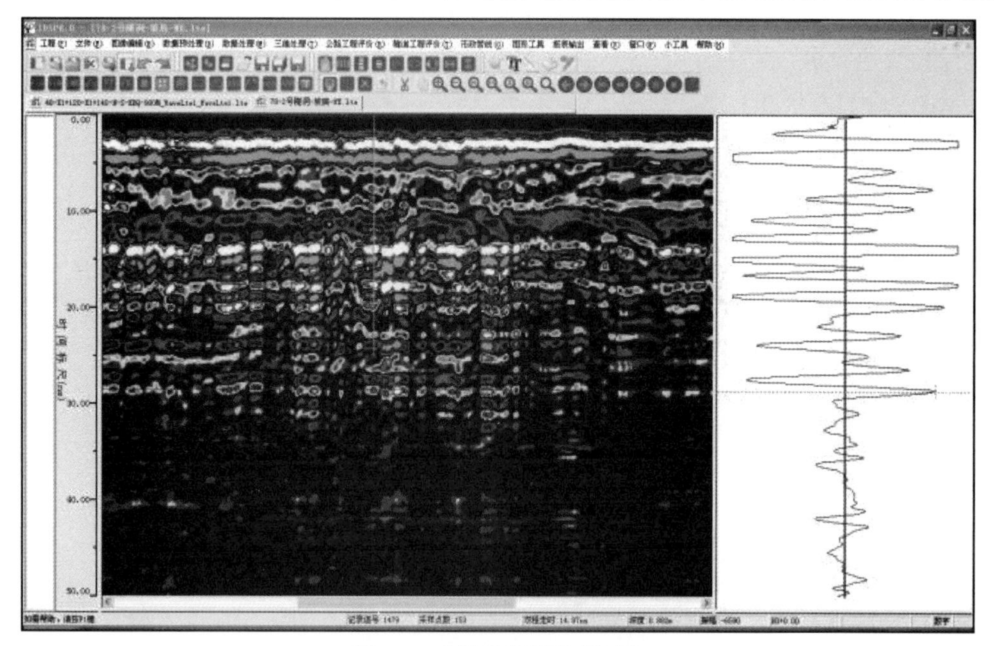

图 7.4　小波变换处理前图像

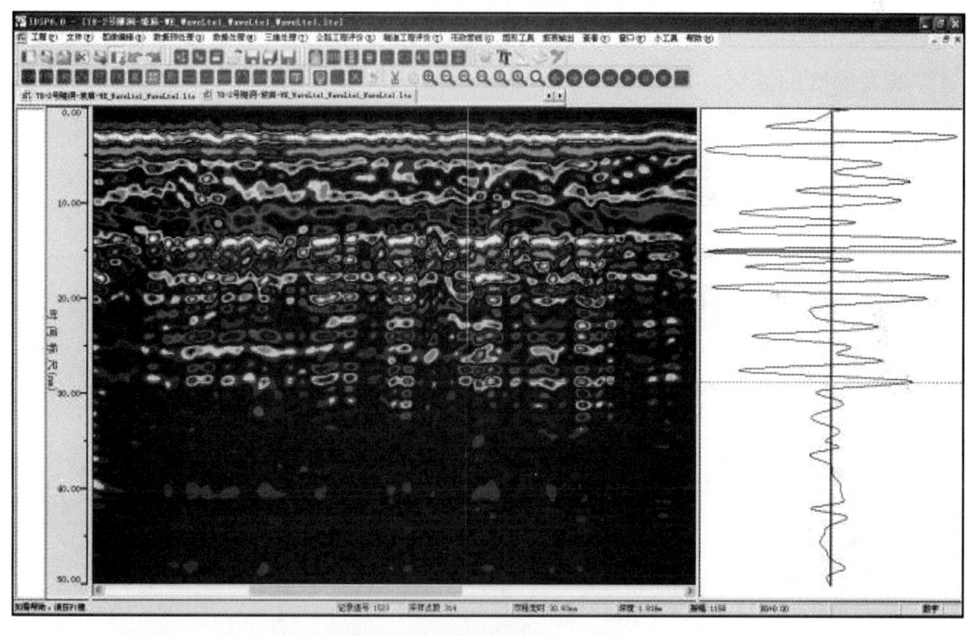

图 7.5　小波变换处理后图像

从图 7.6 中右边的单道波形来看，以竖向红线为中心，从零深度（初衬喷射混凝土表面）到第一条横线（24cm 深度），介质较为均匀，反射不明显，在第一条横线处（24cm 深度）处，波相发生反向，且振幅很强，结合该巷道设计资料，明显可以得出此处深度为初衬喷射混凝土厚度，与实际情况吻合良好。从第一条横线往下到第二条横线，电磁波反射强烈，且振幅较大，表明此间介质不均一，在此下方，从图右边的该单道波形振幅来看，雷达波振幅迅速下降，反射很弱，可以得出从此处围岩开始相对完整，围岩强度增强，根据围岩松动特征，即可判断两条横线间距离为该处围岩松动圈厚度。

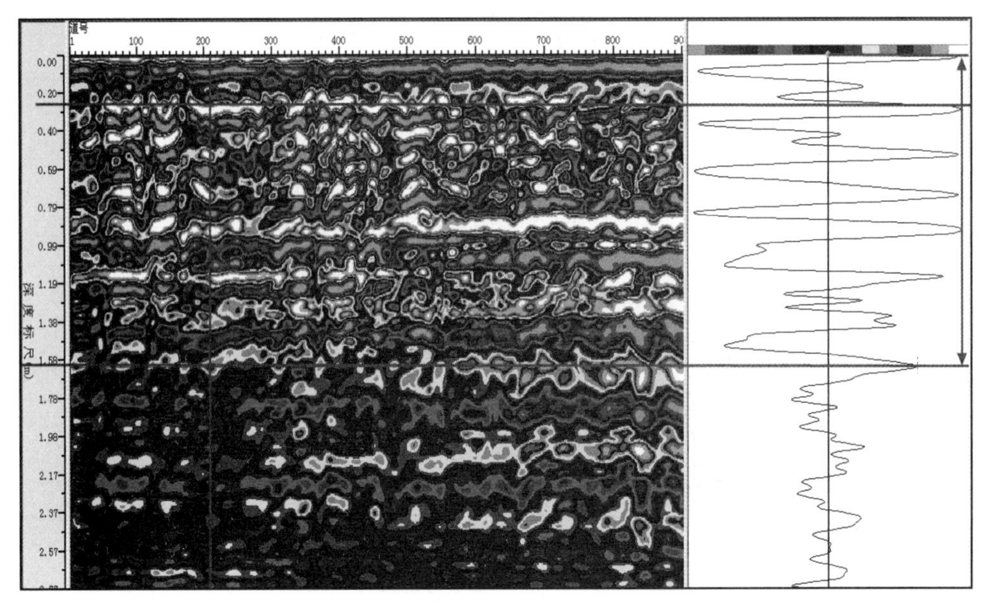

图 7.6　围岩探地雷达单道波形——伪彩色图

从图 7.7 下方的该深度处测向振幅波形来看，横线深度处的电磁波振幅较大，对比图 7.8，相对横线下降 5cm 处（虚线），电磁波振幅明显减小，同样可以对比电磁波从零深度到探测的最大深度的振幅，可以明显发现横线深度处即为围岩相对破碎范围，即可得出松动圈厚度值。根据围岩松动的特征，电磁波穿过围岩破碎区同相对完整区域交界面将造成电磁波波的强反射，致使穿过反射界面的透射波能量很小，很快消失殆尽，据此追踪同相轴的连续性。

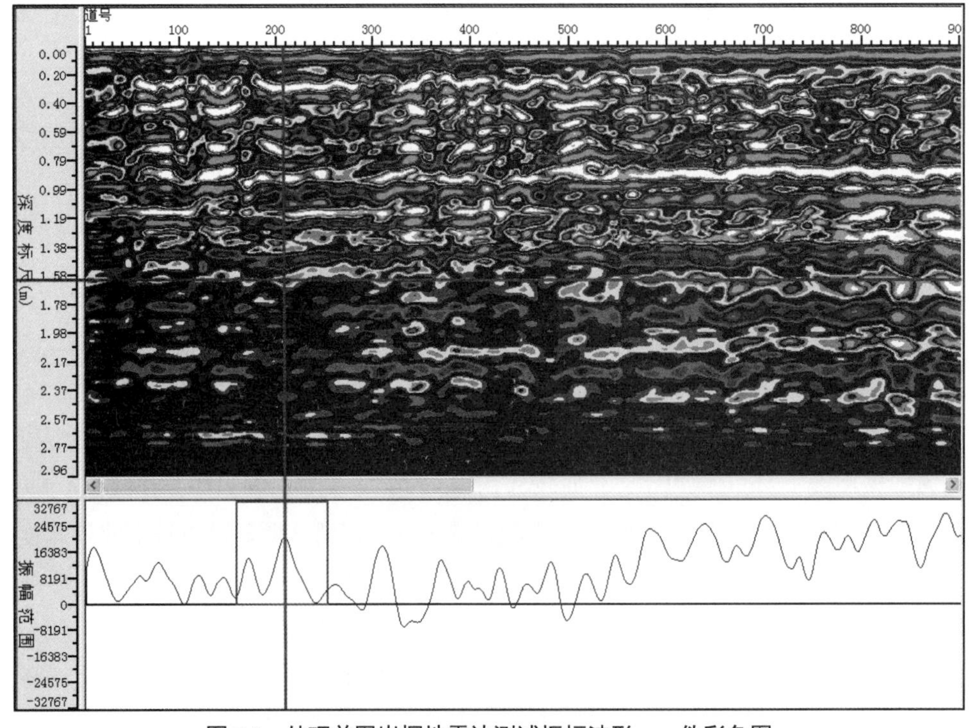

图 7.7　处理前围岩探地雷达测试振幅波形——伪彩色图

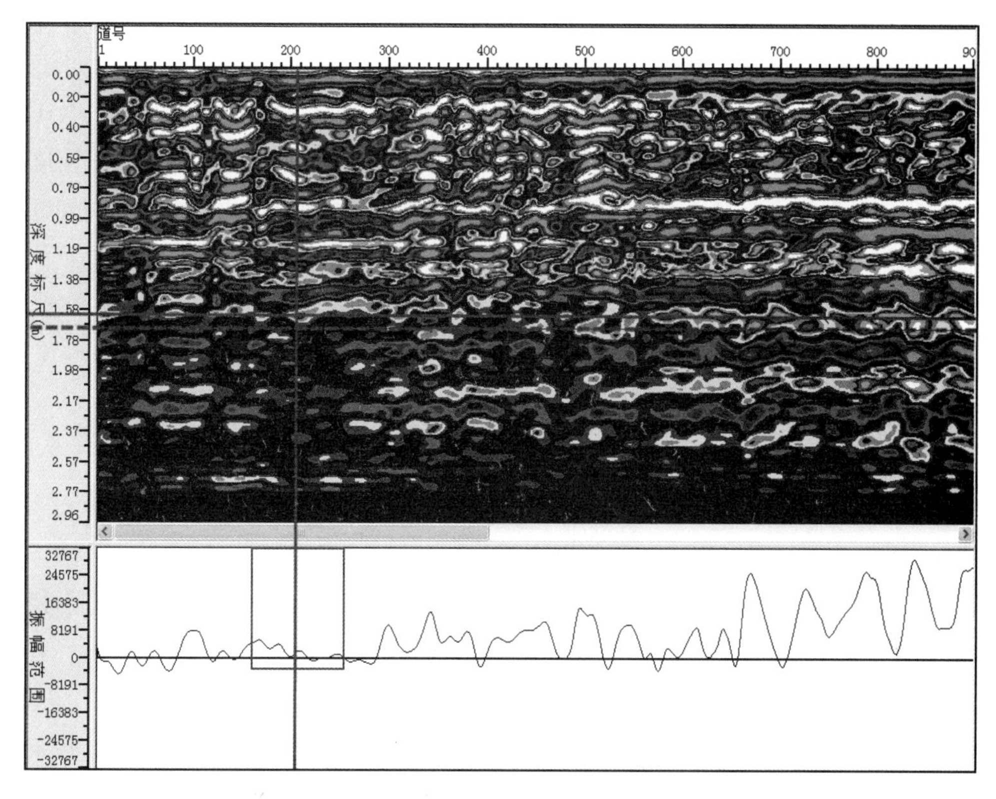

图 7.8　处理后围岩探地雷达测试振幅波形——伪彩色图

从图 7.9 波形堆积图来看，零深度到第一条横线间距离即为初衬喷射混凝土的厚度，第一条和第二条横线间距离即为围岩松动的范围。综合上述单道波形图、灰度图、振幅曲线图和波形堆积图的巷道围岩松动圈的判读方法，根据围岩松动特征，把每道波形附近的松动圈厚度值连续标定出来，即为巷道围岩沿测线的松动圈厚度值。

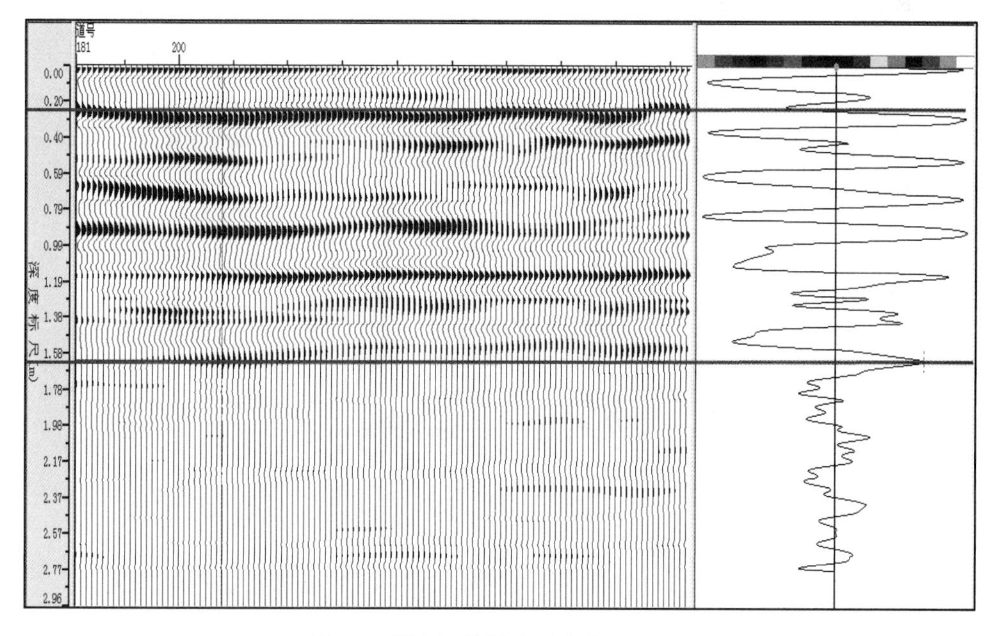

图 7.9　围岩探地雷达测试波形堆积图

7.3 超声波测试原理与方法

（1）超声波测试原理

巷道围岩松动圈超声波测试技术利用超声波在岩土介质和结构物中的传播参数（声时值、声速、波幅、衰减系数等）与岩土介质和结构物的物理力学指标（动弹模、密度、强度等）之间的相关关系。基于弹性理论，由弹性波的波动方程通过弹性力学空间问题的静力方程推导，可得出超声波纵波波速与介质的弹性参数之间的关系：

$$V_{\mathrm{p}}=\sqrt{\frac{E}{\rho}\cdot\frac{1-\nu}{(1+\nu)(1-2\nu)}} \tag{7.4}$$

$$V_{\mathrm{s}}=\sqrt{\frac{E}{\rho}\cdot\frac{1}{2(1+\nu)}} \tag{7.5}$$

式中：ρ—密度；E—弹性模量；ν—泊松比。

由于不同的岩石、岩体和结构、构造，其物理参量不同，因此其传播速度也不相同，反过来说，可以根据岩体的声波传播速度来判别岩石、岩体的情况。

（2）超声波现场测试与数据处理方法

超声波检测技术目前有两种测试方法，即“双孔对测”和“单孔测试”。双孔对测需要一对平行钻孔，其中一孔安放发射传感器，另一孔在相应深度安放接收传感器，它反映的是径向裂隙特征。双孔测试对钻孔平行度要求较高，操作不便，目前应用较少。单孔测试反映的是环向裂隙特征。

本次测试使用单孔测试，如图 7.10 所示。巷道掘进后，围岩应力将重新分布，研究表明，从围岩表面往围岩深处分布三个区域：应力降低区、应力集中区和原岩应力区。围岩出现的应力降低区也就是围岩松动范围，根据围岩松动裂隙增多、破碎，应力下降的特征，超声波波速降低；在应力集中区，应力升高，裂隙压实，超声波高于正常波速；在原岩应力区，波速接近正常传播速度，应力区分布如图 7.11 所示。根据三个应力区围岩特征，绘制超声波测速随测孔深度关系曲线图，如图 7.12 所示。

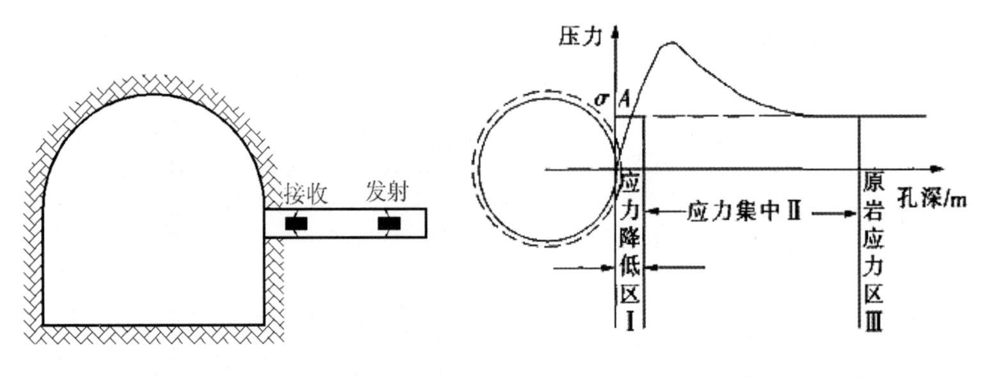

图 7.10 单孔测试示意图　　图 7.11 围岩应力分布示意图

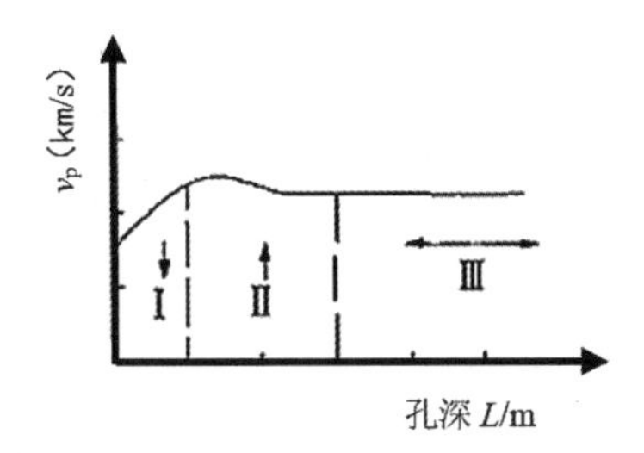

图 7.12　v_p-L 典型曲线图

超声波的波速随介质裂隙发育、密度降低、声阻抗增大而降低；随应力增大、密度增大而增加。利用这一特性可知，围岩的完整性好则其纵波速就高，反之就低。因此，结合相关地质资料可推断出围岩的松动圈范围。

7.4　围岩松动圈超声波测试与探地雷达探测成果认证

（1）围岩松动圈超声波测试成果分析

针对探地雷达测试结果，本次测试采用传统的成熟可靠的超声波测试技术在 0402 回风巷进行了测试。松动圈超声波测试布置和测试如图 7.13 和照片 7.1 至照片 7.5 所示。

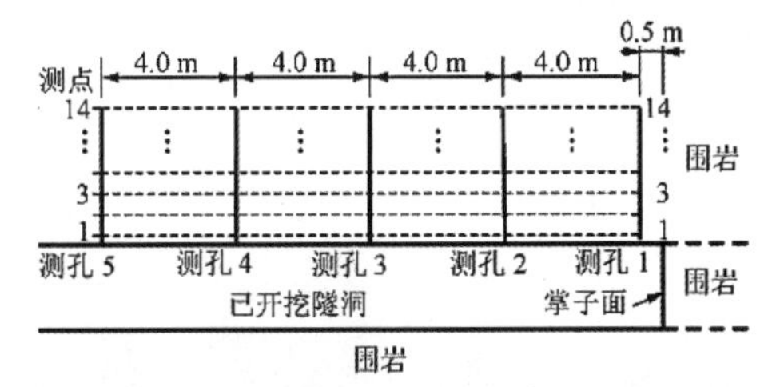

图 7.13　声波、电磁波测区布置图

照片 7.1　0402 回风巷道顶底板超声波测试

照片 7.2　0402 回风巷道煤层超声波测试

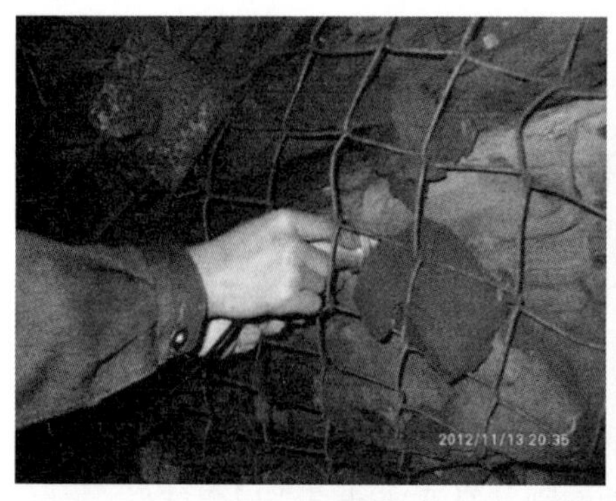

照片 7.3　0402 回风巷道煤层超声波测试

照片 7.4　0402 回风联络巷道底板超声波测试

照片 7.5　0402 回风联络巷道底板超声波测试

对 5 个超声波测孔数据进行整理，绘成曲线图如图 7.14 所示。该曲线图直观显示，超声波测试围岩松动范围为 2.2 ~ 2.8m，与探地雷达探测结果吻合较好。

（2）围岩松动圈超声波测试与探地雷达探测成果对比

通过围岩松动圈范围超声波测试结果，与探地雷达探测成果（如图 7.15）对比分析。波速沿径向略渐增大，经历一个小波峰后逐渐降低，最后趋于稳定，小波峰的出现是围岩与直呼共同作用的结果，即围岩自撑压密区。巷道施工过程每一循环进尺，测区中都存在强化和弱化区域，分布比较复杂，与爆破前松动圈的大小以及爆破效果密切相关。而爆破循环的累积影响效应表明，弱化带位于裂隙区，其损伤是纵波和横波共同作用的结果；强化带位于应力集中区，主要得益于爆破的震实效应以及碎胀力的挤压。当测孔离掌子面达到一定距离之后，波速虽有小幅的调整但不影响松动圈的形状，应力集中区不会产生偏移，据此得出松动圈测定的原则和时机。沿着巷道轴线方向，当测点离掌子面一定距离之后，波速趋于稳定，据此给出爆破施工影响范围。主要从不同围岩类别进尺、爆破参数、爆破药量等有效地进行爆破循环控制，即有效地对围岩松动圈影响范围的控制，为节理裂隙发育的巷道围岩坍塌和有效支护提供了依据。巷道施工过程中进行的补充地勘、设计优化和有效管理决策，为巷道安全施工奠定了基础，确保了施工进度和质量。

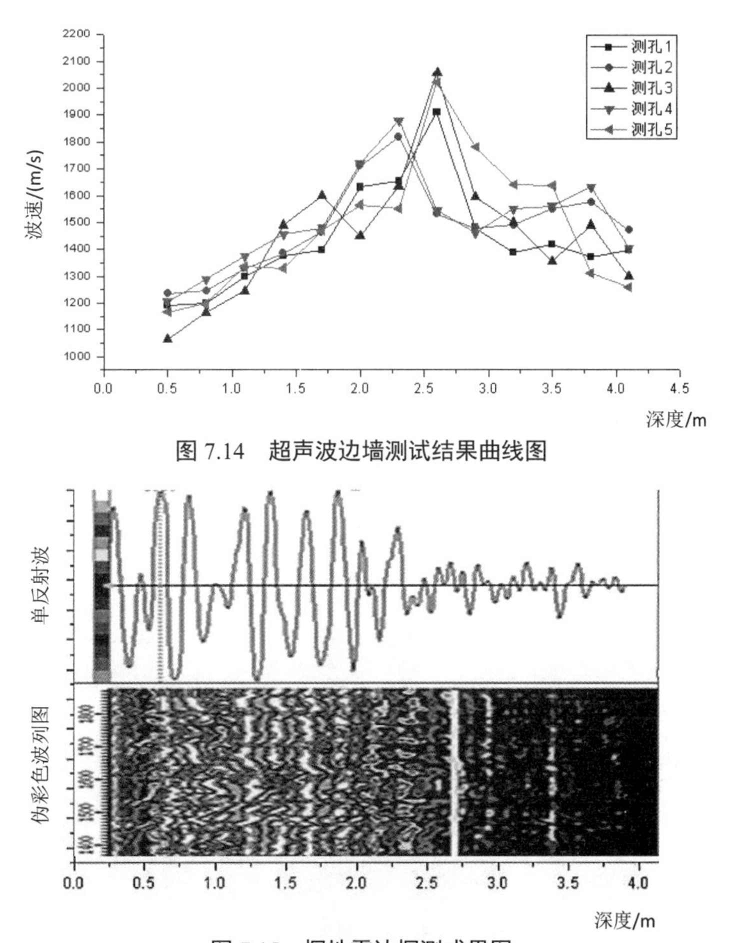

图 7.14　超声波边墙测试结果曲线图

图 7.15　探地雷达探测成果图

7.5　围岩松动圈探测与数值模拟结果认证

巷道围岩松动圈探测结果典型灰度图如图 7.16。一般巷道受力及松动圈形状如图 7.17 所示。

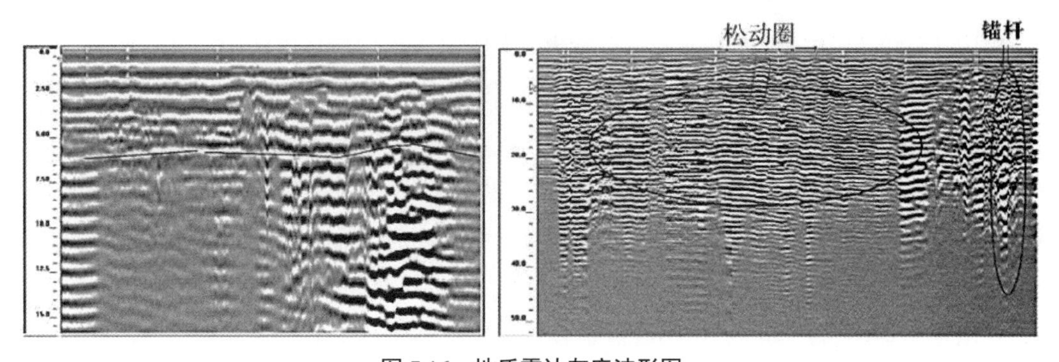

图 7.16　地质雷达灰度波形图

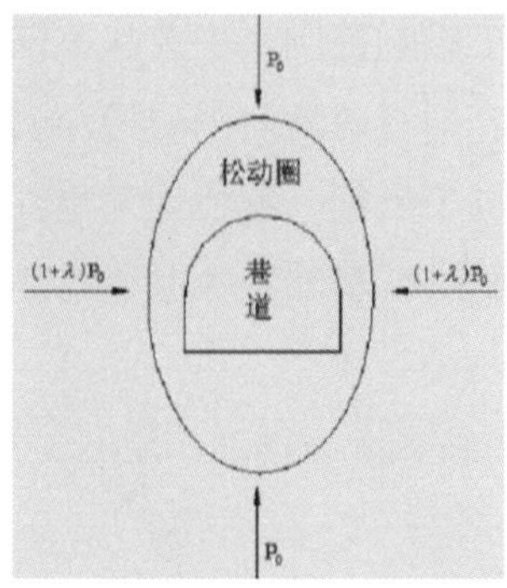

图 7.17 λ<1 时的巷道受力及松动圈形状

P_0—原岩应力；λ—巷道侧压系数

在此，进行围岩松动圈探测与数值模拟的结果认证。采用模型试验的方式探讨不同断面形式的巷道开挖后对层状岩层移动的影响。为进行对比，采用与模型试验相同的加载条件和尺寸，采用强度折减法，模拟在水平薄层状岩体中开挖拱形、圆形、矩形巷道后围岩的破坏情况。

图 7.18 对比了在层状介质中，不同断面形状的巷道开挖后的模型试验结果和数值模拟结果。

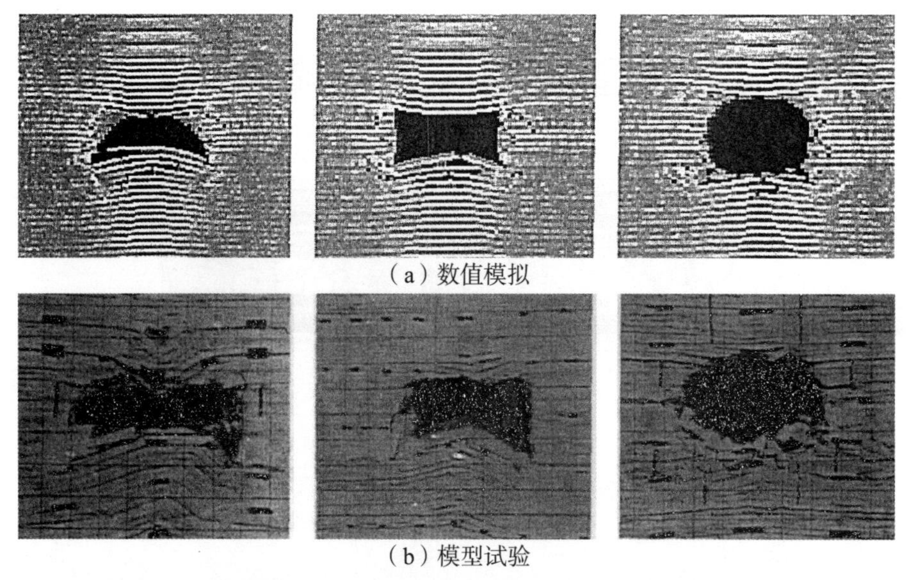

（a）数值模拟

（b）模型试验

图 7.18 采用强度折减法模拟结果与试验结果对比（侧压系数 λ=1）

由图 7.19 的破坏过程声发射图可以看出，巷道开挖后，巷道周围由于开挖卸载产生的应力重分布，超过了层间岩体的抗拉强度，使得薄层间由于受拉应力作用而产生拉破坏。对于拱形巷道，微破裂首先集中产生在拱脚和拱顶应力集中程度高的部位，之后破裂区域逐渐向围岩深部延伸，巷道破坏区域在拱顶呈现猫耳形，而在巷道底部呈现倒三角破坏区域。矩形巷道开挖后微破裂最先产生在巷道直角处的高应力集中部位，随着围岩强度的逐渐弱化，破坏区域进一步向围岩深部扩展延伸，在巷道顶部和底部形成两个三角形的破坏带，这些地带即围岩松动圈、超声波波速较低。圆形巷道开挖后，层状岩体的层间结合部位由于受到拉、剪共同作用而在巷道顶部和底部形成破坏带，尤以底部破坏严重。数值模拟结果直观显示了薄层状岩体中不同断面形式巷道开挖后围岩由产生微破坏，到裂纹随着围岩强度的弱化而逐渐萌生、扩展，最终导致围岩破坏失稳的全过程。数值模拟结果与模型试验结果具有很好的一致性。可见，围岩松动圈探测与数值模拟结果基本一致，并得到了相互认证。

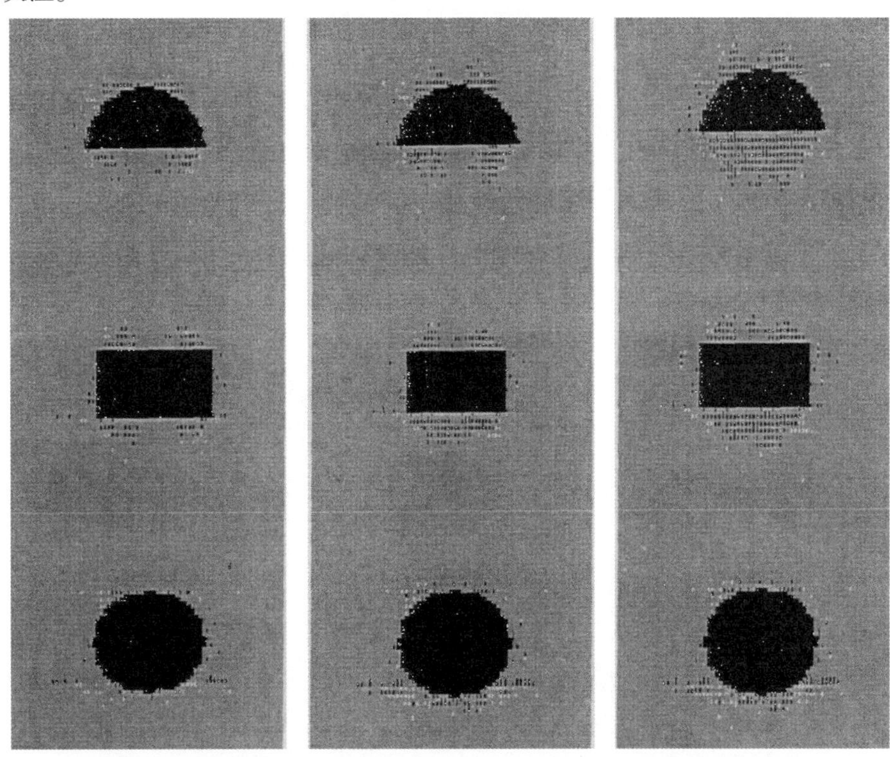

图 7.19　薄层状岩体中开挖不同断面形式巷道围岩破坏过程声发射图

7.6　巷道围岩超声波检测

巷道围岩 7 个点超声波检测见表 7.2。0403 回风巷道围岩结构较破碎，0403、0404 回风巷整体完整、局部变形破碎并刚性支架支护，0403、0404 运输巷整体完整，微小变形。

表 7.2　巷道围岩超声波检测

位置＼测点	0402 回风巷	0402 回风巷	0402 回风巷	0403 回风巷	0403 运输巷	0404 回风巷	0404 运输巷
老顶			3840				
直接顶	630	980	1151	1220	2690	2890	3330
煤层	750 ~ 920	720 ~ 860	1020 ~ 1230	1180	1300	1280	1390
煤层夹矸	2070	1110	1151				
直接底	1670	2720				1320	2040
老底	4160						
衬砌	2920						
巷道状态	破坏	破坏	变形	变形	稳定	变形	稳定

7.7　锚杆钻孔岩层探测

（1）顶板结构探测。巷道围岩以炭质泥岩、砂质泥岩、泥岩、细砂岩、中细砂岩、砂泥岩互相为主，为了更深入了解巷道围岩岩性及其结构，采用 YTJ20 型岩层探测记录仪，进行严重底鼓巷道的围岩破坏探测，如图 7.20。

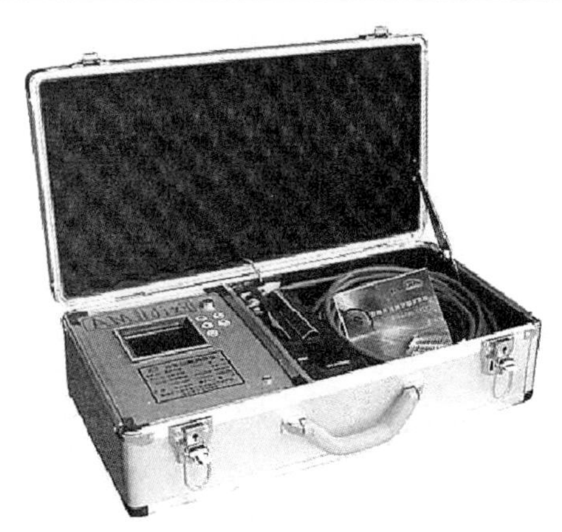

图 7.20　YTJ20 型岩层探测记录仪

对 0403 回风巷一处底鼓巷道破坏顶板岩性及其结构进行了观测，通过时对拔出锚杆孔进行不同深度的观测，结果如图 7.21 所示。通过钻孔窥视可知巷道顶板由炭质泥岩、砂岩、泥岩组成，顶板较破碎，巷道顶板松动范围超过了 1600mm。

（2）0403 回风巷支护存在的问题。0403 回风巷原设计断面为矩形断面，其跨度×高度=3.2m×1.8m，煤层平均厚度 2.25m，倾角 18°，煤层中硬，采用锚网索支护、局部采用刚性支架。由于顶板上、下层之间的黏结力小，锚杆起到组合梁-拱加固作用，由于水、构造应力影响，造成顶板强度大大降低，锚杆（索）锚固力下降，个别锚杆（索）因为水、顶板大变形破坏的影响，被拉出（断）失去作用，顶板受压力大，表现为顶板离层、冒落、失稳，难以形成自稳结构。采用刚性支架、巷道断面高强预应力锚杆（索）支护控制了巷道的离层、变形、破坏。在受构造应力较大的地段，巷道顶板变形量较大，达到 40cm 以上顶板破坏较严重，钢带扭曲变形、拉出。

7.8　水患巷道泥质岩体弱化作用

（1）工程背景与技术现状。泥质类岩石在矿山巷道中分布广泛、对巷道的稳定性起着控制作用，特别是泥质软岩遇水弱化成为世界性难题。煤矿生产建设中广泛存在泥岩遇水弱化问题，巷道被迫布置于煤层顶底板间，泥质软岩中（45%以上的底鼓、冒顶处存在裂隙水）泥岩遇水弱化，常常是支护失败的重要诱因。泥化软岩变形特点：非线性大变形与显著流变变形特点、单一支护方式难以控制。造成巷道反复翻修、维护困难、形成重大安全隐患、造成严重经济损失。围绕巷道围岩遇水弱化，开展弱化机理、变形规律以及控制方法的研究，对煤矿巷道围岩控制具有普遍的理论价值和重要实践意义。

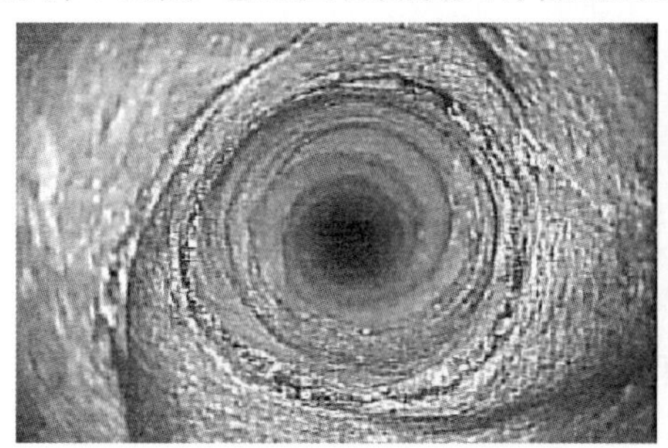 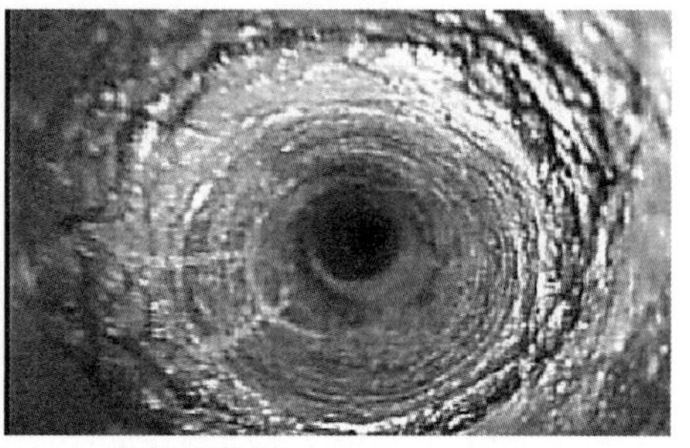

（a）孔深度 0.1m 和 0.2m 窥视影像图

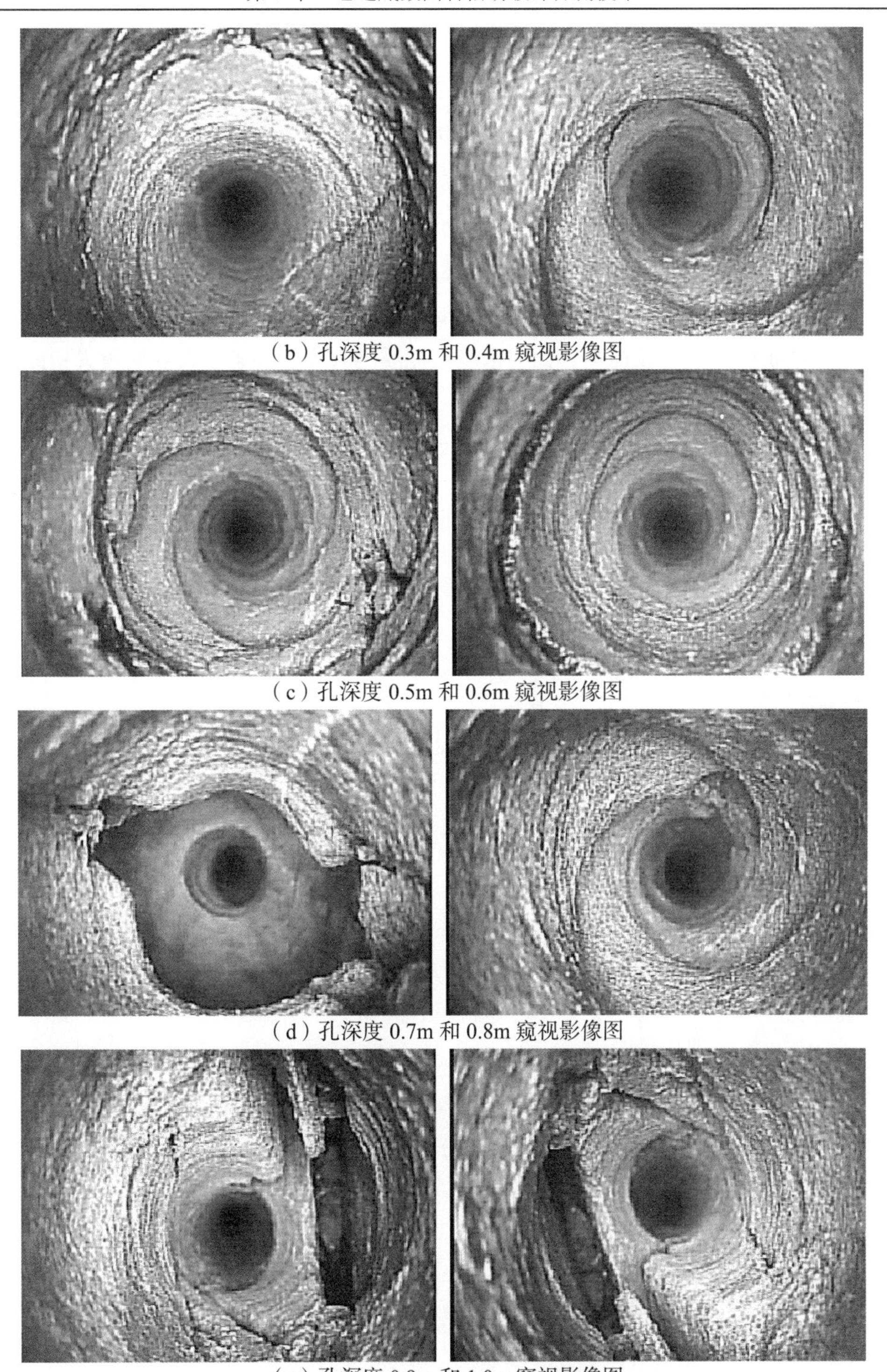

（b）孔深度 0.3m 和 0.4m 窥视影像图

（c）孔深度 0.5m 和 0.6m 窥视影像图

（d）孔深度 0.7m 和 0.8m 窥视影像图

（e）孔深度 0.9m 和 1.0m 窥视影像图

图 7.21　不同孔深度窥视影像图

（2）泥质类岩组分与力学性质实验。针对矿山巷道底鼓现象，共取了 9 组巷道底板泥质类岩样，进行遇水弱化机理研究，具体取样地点：

①在井底车场（取样 1#和 2#）；

②0402 回风巷（取样 3#、4#和 5#）；

③回风暗斜井（取样 6#和 7#）；

④0404 回风巷（取样 8#和 9#）。

泥质类岩组分 X 射线衍射实验结果见表 7.3 和图 7.22 至图 7.30。泥质类岩浸水崩解性实验结果如图 7.31，泥质类岩浸水崩解性强。泥质类岩不同应力阶段遇水强度弱化分析结果如图 7.32 和表 7.4。各试验典型应力阶段遇水弱化全应力应变曲线衰减显著；不同应力阶段遇水强度弱化效应变化表明，强度弱化程度显著。上述试验进入塑性破坏阶段后，随着大量裂隙的萌生与发育，岩样的渗透性主要受新生裂隙控制，破碎阶段裂隙发育使得渗透性相比弹性阶段成数量级提高，如遇水底板泥质类岩膨胀崩解，发生底板失稳而出现底鼓。

表 7.3　　岩样组分黏土相对定量分析结果

样品序号	原采编号	I	I/S	S	Cl	K
1#	井底车场	7	9	76	2	6
2#	井底车场	11	9	67	4	9
3#	0402 回风巷	14	4	72	3	7
4#	0402 回风巷	25	24	23	8	20
5#	0402 回风巷	15	15	2	2	66
6#	回风暗斜井	5	35	2	4	54
7#	回风暗斜井	16	13	3	/	68
8#	0404 回风巷	2	5	8	/	85
9#	0404 回风巷	21	21	4	1	51

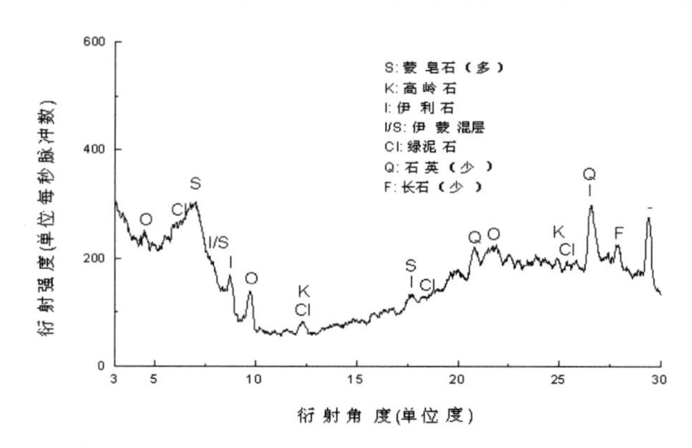

图 7.22　1#岩样组分 X 射线衍射实验图谱

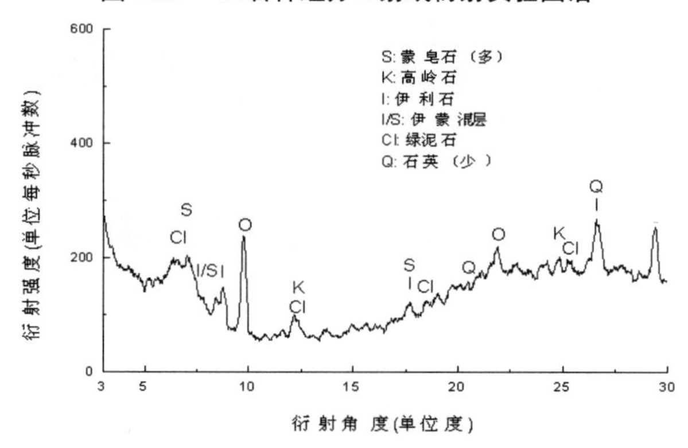

图 7.23　2#岩样组分 X 射线衍射实验图谱

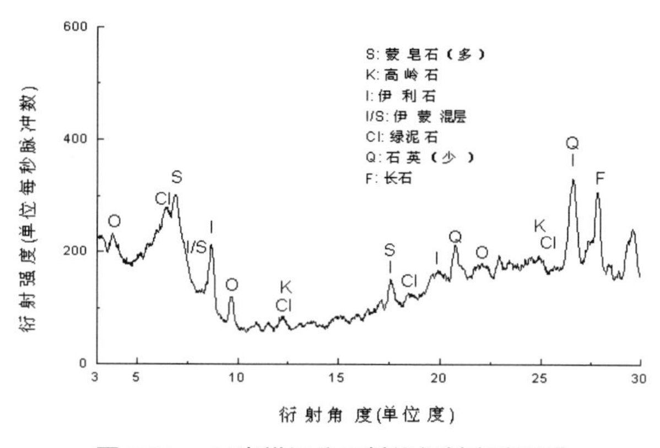

图 7.24　3#岩样组分 X 射线衍射实验图谱

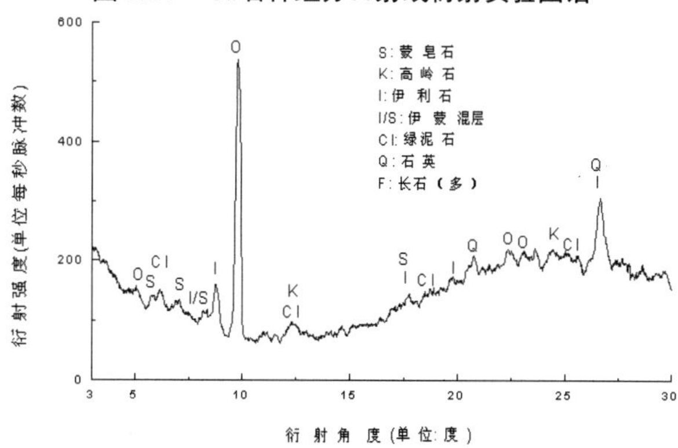

图 7.25　4#岩样组分 X 射线衍射实验图谱

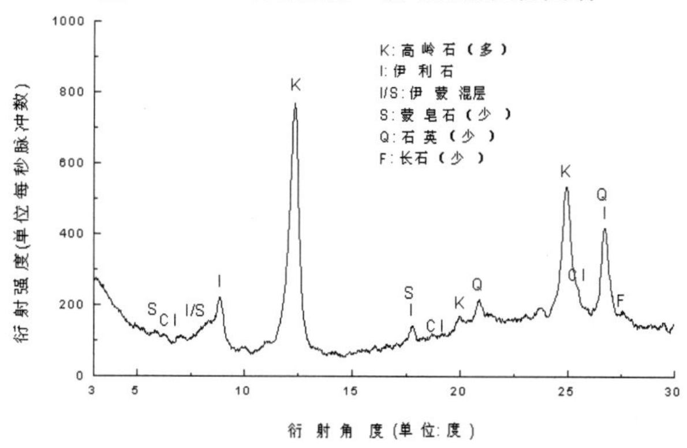

图 7.26　5#岩样组分 X 射线衍射实验图谱

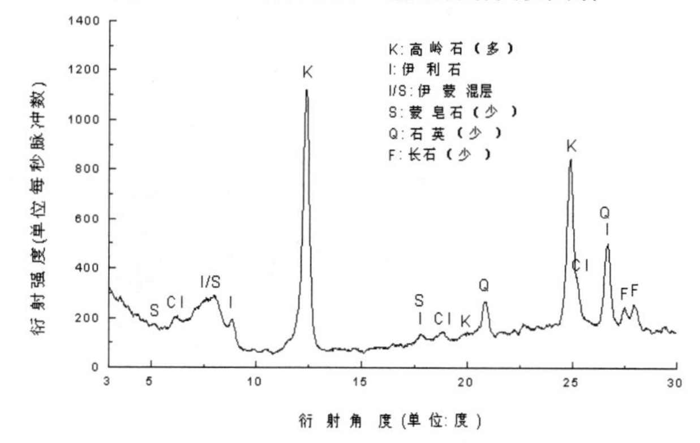

图 7.27　6#岩样组分 X 射线衍射实验图谱

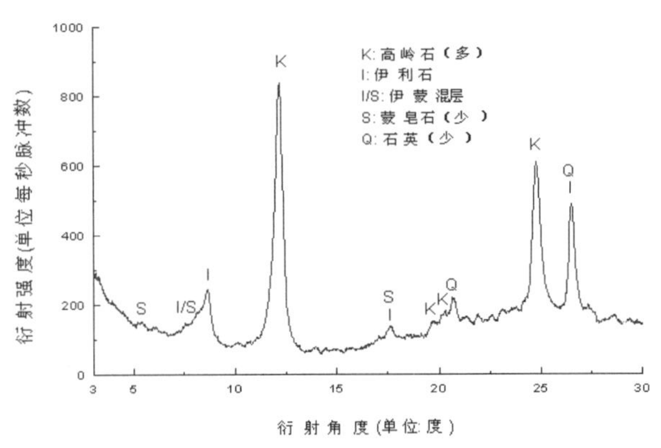

图 7.28　7#岩样组分 X 射线衍射实验图谱

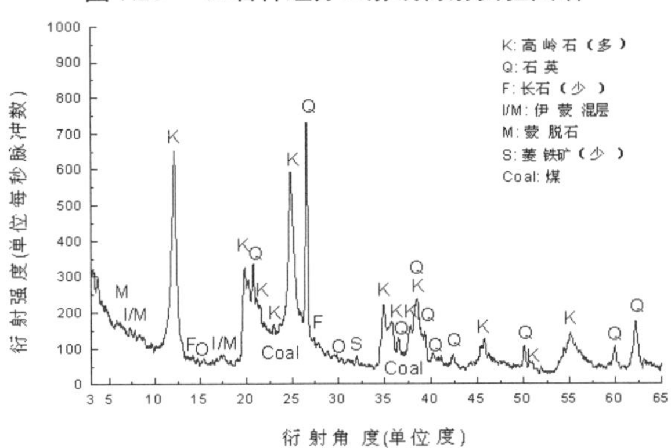

图 7.29　8#岩样组分 X 射线衍射实验图谱

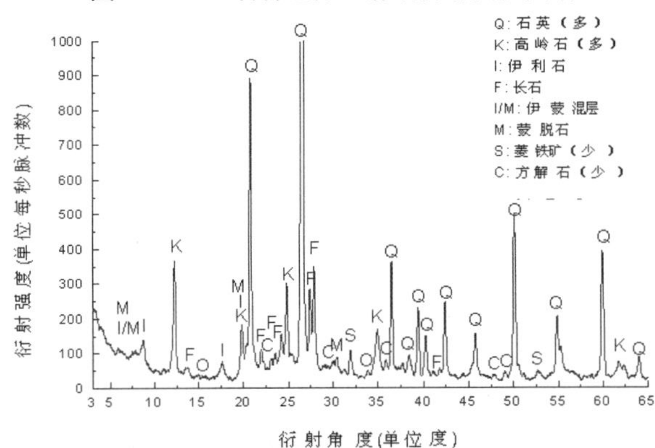

图 7.30　9#岩样组分 X 射线衍射实验图谱

（a）第 1 天试块浸水

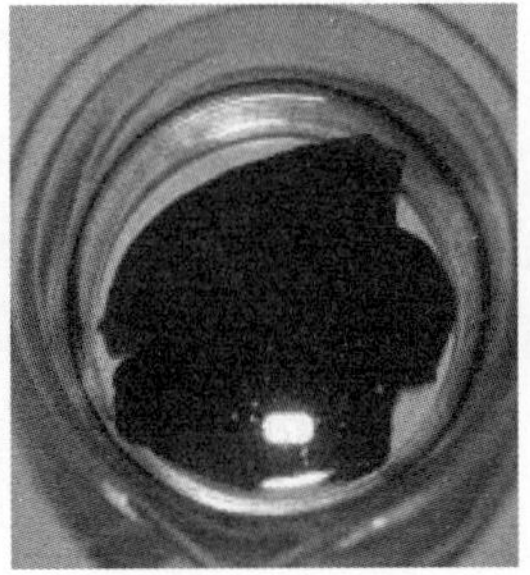

（b）第 3 天试块浸水

（c）第 8 天试块浸水

（d）第 18 天试块浸水

图 7.31　泥质类岩浸水崩解性实验结果（7#岩样）

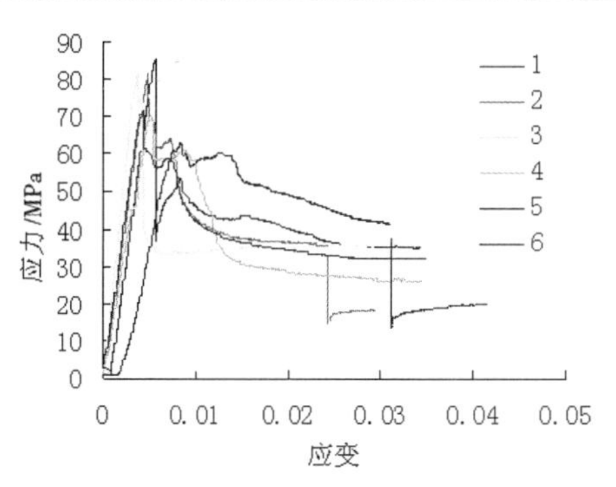

图 7.32　试块典型应力阶段遇水弱化全应力应变曲线

表 7.4　不同应力阶段遇水强度弱化效应与渗透率变化

岩样编号	遇水弱化应力阶段	峰值强度/MPa			残余强度/MPa		
		未遇水	遇水	弱化程度	未遇水	遇水	弱化程度
1#	应变软化阶段 72.8MPa	85.56		/	35.20	35.00	0.006
2#	残余强度阶段 32.3MPa	81.60		/	32.30	17.31	0.465
4#	塑性屈服阶段 5.92MPa	82.93	70.15	0.154	35.20	26.43	0.249
5#	弹性阶段 22.93MPa	82.93	71.73	0.135	35.20	32.09	0.088
6#	残余强度阶段 7.54MPa	62.50		试块有缺陷	37.54	20.09	0.465

表 7.3 岩样泥岩组分黏土相对定量分析结果表明，巷道底板泥质岩具有典型的遇水膨胀性矿物物质成分，以及盐碱结晶膨胀特点。泥岩组分透射电镜（TEM）实验结果如图 7.33。

（3）泥质类岩遇水弱化的工程力学性质分析

①膨胀性。水化膨胀（表面水化、离子水化、渗透水化）；对策：阻止水侵入（注浆、减少扰动裂隙发育）。应力扩容性：偏应力引起；对策：（采取补强措施，补偿三向应力中的最小应力相）。

②风化崩解性。膨胀不均及吸水膨胀与失水干缩引起的循环破坏造成的崩裂；对策：及时封闭暴露岩体。

③流变性。岩体自身的流变特性，遇水后的流变特性；对策：阻止水对软岩的弹性模量（E 或 G）、黏滞系数的弱化，提高软岩的抗变形能力；通过注浆等岩体强化手段提高岩体的长期强度极限，避免岩体进入流变变形阶段。④影响泥质巷道软岩工程力学性质的主要因素。岩体矿物组成、岩体结构、地应力、水和工程因素等。

（4）遇水弱化效果分析与控制方法

①水对岩体的物理弱化作用。泥化作用、裂隙水流改变岩体局部应力场、水对裂隙岩体的润滑作用。

②水对岩体的化学弱化作用。

③水对锚固体锚固效果的弱化作用。地下水对树脂药卷的弱化作用、锚杆螺纹钢杆体弱化、水作用后的锚固岩层弱化。

④泥质巷道围岩遇水弱化条件。黏土类矿物提供物质基础、应力场的改变裂隙动态发育提供了空间与条件、巷道围岩外围环境，存在空气、地下水等弱化诱因。

⑤控制泥岩遇水弱化的关键手段——化学浆液注浆技术。

⑥泥化软岩巷道动态过程控制技术。

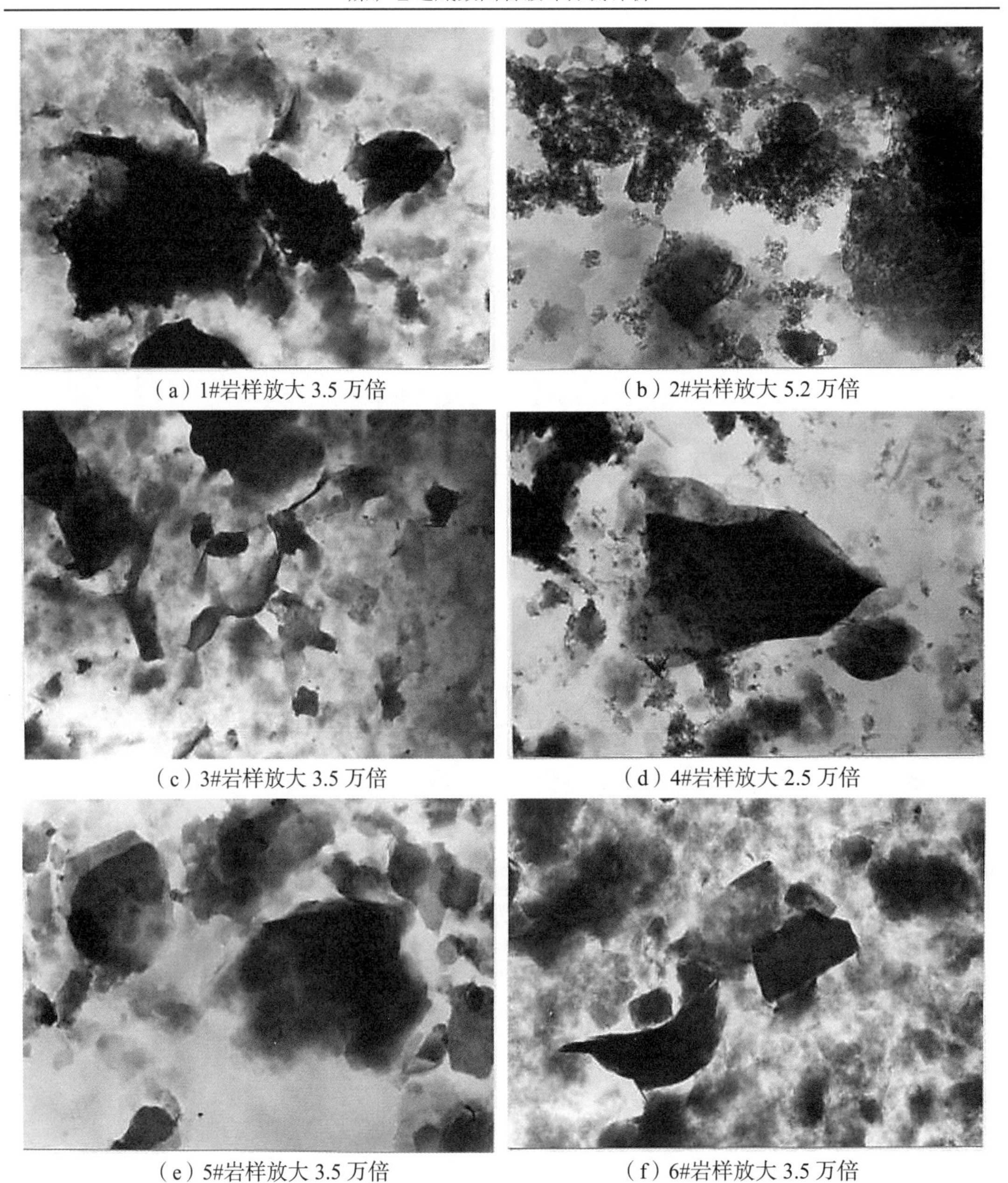

（a）1#岩样放大 3.5 万倍　（b）2#岩样放大 5.2 万倍

（c）3#岩样放大 3.5 万倍　（d）4#岩样放大 2.5 万倍

（e）5#岩样放大 3.5 万倍　（f）6#岩样放大 3.5 万倍

图 7.33　岩样放大透射电镜实验图（TEM）

第 8 章　探地雷达巷道底鼓松动破坏探测方案

围岩松动圈是围岩应力超过岩体强度之后而在围岩周边形成的破裂带，其物理状态表现为破裂缝的增加及岩体应力水平的降低。松动圈测试就探测开挖后新的破坏裂缝及其分布范围，围岩中有的新的裂缝与没有破裂缝的界面位置就是松动圈的边界。基于松动圈测试原理，根据前述的分析结果，选择以探地雷达技术为主的测试方针。

8.1　准备工作

探测前需要对巷道进行踏勘，了解探测条件，保障探测工作能够顺利进行。了解巷道几何尺寸；搜集设计和施工资料，了斛施工过程出现的情况；记录巷道电缆、积水位置、障碍物和干扰源段，并记录其准确位置。

8.2　雷达天线频率选择

现场采用国产青岛 LTD-2200 探地雷达(如图 8.1)和其配套使用的相应配件进行探测。针对本次巷道围岩松动圈探测的具体情况，主要从分辨率、穿透力和稳定性三个方面综合衡量，选择 900MHz、500MHz 天线。900MHz、500MHz 天线分辨率较高，且探测深度较深，基本能满足围岩松动圈厚度的要求。900MHz 天线如图 8.2 所示。

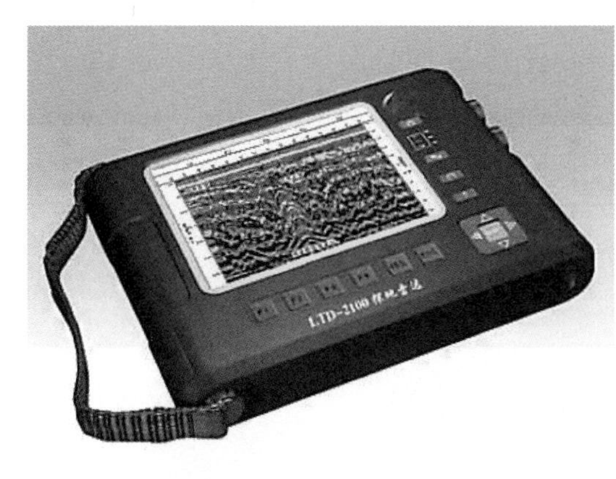

图 8.1　LTD-2200 探地雷达主机

图 8.2　900MHz 天线

8.3　测试参数选取

在确定测量天线后，进行了记录参数选取试验。根据现场调试分析，确定主要参数：时窗（记录长度）为 50ns，由天线主频、探测深度和精度综合确定；每道采样点 512 个；采用 9 点分段增益，现场调试，基本原则为由浅至深线性增益；采用分段连续检测方式。

8.4　探测测线布置

根据本次巷道围岩松动圈探测的目的以及现场施工环境，沿巷道洞轴线方向不同级别围岩段、断面不同围岩位置进行测试。

（1）副立井井底调度室

调度硐室东西布置，进行 2 处环向测试（如图 8.3）。

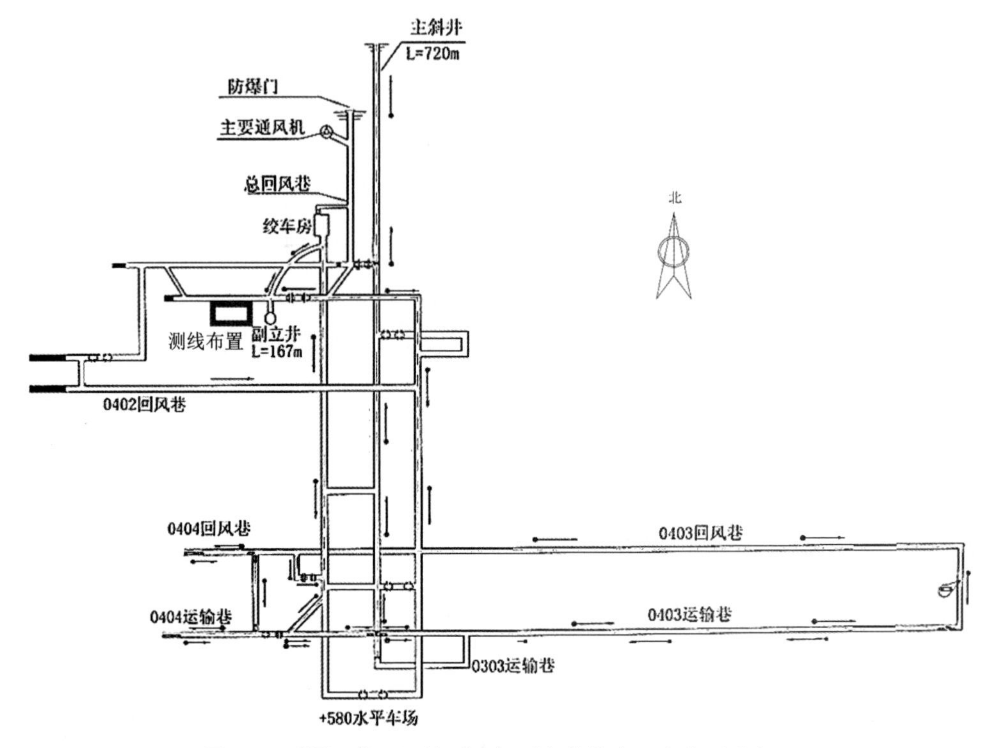

图 8.3　采掘工作面运输系统与副立井井底调度室测试布置

（2）主斜井和暗斜井

分两段进行测试，地表至调度室水平，进行底板测试；调度室水平至 0403 回风巷，进行底板和侧帮测试（如图 8.4）。

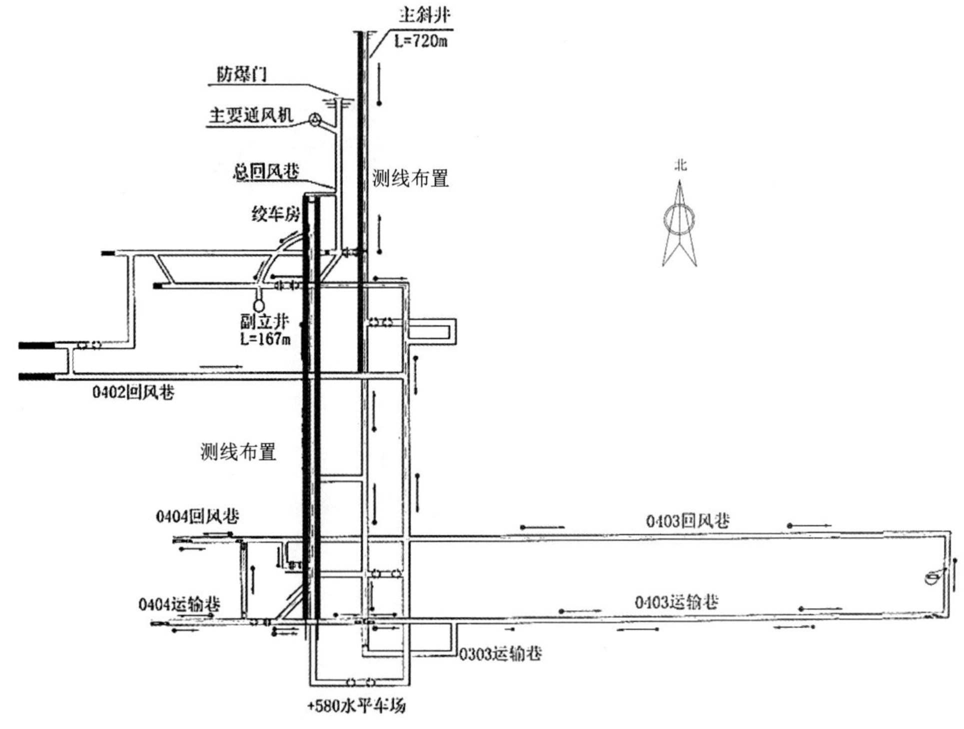

图 8.4　采掘工作面运输系统与主斜井、暗斜井测试布置

（3）0403 回风巷和 0403 运输巷

分两段进行测试，0403 回风巷进行底板测试；0403 运输巷进行底板测试（如图 8.5）。同时，利用超声波进行 2 处煤岩体的波速测试。

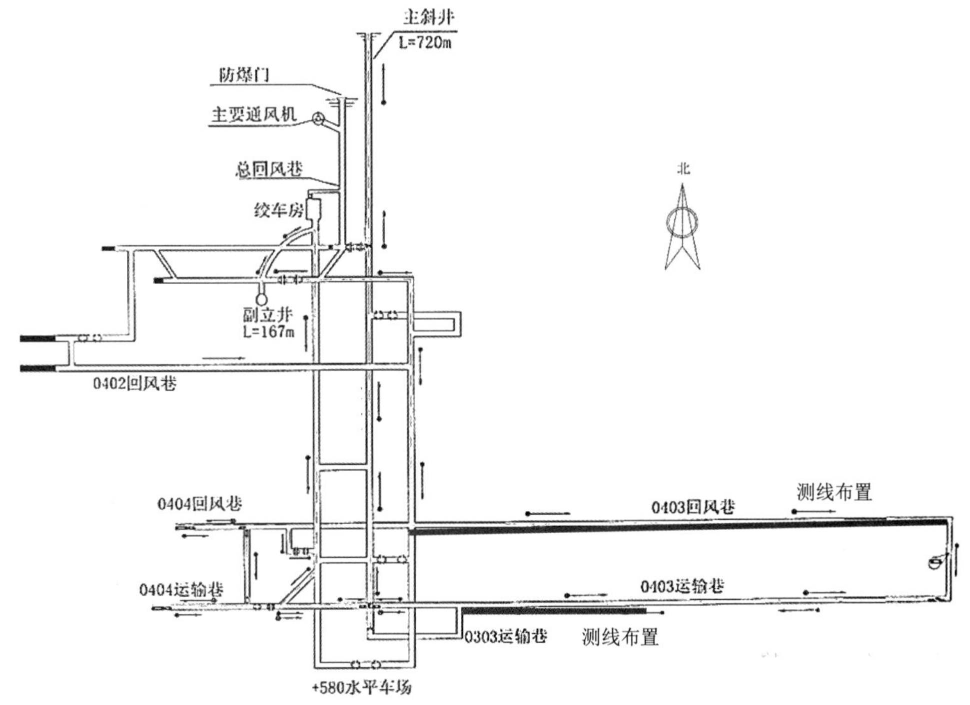

图 8.5　采掘工作面运输系统与 0403 回风巷、0403 运输巷测试布置

（4）0404 回风巷和 0404 运输巷

分两段进行测试，0404 回风巷、0404 运输巷进行底板测试（如图 8.6）。

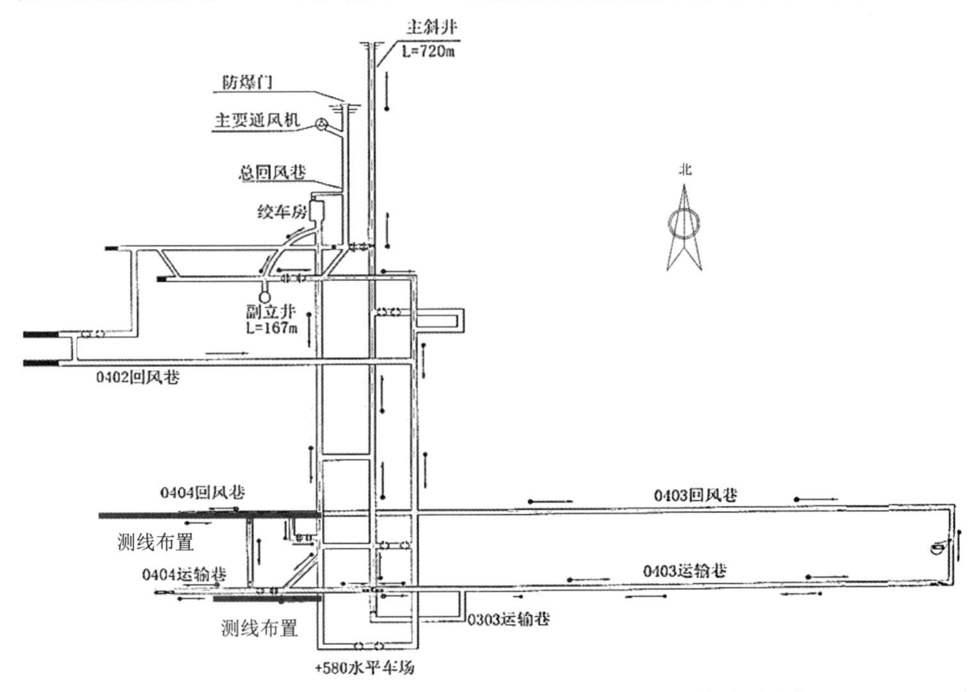

图 8.6　采掘工作面运输系统与 0404 回风巷、0404 运输巷测试布置

（5）副立井辅助运输巷

进行底板、两侧边帮、拱顶纵向测线和环向测试（如图 8.7）。

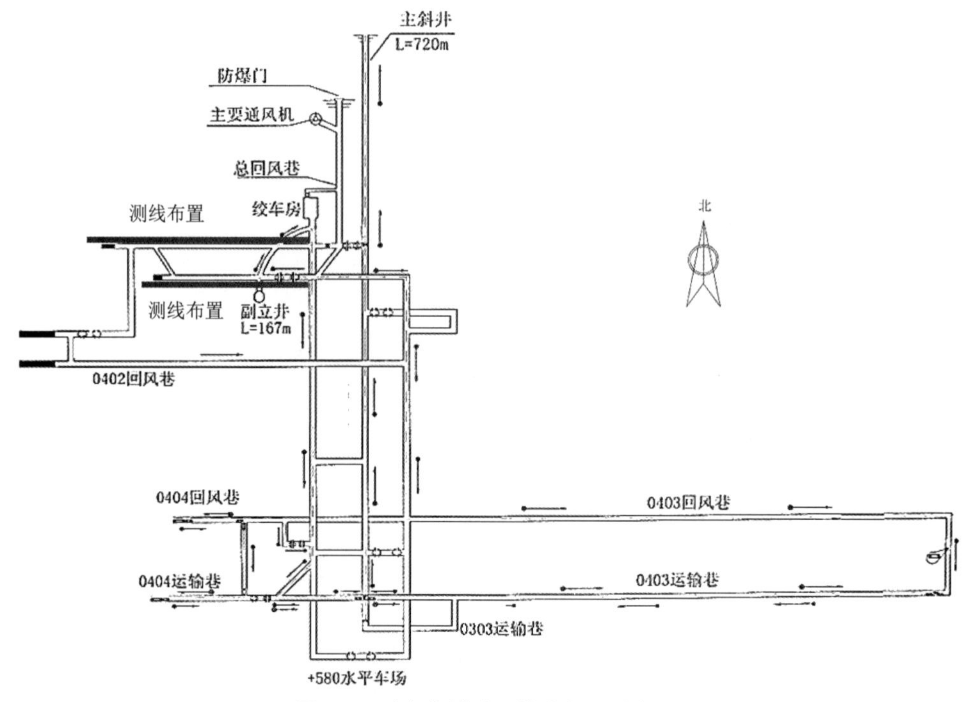

图 8.7　副立井辅助运输巷与测试布置

（6）0402 回风巷和运输巷

进行 0402 回风巷顶、底板测试和运输巷纵径向测试（如图 8.8）。同时，利用超声波进行 3 处煤岩体的波速测试。

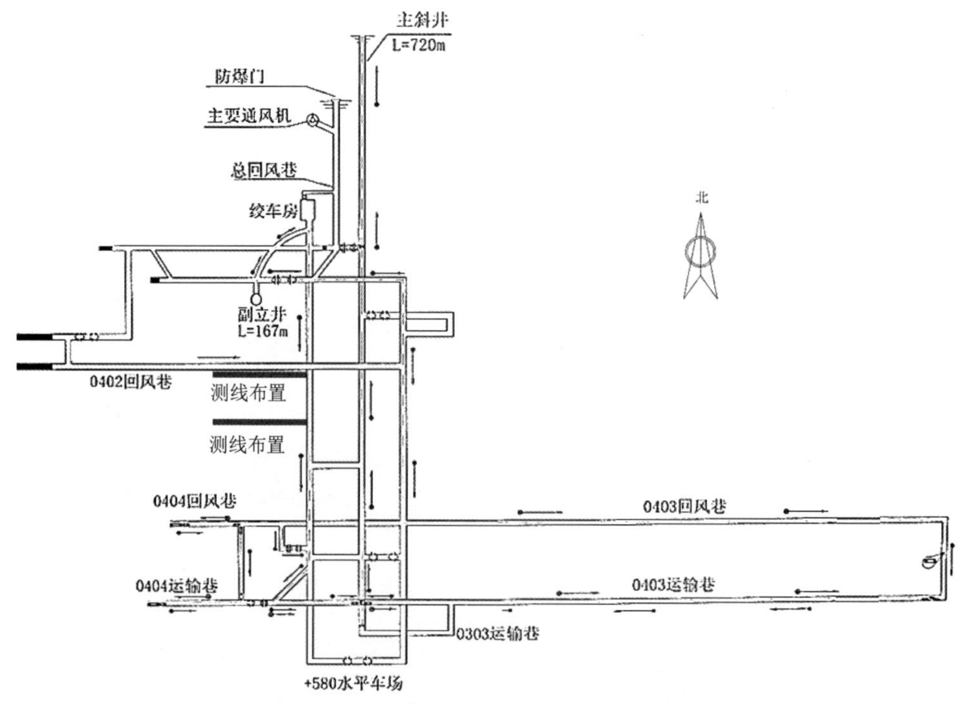

图 8.8　0402 回风巷和运输巷与测试布置

第 9 章　副立井井底调度硐室松动破坏探测解译

9.1　副立井井底调度硐室变形破坏

副立井井底调度硐室变形破坏照片见照片 9.1 至照片 9.6。

照片 9.1　门框变形及底板隆起

照片 9.2　南侧边墙、拱脚变形开裂

照片 9.3　北侧边墙、拱脚变形开裂

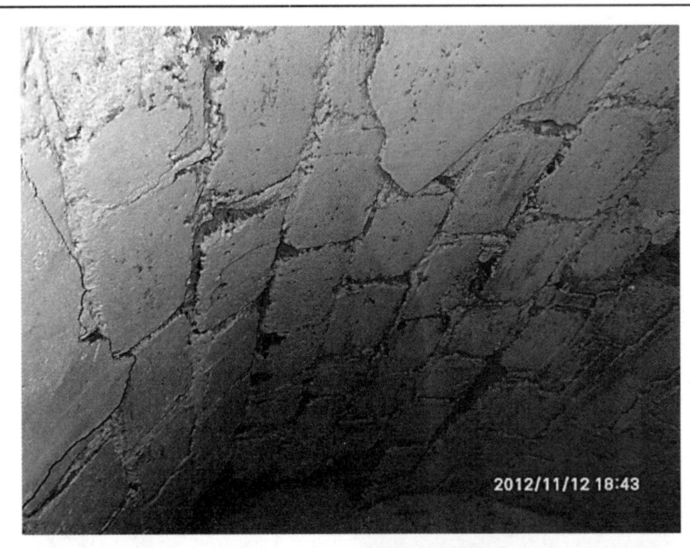

照片 9.4　拱顶衬砌开裂错位

照片 9.5　立井北侧井壁开裂与渗水

照片 9.6　立井东侧井壁开裂与严重渗水

（据调查，水源来自浅地表水的渗漏，建议地表井筒布置防渗墙、井底设置积水井汇集排泄）

9.2　副立井井底调度硐室围岩松动破坏探测成果

根据探地雷达现场测试方案，对调度室硐室内外环向进行测试，测试结果如图 9.1 和图 9.2 所示。　时间标尺/nm　　深度标尺/m　振幅范围

外环向测试：起点 S 侧拱脚→拱顶→N 侧拱脚→N 侧边墙→N 侧边墙脚→NS 向平底仰拱→S 侧边墙脚→S 侧边墙→S 侧拱脚终点，内环向测试：起点 S 侧拱脚→拱顶→N 侧拱脚→N 侧边墙→N 侧边墙脚终点；白色横线即为围岩松动范围。

探测主要结论如下。

①内、外环向拱顶松动圈 150～230cm，内环向拱顶松动圈较大，拱顶衬砌混凝土块松动、凸出；

②内、外环向边墙松动圈 80～175cm，内环向边墙松动圈较大；

③外环向仰拱松动圈 75cm，地面隆起、底鼓严重，地面隆起进行挖除整平；

④调度室硐室门框大变形，变形差达到 5～10cm；

⑤调度室硐室处于基本稳定和不稳定，建议进行硐室的加固处理。

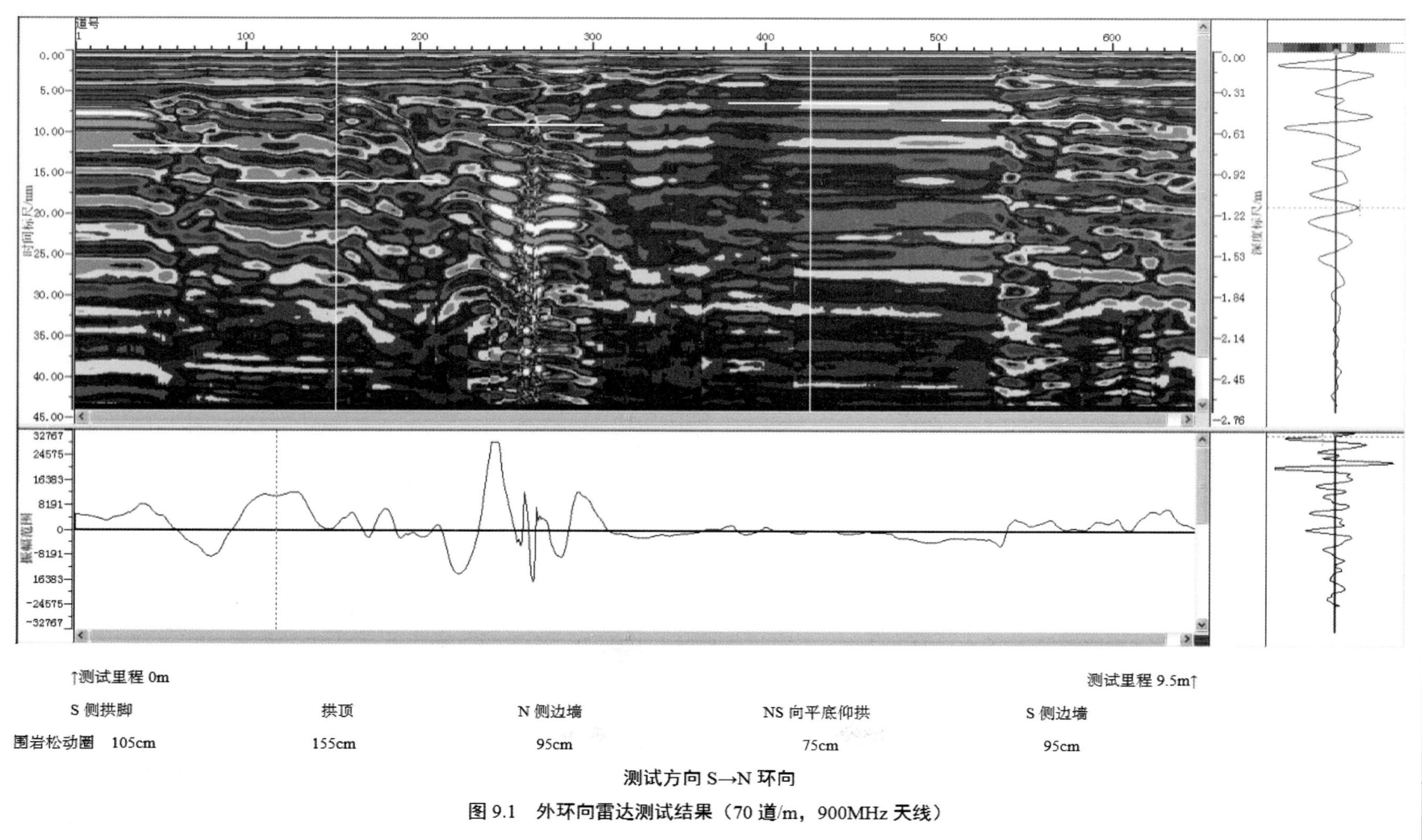

测试方向 S→N 环向

图 9.1　外环向雷达测试结果（70 道/m，900MHz 天线）

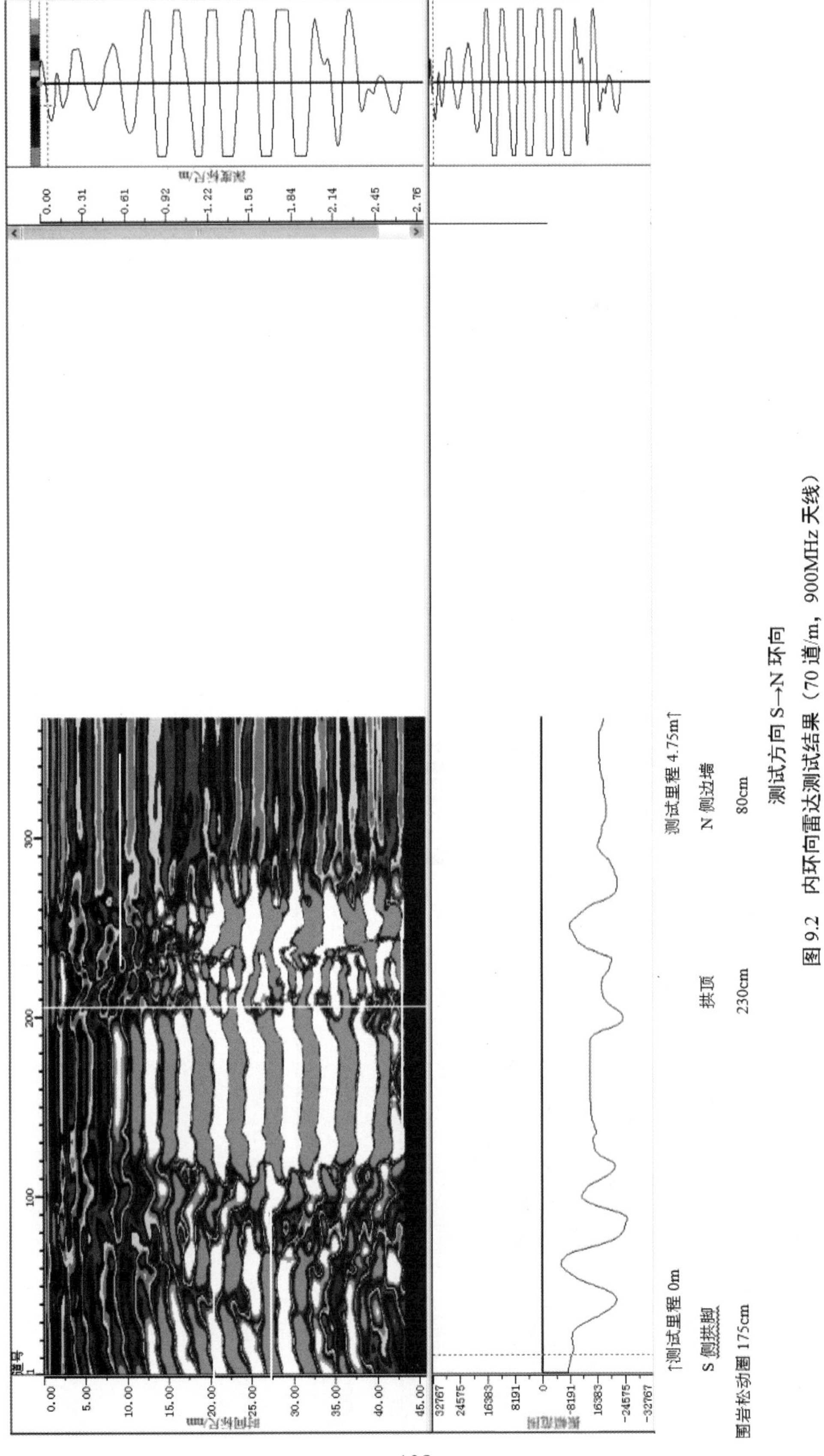

测试方向 S→N 环向

图 9.2 内环向雷达测试结果（70 道/m，900MHz 天线）

第 10 章　主斜井、暗斜井巷道松动破坏探测解译

10.1　主斜井、暗斜井巷道变形破坏

主斜井、暗斜井巷道变形破坏情况见照片 10.1 至照片 10.13。

照片 10.1　主斜井明硐和浅部斜井

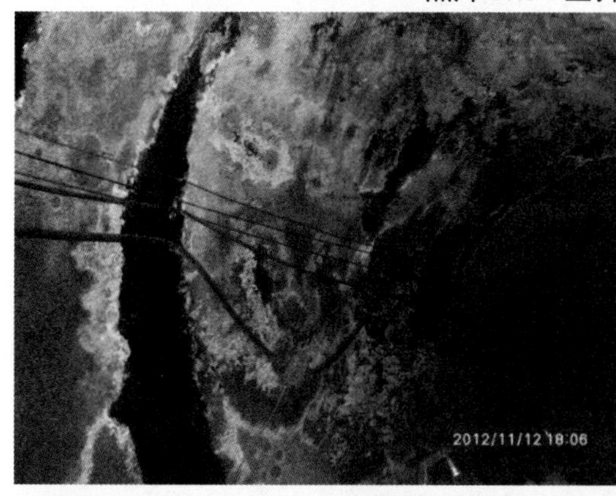

照片 10.2　主斜井南北井壁开裂及浅地表水渗漏

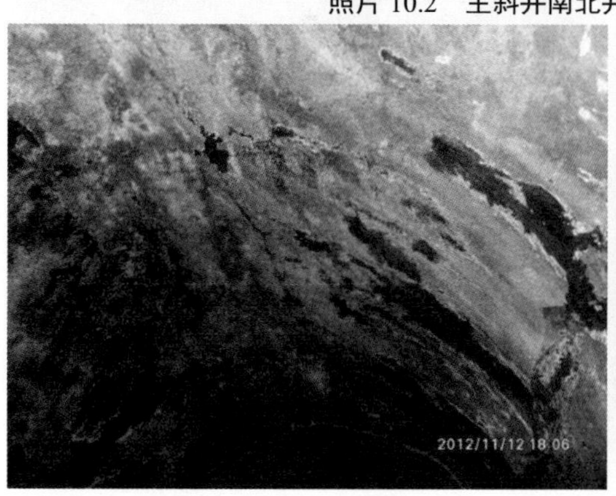

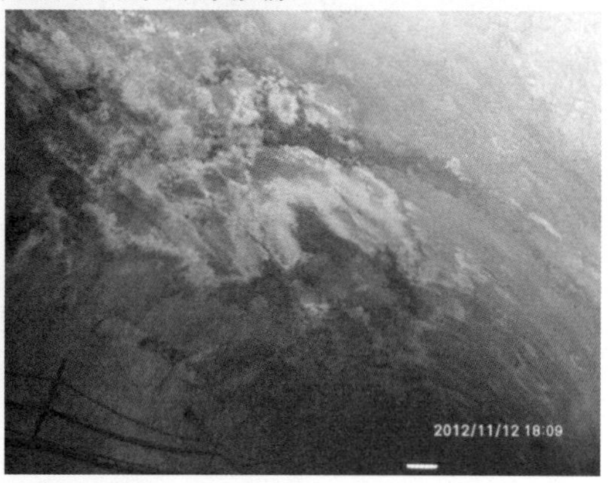

照片 10.3　主斜井井壁拱顶开裂及地下水渗漏

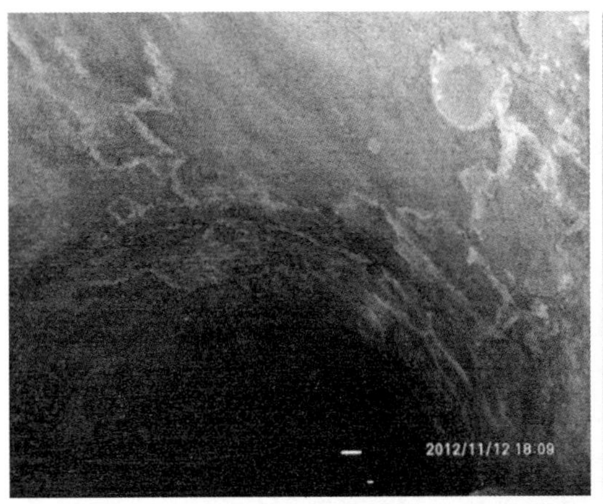

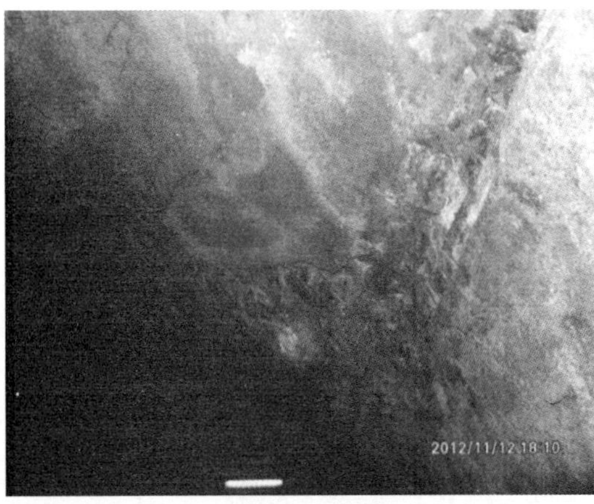

照片 10.4　主斜井井壁拱顶变形开裂与混凝土剥落

照片 10.5　主斜井井壁拱顶变形开裂与修补

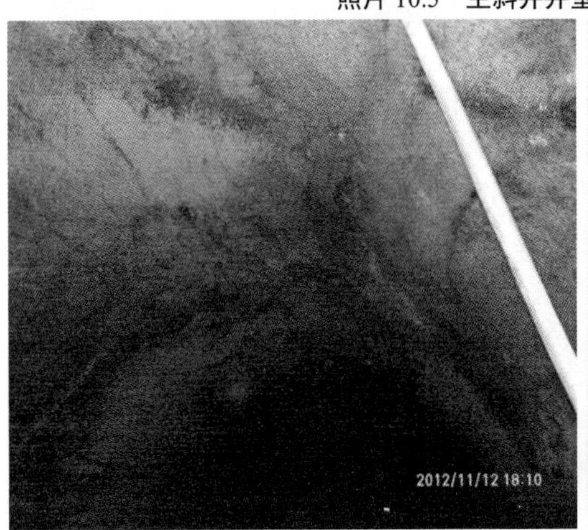

照片 10.6　主斜井井壁拱顶变形开裂不断发展

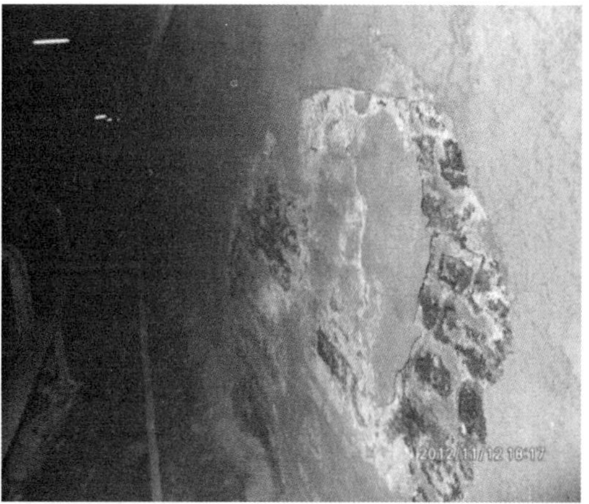

照片 10.7　主斜井井壁拱顶边墙开裂

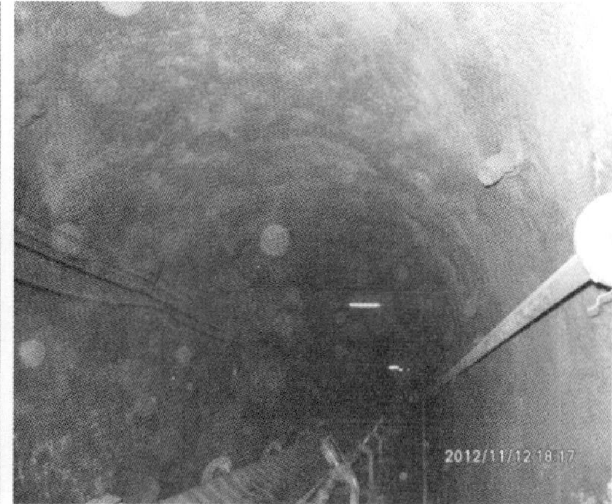

照片 10.8　主斜井完好井壁

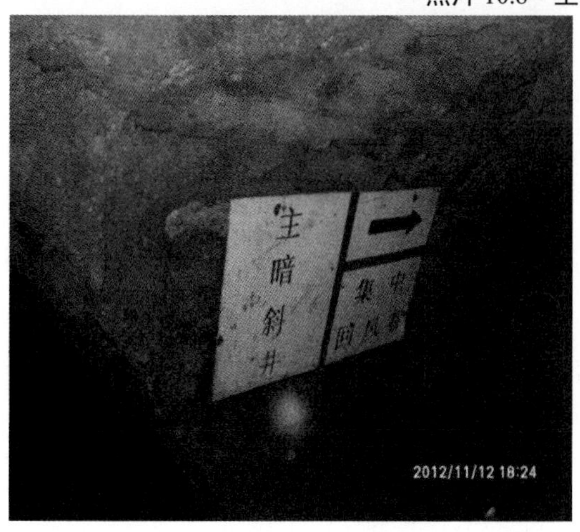

照片 10.9　主斜、暗斜井形变及底鼓

照片 10.10　暗斜井形变及底鼓

照片 10.11　暗斜井底鼓形变、渗水及雷达测试

照片 10.12　暗斜井底鼓衬砌修补及雷达测试

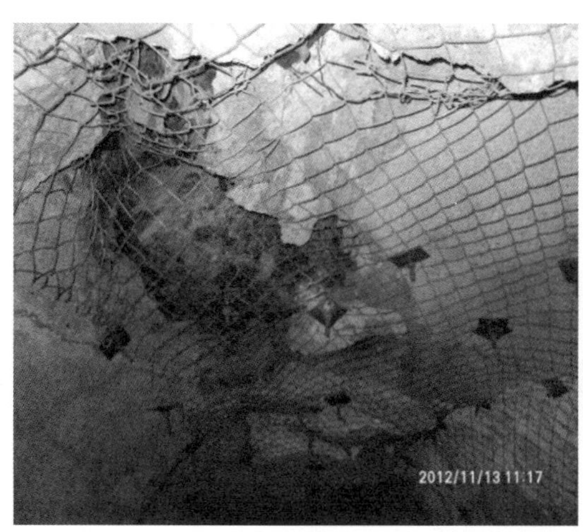

照片 10.13　暗斜井底鼓衬砌破坏、修补及雷达测试

10.2　主斜井、暗斜井巷道松动破坏探测成果

根据探地雷达现场测试方案，分别对其主斜井、暗斜井进行测试，主斜井 500MHz 雷达测试结果如图 10.1（共计 595m），暗斜井 500MHz 雷达测试结果如图 10.2（共计 265m），暗斜井 900MHz 雷达测试结果如图 10.3（共计 265m），白色横线即为围岩松动范围。

探测主要结论如下。

①主斜井巷道围岩整体稳定，局部破坏地段进行了补强加固；

②主斜井巷道围岩松动范围在 25～45cm，个别地方有 60cm、150cm 的，这些地方引起巷道支护结构受力不均匀，出现衬砌的开裂、掉块，并伴有渗水；

③主斜井巷道锚喷、锚砌组合支护结构参数基本合理；

④暗斜井巷道围岩整体稳定，局部破坏地段进行了补强加固；

⑤暗斜井巷道围岩松动范围在 25～55cm，个别地方有 80cm、210cm 的，这些地方引起巷道支护结构受力不均匀，出现衬砌的开裂、掉块，并伴有渗水；

⑥暗斜井巷道锚喷、锚砌组合支护结构参数基本合理。

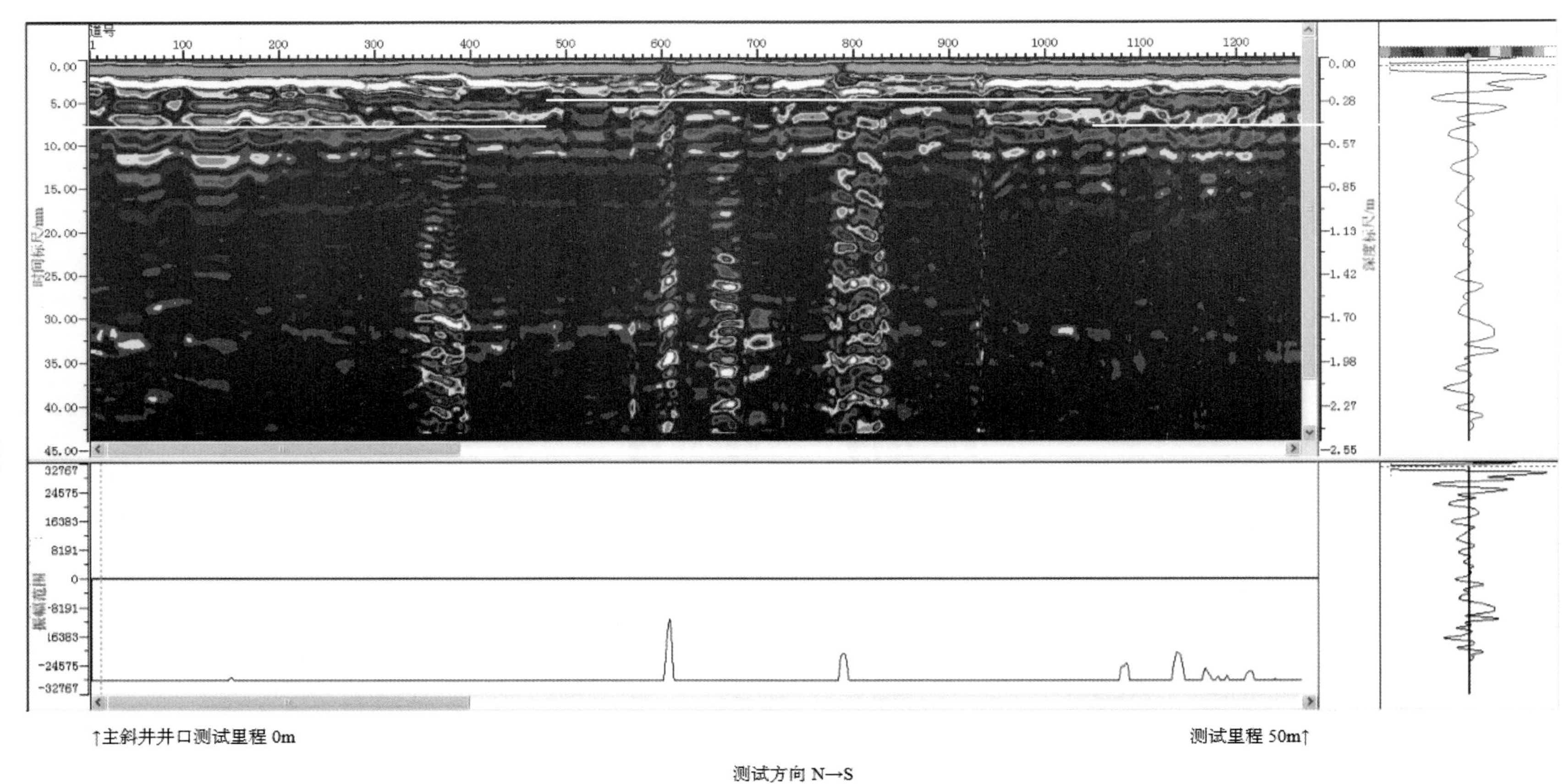

图 10.1（1） 主斜井底板（W 侧，起点井口→二部皮带头）雷达测试结果（40 道/m，500MHz 天线）

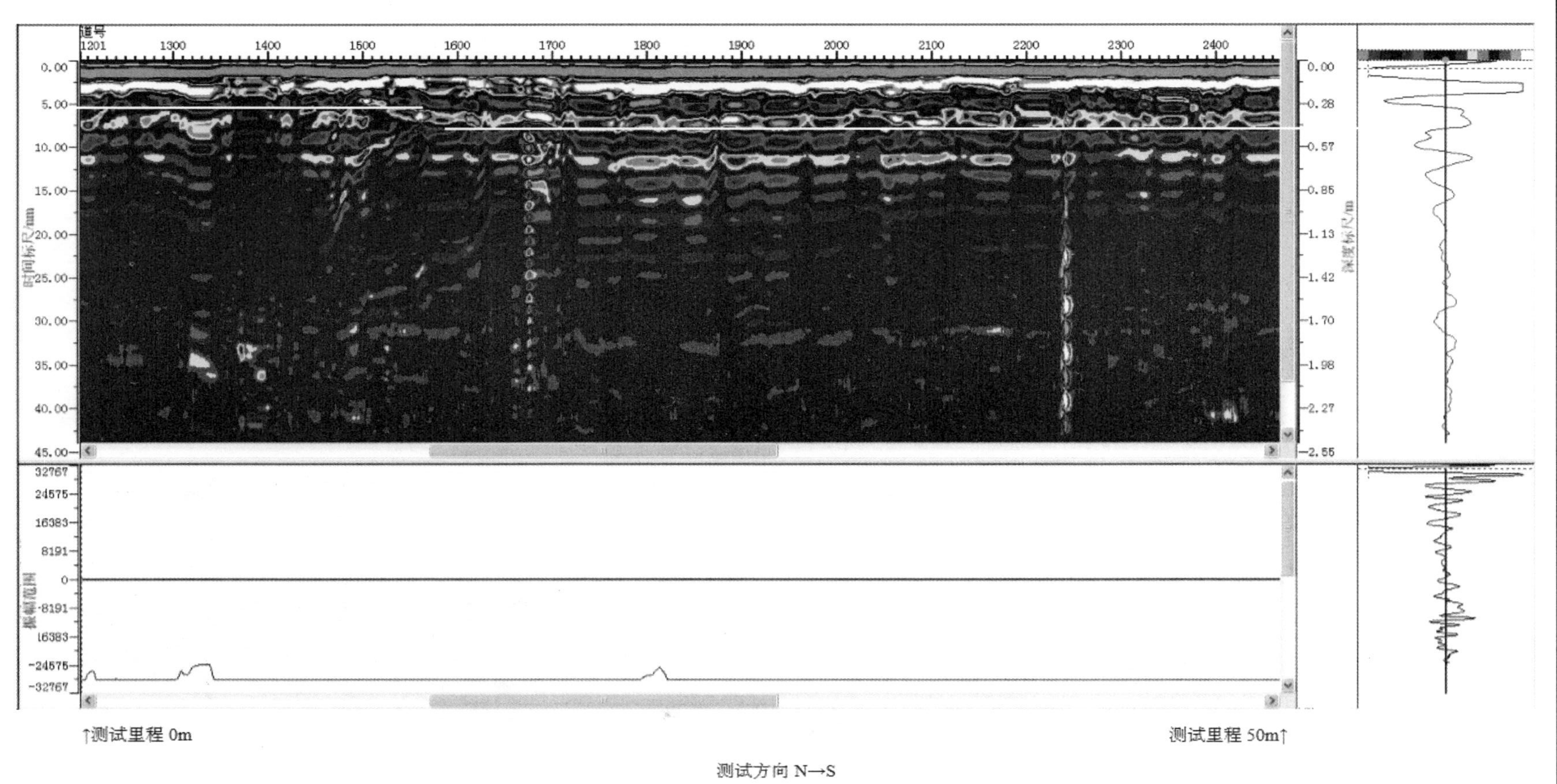

图 10.1（2）　主斜井底板（W 侧，起点井口→二部皮带头）雷达测试结果（40 道/m，500MHz 天线）

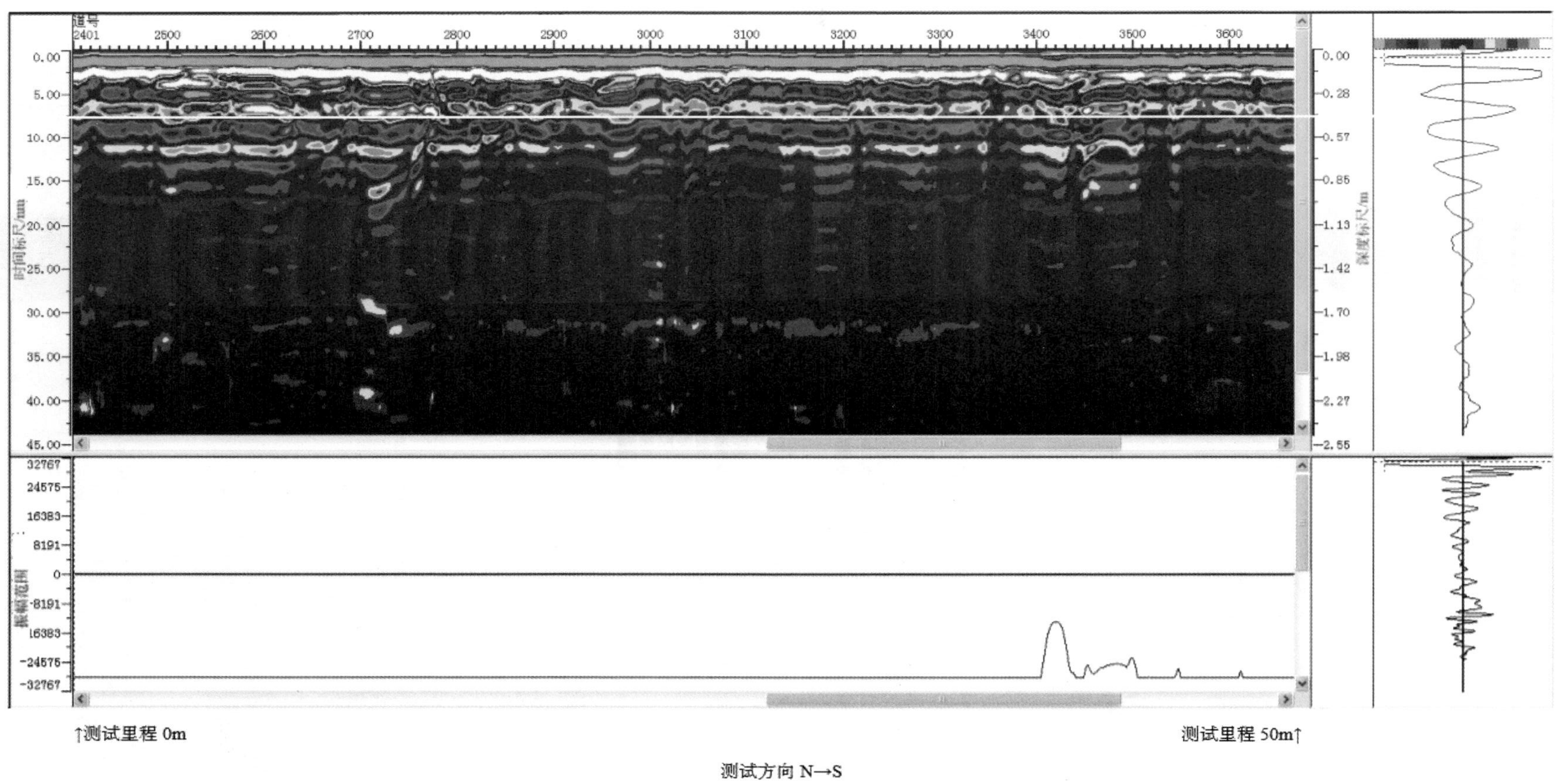

↑测试里程 0m

测试里程 50m↑

测试方向 N→S

底板围岩松动圈 35cm

图 10.1（3） 主斜井底板（W 侧，起点井口→二部皮带头）雷达测试结果（40 道/m，500MHz 天线）

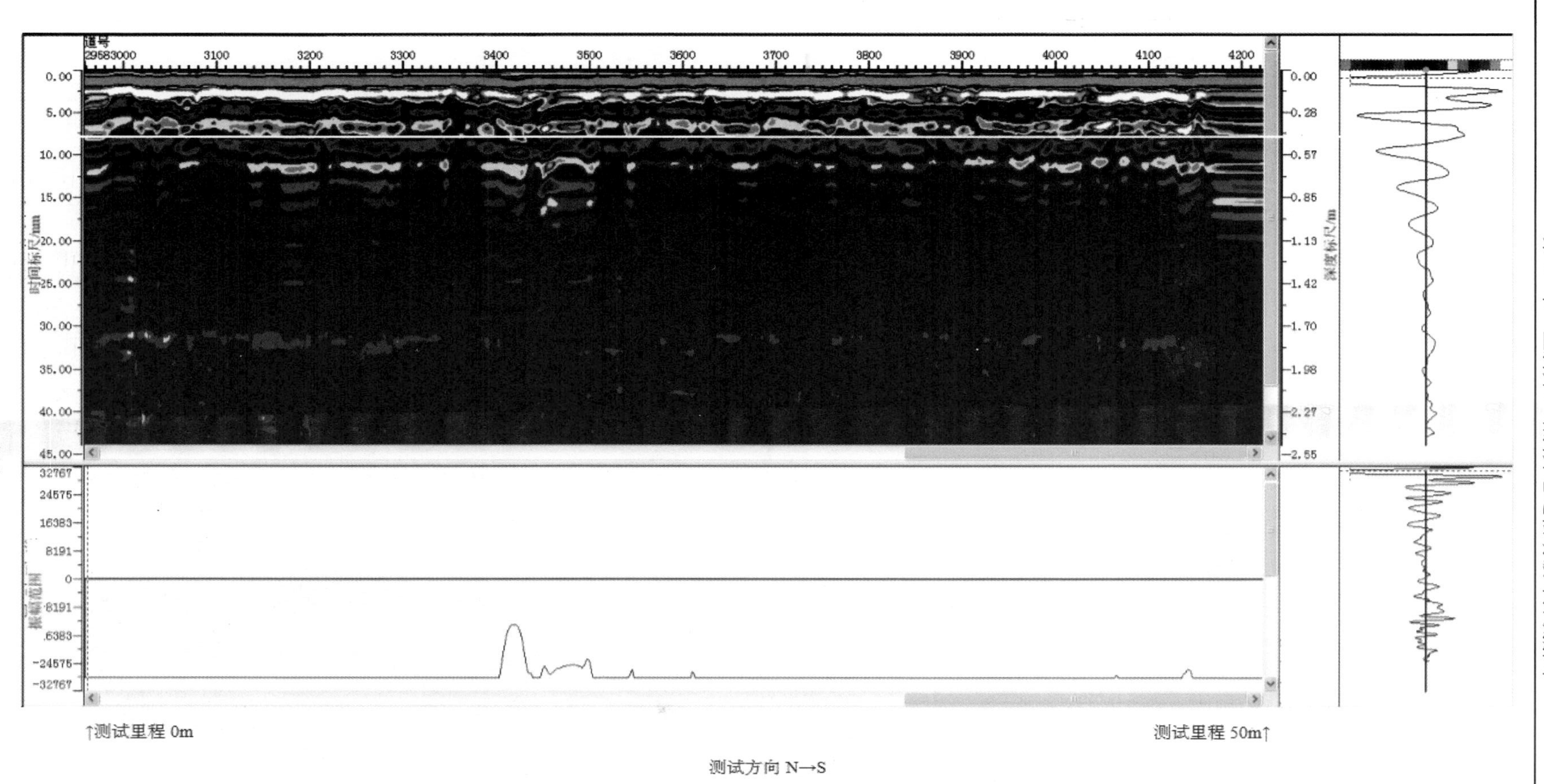

图 10.1（4）　主斜井底板（W 侧，起点井口→二部皮带头）雷达测试结果（40 道/m，500MHz 天线）

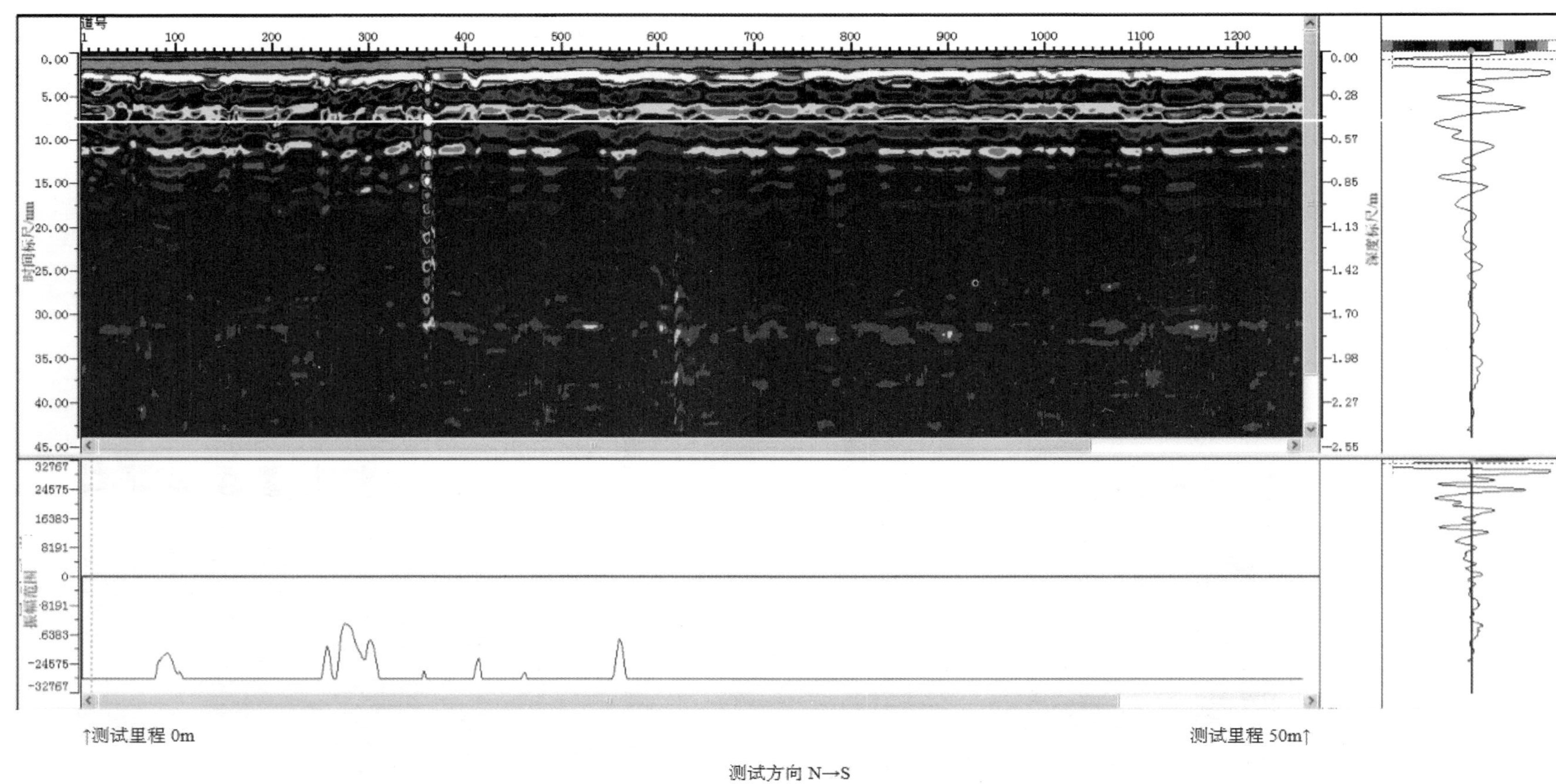

图 10.1（5） 主斜井底板（W 侧，起点井口→二部皮带头）雷达测试结果（40 道/m，500MHz 天线）

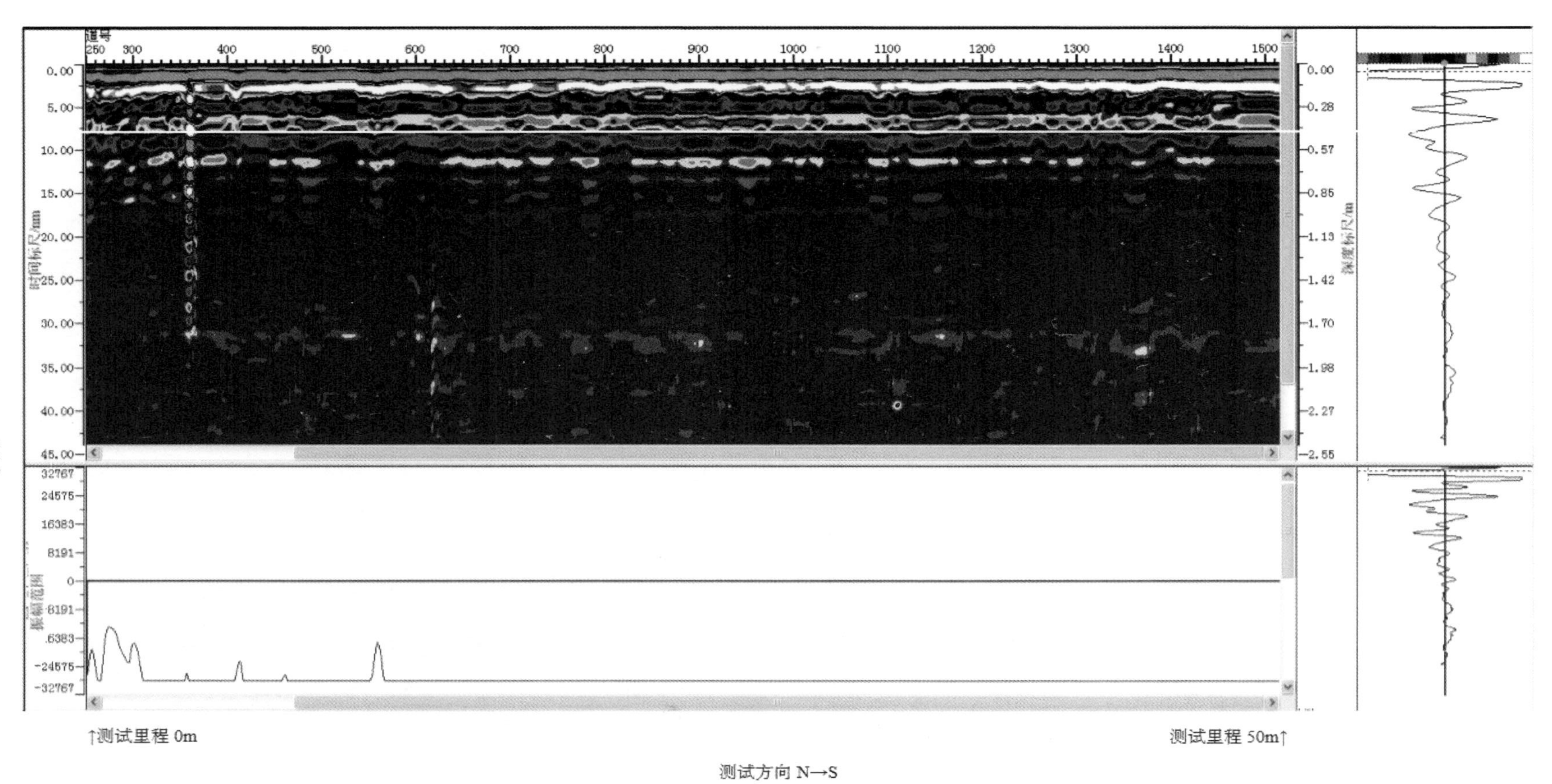

图 10.1（6）　主斜井底板（W 侧，起点井口→二部皮带头）雷达测试结果（40 道/m，500MHz 天线）

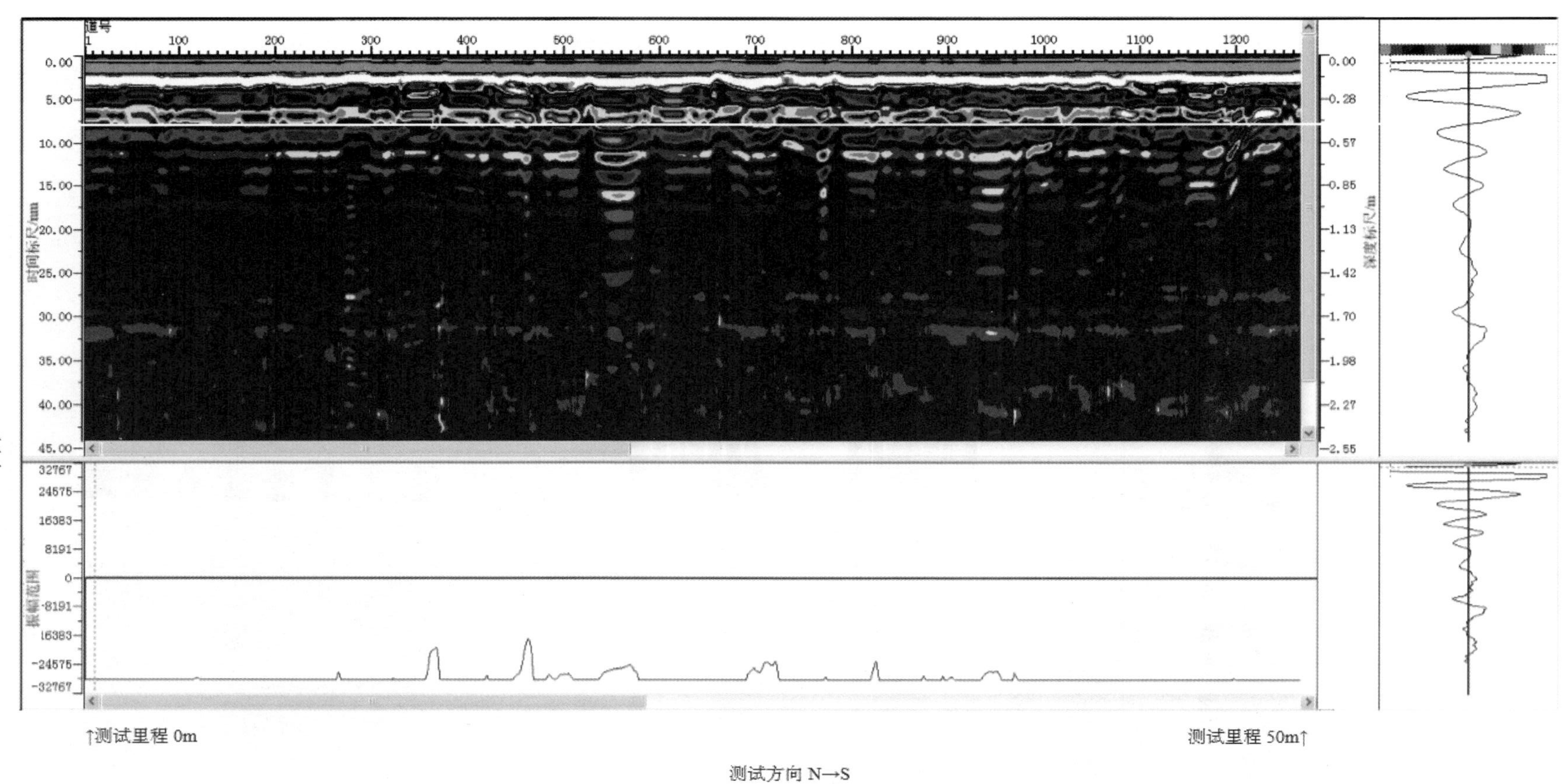

图 10.1（7） 主斜井底板（W 侧，起点井口→二部皮带头）雷达测试结果（40 道/m，500MHz 天线）

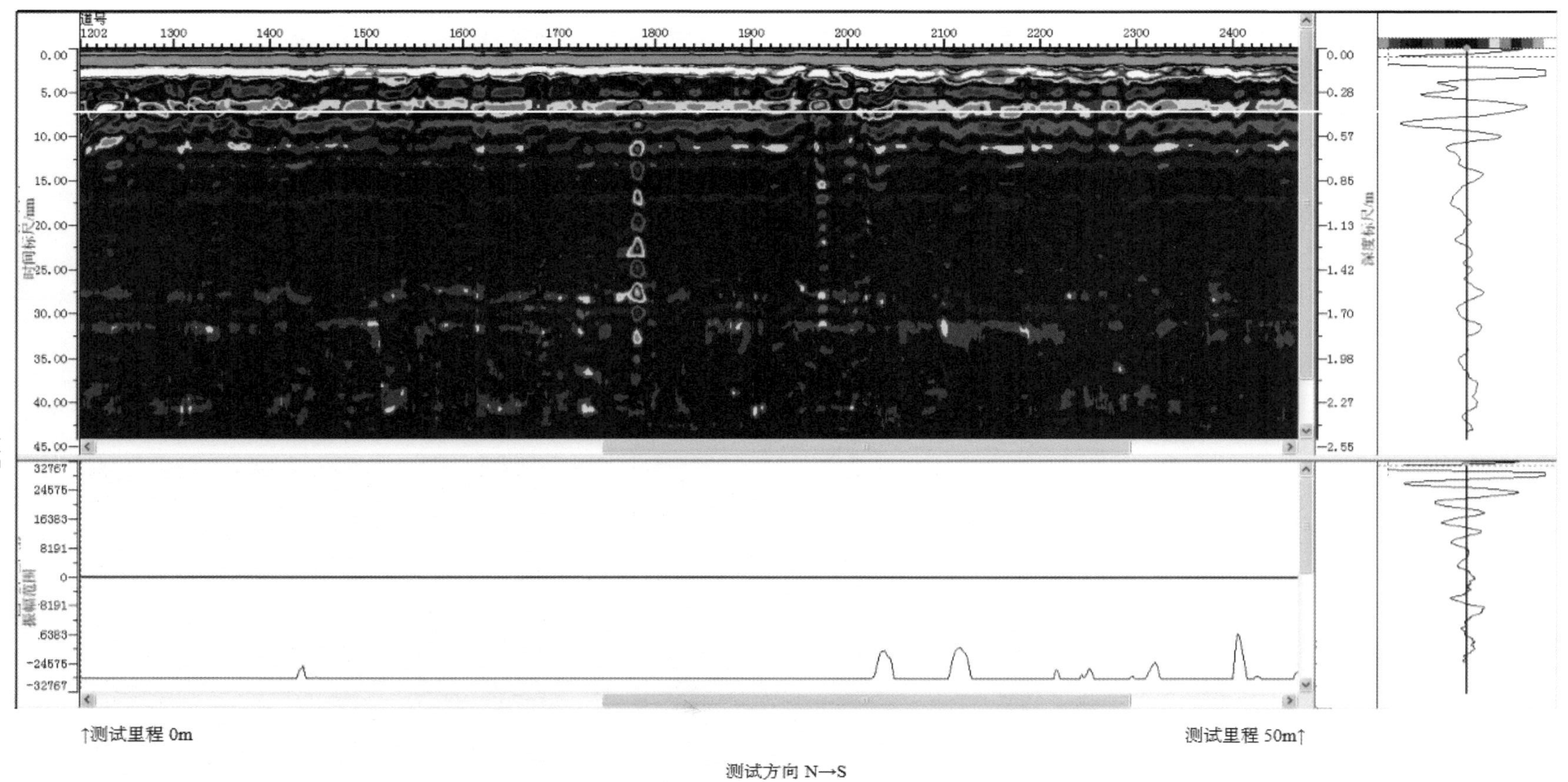

图 10.1（8）　主斜井底板（W 侧，起点井口→二部皮带头）雷达测试结果（40 道/m，500MHz 天线）

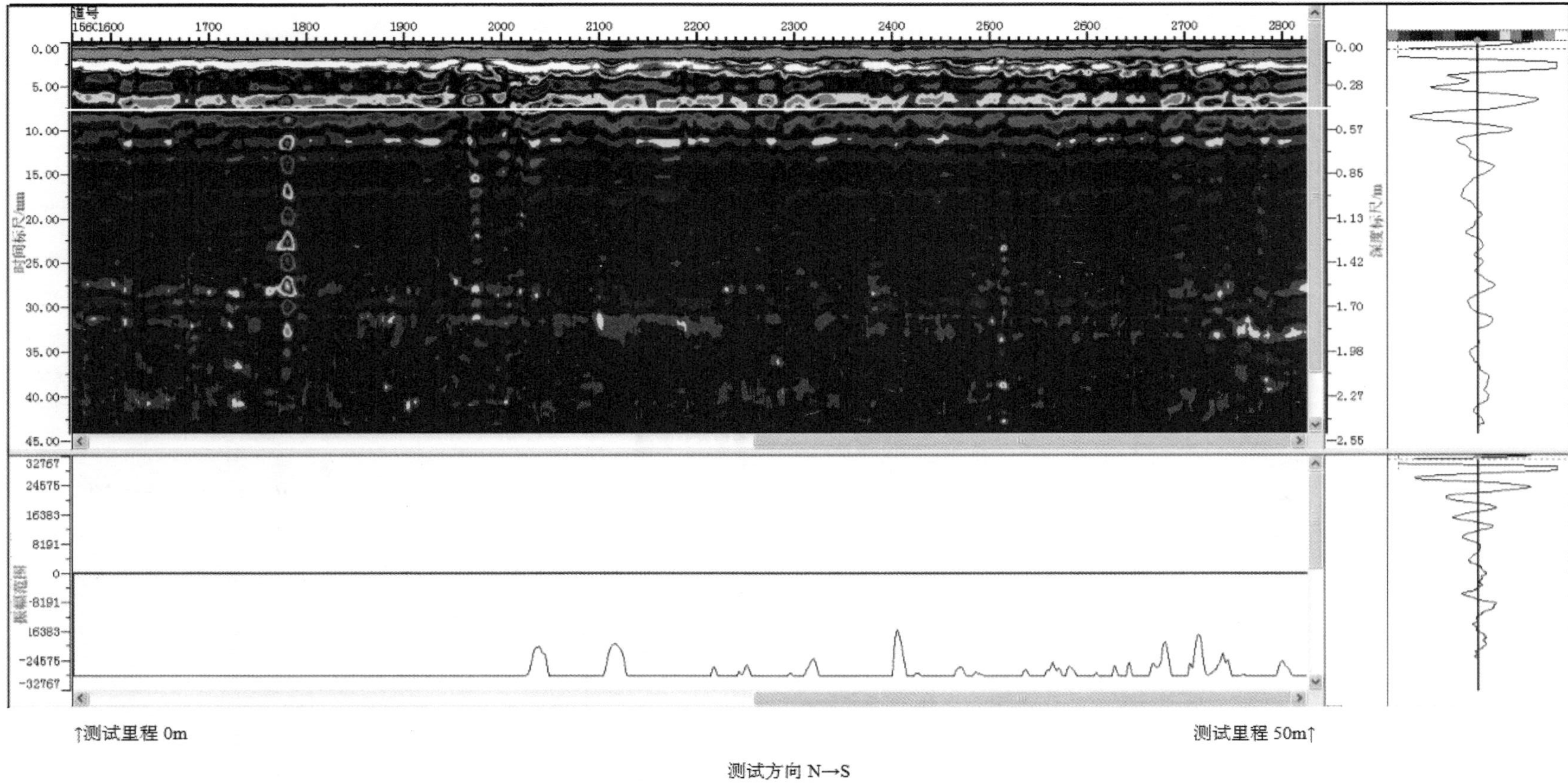

图 10.1（9） 主斜井底板（W 侧，起点井口→二部皮带头）雷达测试结果（40 道/m，500MHz 天线）

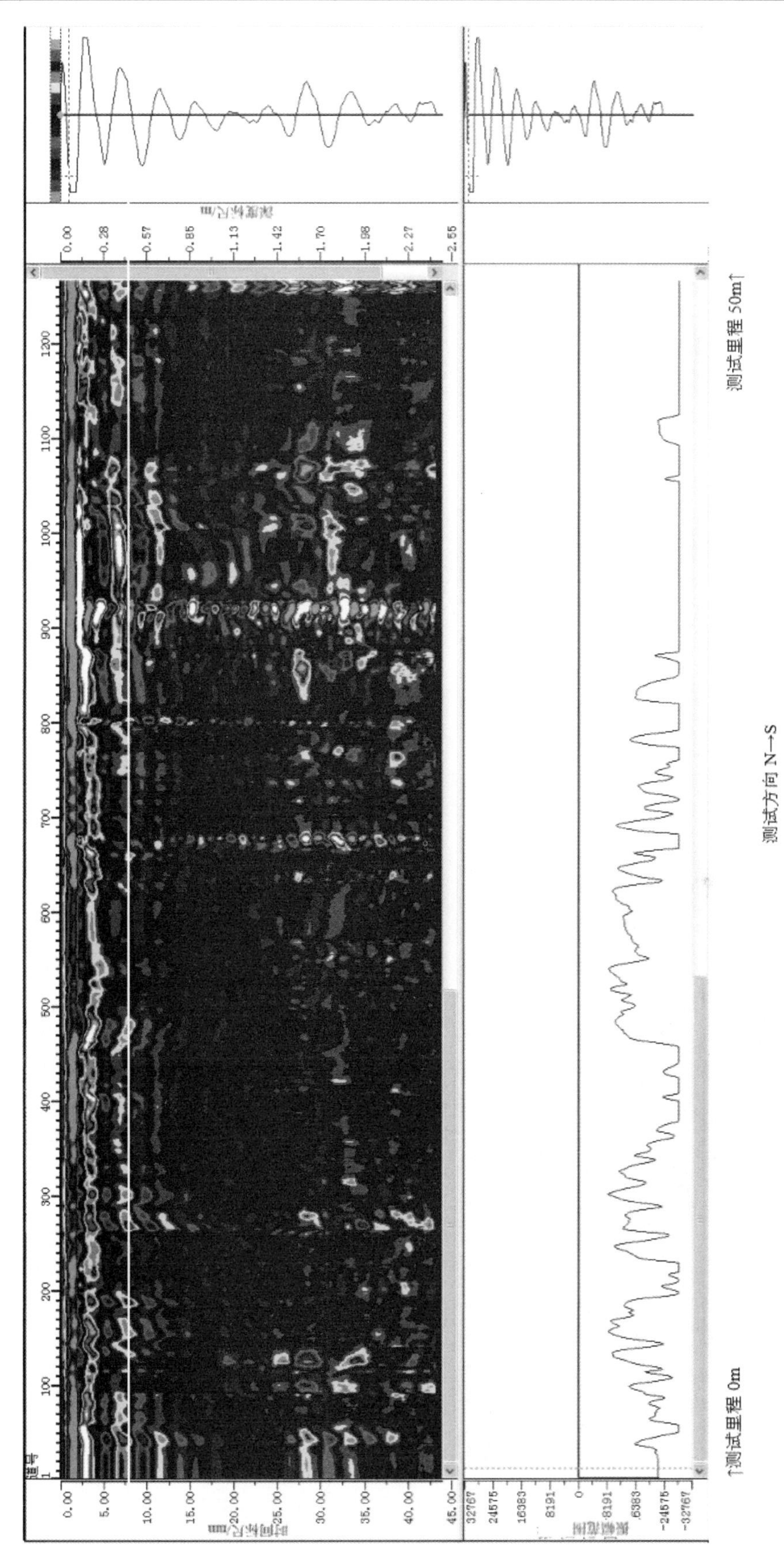

图 10.1（10）　主斜井底板（W 侧，起点井口→二部皮带头）雷达测试结果（40 道/m，500MHz 天线）

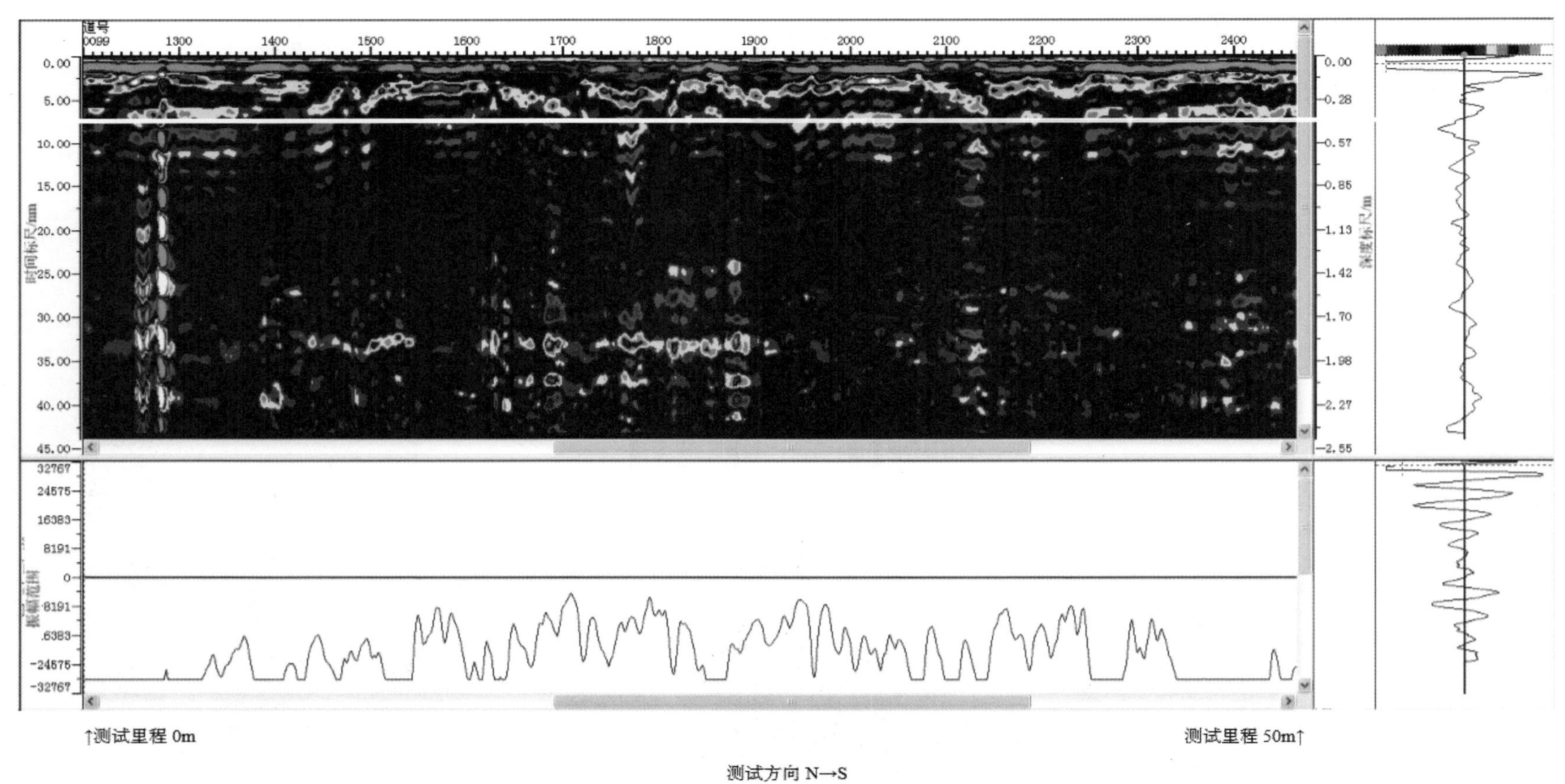

图 10.1（11） 主斜井底板（W 侧，起点井口→二部皮带头）雷达测试结果（40 道/m，500M 天线）Hz

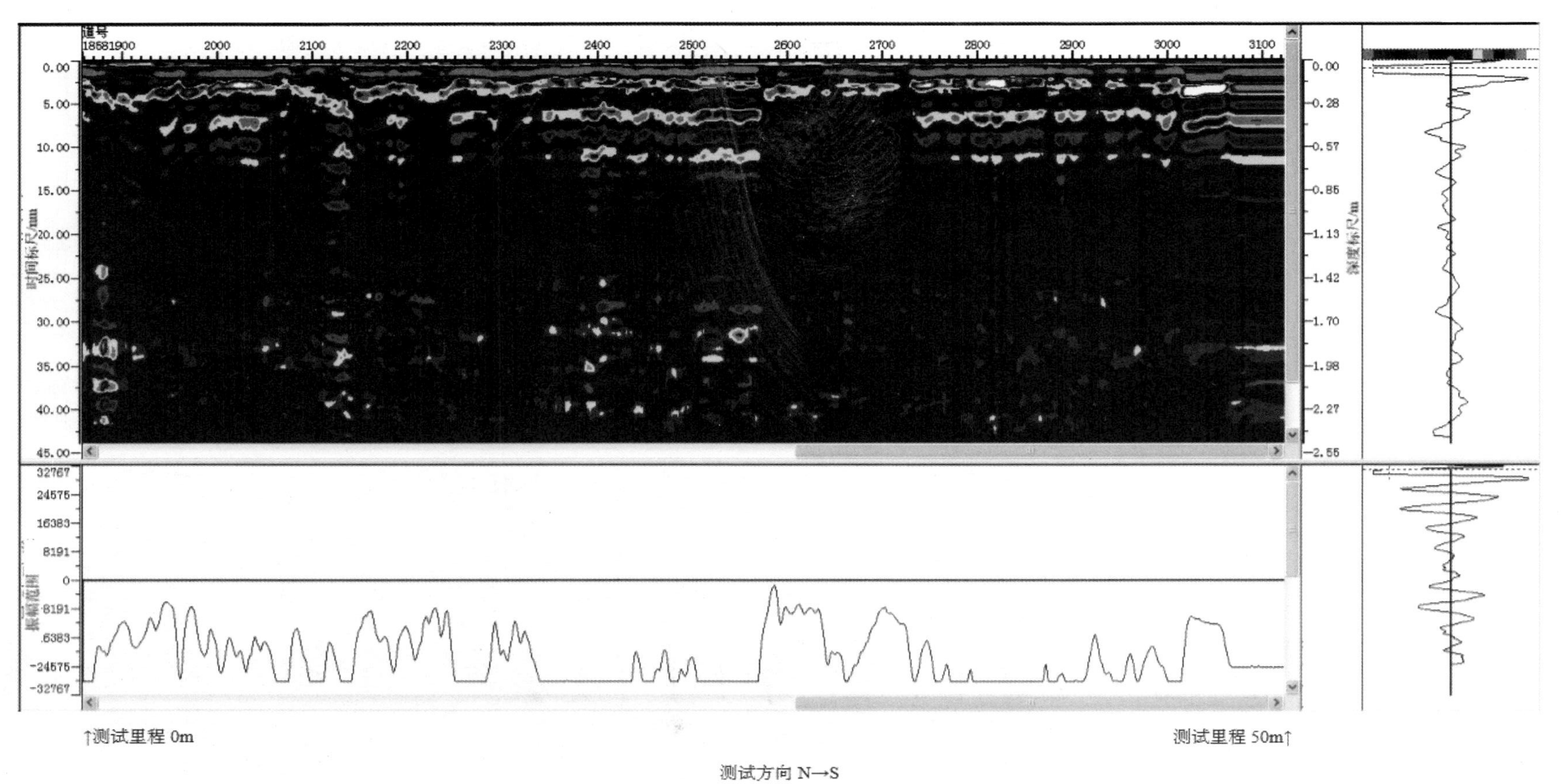

图 10.1（12）　主斜井底板（W 侧，起点井口→二部皮带头）雷达测试结果（40 道/m，500MHz 天线）

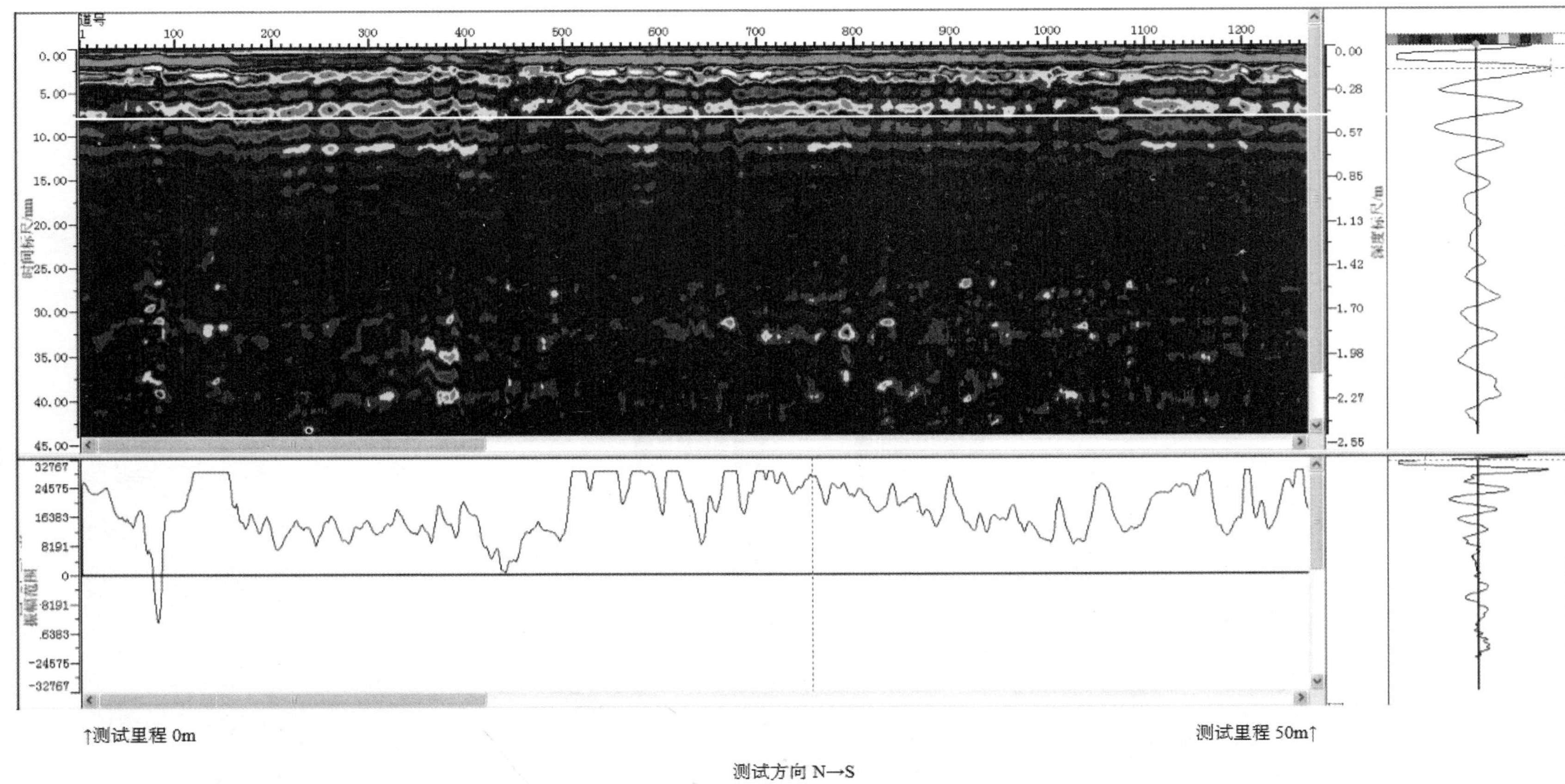

图 10.1（13） 主斜井底板（W 侧，起点井口→二部皮带头）雷达测试结果（40 道/m，500MHz 天线）

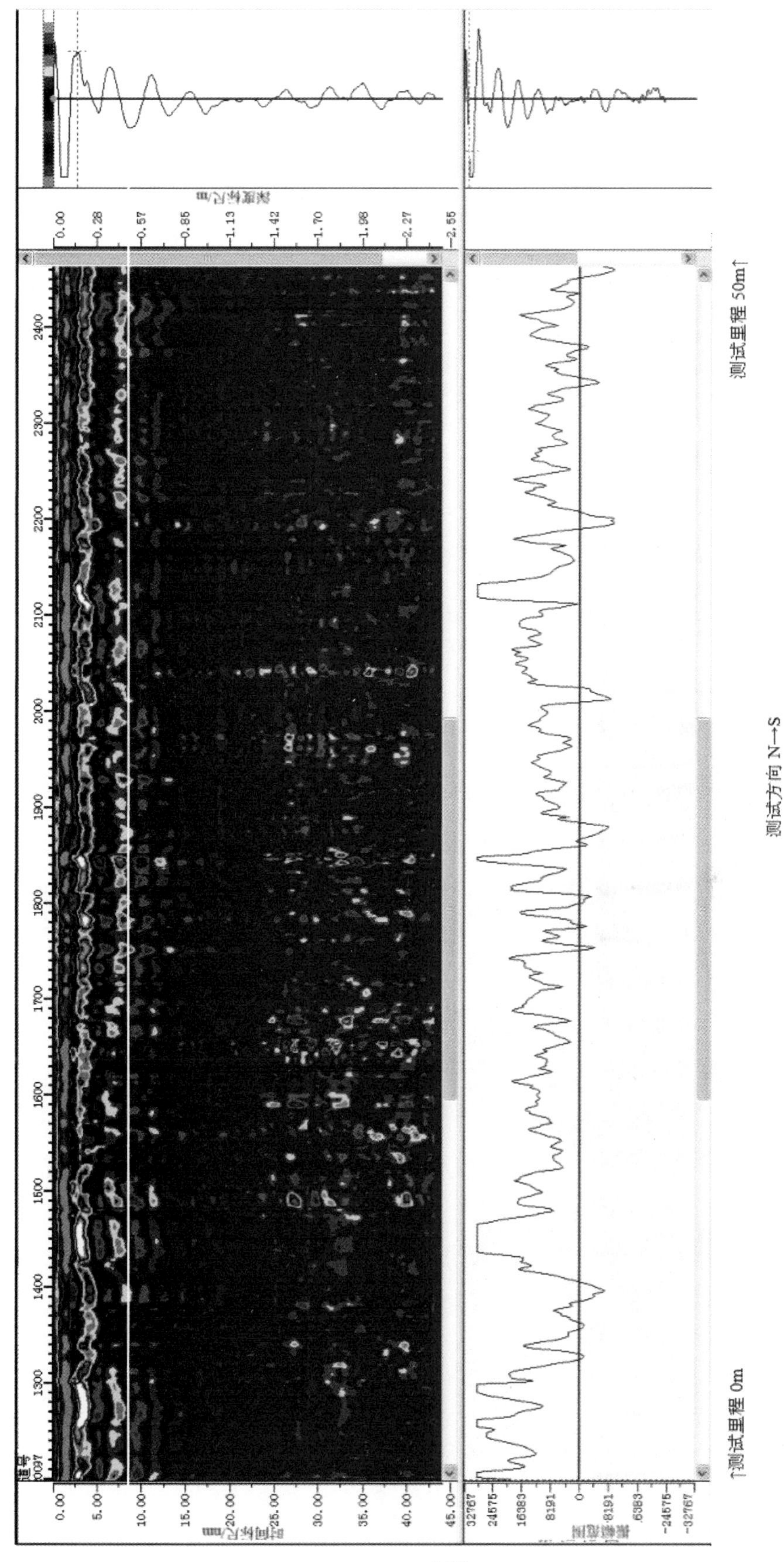

图 10.1（14）　主斜井底板（W 侧，起点井口→二部皮带头）雷达测试结果（40 道/m，500MHz 天线）

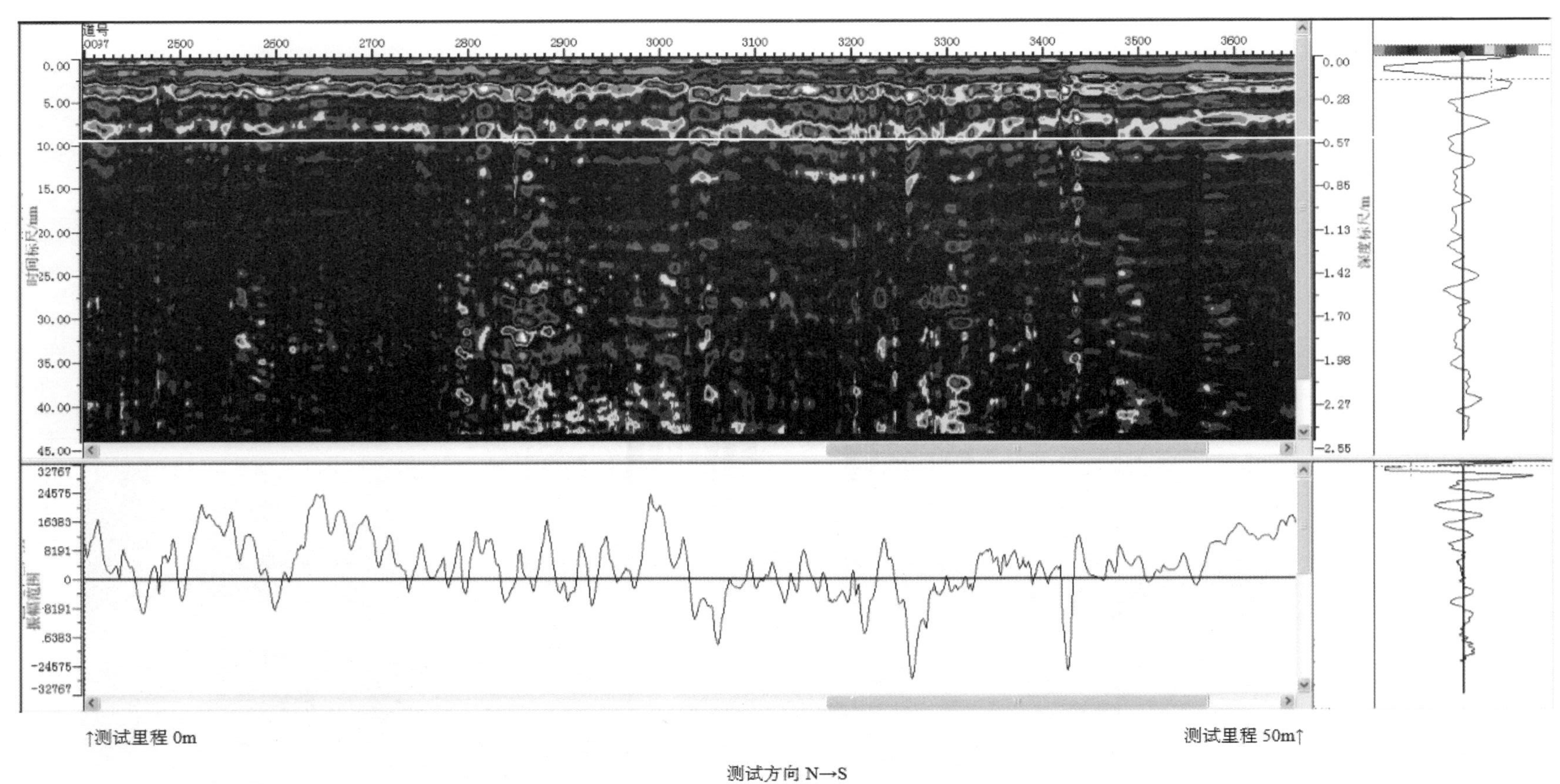

图 10.1（15） 主斜井底板（W 侧，起点井口→二部皮带头）雷达测试结果（40 道/m，500MHz 天线）

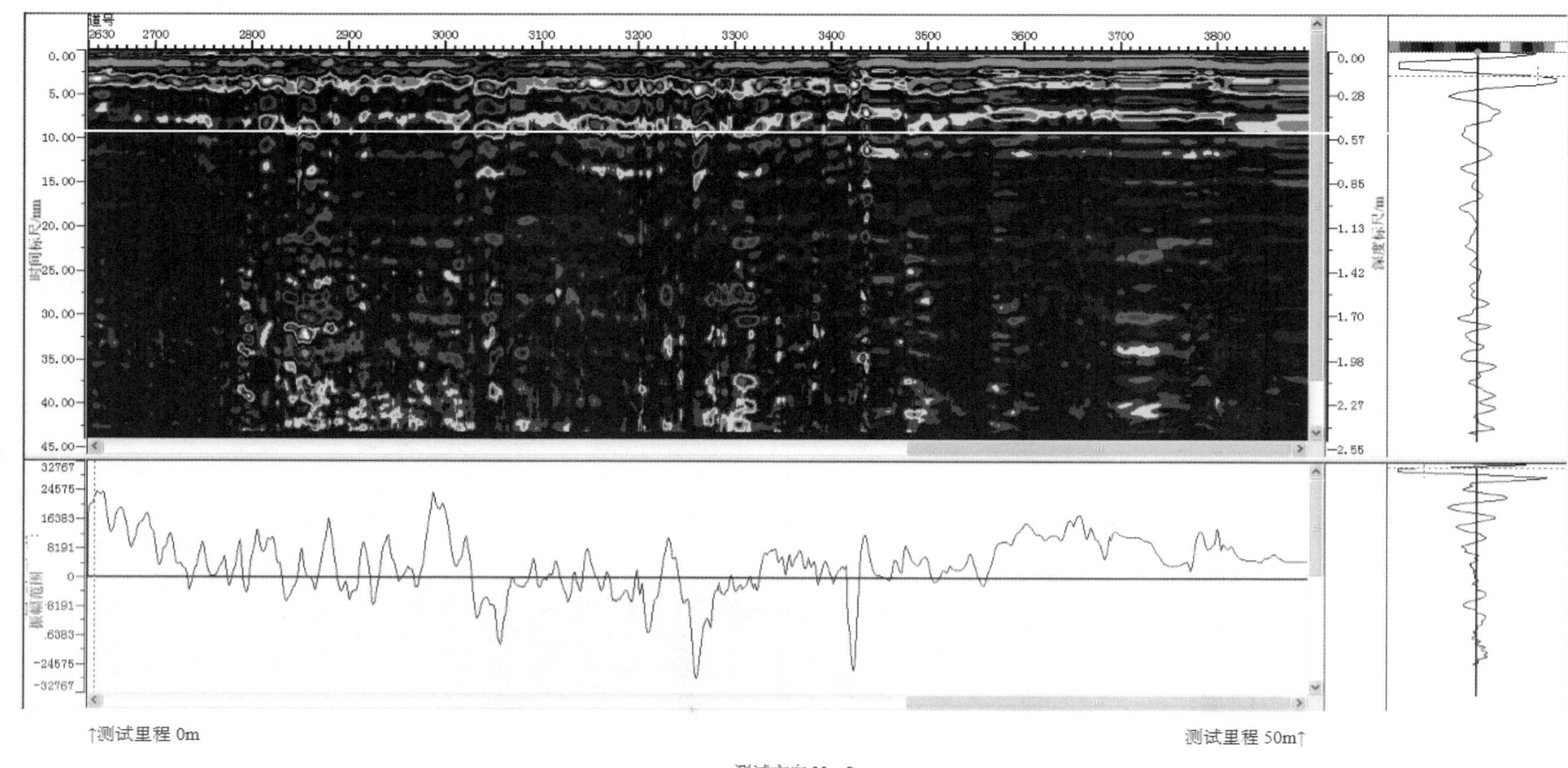

图 10.1（16）　主斜井底板（W 侧，起点井口→二部皮带头）雷达测试结果（40 道/m，500MHz 天线）

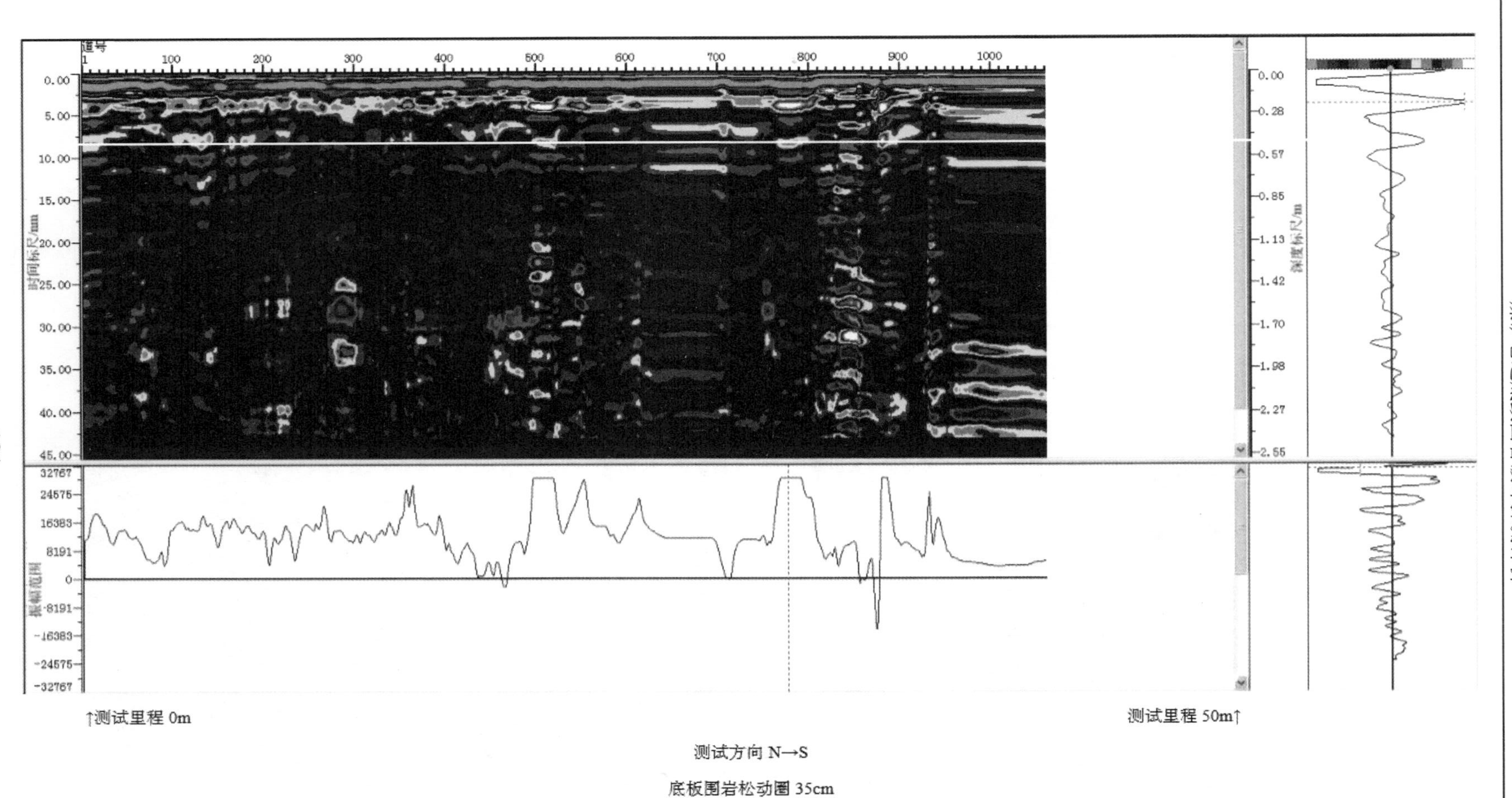

图 10.1（17） 主斜井底板（W 侧，起点井口→二部皮带头）雷达测试结果（40 道/m，500MHz 天线）

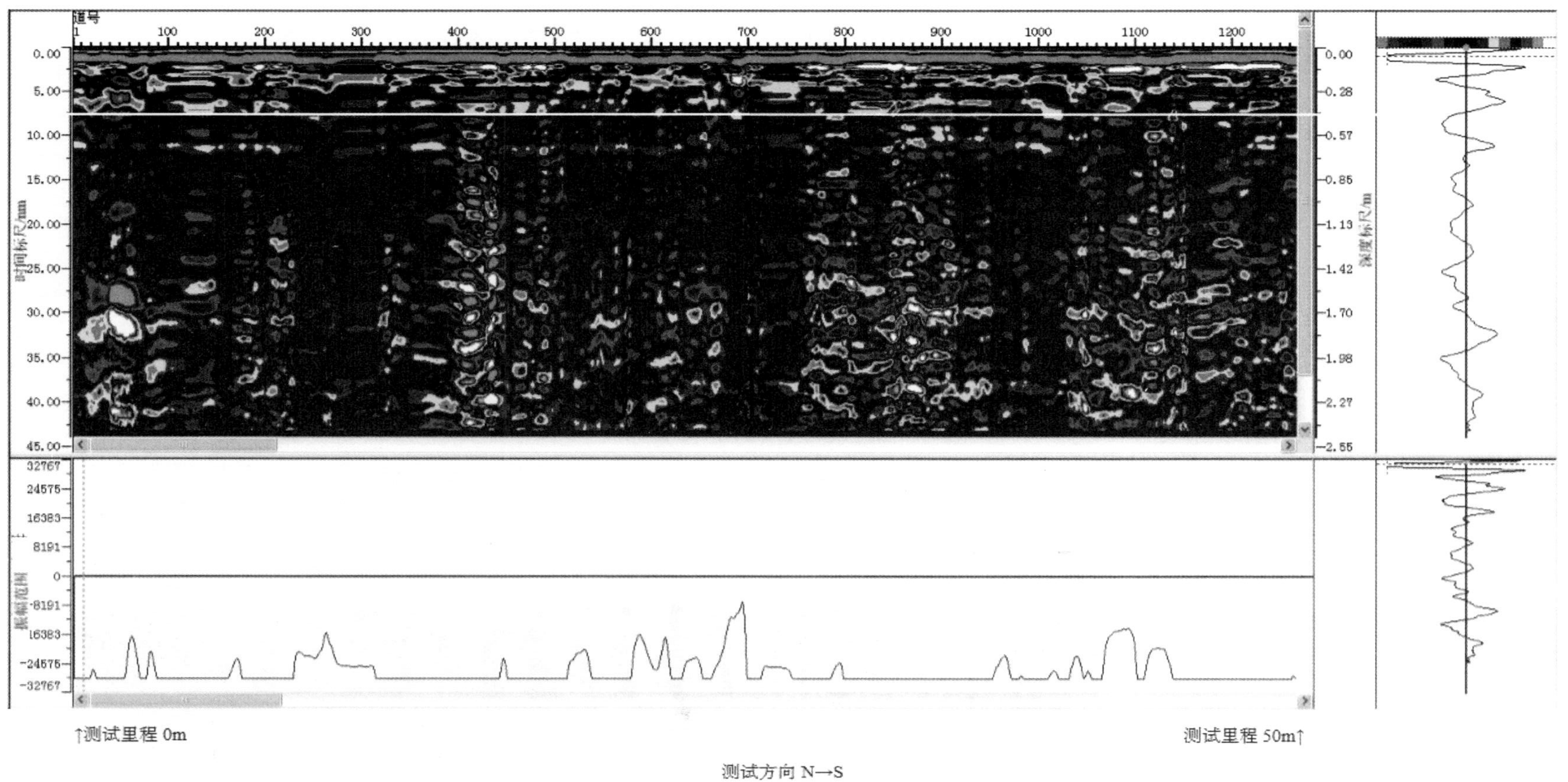

图 10.1（18）　主斜井底板（W 侧，起点井口→二部皮带头）雷达测试结果（40 道/m，500MHz 天线）

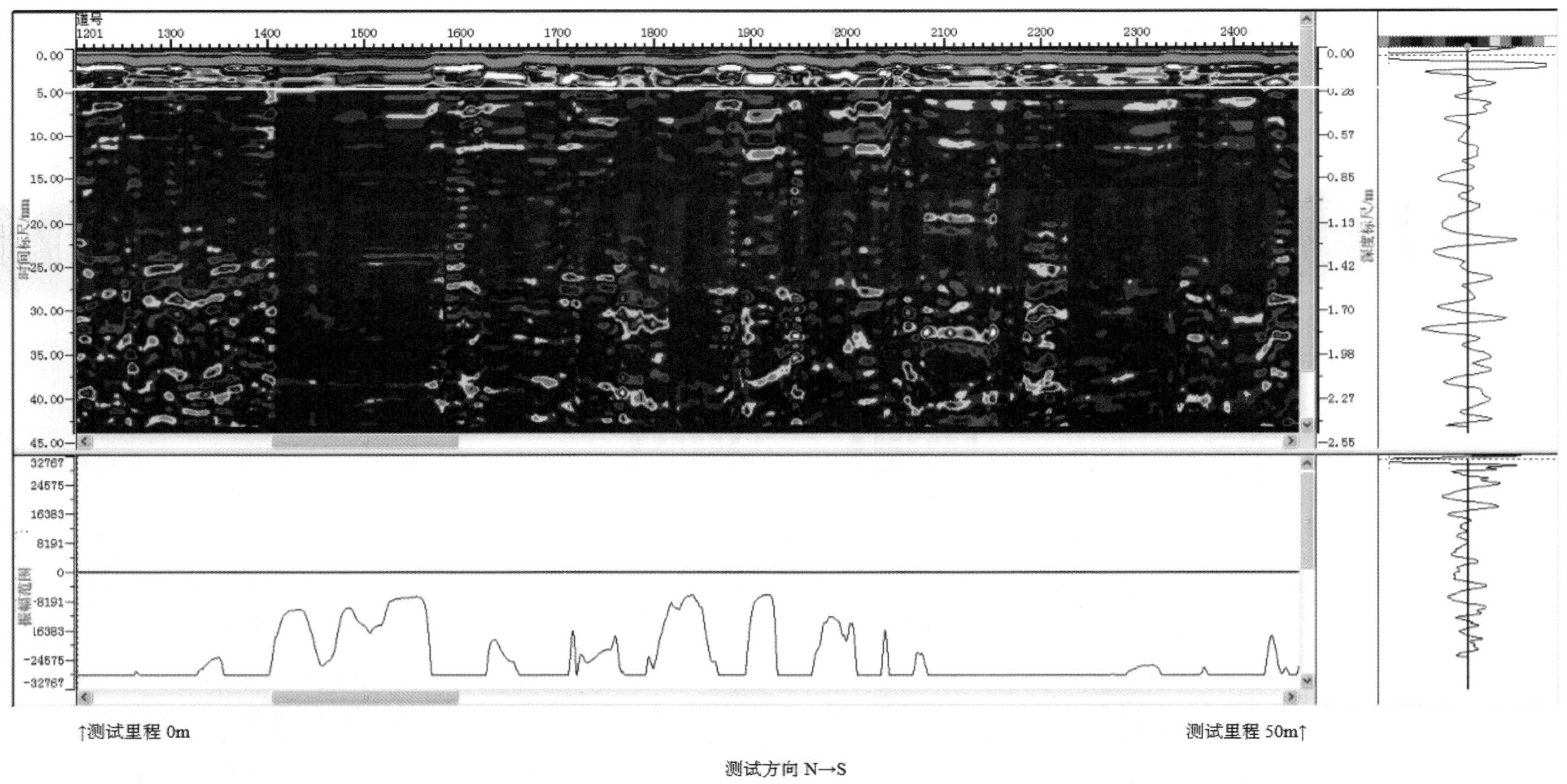

图 10.1（19） 主斜井底板（W 侧，起点井口→二部皮带头）雷达测试结果（40 道/m，500MHz 天线）

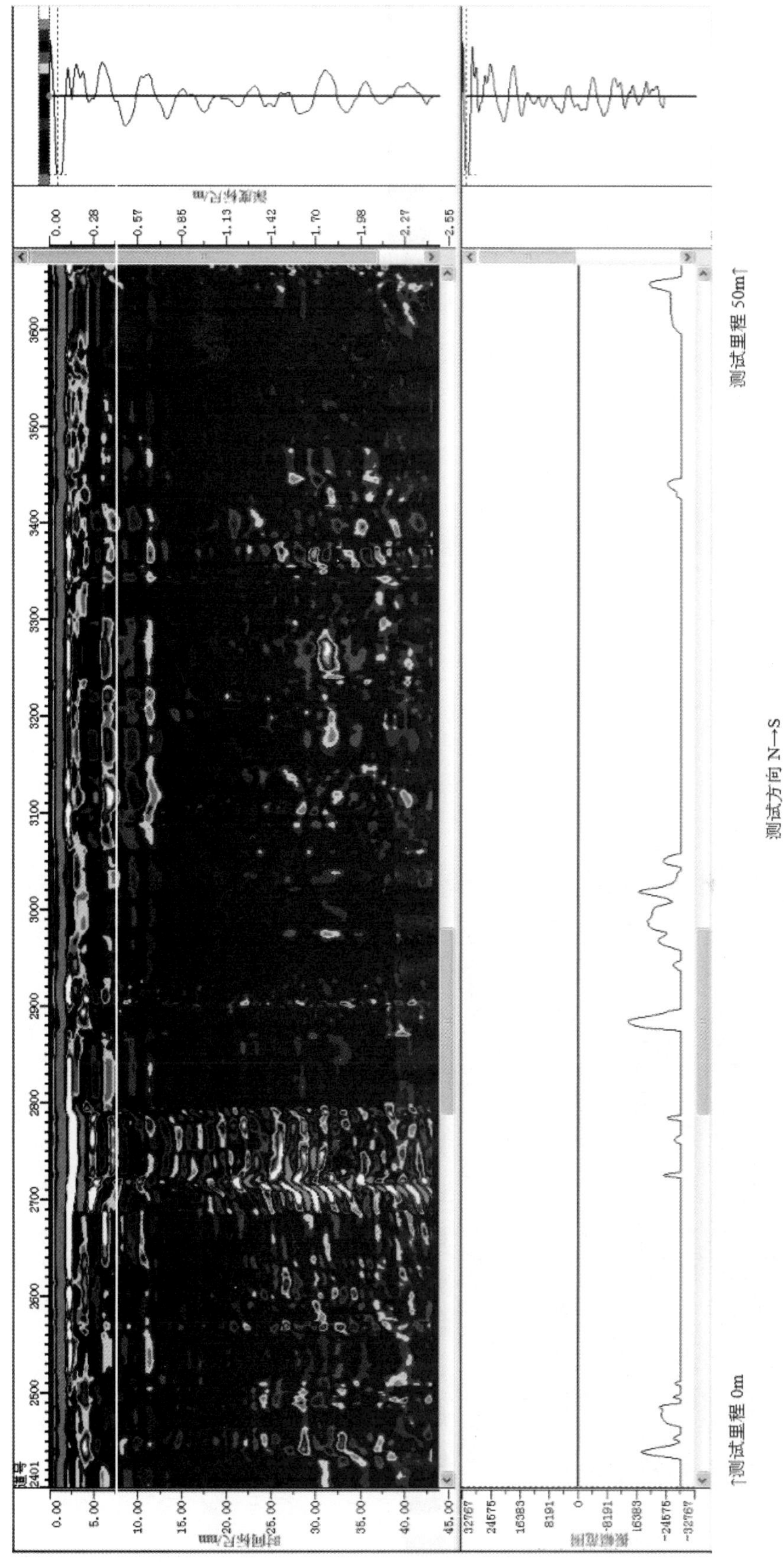

图 10.1（20）　主斜井底板（W 侧，起点井口→二部皮带头）雷达测试结果（40 道/m，500MHz 天线）

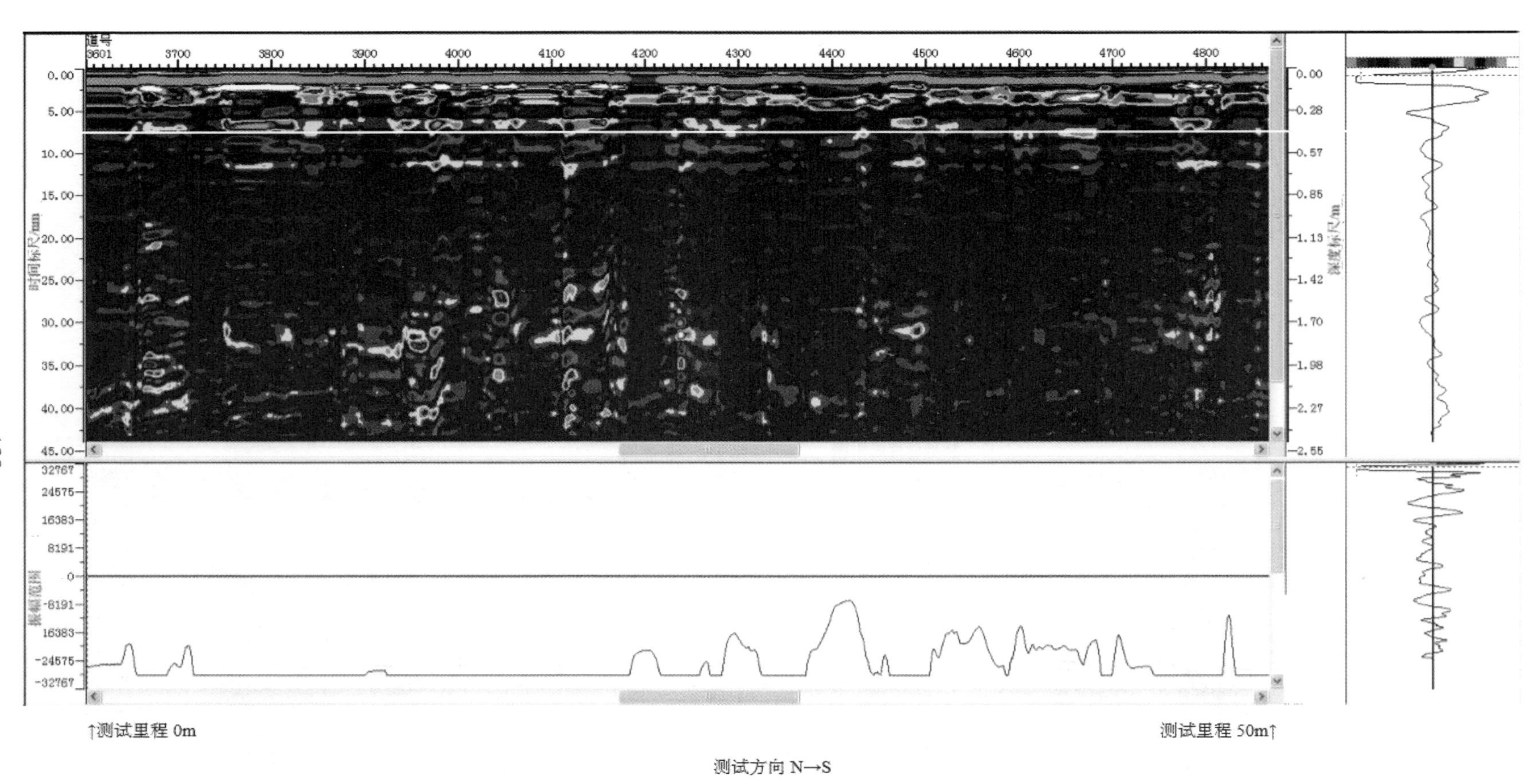

图 10.1（21） 主斜井底板（W 侧，起点井口→二部皮带头）雷达测试结果（40 道/m，500MHz 天线）

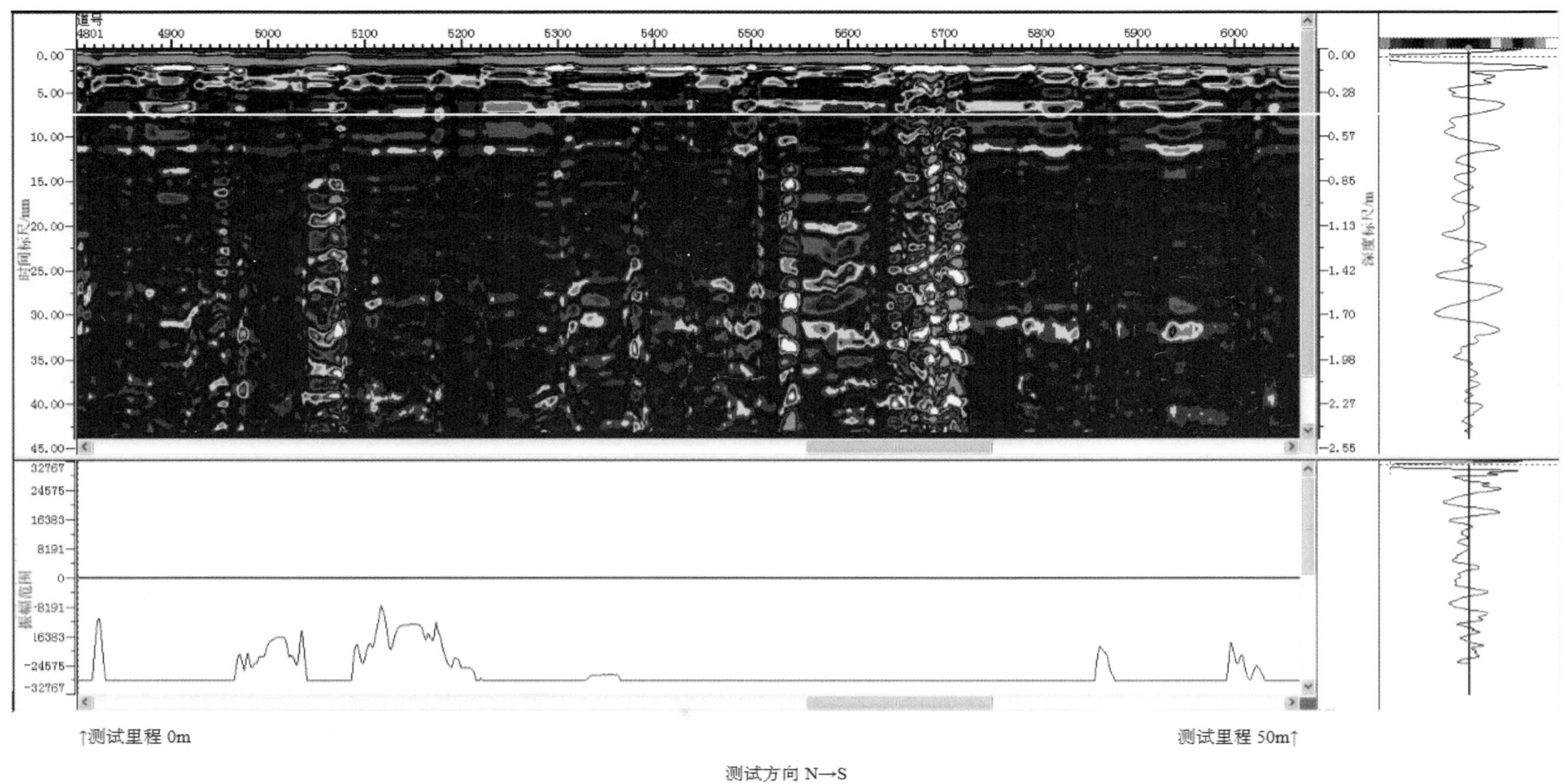

图 10.1（22）　主斜井底板（W 侧，起点井口→二部皮带头）雷达测试结果（40 道/m，500MHz 天线）

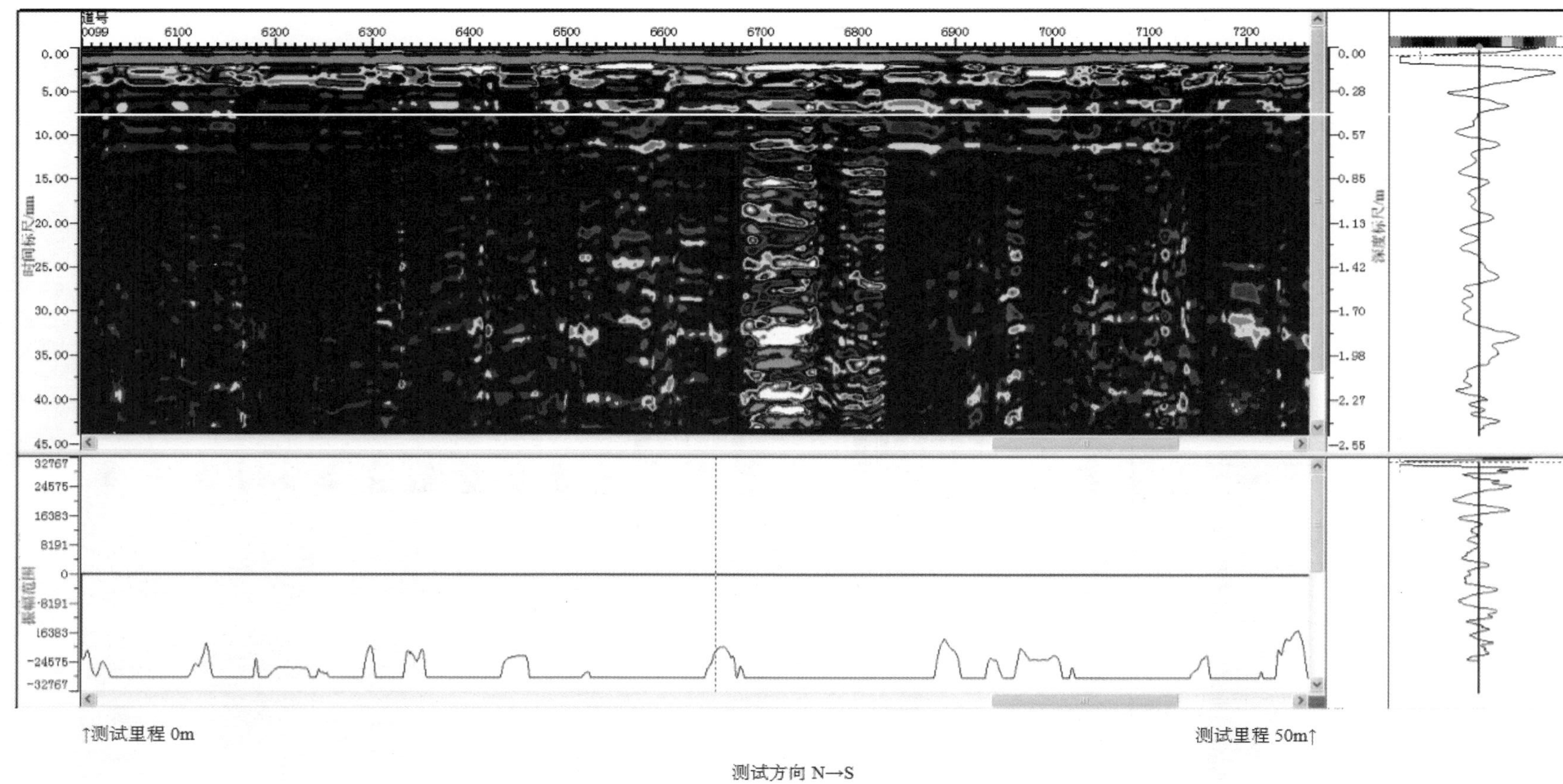

图 10.1（23） 主斜井底板（W 侧，起点井口→二部皮带头）雷达测试结果（40 道/m，500MHz 天线）

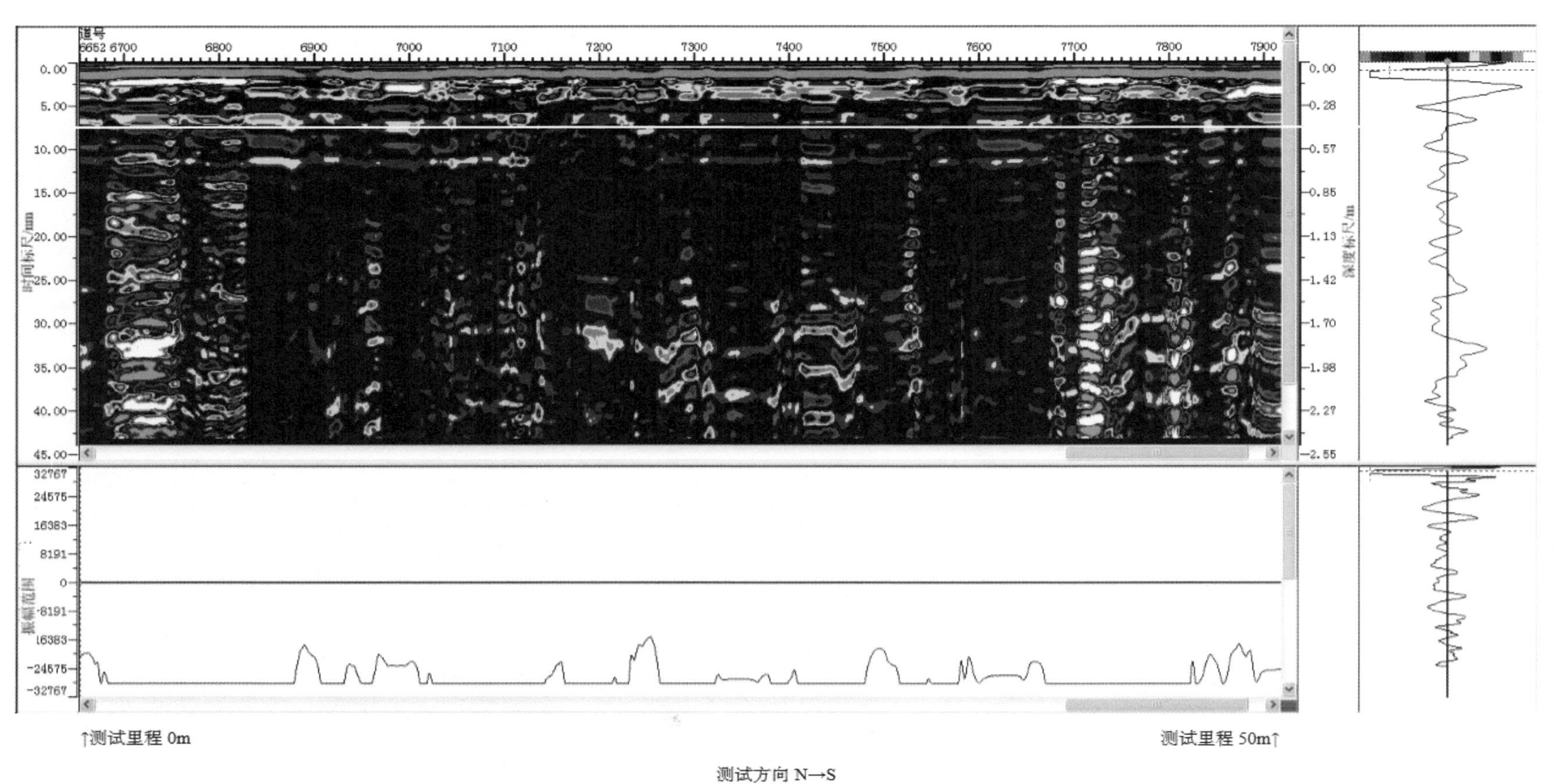

测试方向 N→S

底板围岩松动圈 35cm

图 10.1（24）　主斜井底板（W 侧，起点井口→二部皮带头）雷达测试结果（40 道/m，500MHz 天线）

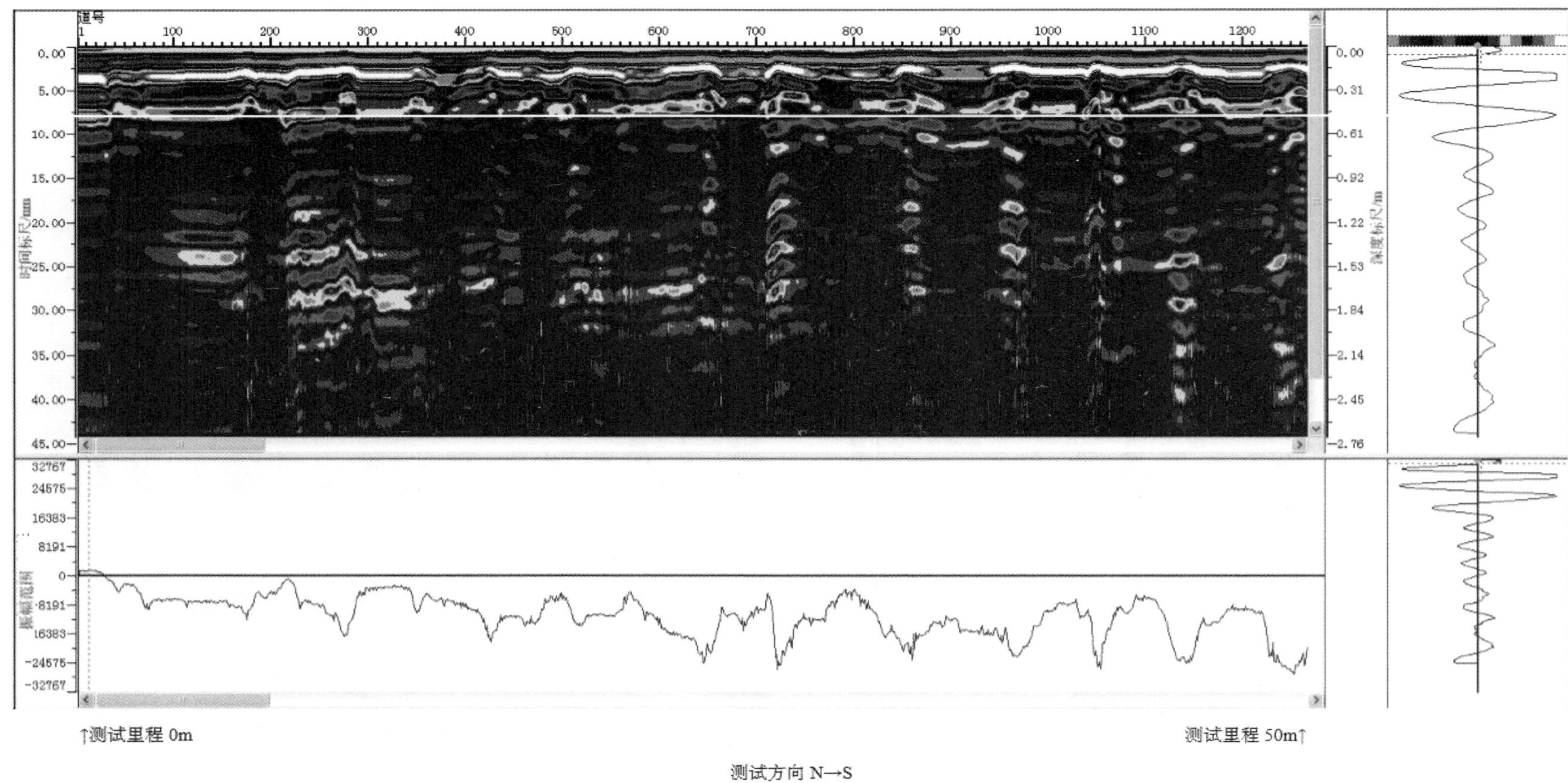

图 10.2（1） 暗斜井底板（轨道中心，起点+680 水平→0403 回风巷顺槽水平）雷达测试结果（40 道/m，500MHz 天线）

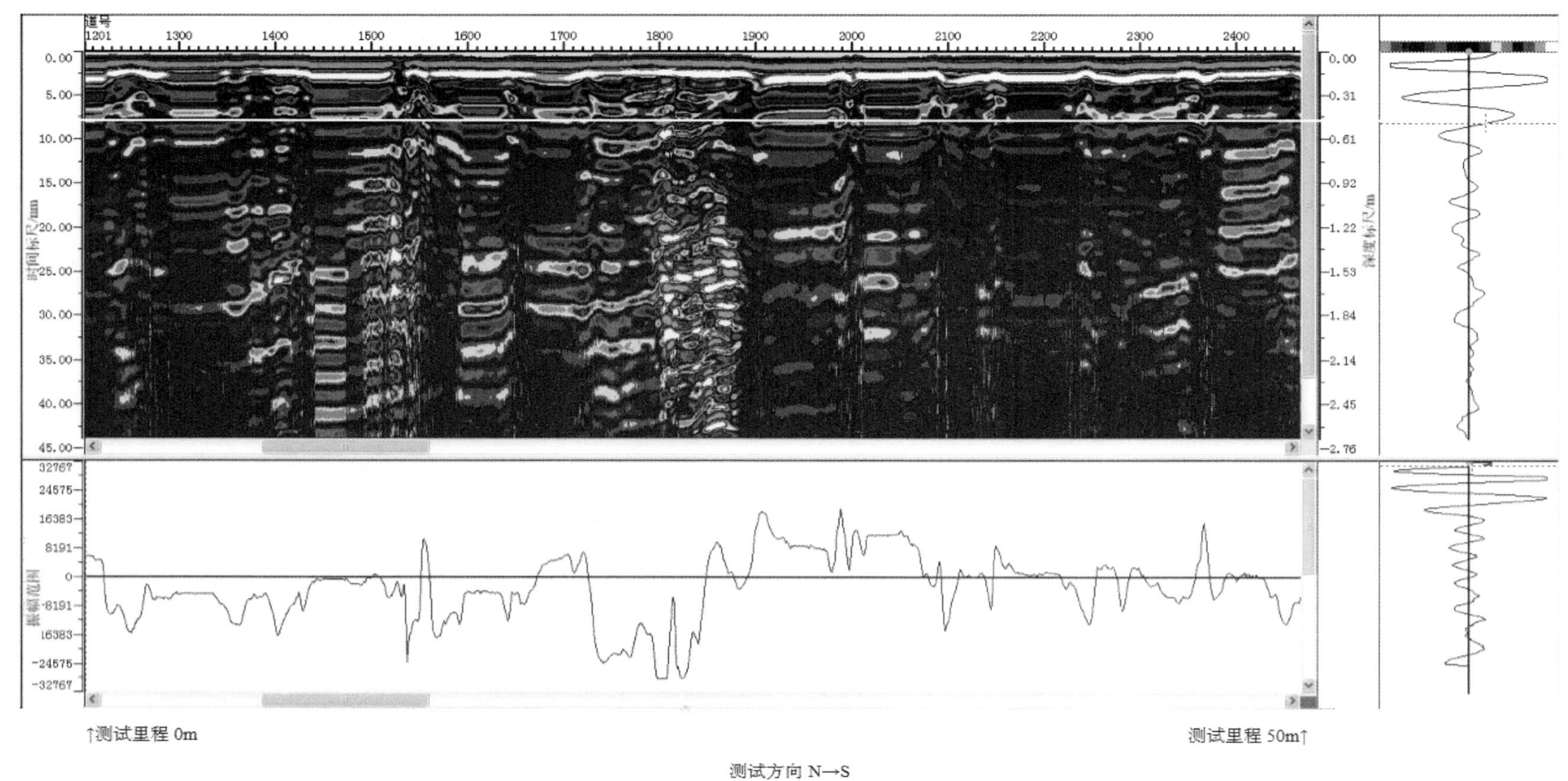

图 10.2（2）　暗斜井底板（轨道中心，起点+680 水平→0403 回风巷顺槽水平）雷达测试结果（40 道/m，500MHz 天线）

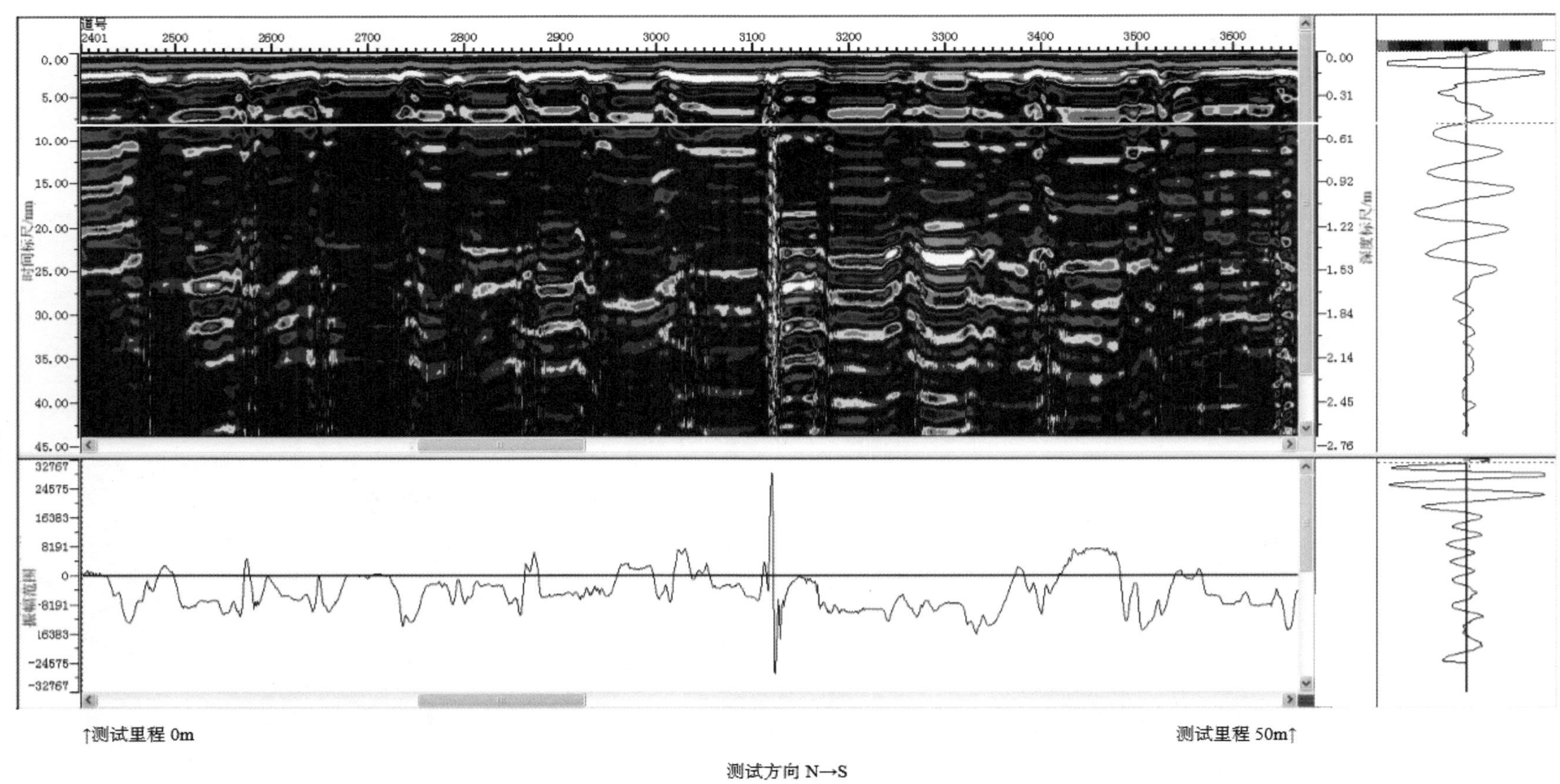

图 10.2（3） 暗斜井底板（轨道中心，起点+680 水平→0403 回风巷顺槽水平）雷达测试结果（40 道/m，500MHz 天线）

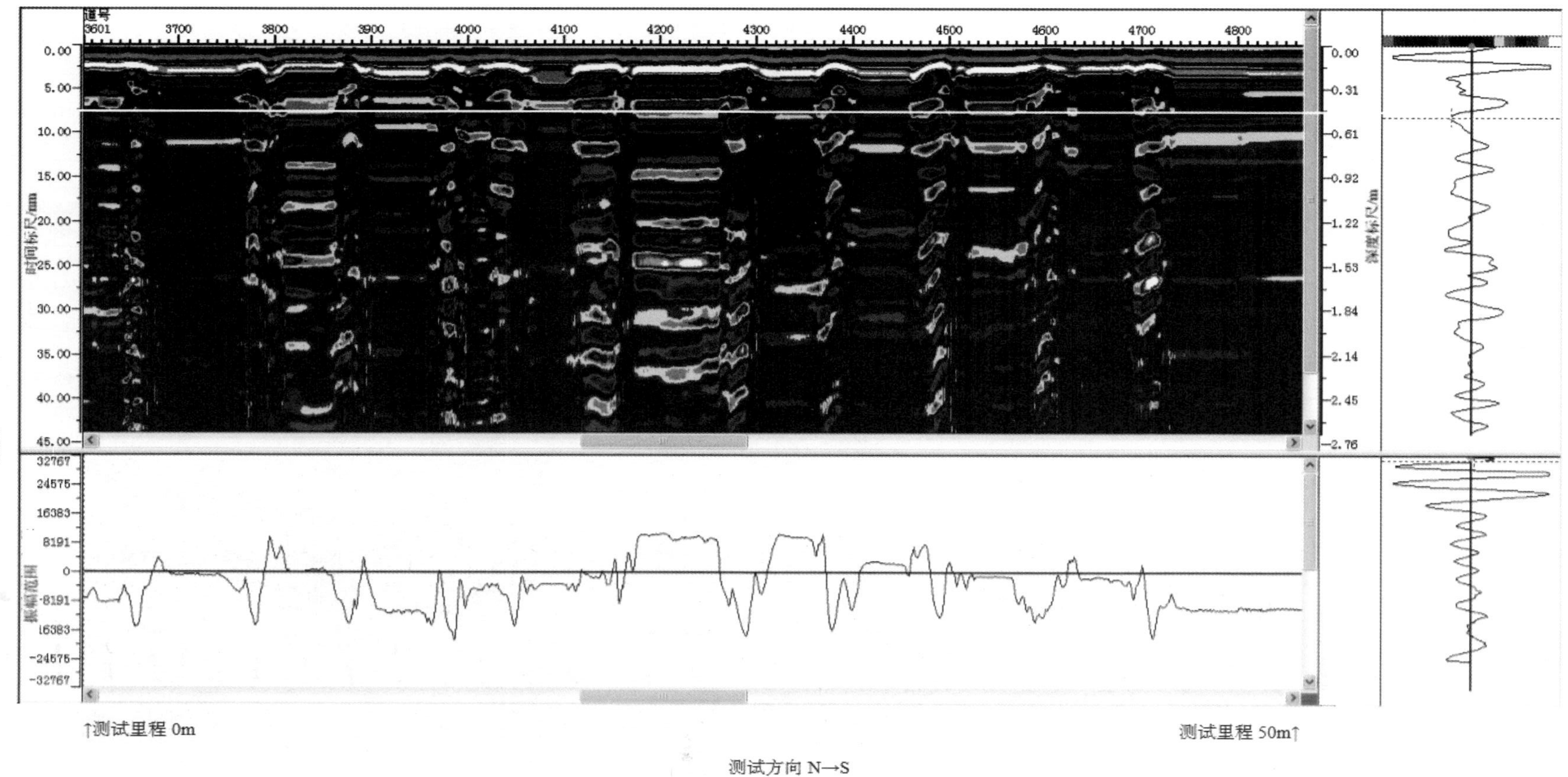

图 10.2（4）　暗斜井底板（轨道中心，起点+680 水平→0403 回风巷顺槽水平）雷达测试结果（40 道/m，500MHz 天线）

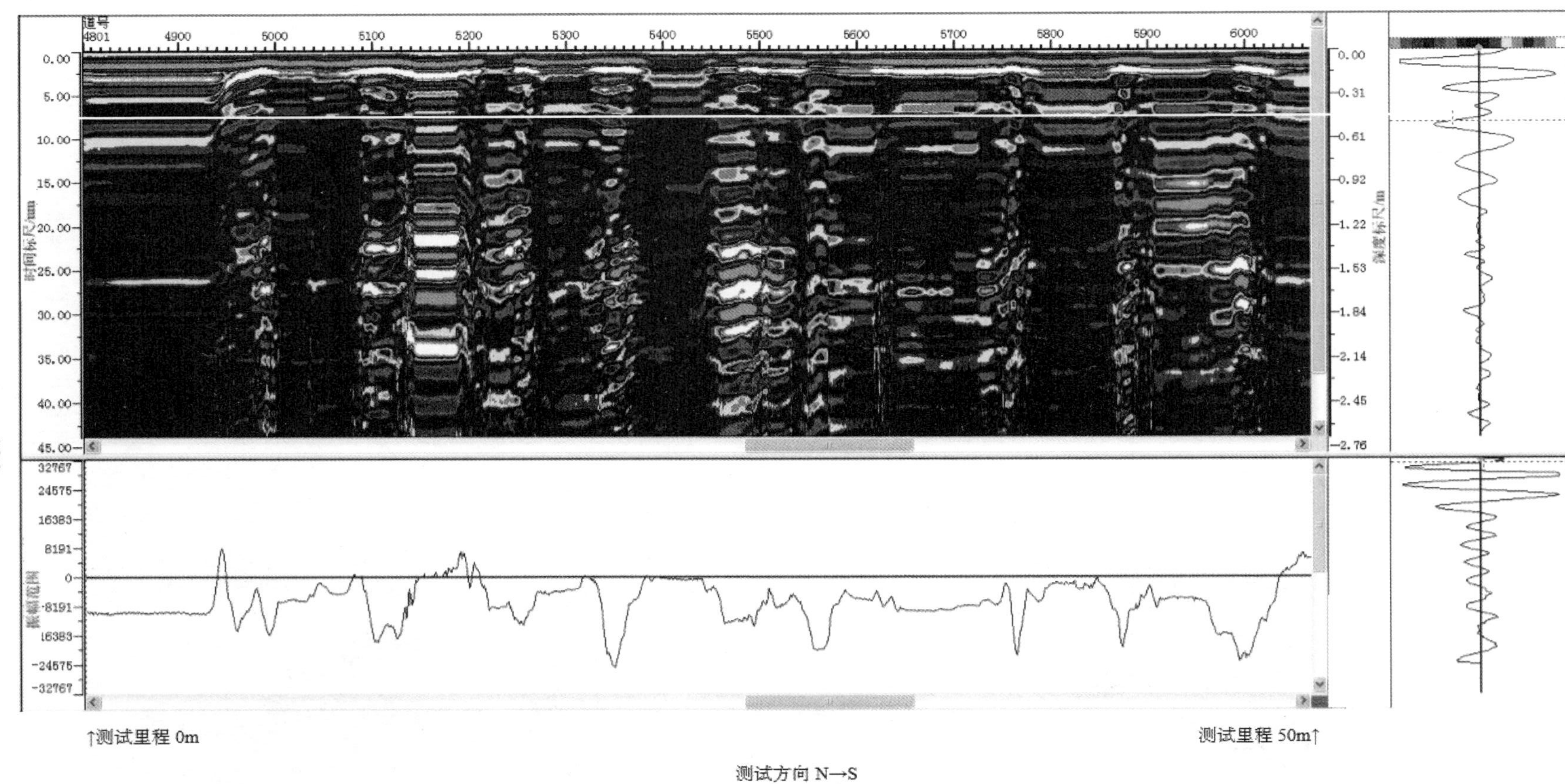

↑测试里程 0m　　　　测试里程 50m↑

测试方向 N→S

底板围岩松动圈 35cm

图 10.2（5） 暗斜井底板（轨道中心，起点+680 水平→0403 回风巷顺槽水平）雷达测试结果（40 道/m，500MHz 天线）

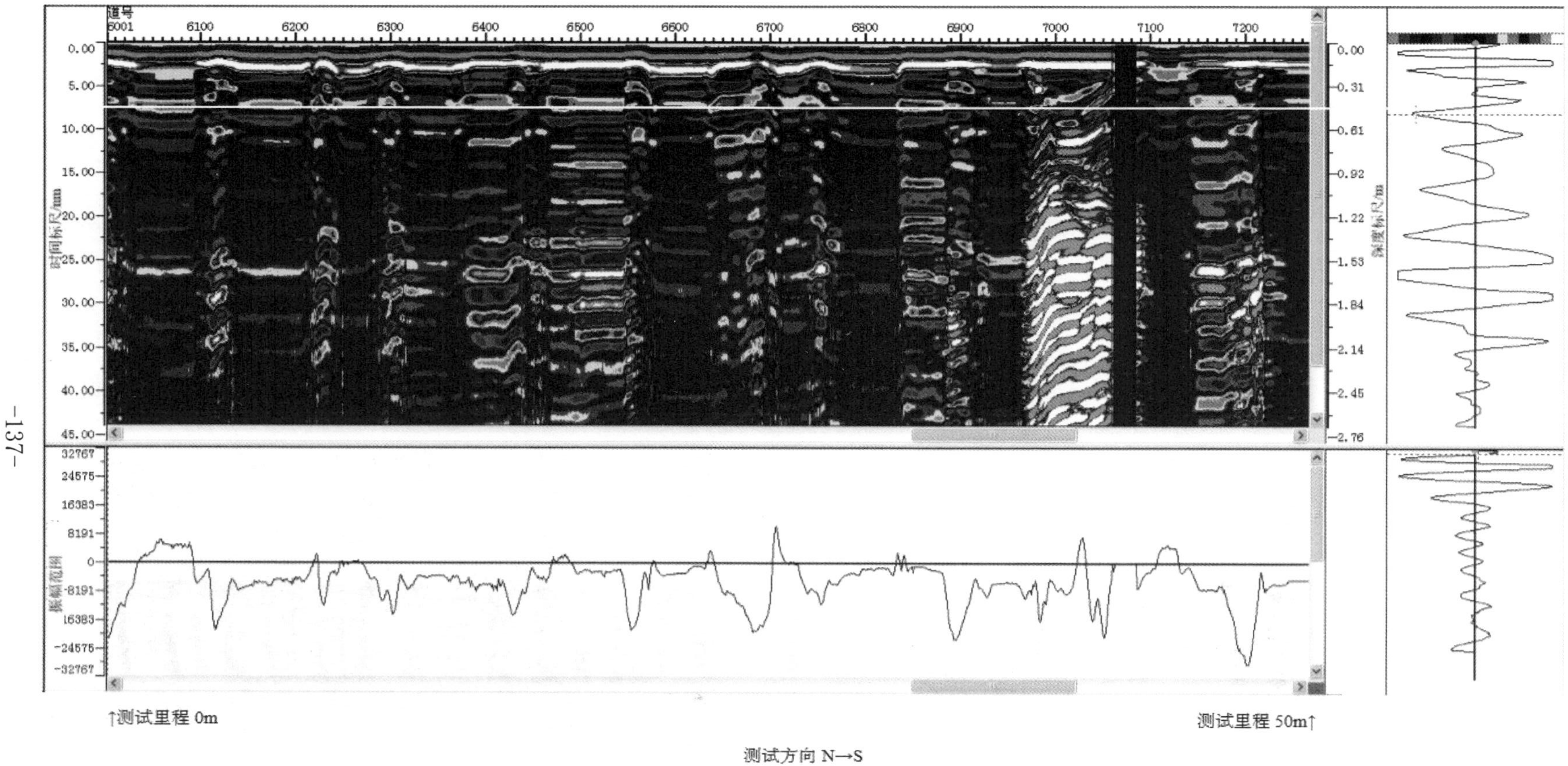

图 10.2（6）　暗斜井底板（轨道中心，起点+680 水平→0403 回风巷顺槽水平）雷达测试结果（40 道/m，500MHz 天线）

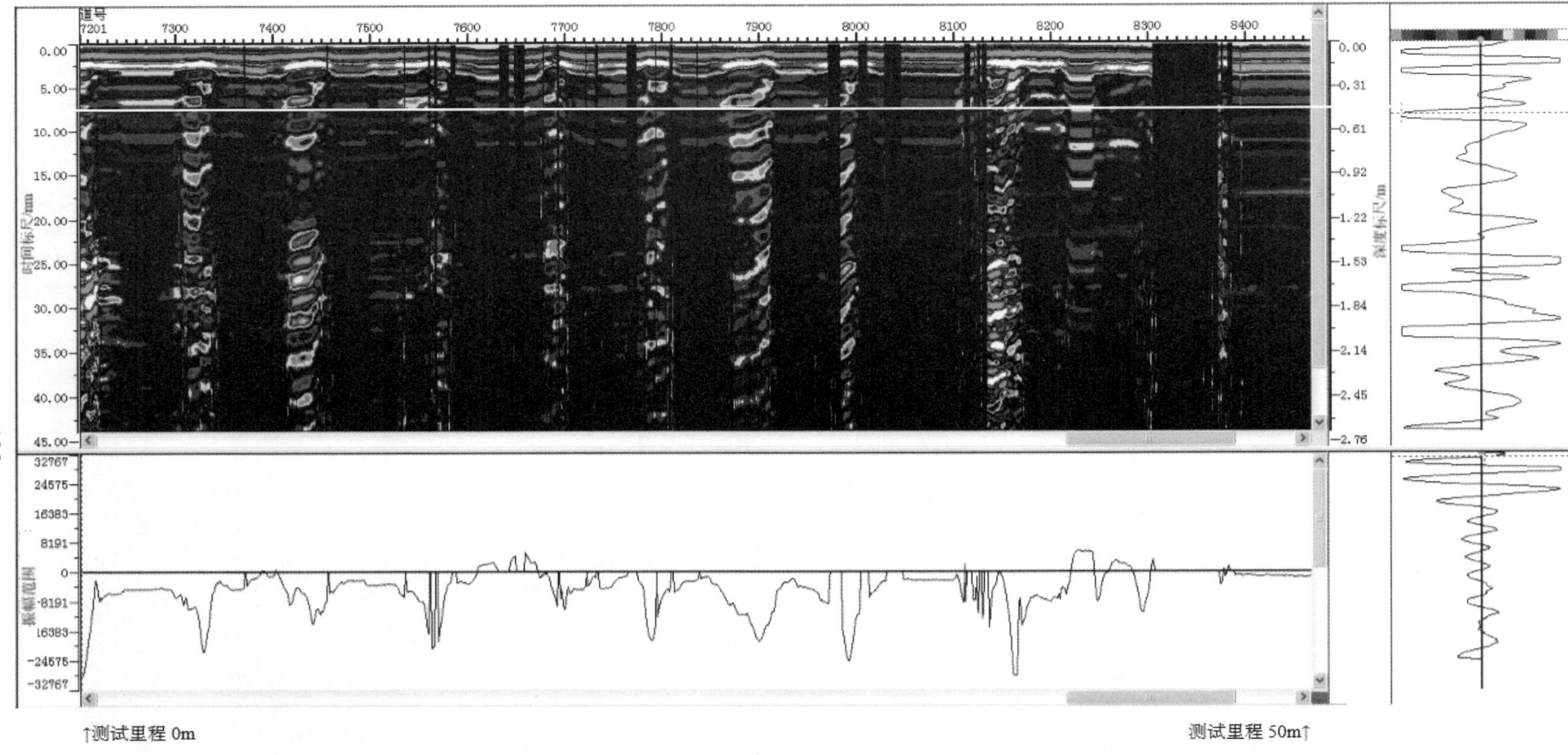

图 10.2（7） 暗斜井底板（轨道中心，起点+680 水平→0403 回风巷顺槽水平）雷达测试结果（40 道/m，500MHz 天线）

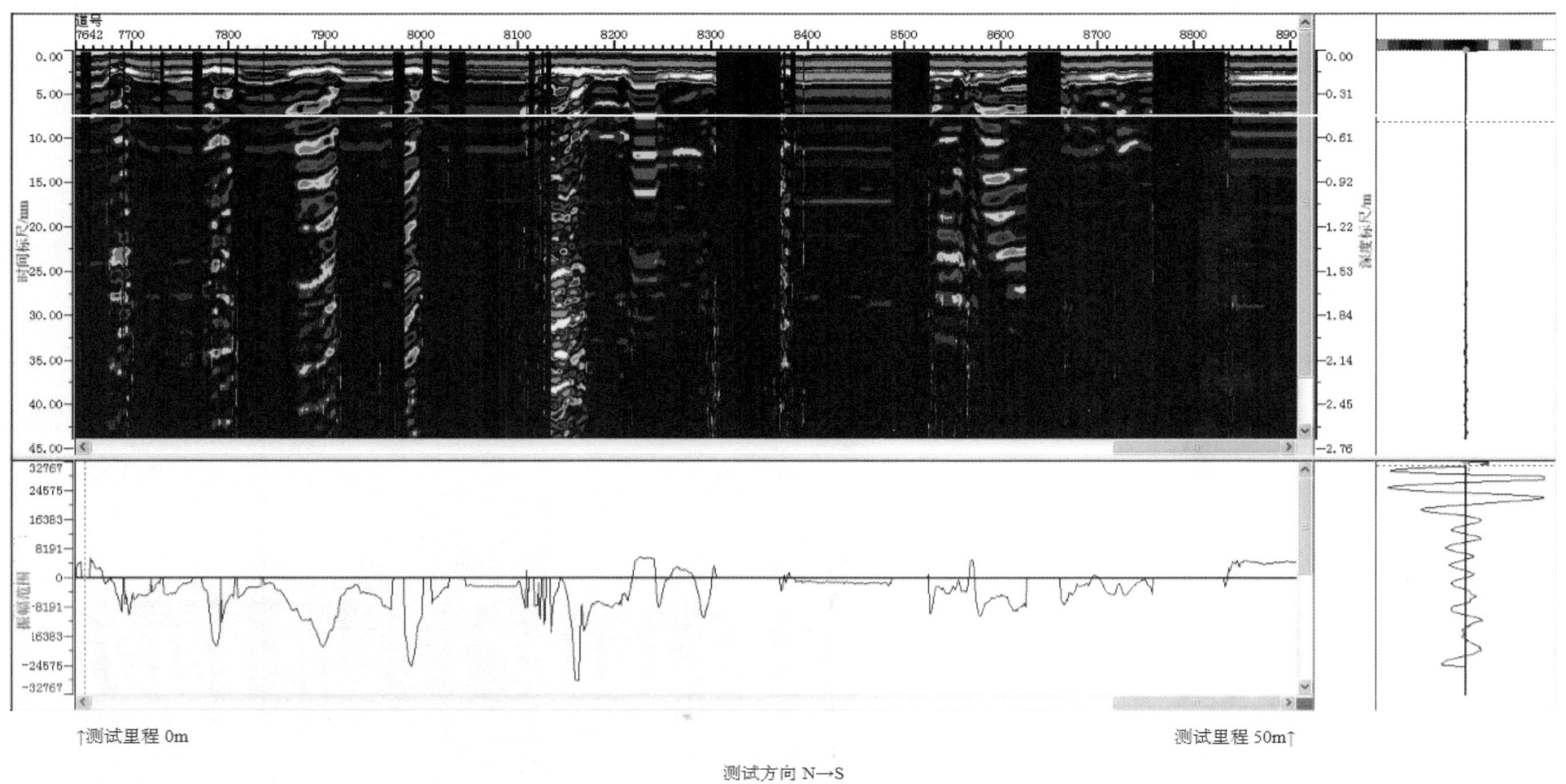

图 10.2（8）　暗斜井底板（轨道中心，起点+680 水平→0403 回风巷顺槽水平）雷达测试结果（40 道/m，500MHz 天线）

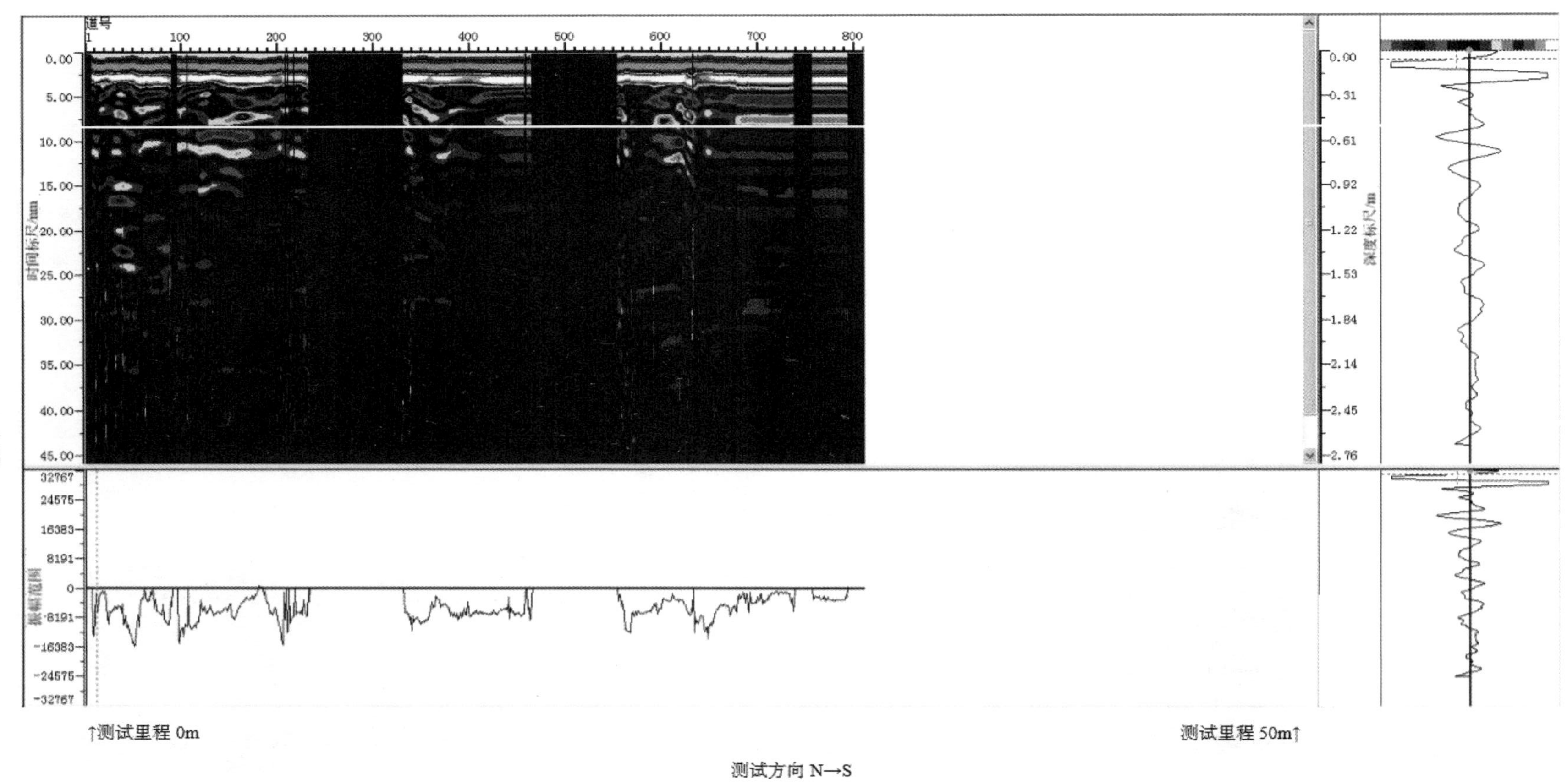

图 10.2（9） 暗斜井底板（轨道中心，起点+680 水平→0403 回风巷顺槽水平）雷达测试结果（40 道/m，500MHz 天线）

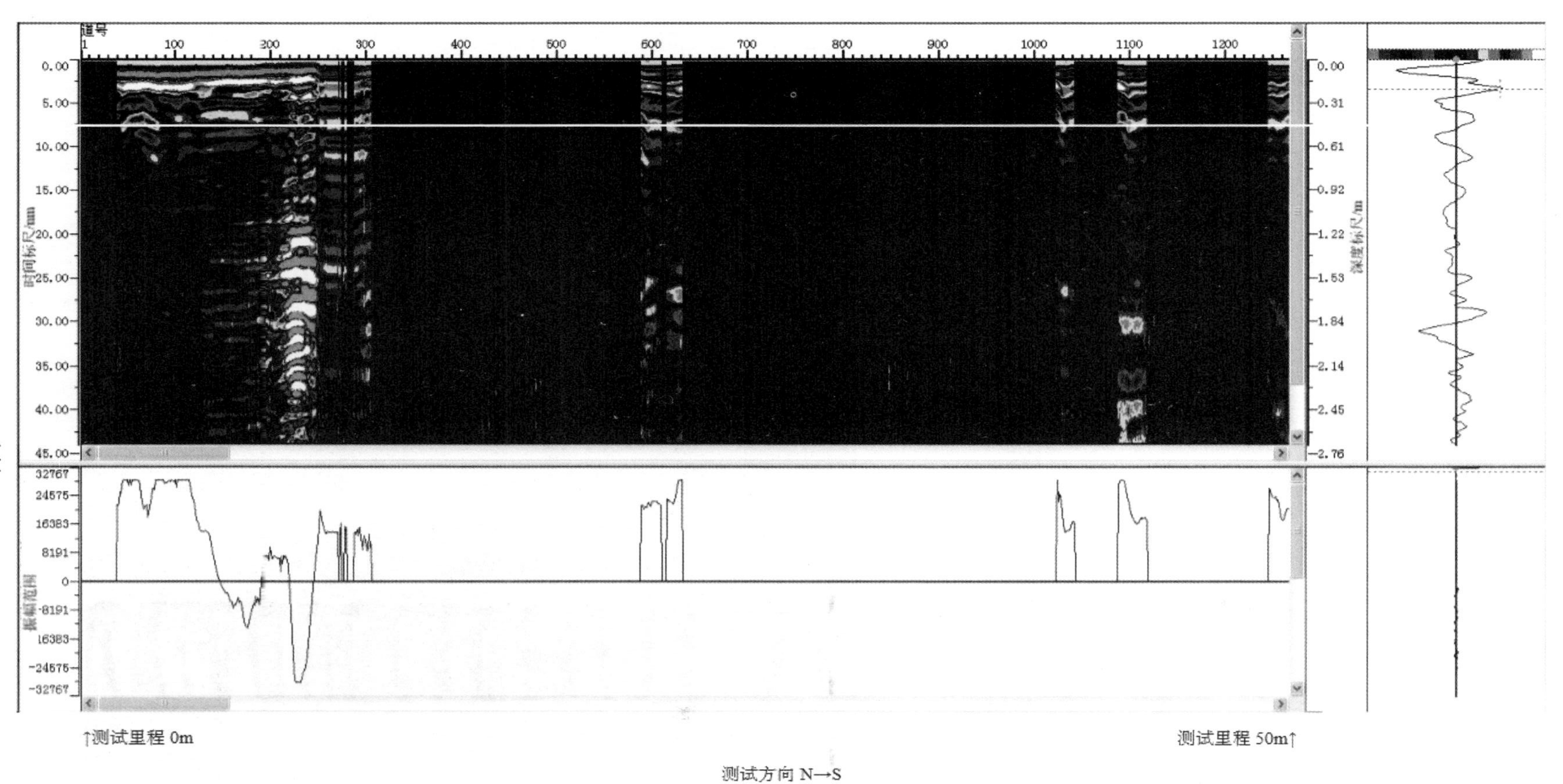

图 10.2（10）　暗斜井底板（轨道中心，起点+680 水平→0403 回风巷顺槽水平）雷达测试结果（40 道/m，500MHz 天线）

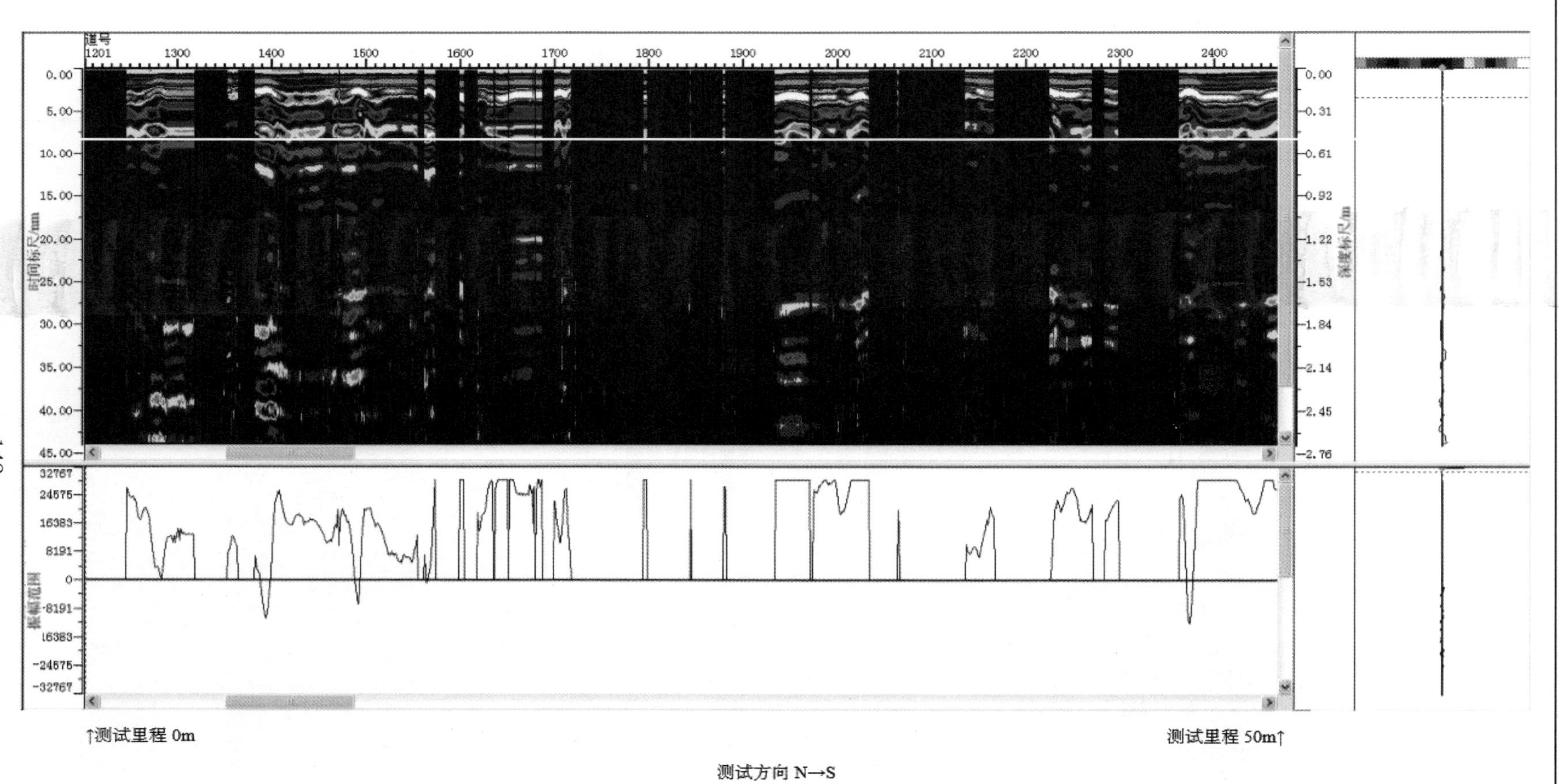

图 10.2（11） 暗斜井底板（轨道中心，起点+680 水平→0403 回风巷顺槽水平）雷达测试结果（40 道/m，500MHz 天线）

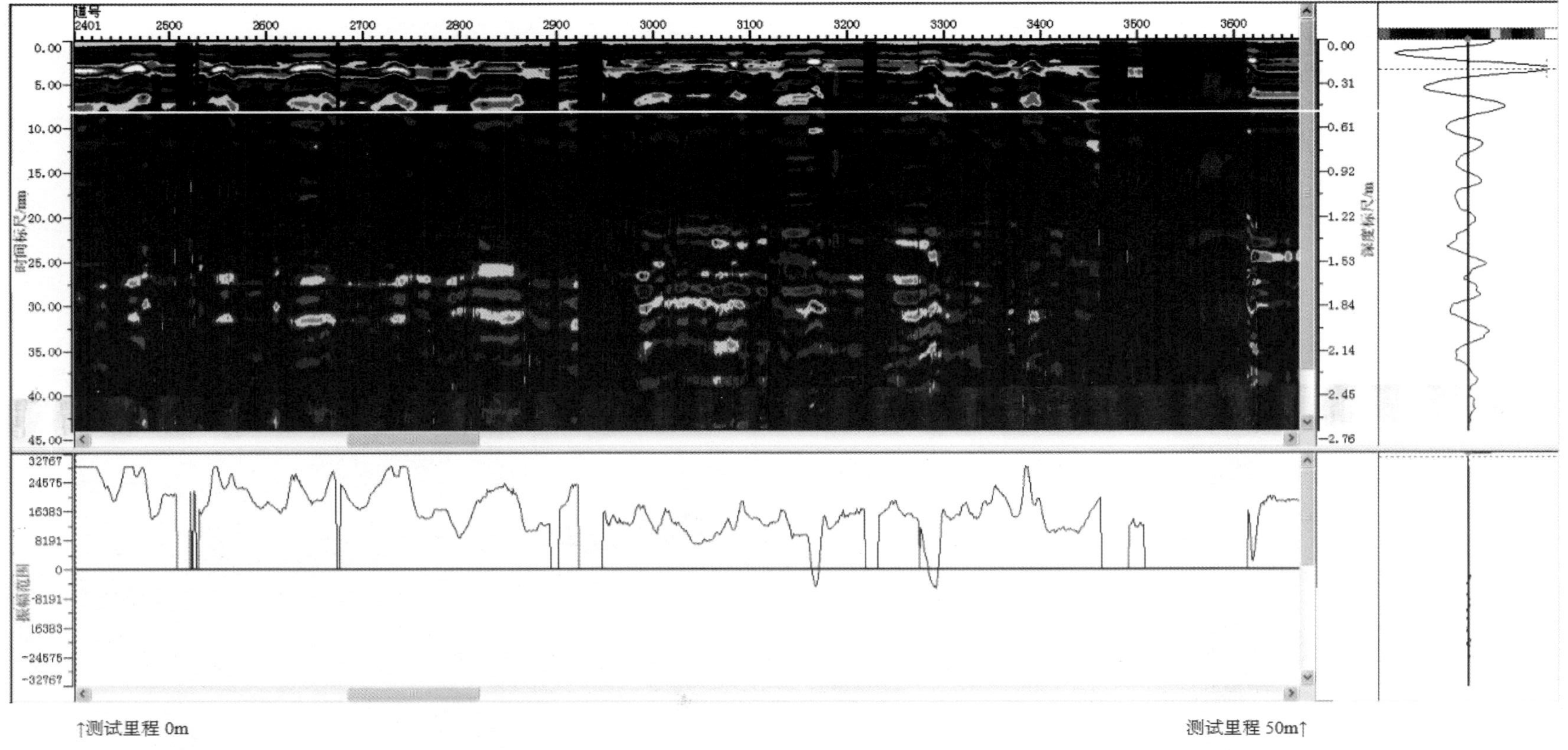

↑测试里程 0m

测试里程 50m↑

测试方向 N→S

底板围岩松动圈 35cm

图 10.2（12）　暗斜井底板（轨道中心，起点+680 水平→0403 回风巷顺槽水平）雷达测试结果（40 道/m，500MHz 天线）

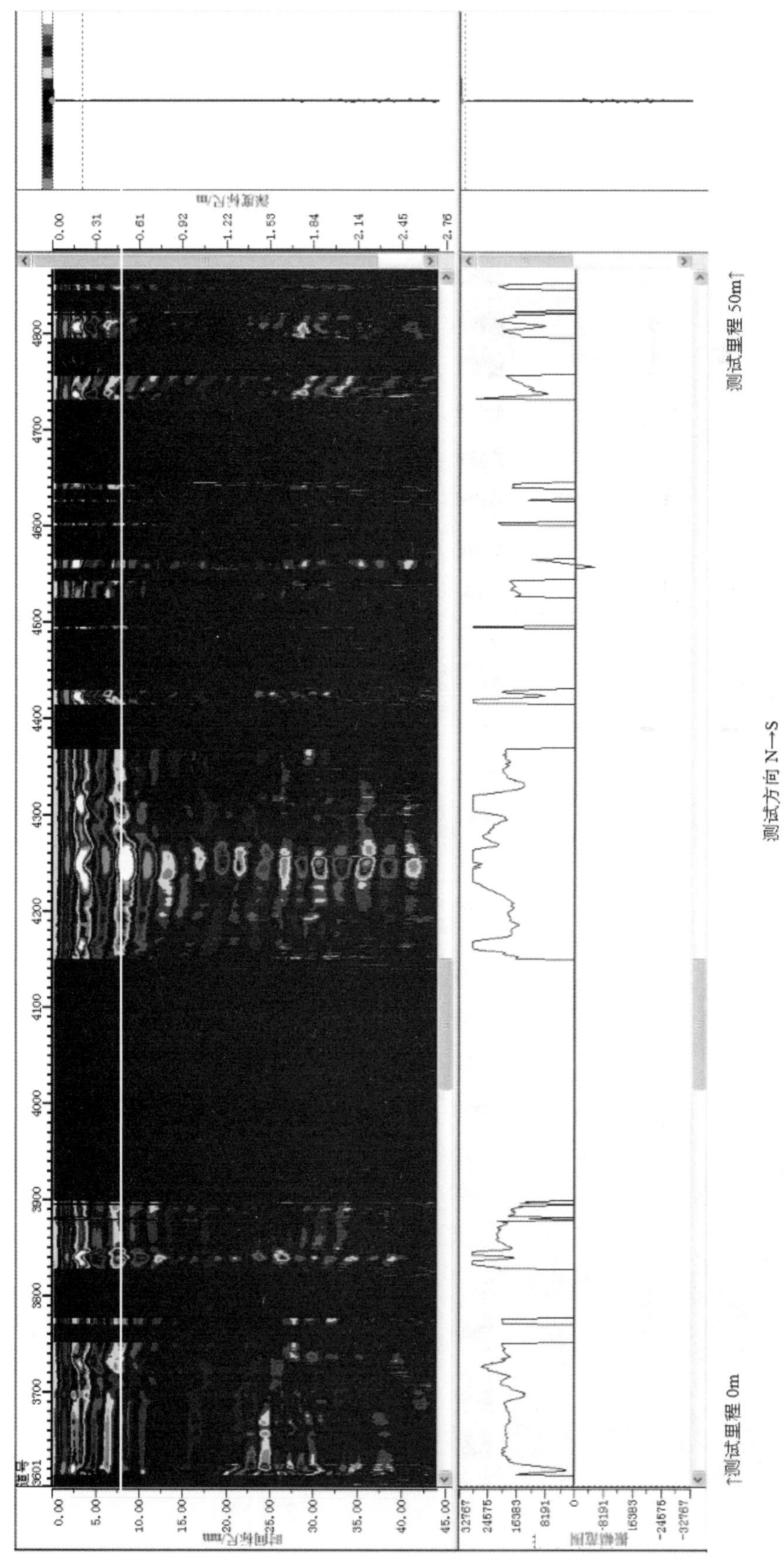

图 10.2（13） 暗斜井底板（轨道中心，起点+680 水平→0403 回风巷顺槽水平）雷达测试结果（40 道/m，500MHz 天线）

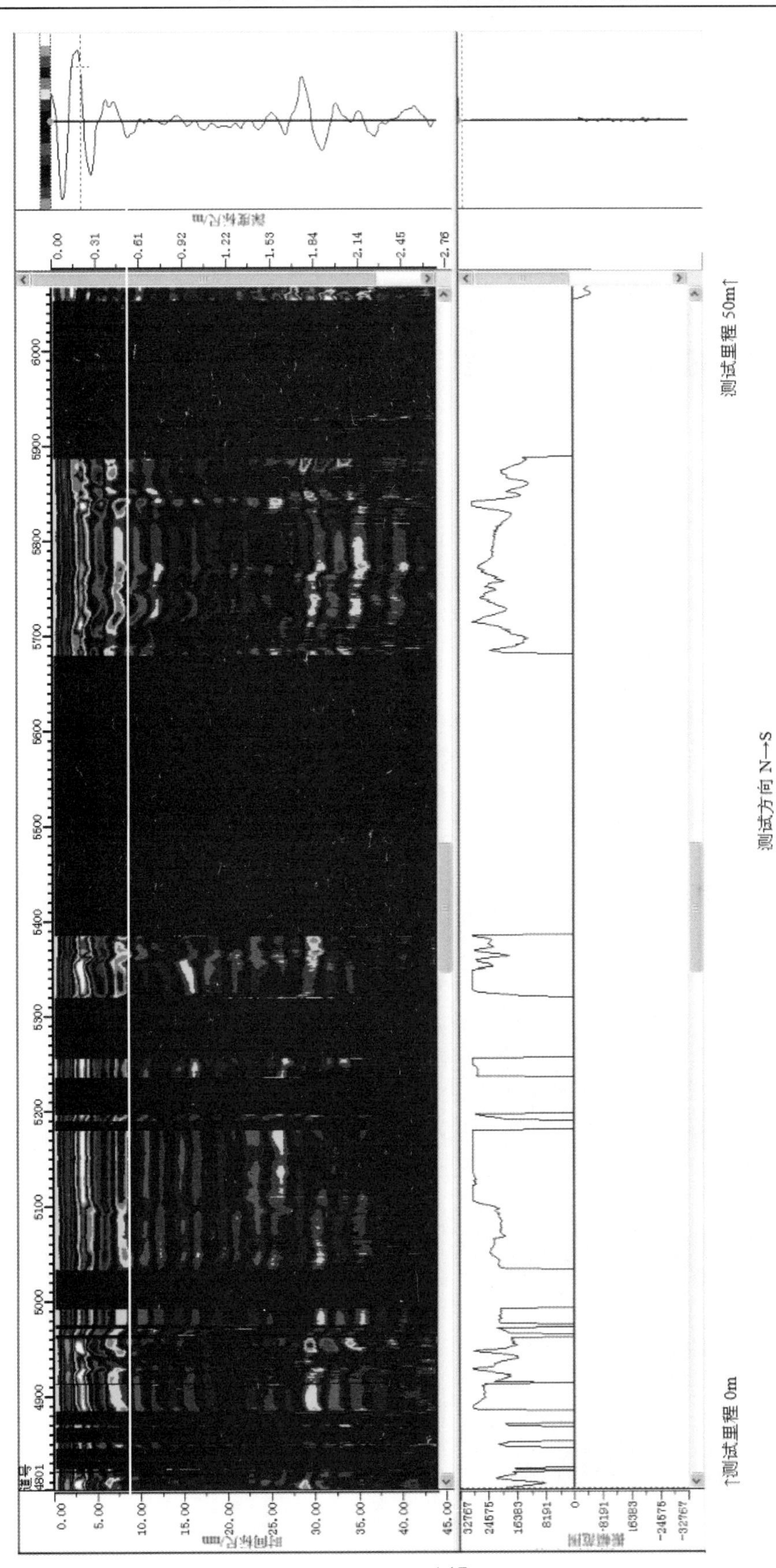

图 10.2（14）　暗斜井底板（轨道中心，起点+680 水平→0403 回风巷顺槽水平）雷达测试结果（40 道/m，500M Hz 天线）

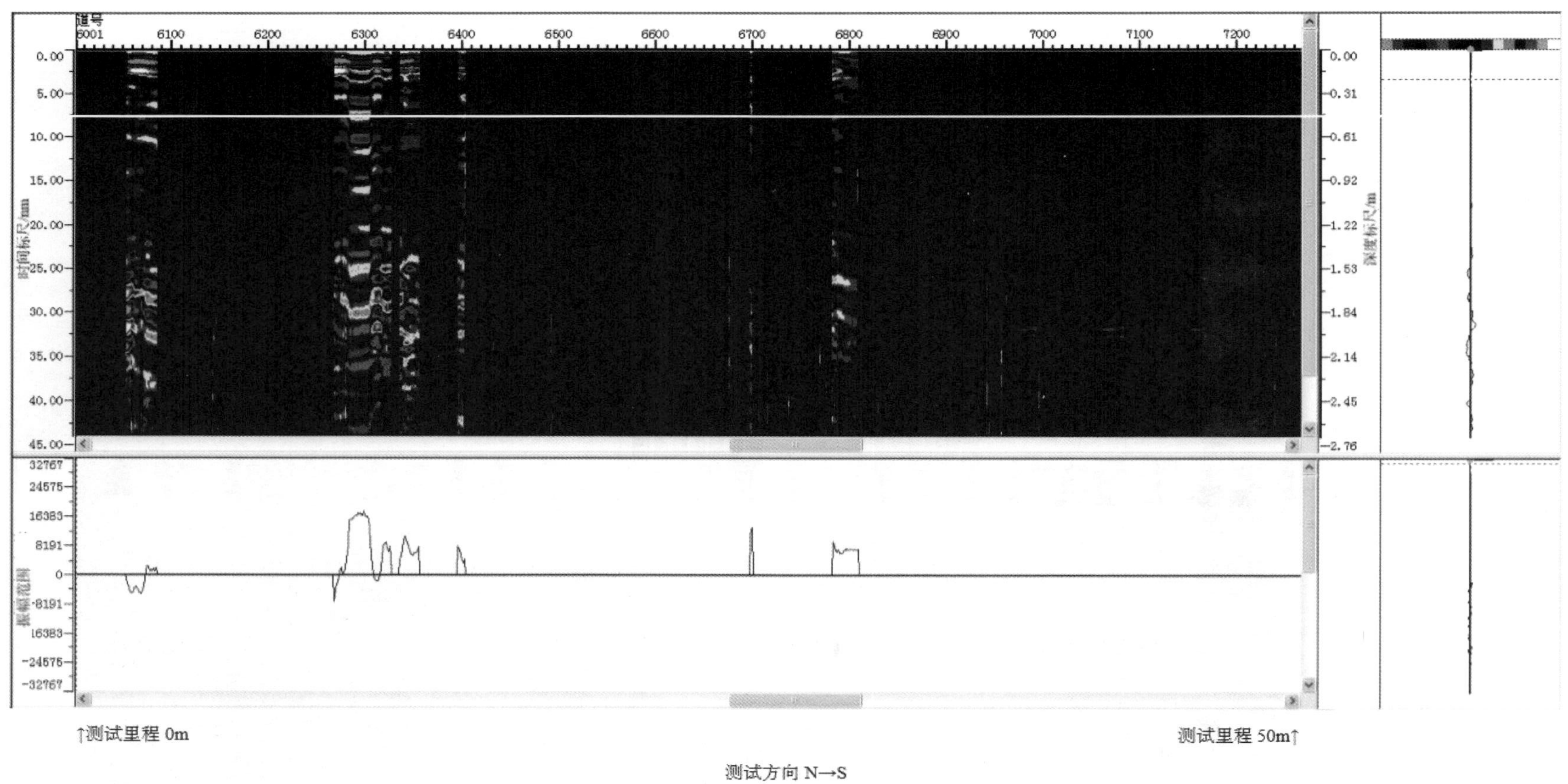

图 10.2（15） 暗斜井底板（轨道中心，起点+680 水平→0403 回风巷顺槽水平）雷达测试结果（40 道/m，500MHz 天线）

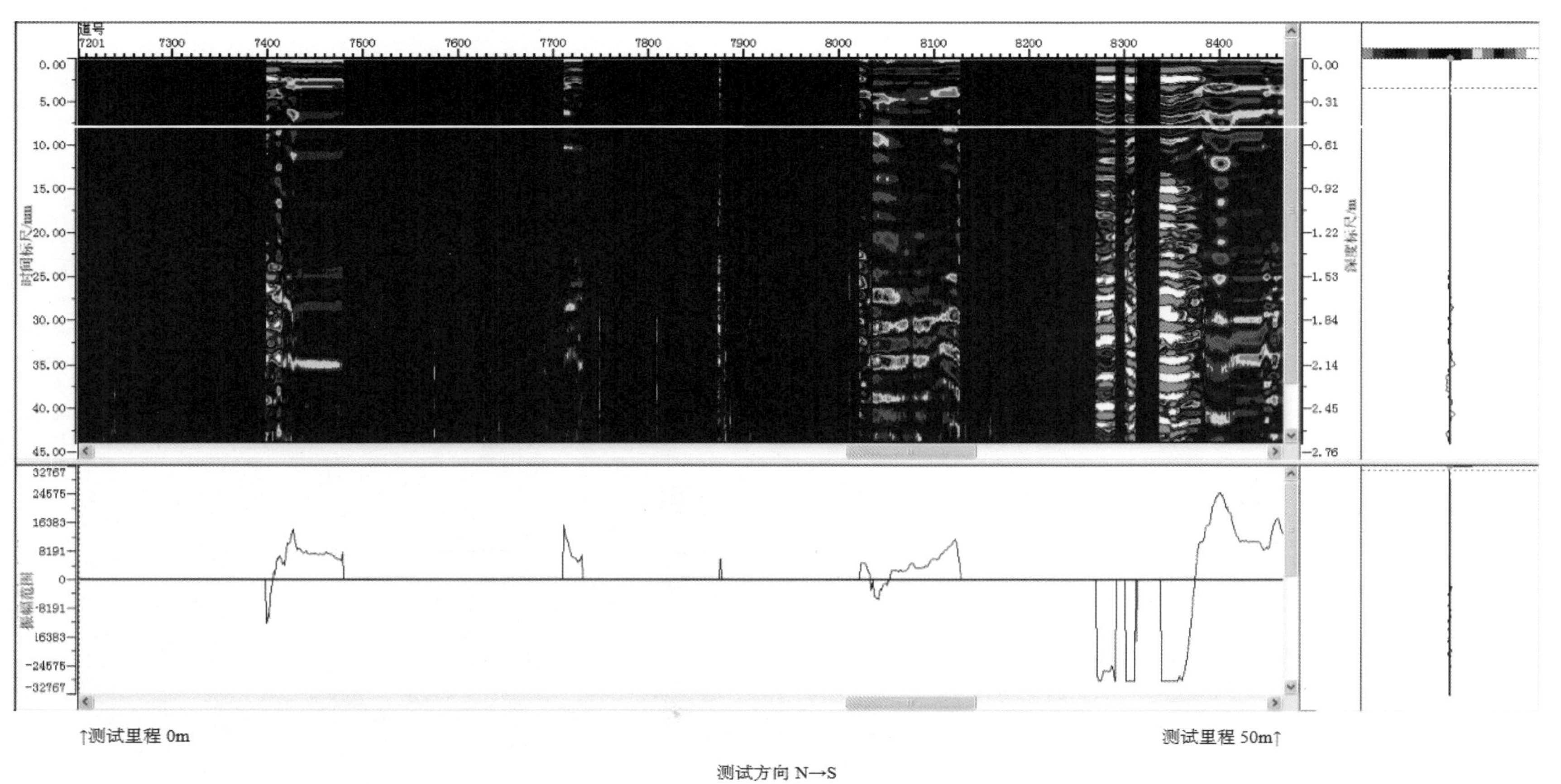

测试方向 N→S

底板围岩松动圈 35cm

图 10.2（16）　暗斜井底板（轨道中心，起点+680 水平→0403 回风巷顺槽水平）雷达测试结果（40 道/m，500MHz 天线）

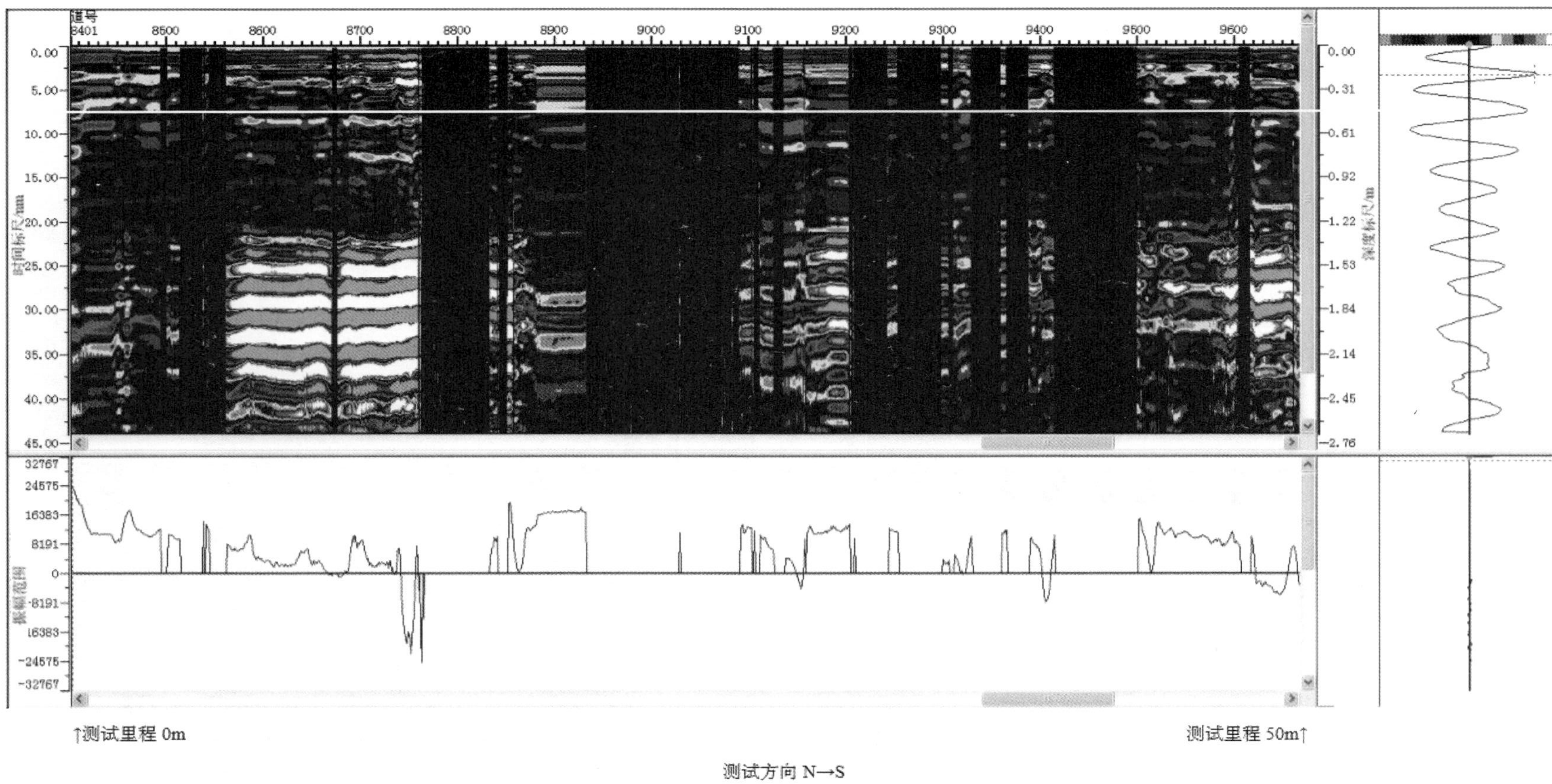

图 10.2（17） 暗斜井底板（轨道中心，起点+680 水平→0403 回风巷顺槽水平）雷达测试结果（40 道/m，500MHz 天线）

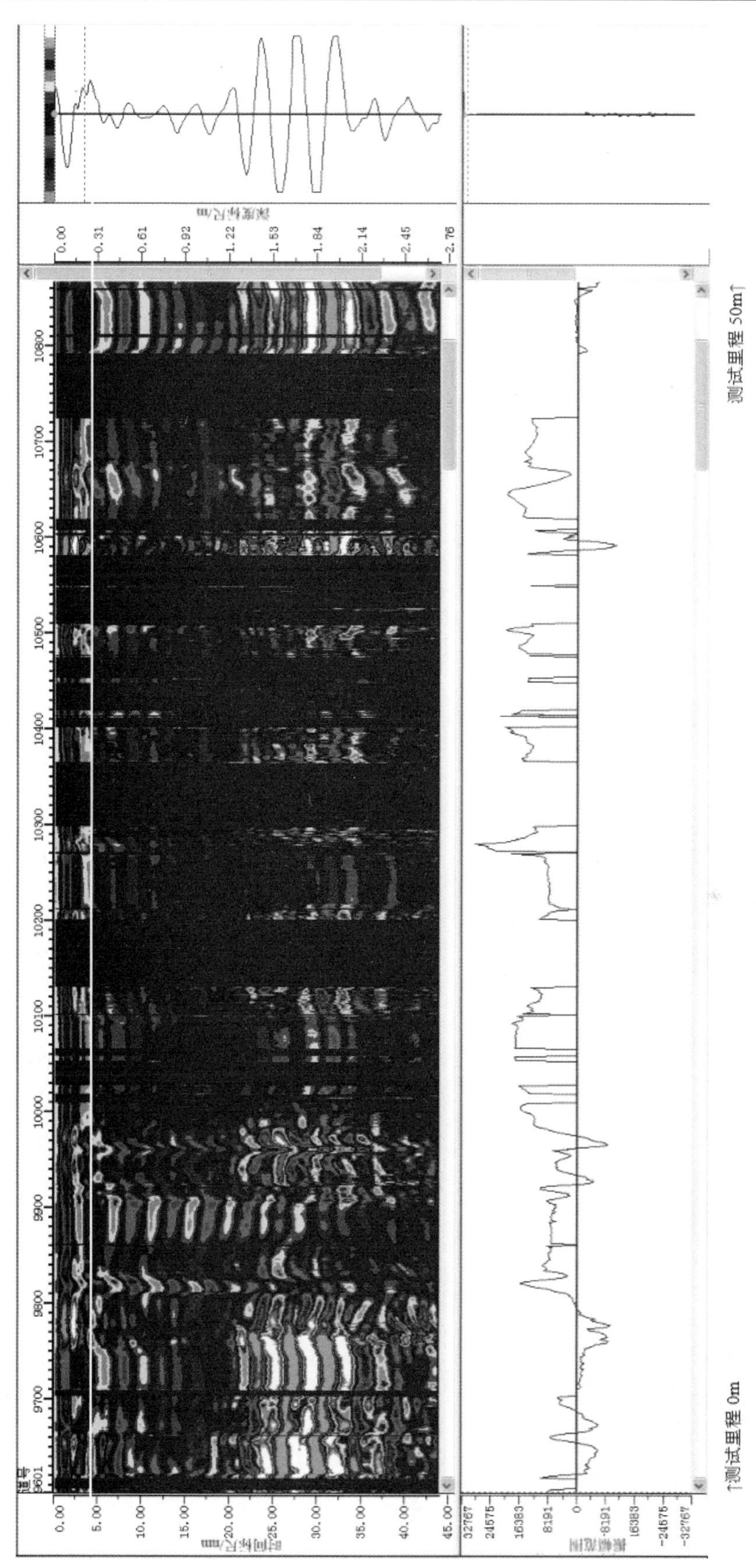

↑测试里程 0m

测试里程 50m↑

测试方向 N→S

底板围岩松动圈 35cm

图 10.2（18）　暗斜井底板（轨道中心，起点+680 水平→0403 回风巷顺槽水平）雷达测试结果（40 道/m，500MHz 天线）

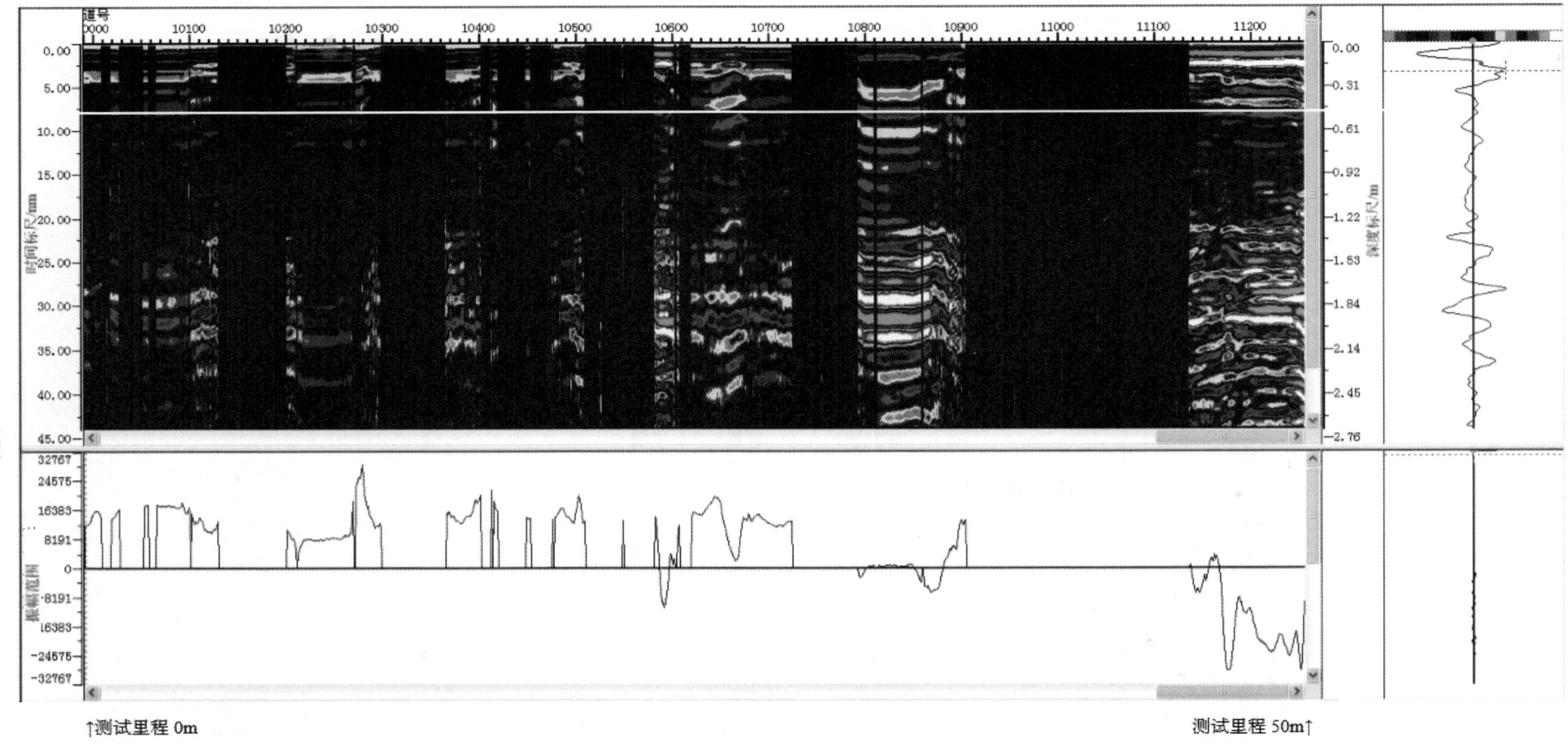

图 10.2（19） 暗斜井底板（轨道中心，起点+680 水平→0403 回风巷顺槽水平）雷达测试结果（40 道/m，500MHz 天线）

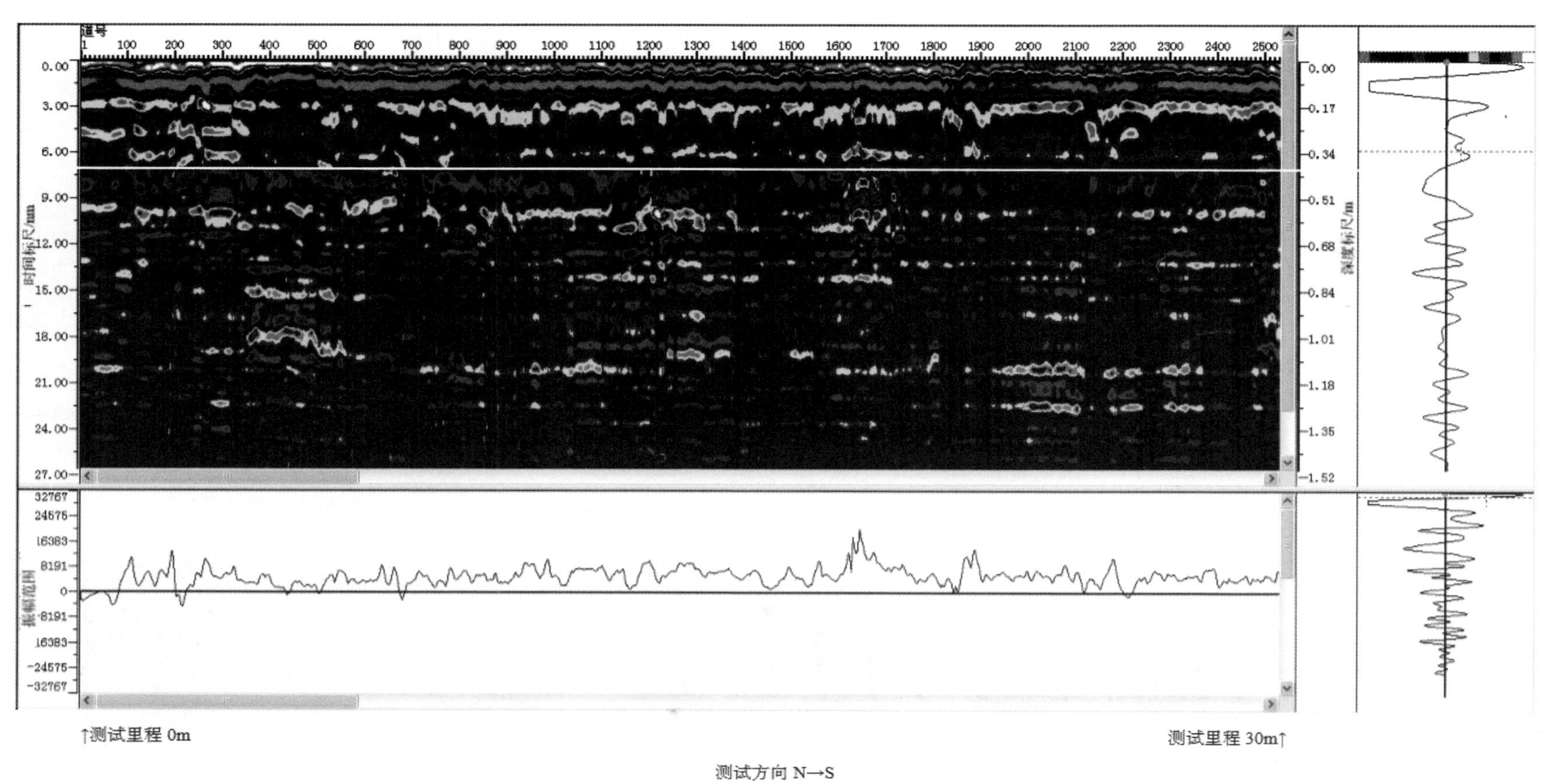

图 10.3（1）　暗斜井边墙（E 侧，起点+680 水平→0403 回风巷顺槽水平）雷达测试结果（80 道/m，900MHz 天线）

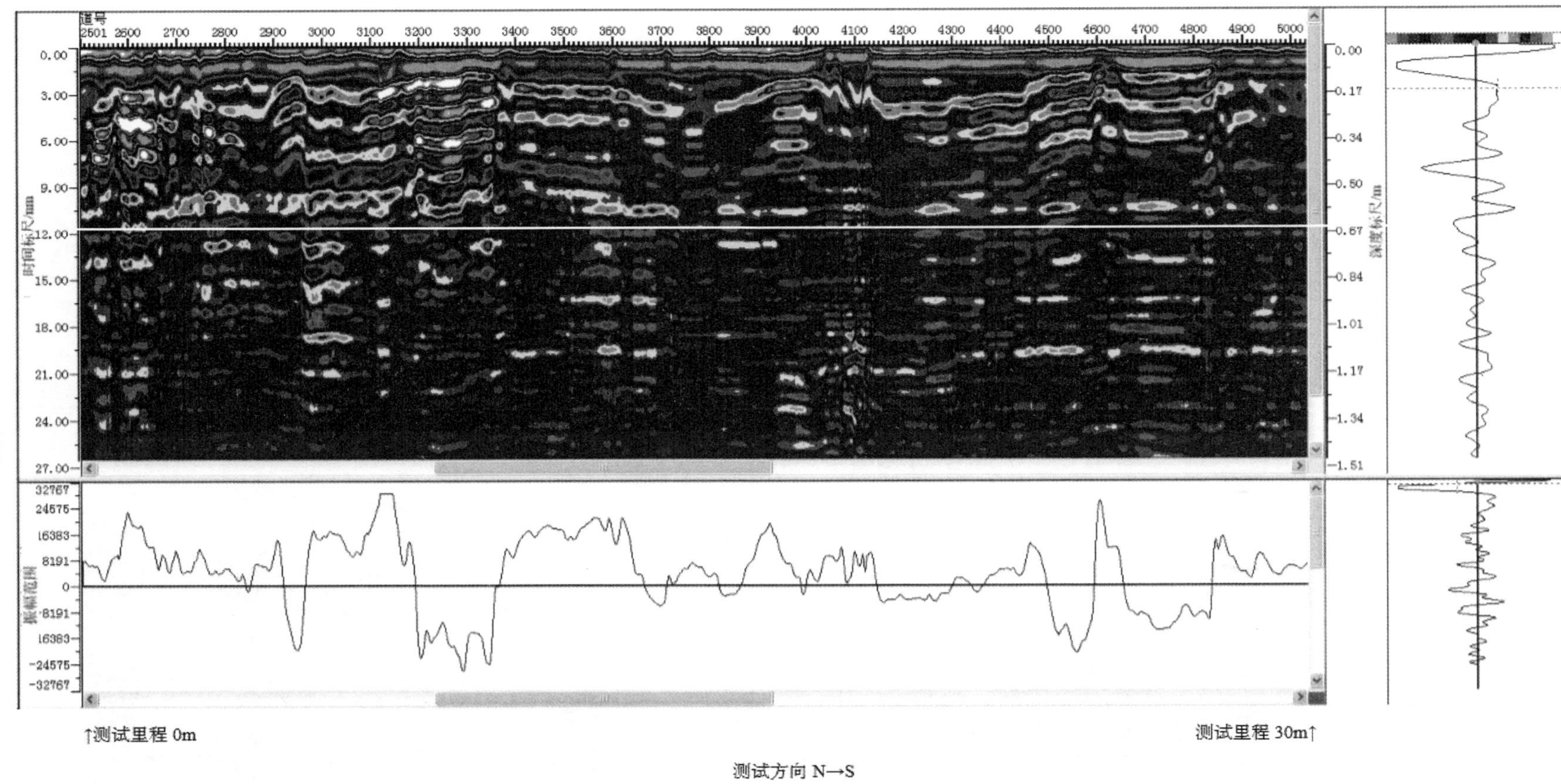

图 10.3（2） 暗斜井边墙（E 侧，起点+680 水平→0403 回风巷顺槽水平）雷达测试结果（80 道/m，900MHz 天线）

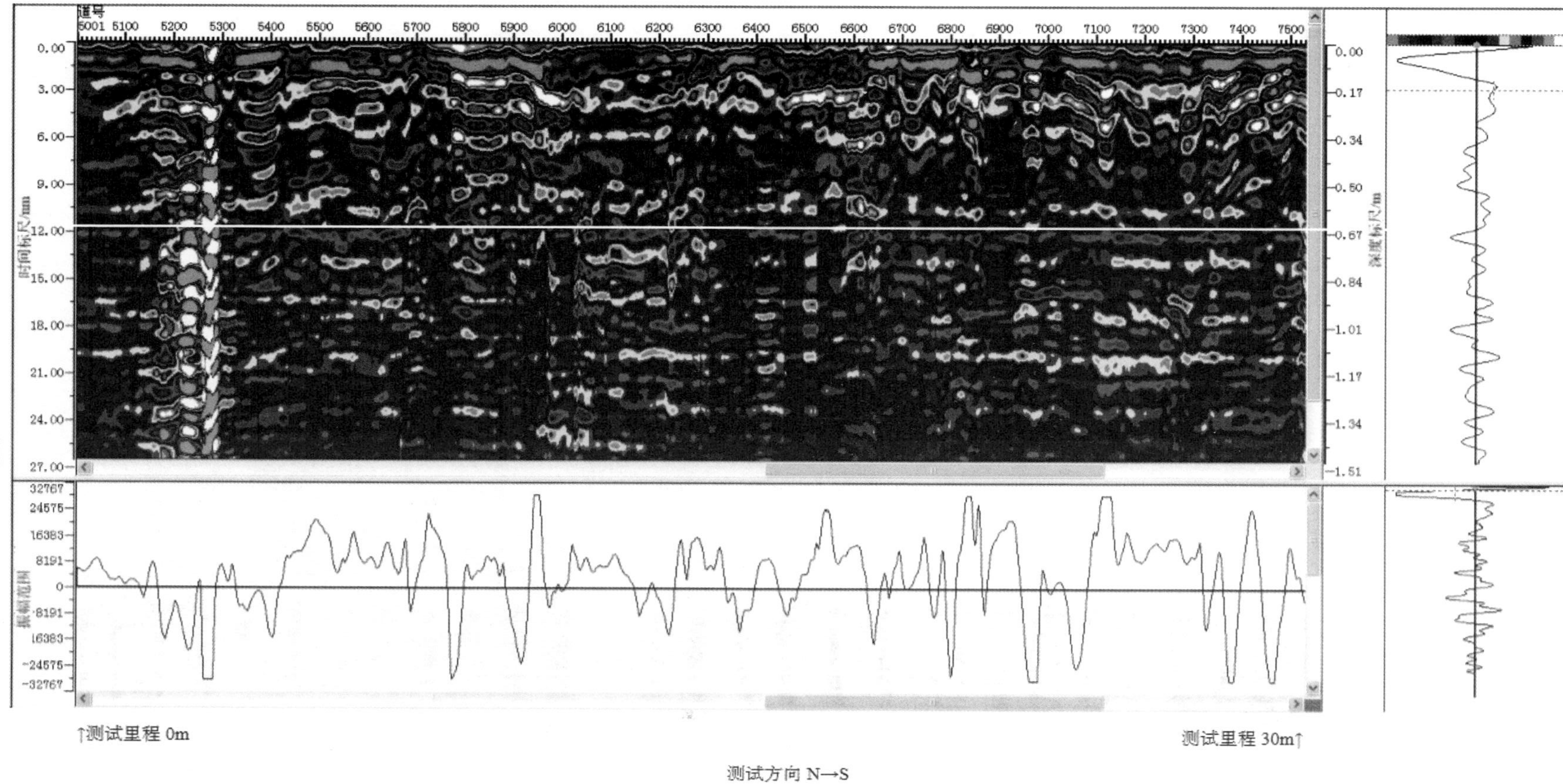

图 10.3（3）　暗斜井边墙（E 侧，起点+680 水平→0403 回风巷顺槽水平）雷达测试结果（80 道/m，900MHz 天线）

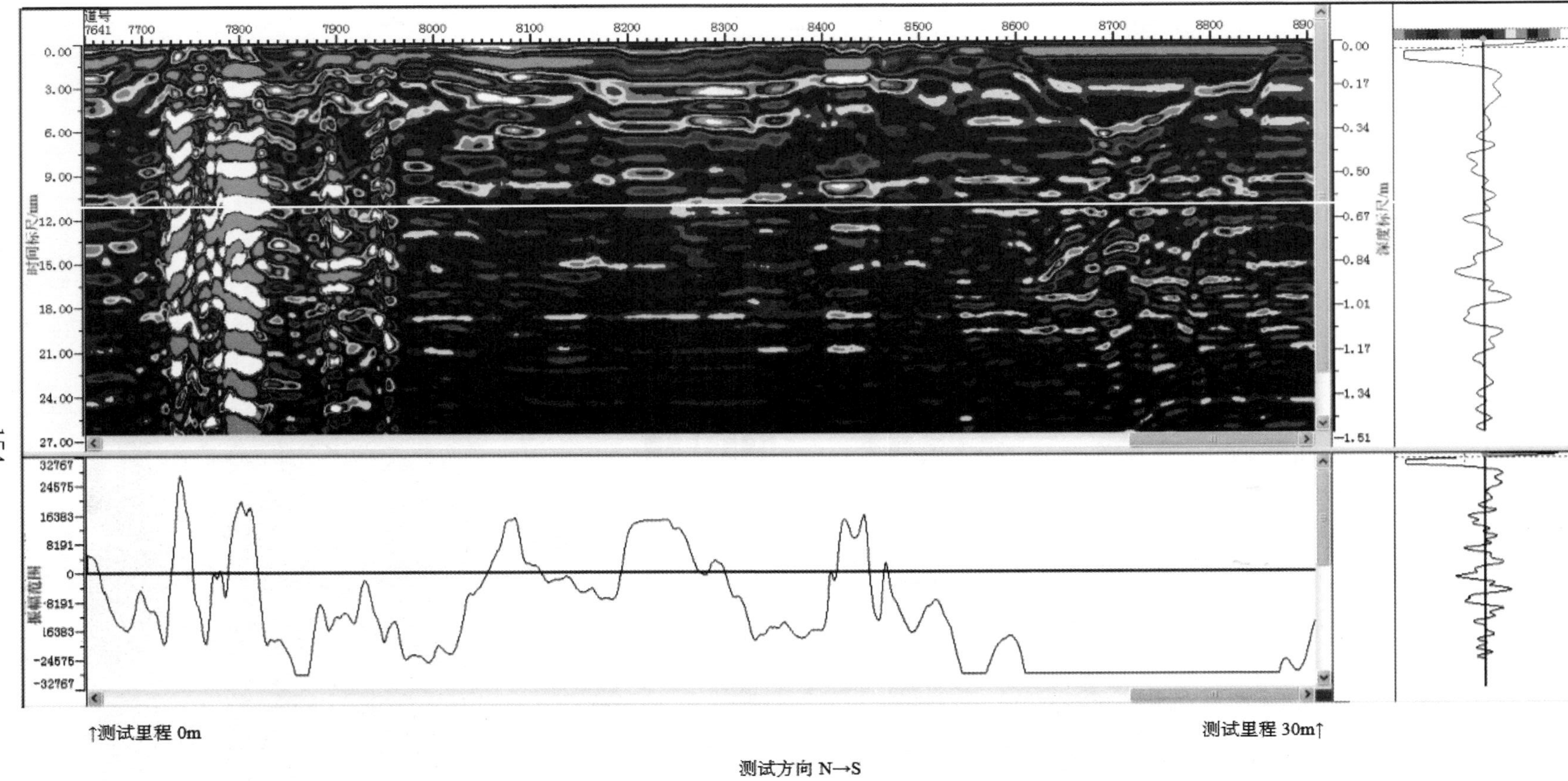

图 10.3（4） 暗斜井边墙（E 侧，起点+680 水平→0403 回风巷顺槽水平）雷达测试结果（80 道/m，900MHz 天线）

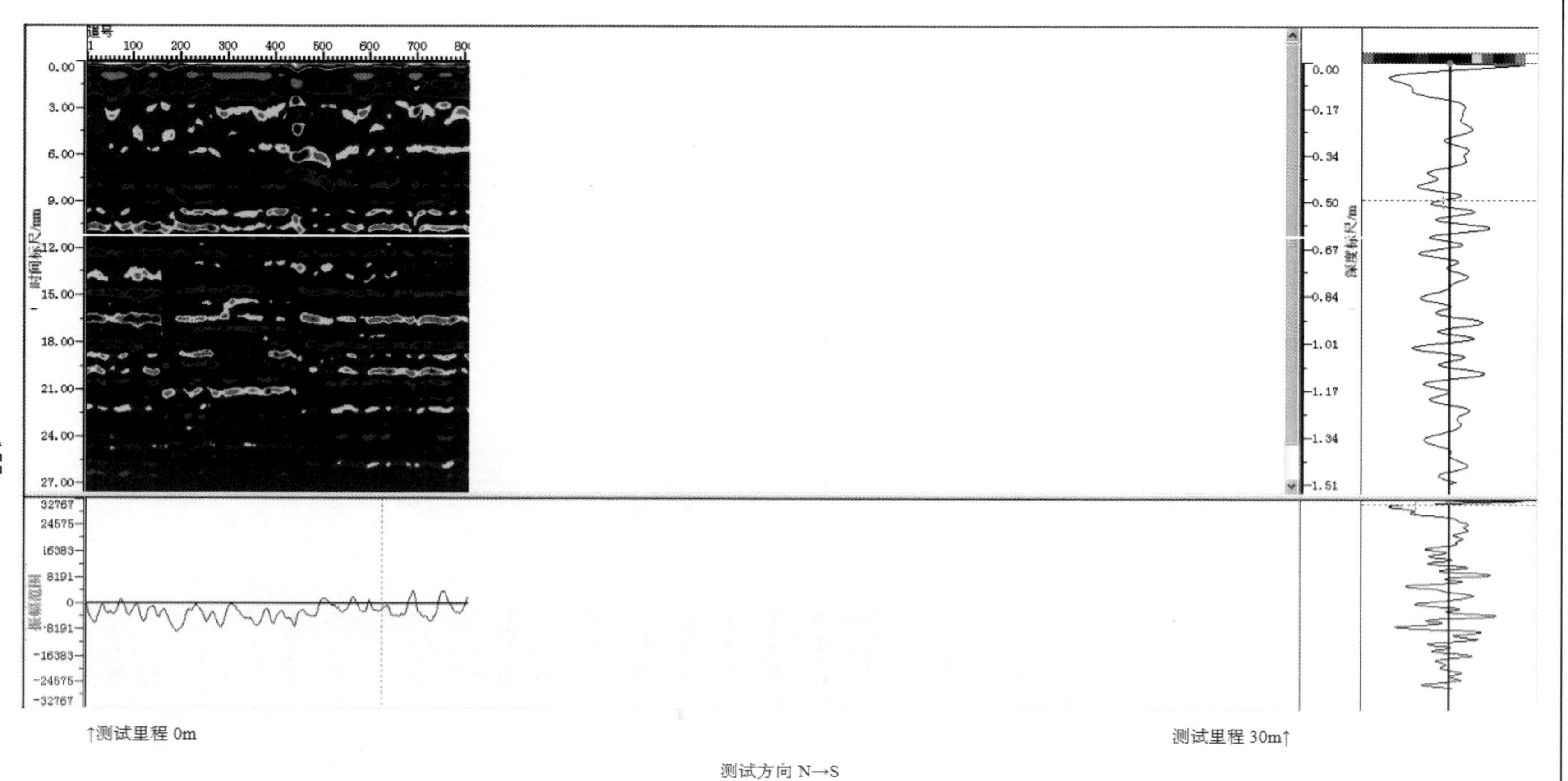

图 10.3（5）　暗斜井边墙（E 侧，起点+680 水平→0403 回风巷顺槽水平）雷达测试结果（80 道/m，900MHz 天线）

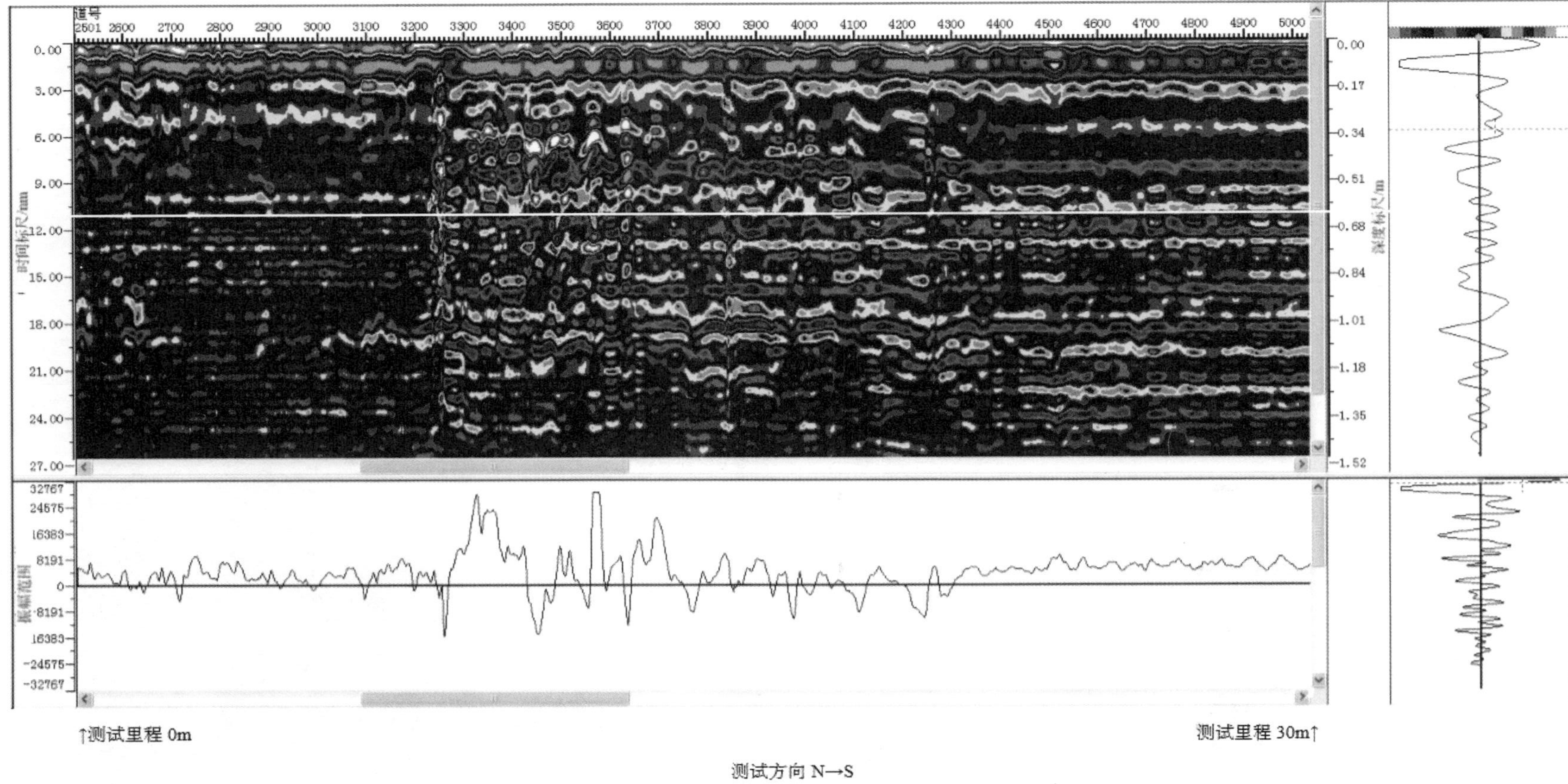

图 10.3（6） 暗斜井边墙（E 侧，起点+680 水平→0403 回风巷顺槽水平）雷达测试结果（80 道/m，900MHz 天线）

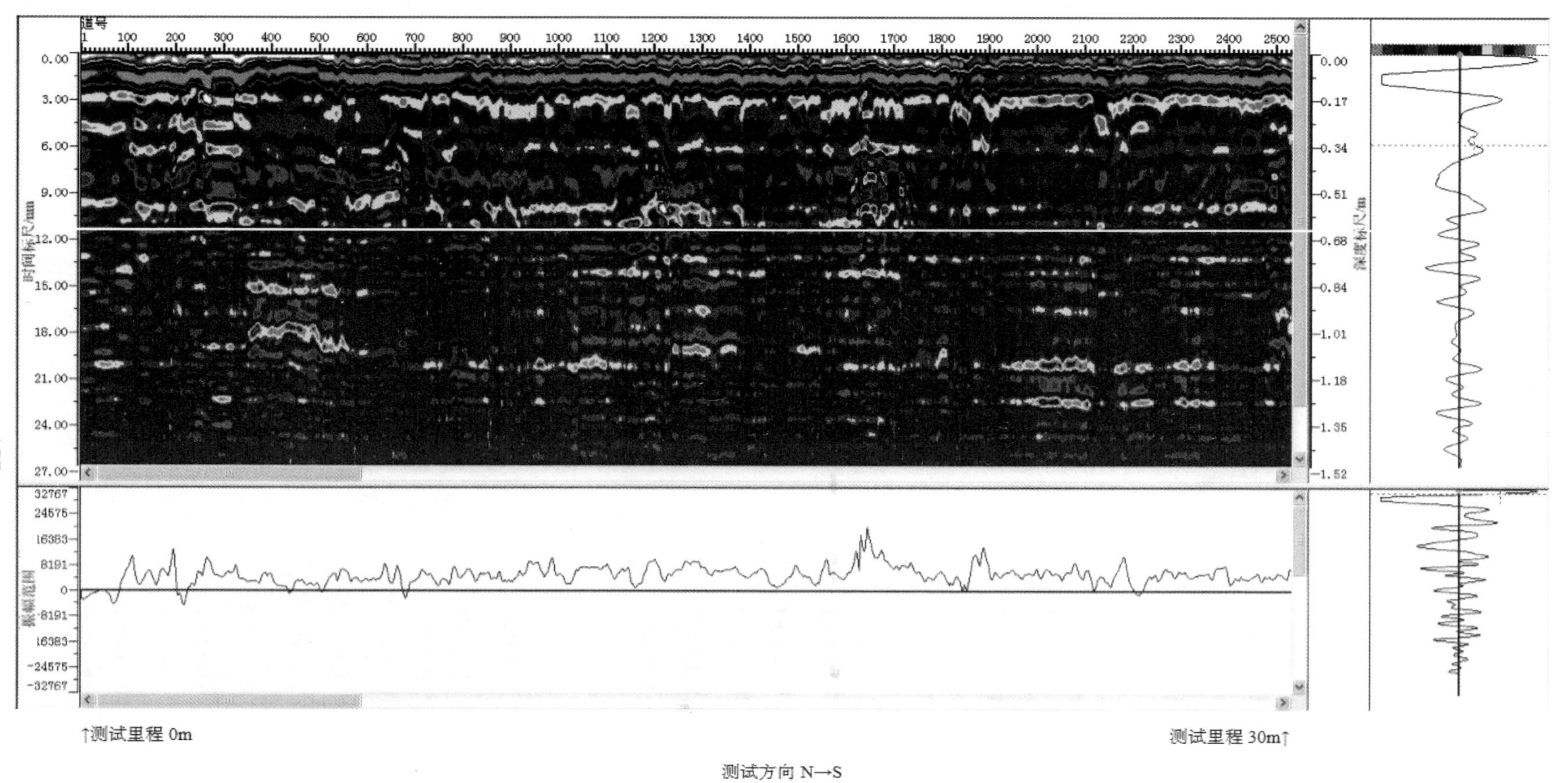

图 10.3（7）　暗斜井边墙（E 侧，起点+680 水平→0403 回风巷顺槽水平）雷达测试结果（80 道/m，900MHz 天线）

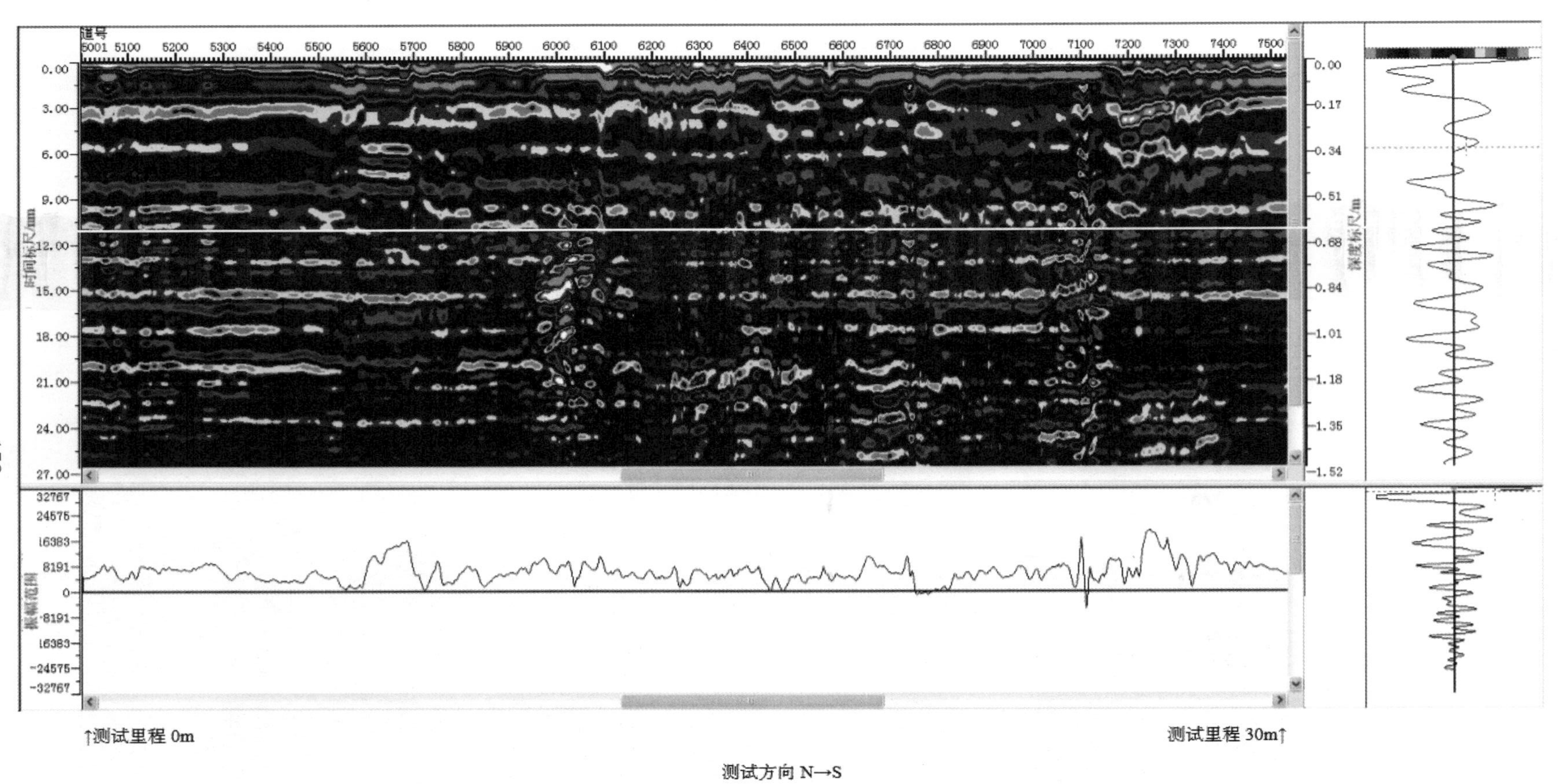

图 10.3（8） 暗斜井边墙（E 侧，起点+680 水平→0403 回风巷顺槽水平）雷达测试结果（80 道/m，900MHz 天线）

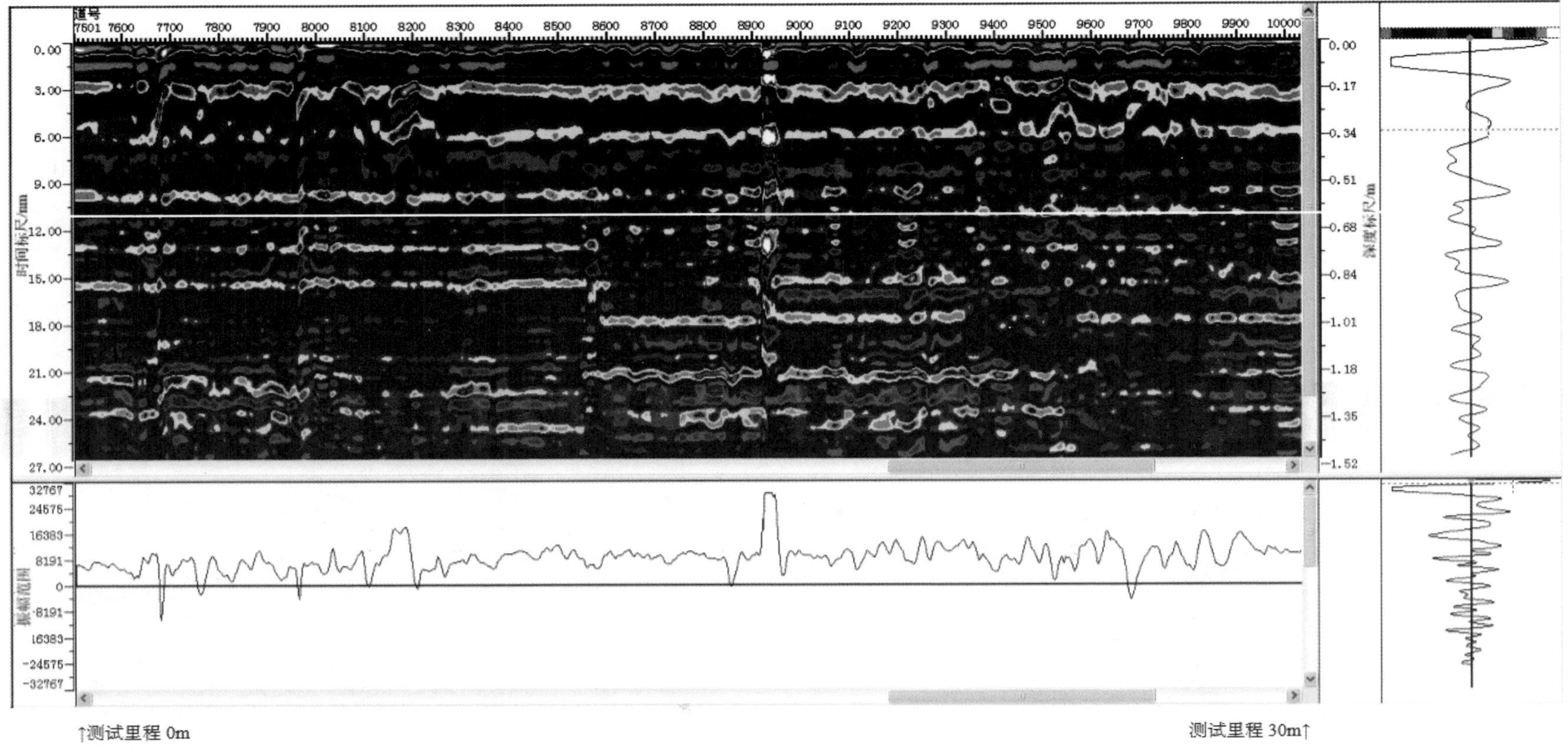

图 10.3（9）　暗斜井边墙（E 侧，起点+680 水平→0403 回风巷顺槽水平）雷达测试结果（80 道/m，900MHz 天线）

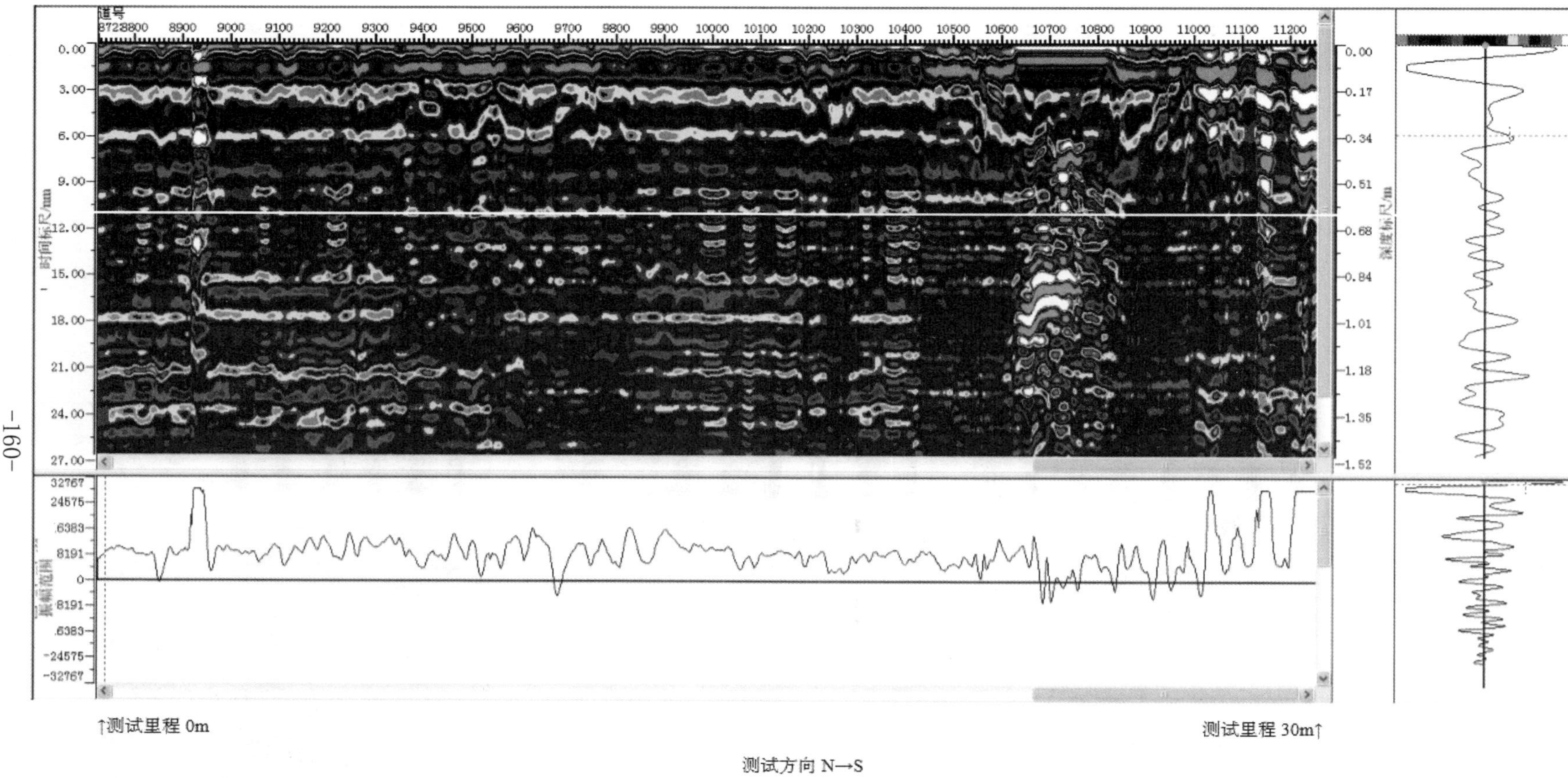

↑测试里程 0m

测试里程 30m↑

测试方向 N→S

底板围岩松动圈 55cm

图 10.3（10） 暗斜井边墙（E 侧，起点+680 水平→0403 回风巷顺槽水平）雷达测试结果（80 道/m，900MHz 天线）

第 11 章　0403 回风、运输巷道松动破坏探测解译

11.1　0403 回风、运输巷道变形破坏

0403 回风巷和运输巷现场情况见照片 11.1 至照片 11.5。

照片 11.1　0403 回风巷支护（爆破掘进）

照片 11.2　0403 综采工作面与液压支架、运煤链板机

照片 11.3　0403 综采工作面与采煤机、液压支架

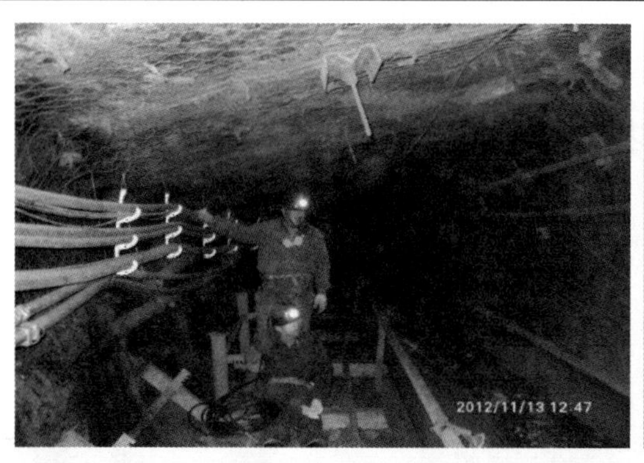

照片 11.4　0403 运输巷道独臂掘进机掘进支护（轨道+运煤胶带）

照片 11.5　0403 运输巷道独臂掘进机掘进支护（据监测顶板下沉 0.006～0.018mm）

11.2　0403 回风、运输巷松动破坏探测成果

利用探地雷达现场对 0403 回风巷和运输巷进行测试，0403 回风巷 900MHz 雷达测试结果如图 11.1（共计 1040m），0403 运输巷 500MHz 雷达测试结果如图 11.2（共计 105m）所示，白色横线即为围岩松动范围。0403 回风巷探测主要结论：0403 回风巷围岩松动范围在 25～45cm，个别地方有 60、150cm。0403 回风巷围松动圈大的地方引起巷道支护结构受力不均匀，出现金属网变形和顶板不均匀下沉，顶板开裂、掉块。0403 回风巷围岩整体稳定，局部破坏地段进行了刚性支架补强加固，保证了综采工作面的材料运输和通风安全。0403 回风巷道普通爆破掘进及锚网梁组合支护施工，使得 0403 回风巷围岩整体基本稳定，表明其结构参数设计基本合理。0404 运输巷主要探测结论：0403 运输巷围岩松动范围在 15～45cm，个别地方有 50、120cm。0403 运输巷围松动圈大的地方引起巷道支护结构受力不均匀，未出现金属网变形和顶板不均匀下沉，顶板、边帮基本整体。0403 运输巷围岩整体稳定，保证了综采工作面采煤、采掘机械运输和通风安全。0403 运输巷道采用独臂掘进头掘进及锚网梁组合支护施工，使得 0403 运输巷围岩整体稳定，表明其结构参数设计合理。综上所述，0403 运输巷围岩整体稳定，巷道普通爆破掘进及锚网梁组合支护施工工艺难于实现新奥法控制，表现为局部巷道围岩松动圈范围增大而引起金属网变形和顶板不均匀下沉，顶板、边帮不稳进行补强。采用独臂掘进头掘进及锚网梁组合支护施工新工艺新方法，使得 0403 运输巷围岩整体稳定，表明其巷道独臂掘进头掘进保护了围岩的整体性，有效地控制了松动发展，为及时支护创造了有利条件，巷道支护结构参数设计合理。

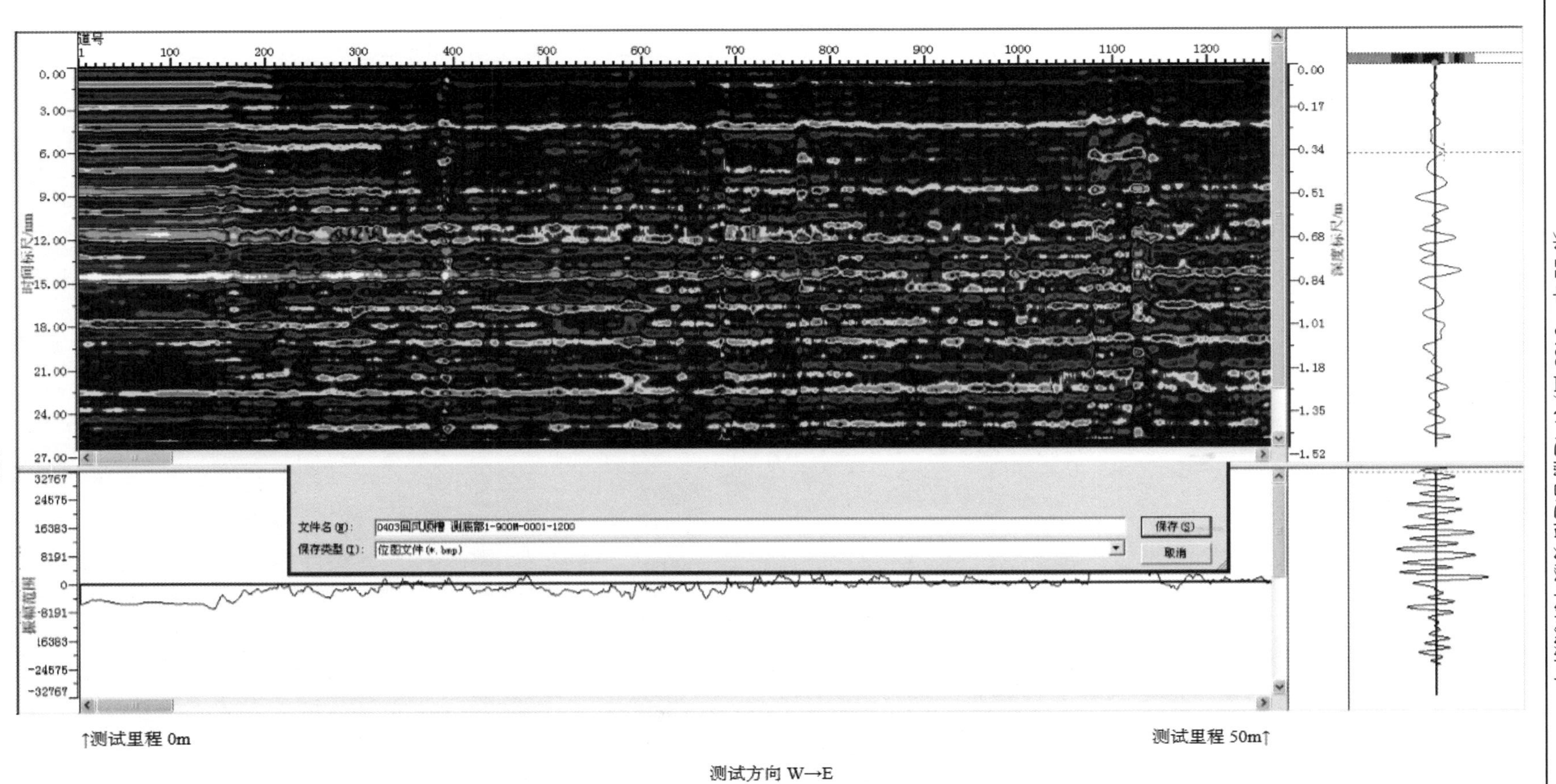

↑测试里程 0m

测试里程 50m↑

测试方向 W→E

底板围岩松动圈 25～35cm

图 11.1（1）　0403 回风巷底板（S 侧，起点回风顺槽尾端→采煤工作面开切眼）雷达测试结果（30 道/m，900MHz 天线）

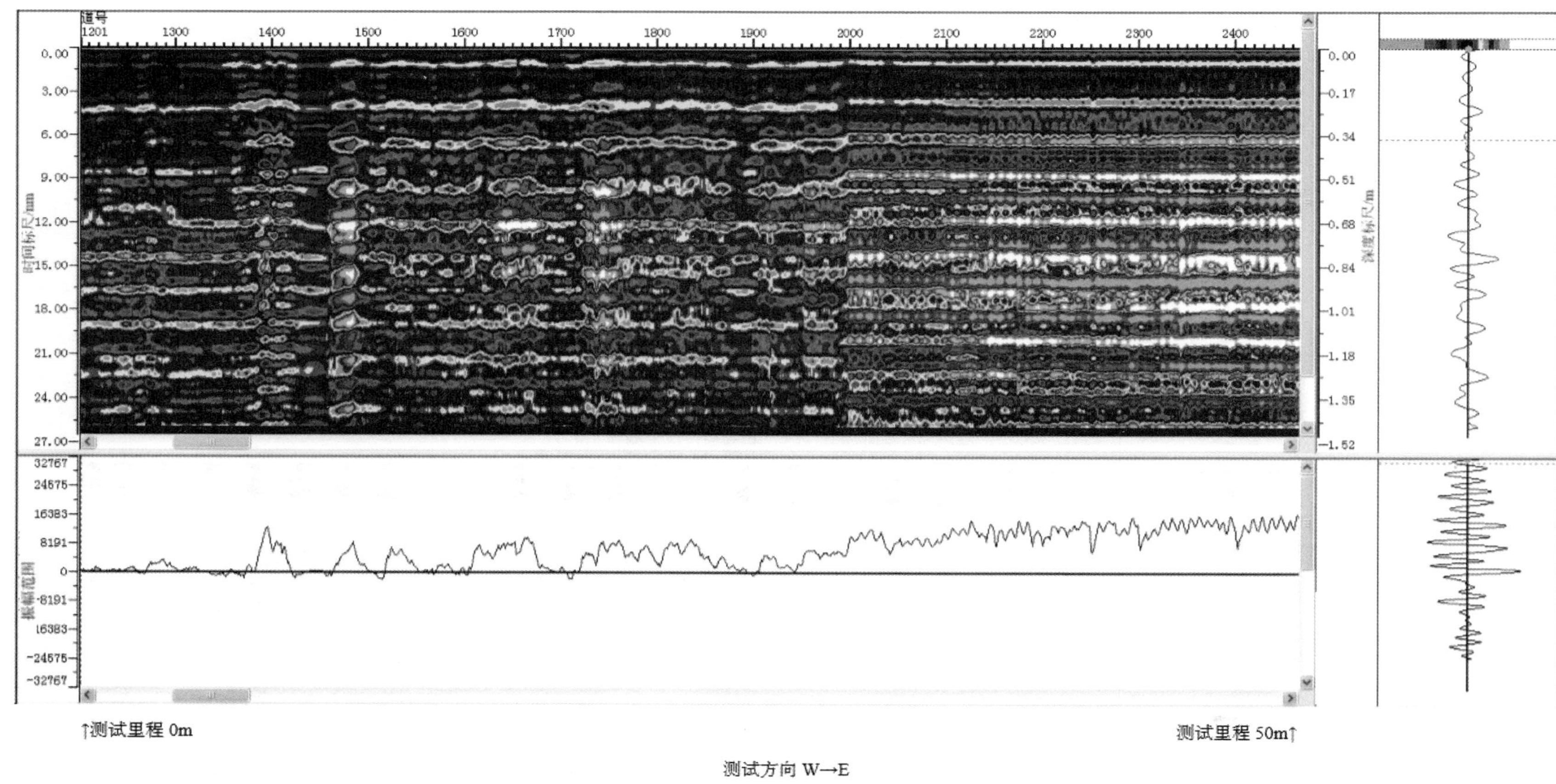

图 11.1（2） 0403 回风巷底板（S 侧，起点回风顺槽尾端→采煤工作面开切眼）雷达测试结果（30 道/m，900MHz 天线）

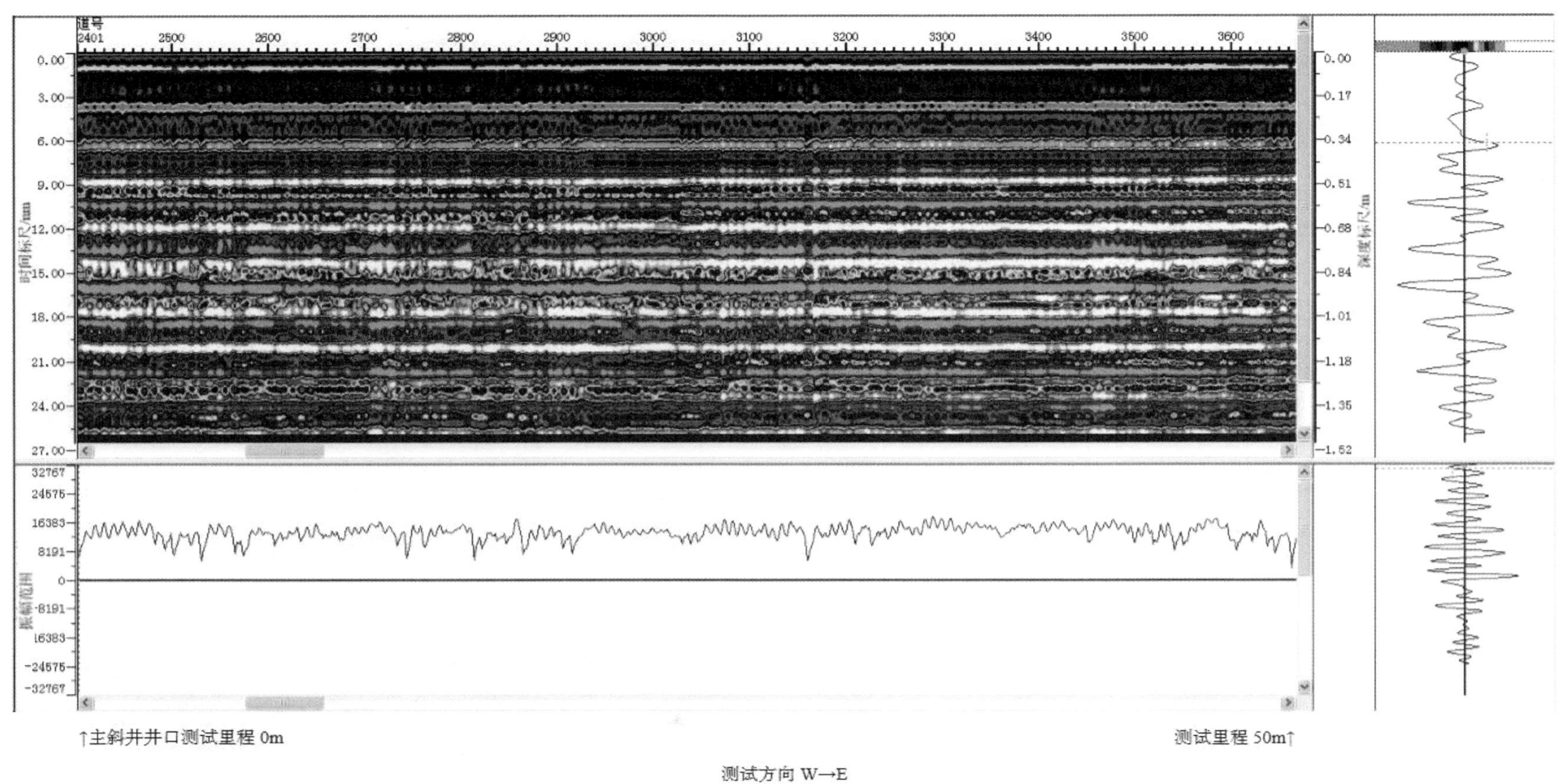

图 11.1（3）　0403 回风巷底板（S 侧，起点回风顺槽尾端→采煤工作面开切眼）雷达测试结果（30 道/m，900MHz 天线）

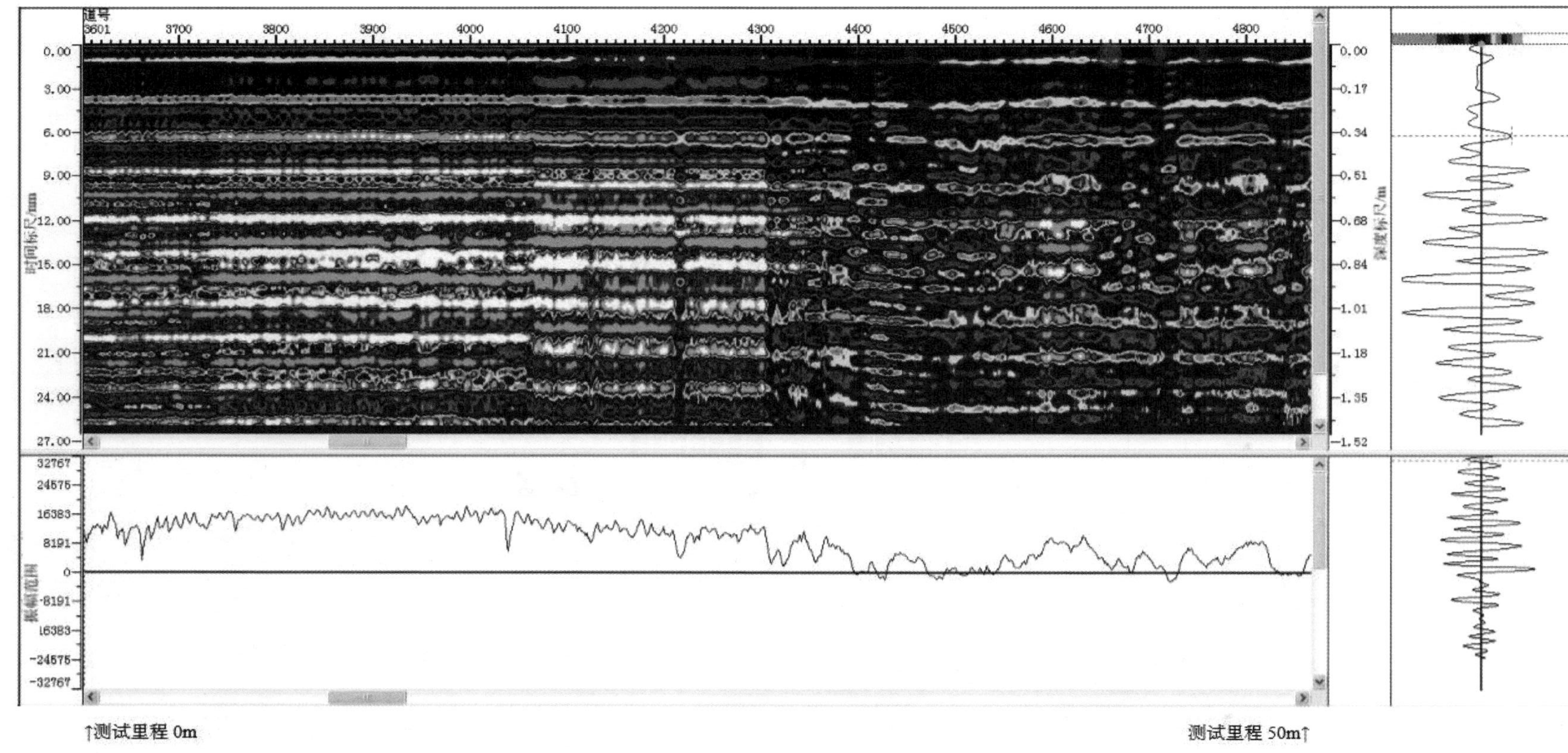

↑测试里程 0m　　　　测试里程 50m↑

测试方向 W→E

底板围岩松动圈 25～35cm

图 11.1（4）　0403 回风巷底板（S 侧，起点回风顺槽尾端→采煤工作面开切眼）雷达测试结果（30 道/m，900MHz 天线）

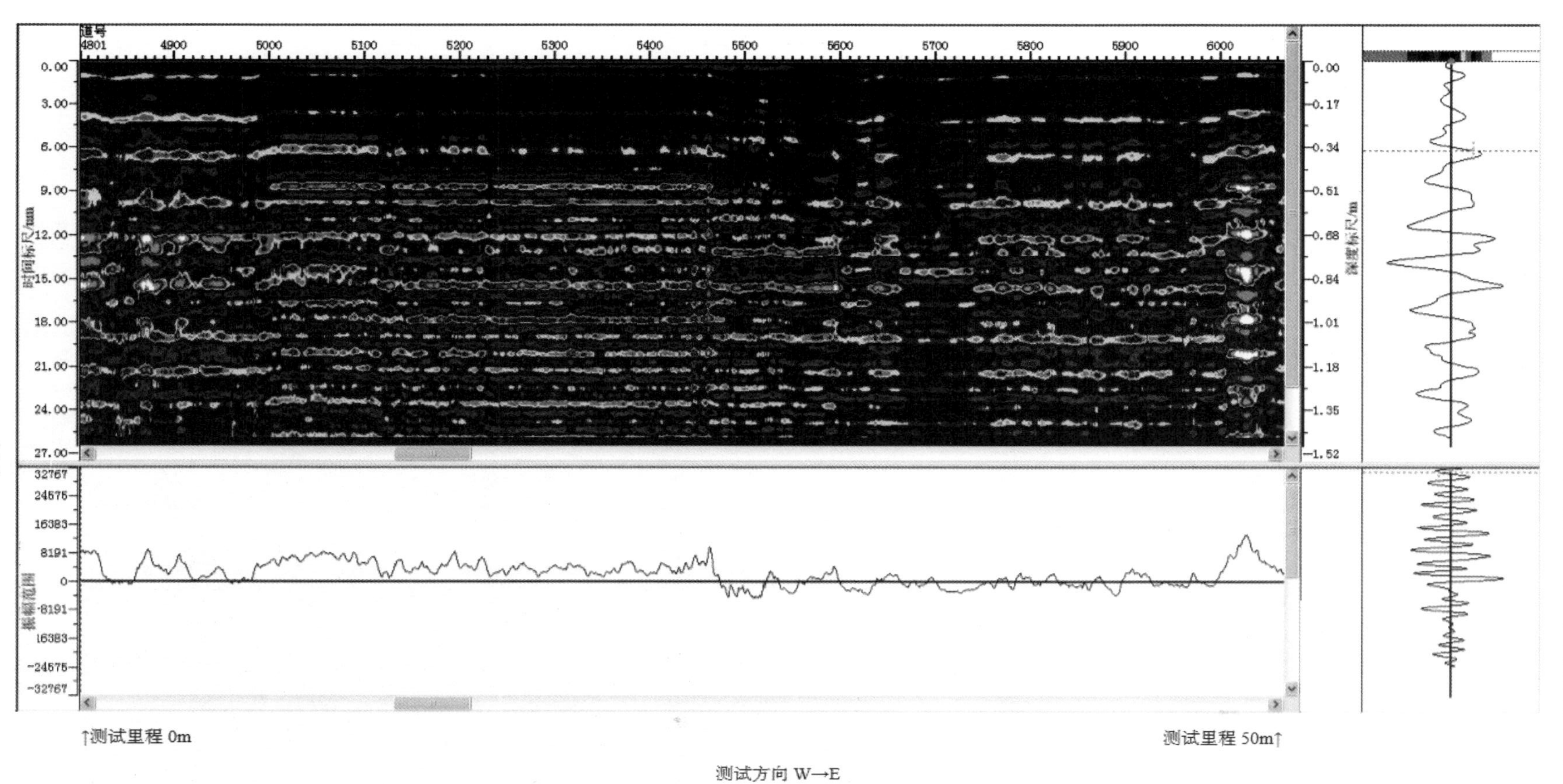

图 11.1（5）　0403 回风巷底板（S 侧，起点回风顺槽尾端→采煤工作面开切眼）雷达测试结果（30 道/m，900MHz 天线）

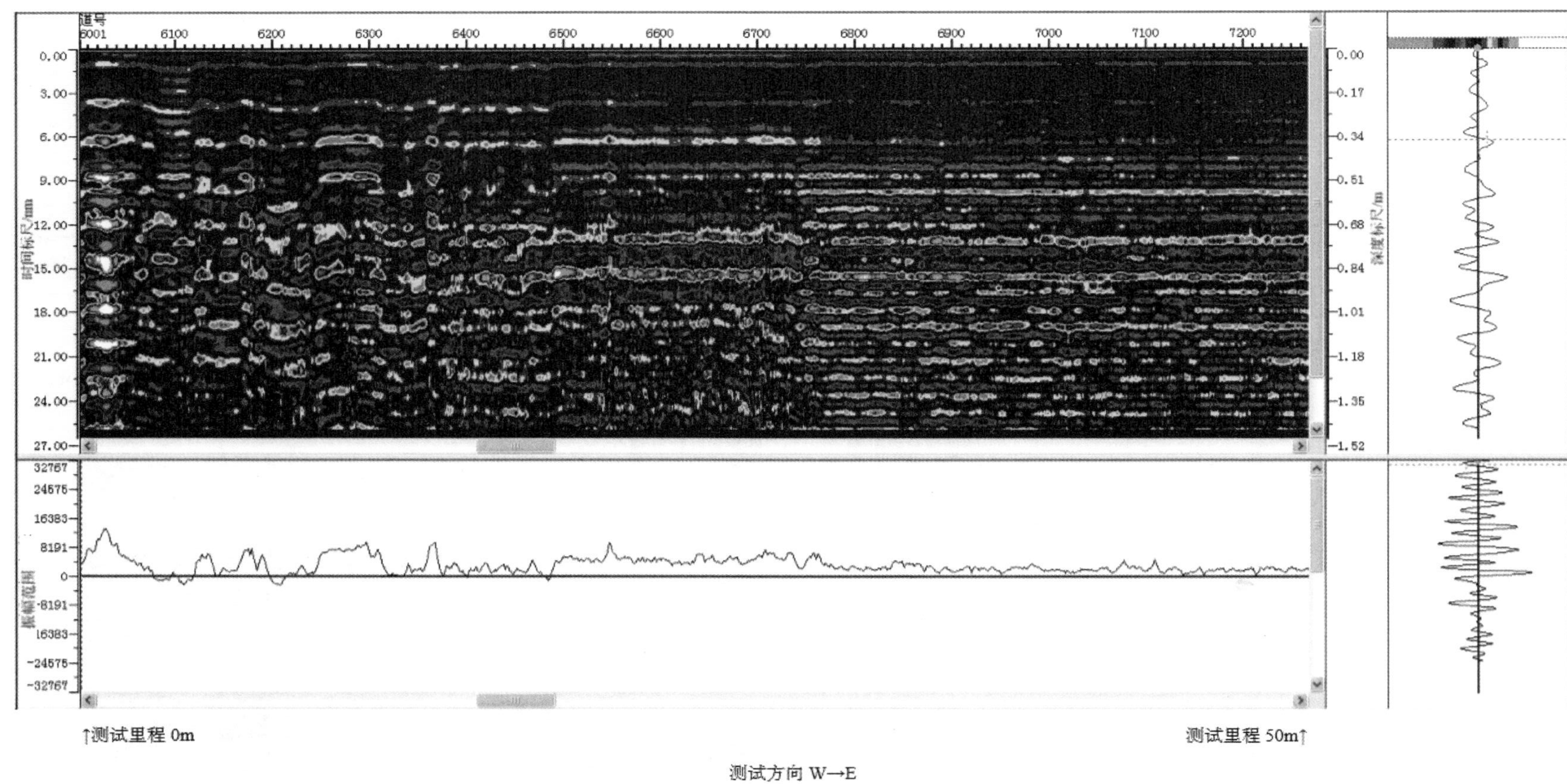

图 11.1（6） 0403 回风巷底板（S 侧，起点回风顺槽尾端→采煤工作面开切眼）雷达测试结果（30 道/m，900MHz 天线）

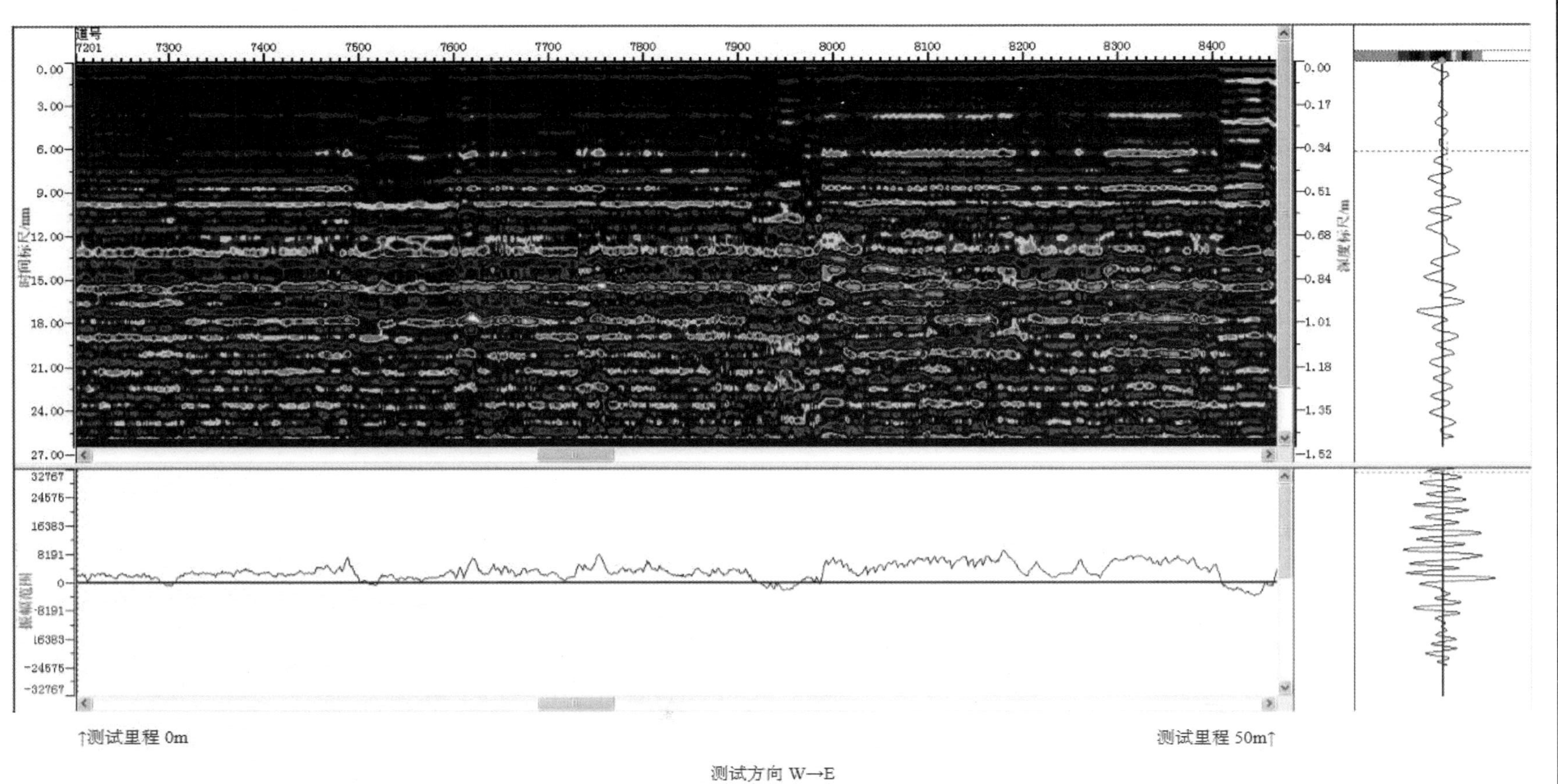

图 11.1（7）　0403 回风巷底板（S 侧，起点回风顺槽尾端→采煤工作面开切眼）雷达测试结果（30 道/m，900MHz 天线）

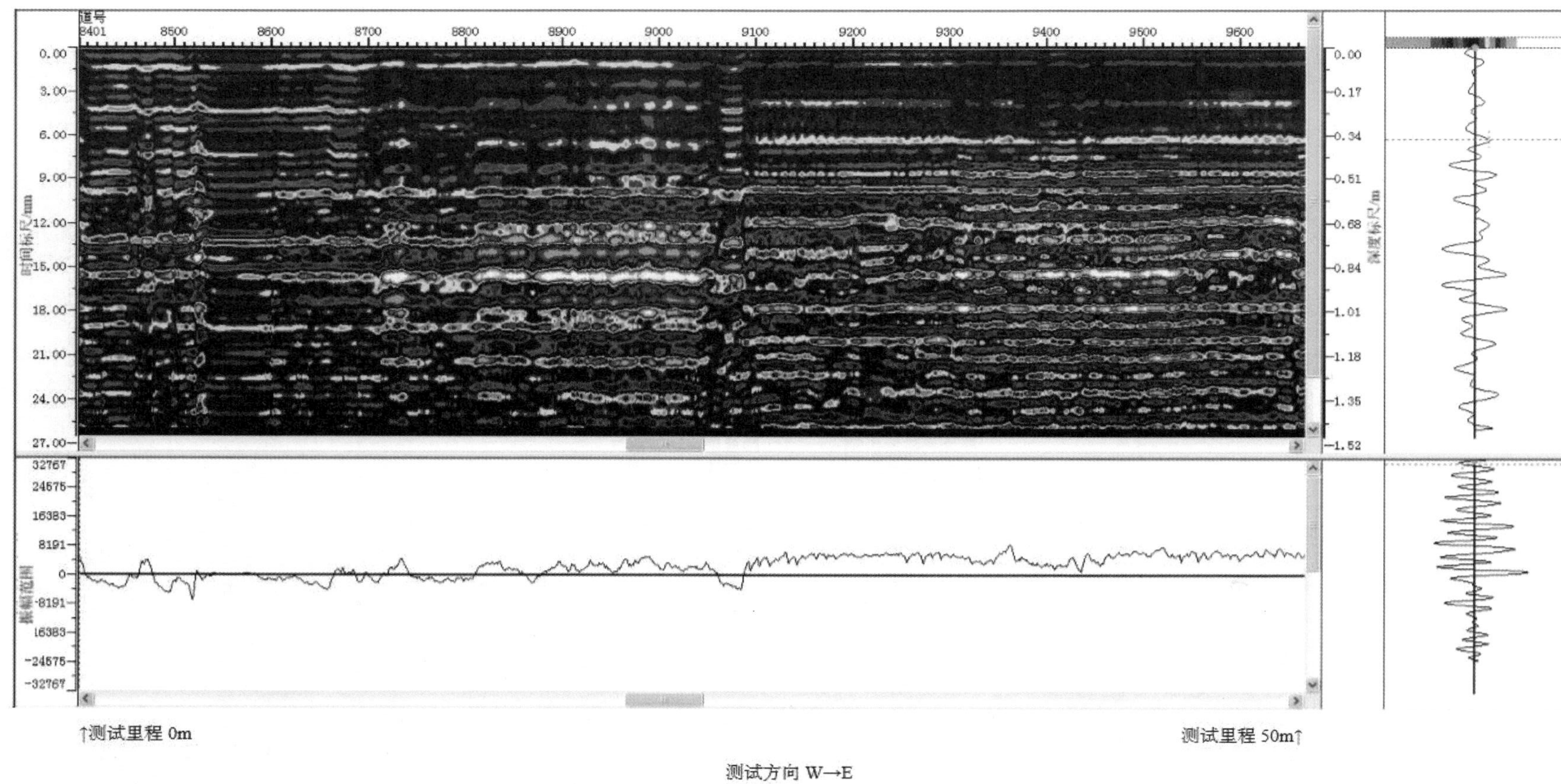

图 11.1（8） 0403 回风巷底板（S 侧，起点回风顺槽尾端→采煤工作面开切眼）雷达测试结果（30 道/m，900MHz 天线）

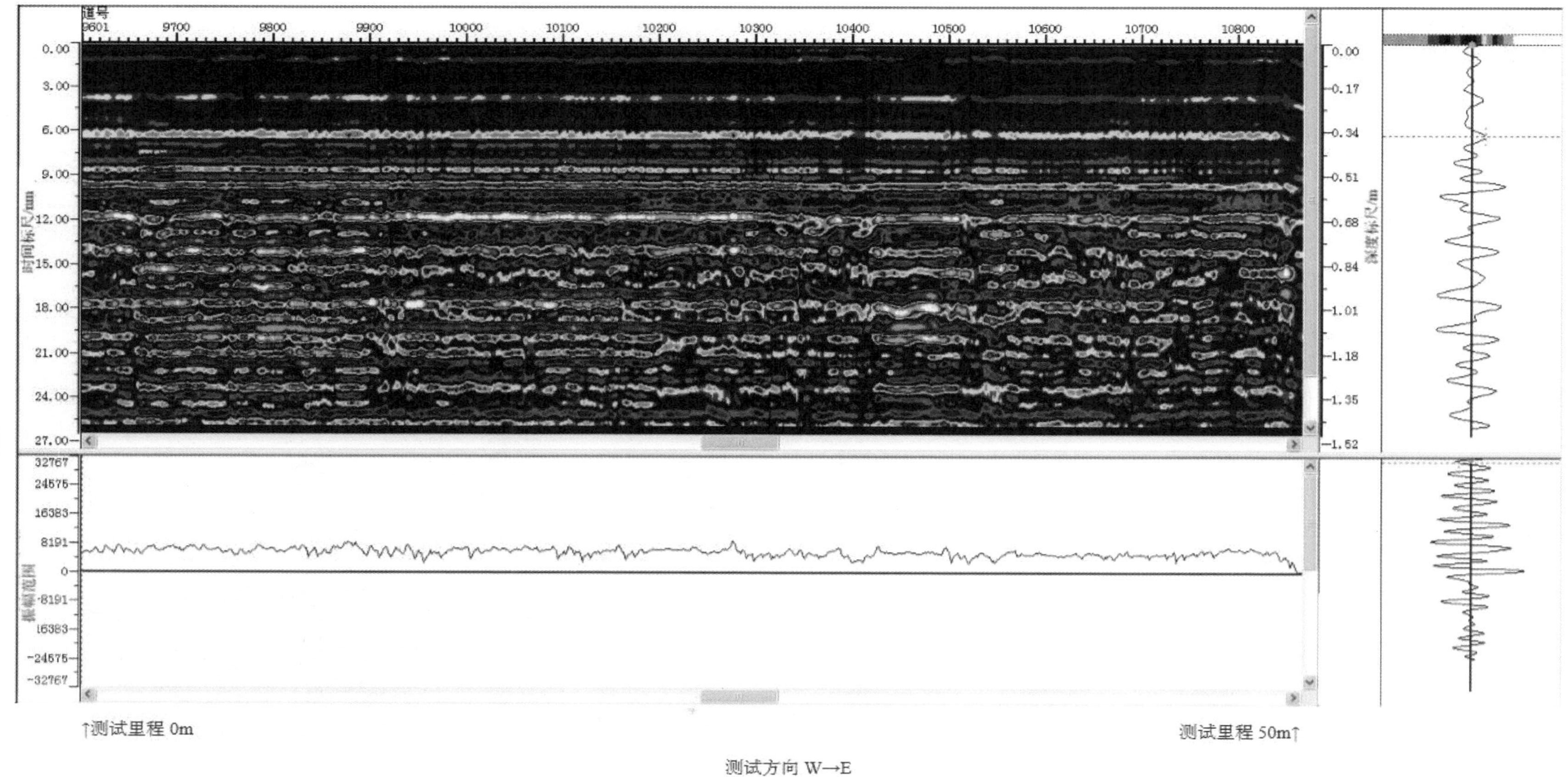

图 11.1（9）　0403 回风巷底板（S 侧，起点回风顺槽尾端→采煤工作面开切眼）雷达测试结果（30 道/m，900MHz 天线）

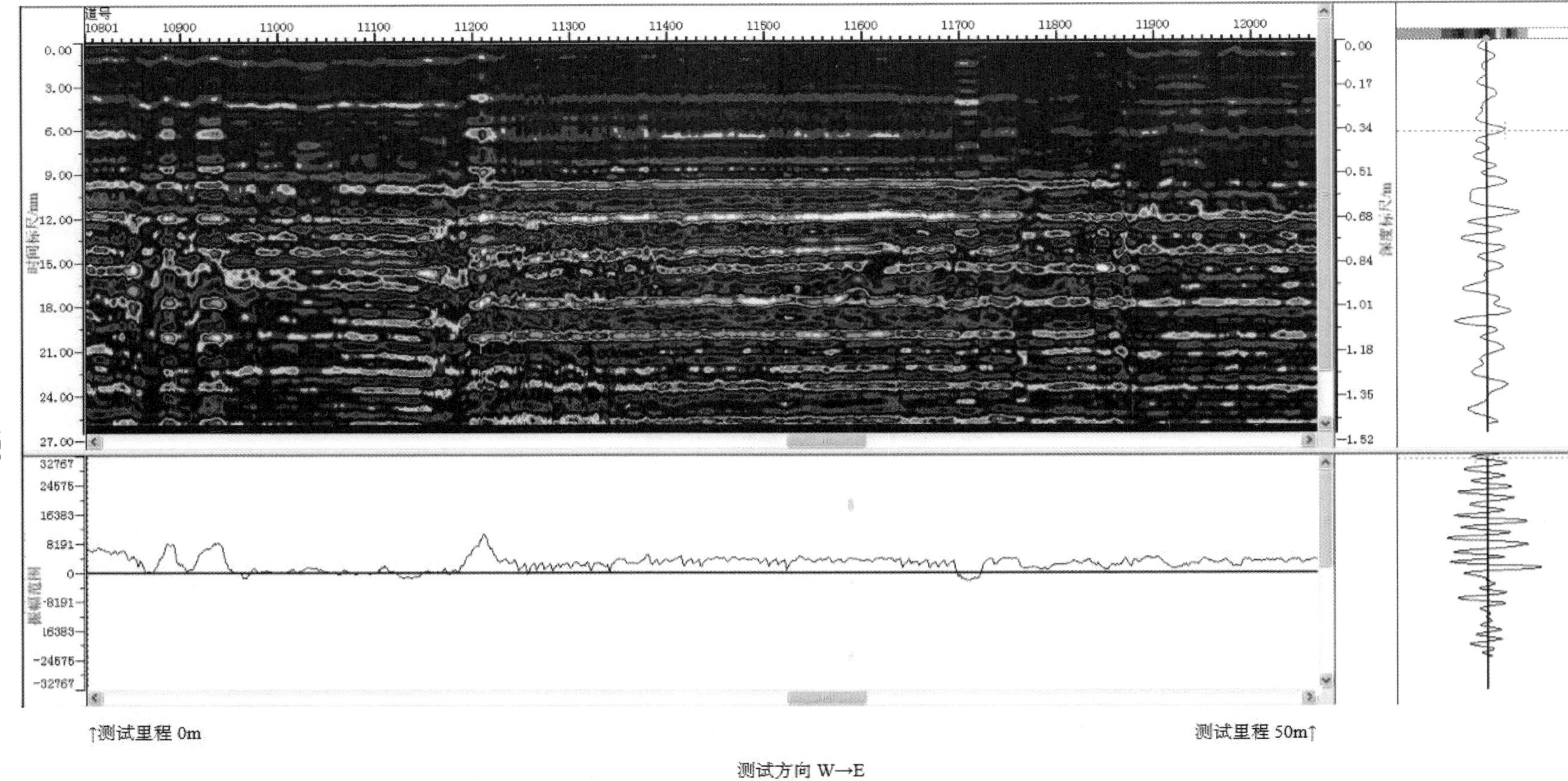

图 11.1（10） 0403 回风巷底板（S 侧，起点回风顺槽尾端→采煤工作面开切眼）雷达测试结果（30 道/m，900MHz 天线）

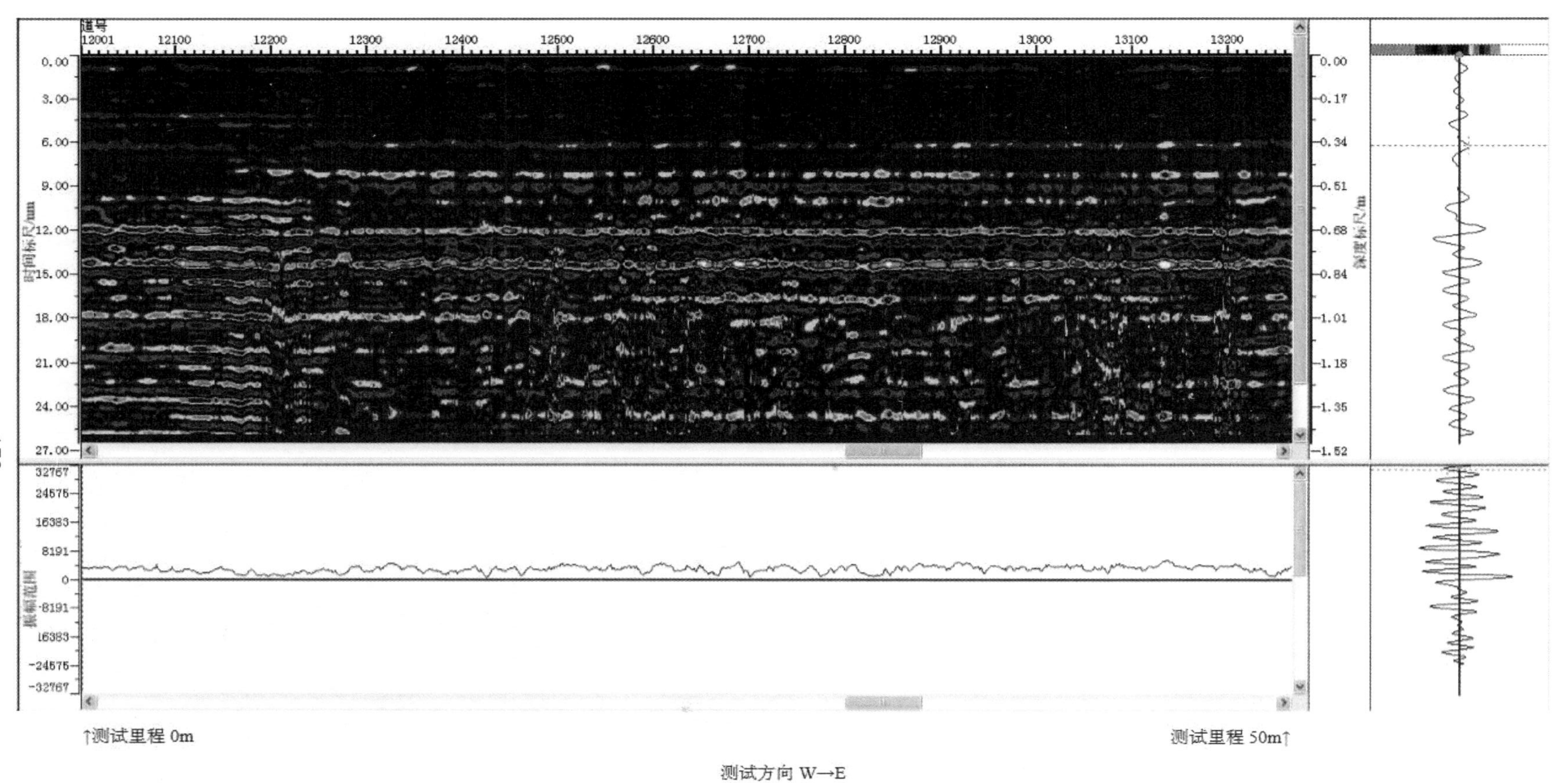

图 11.1（11）　0403 回风巷底板（S 侧，起点回风顺槽尾端→采煤工作面开切眼）雷达测试结果（30 道/m，900MHz 天线）

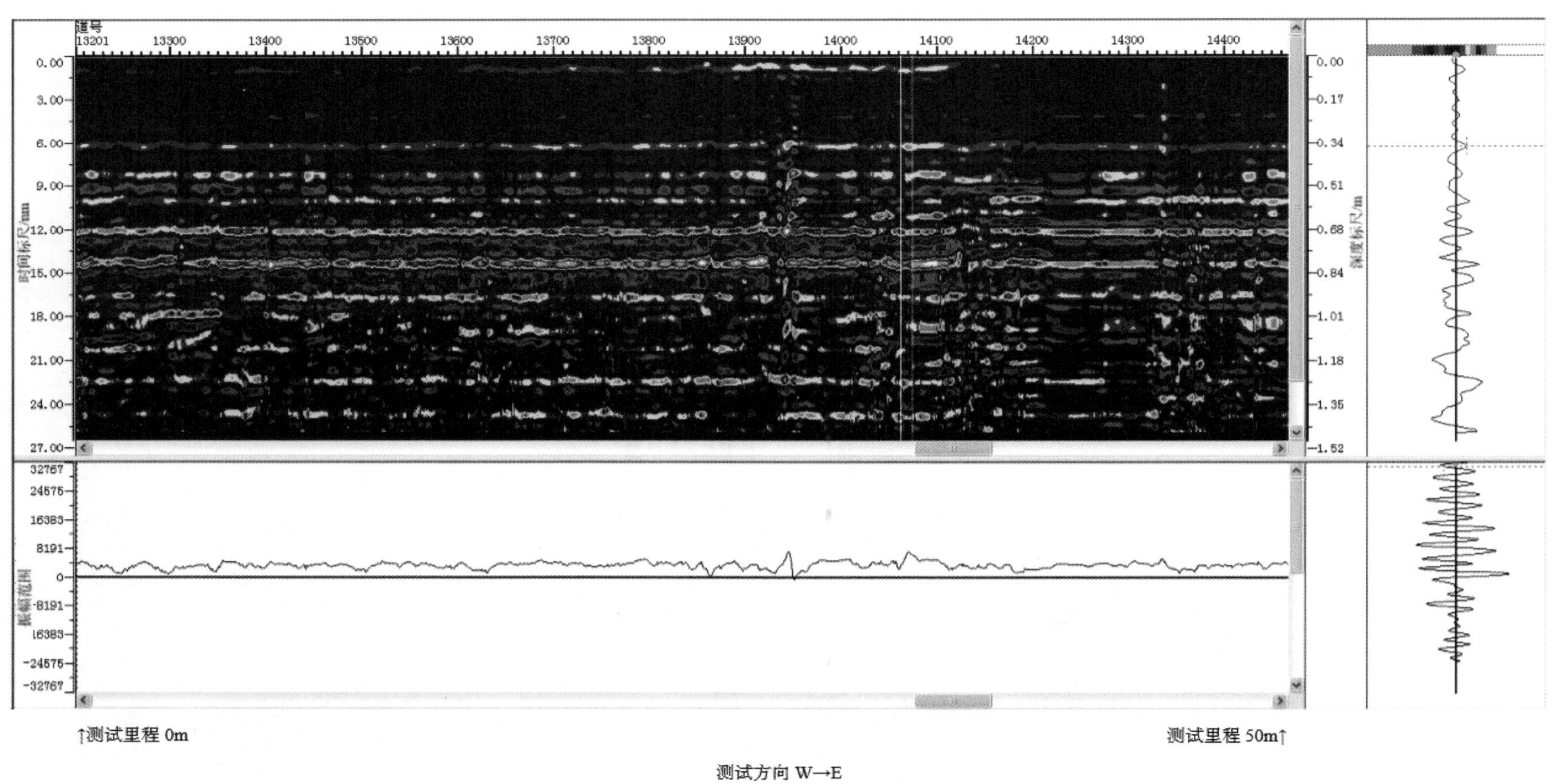

图 11.1（12） 0403 回风巷底板（S 侧，起点回风顺槽尾端→采煤工作面开切眼）雷达测试结果（30 道/m，900MHz 天线）

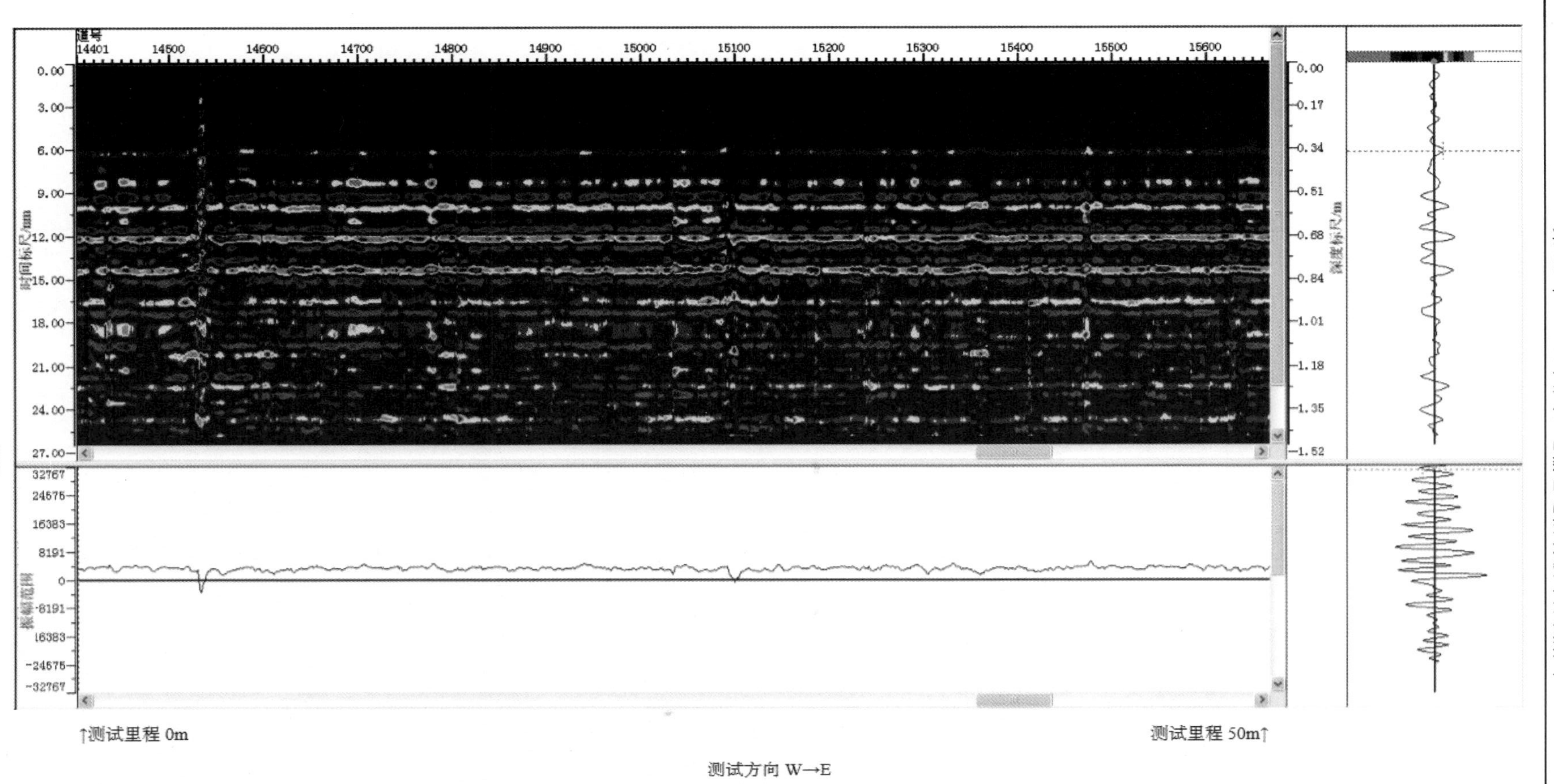

图 11.1（13）　0403 回风巷底板（S 侧，起点回风顺槽尾端→采煤工作面开切眼）雷达测试结果（30 道/m，900MHz 天线）

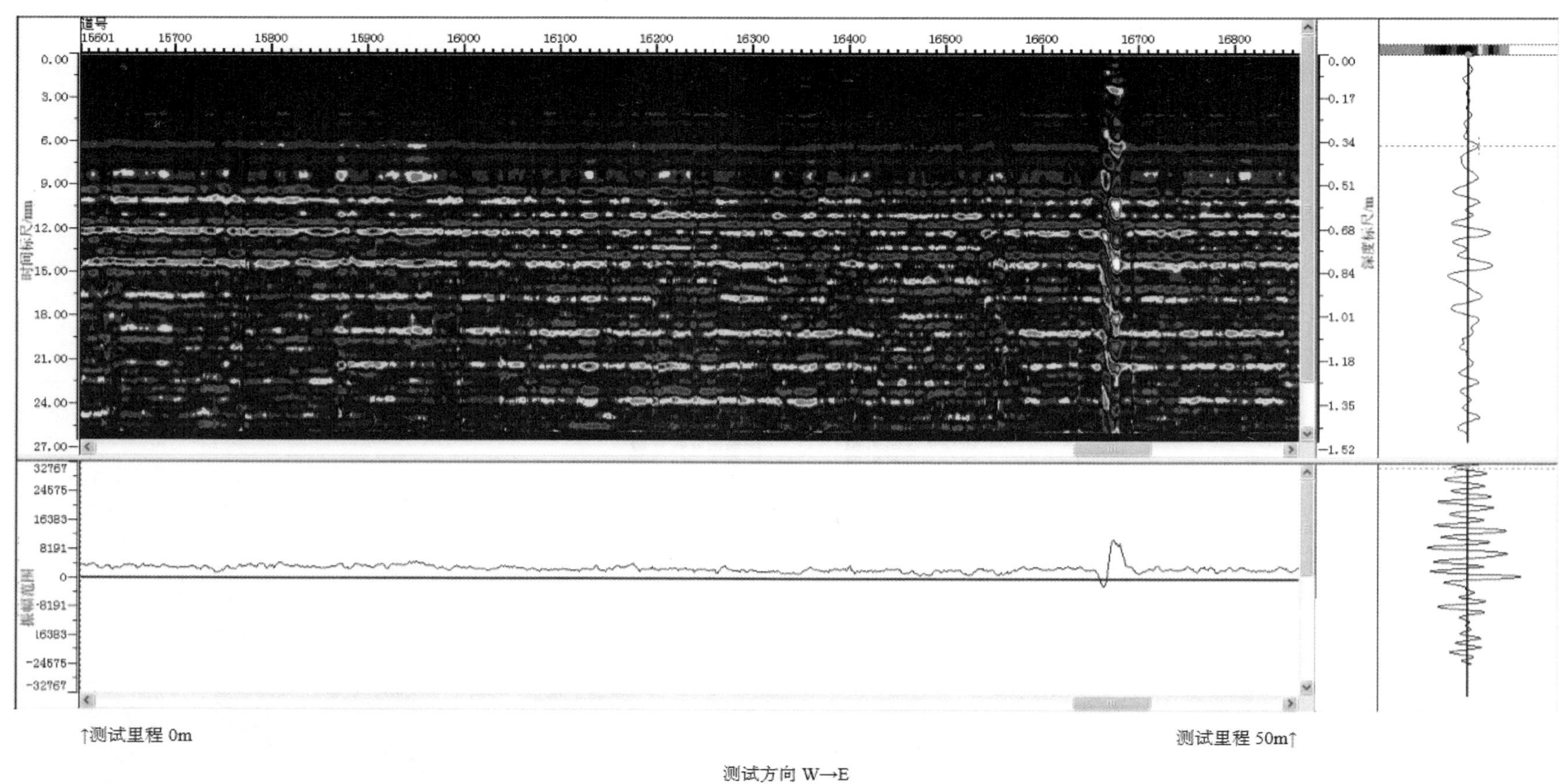

图 11.1（14） 0403 回风巷底板（S 侧，起点回风顺槽尾端→采煤工作面开切眼）雷达测试结果（30 道/m，900MHz 天线）

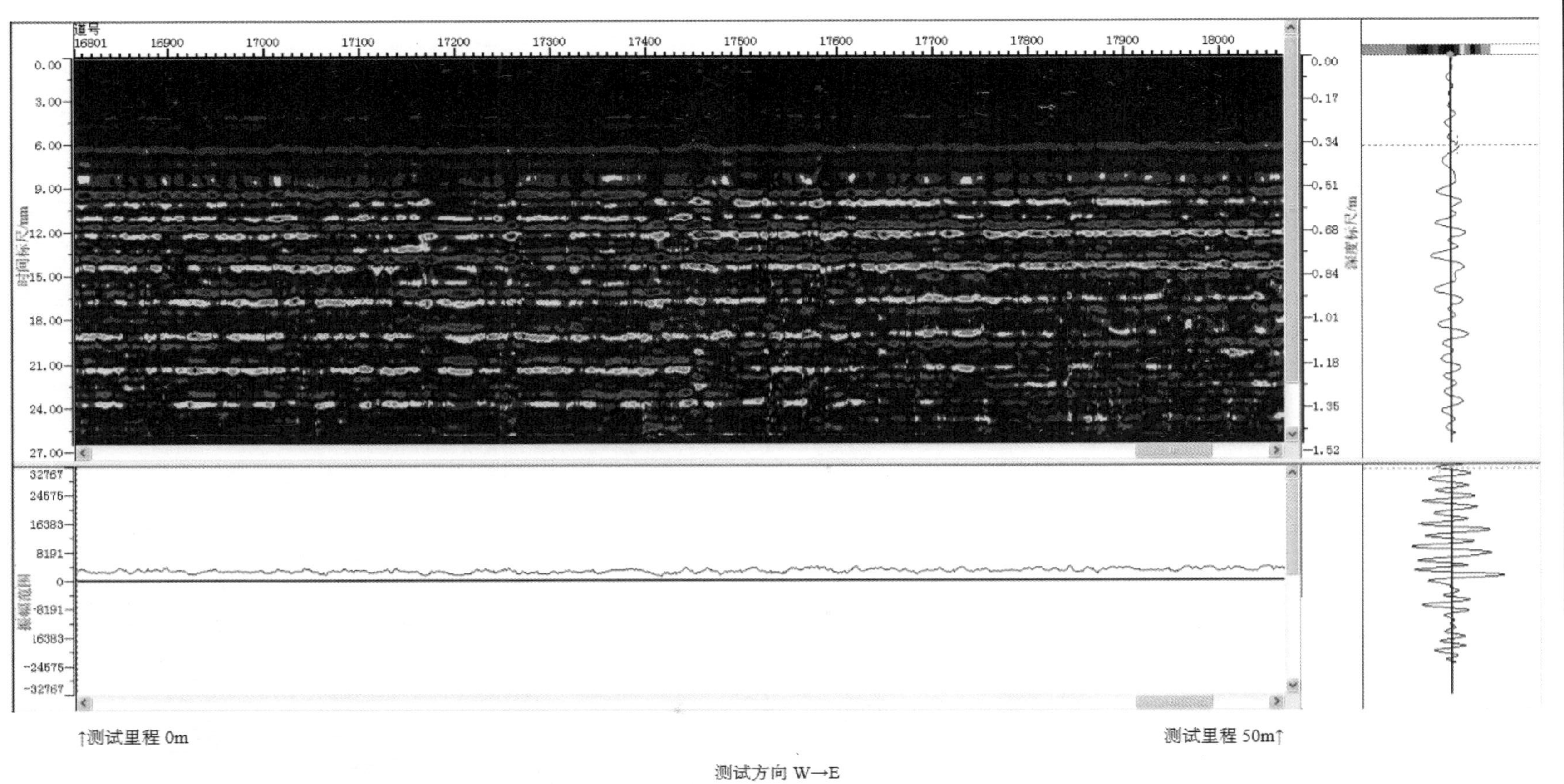

图 11.1（15）　0403 回风巷底板（S 侧，起点回风顺槽尾端→采煤工作面开切眼）雷达测试结果（30 道/m，900MHz 天线）

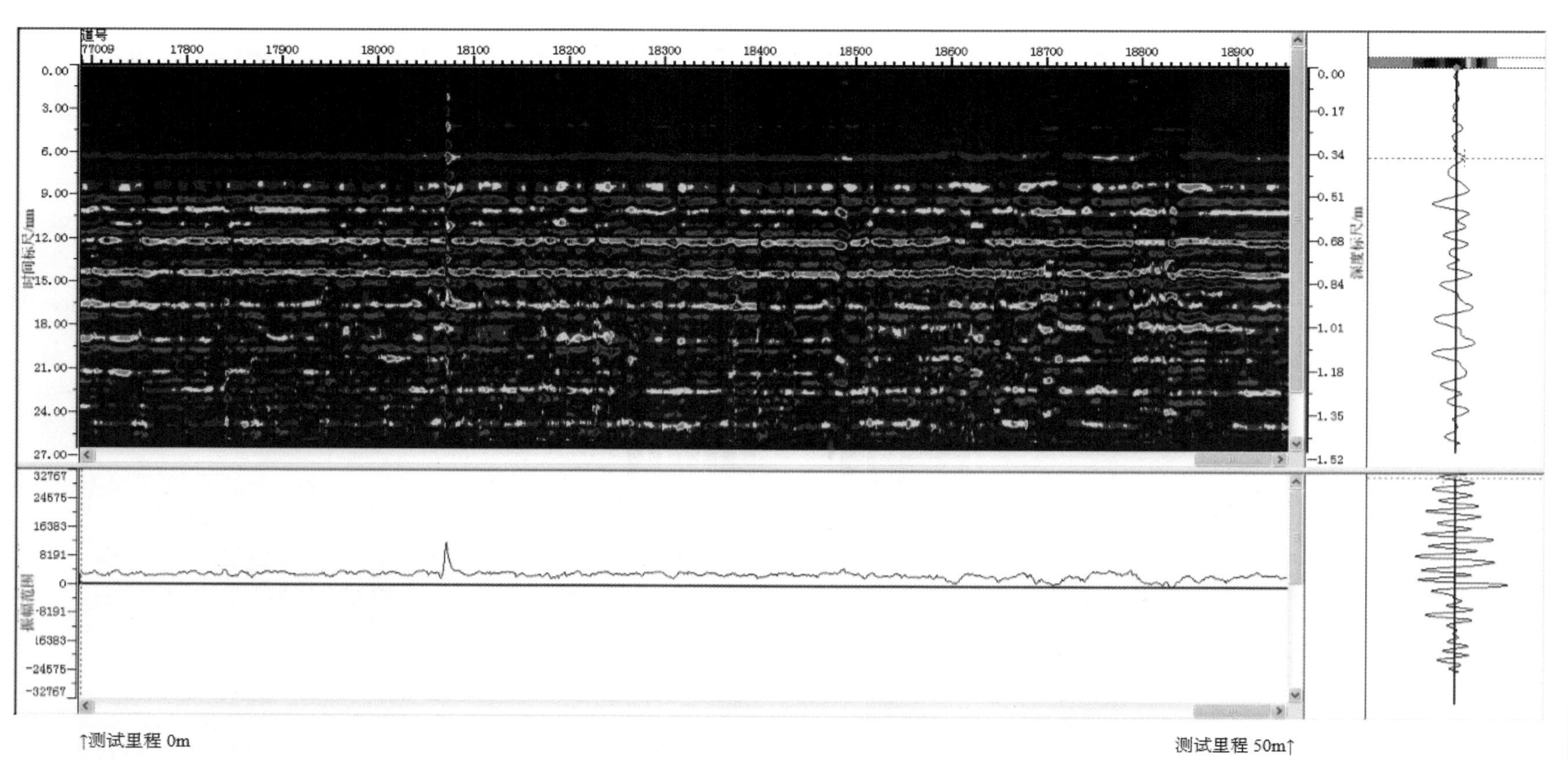

↑测试里程 0m

测试里程 50m↑

测试方向 W→E

底板围岩松动圈 25 ~ 35cm

图 11.1（16） 0403 回风巷底板（S 侧，起点回风顺槽尾端→采煤工作面开切眼）雷达测试结果（30 道/m，900MHz 天线）

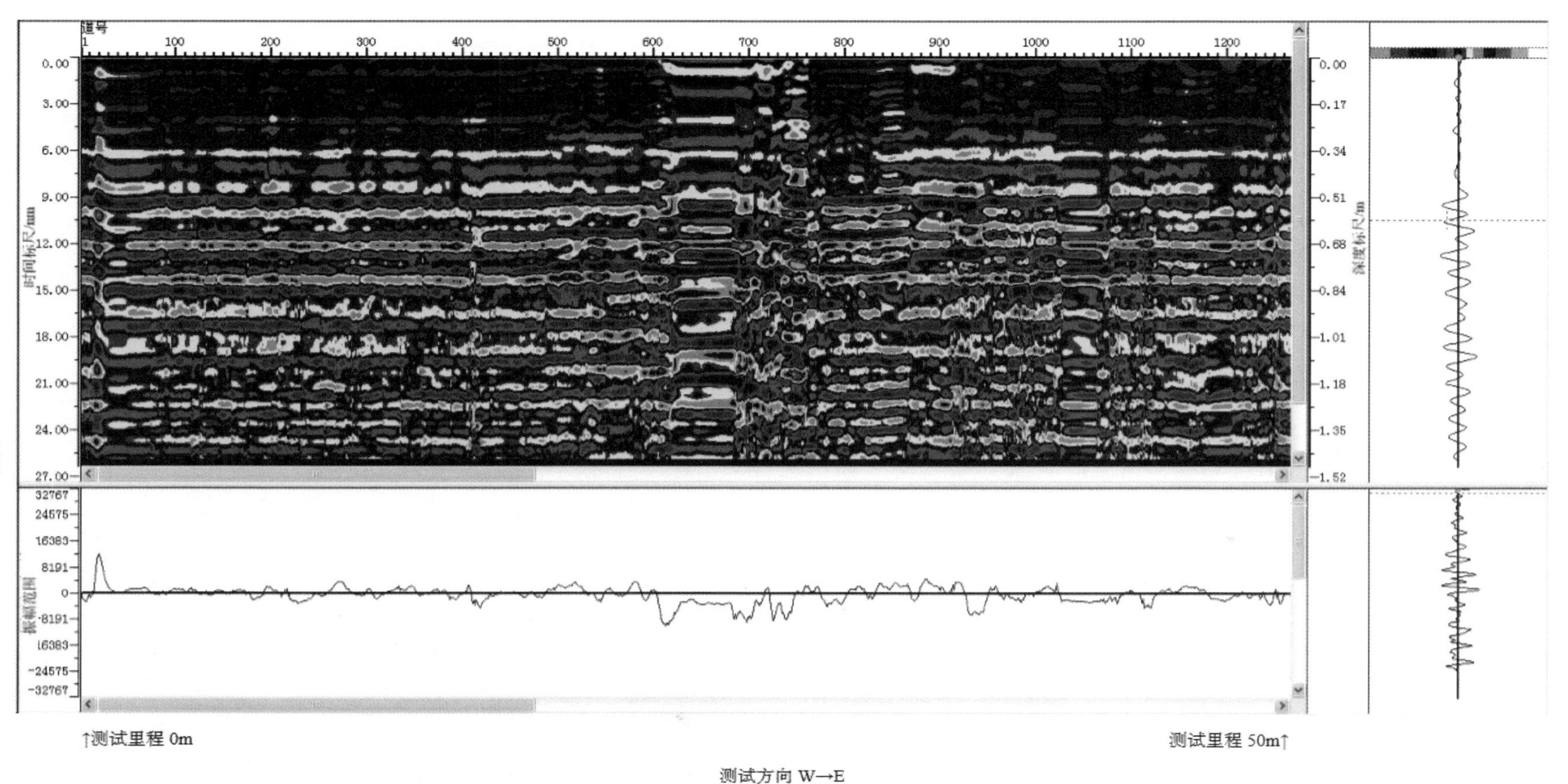

图 11.1（17）　0403 回风巷底板（S 侧，起点回风顺槽尾端→采煤工作面开切眼）雷达测试结果（30 道/m，900MHz 天线）

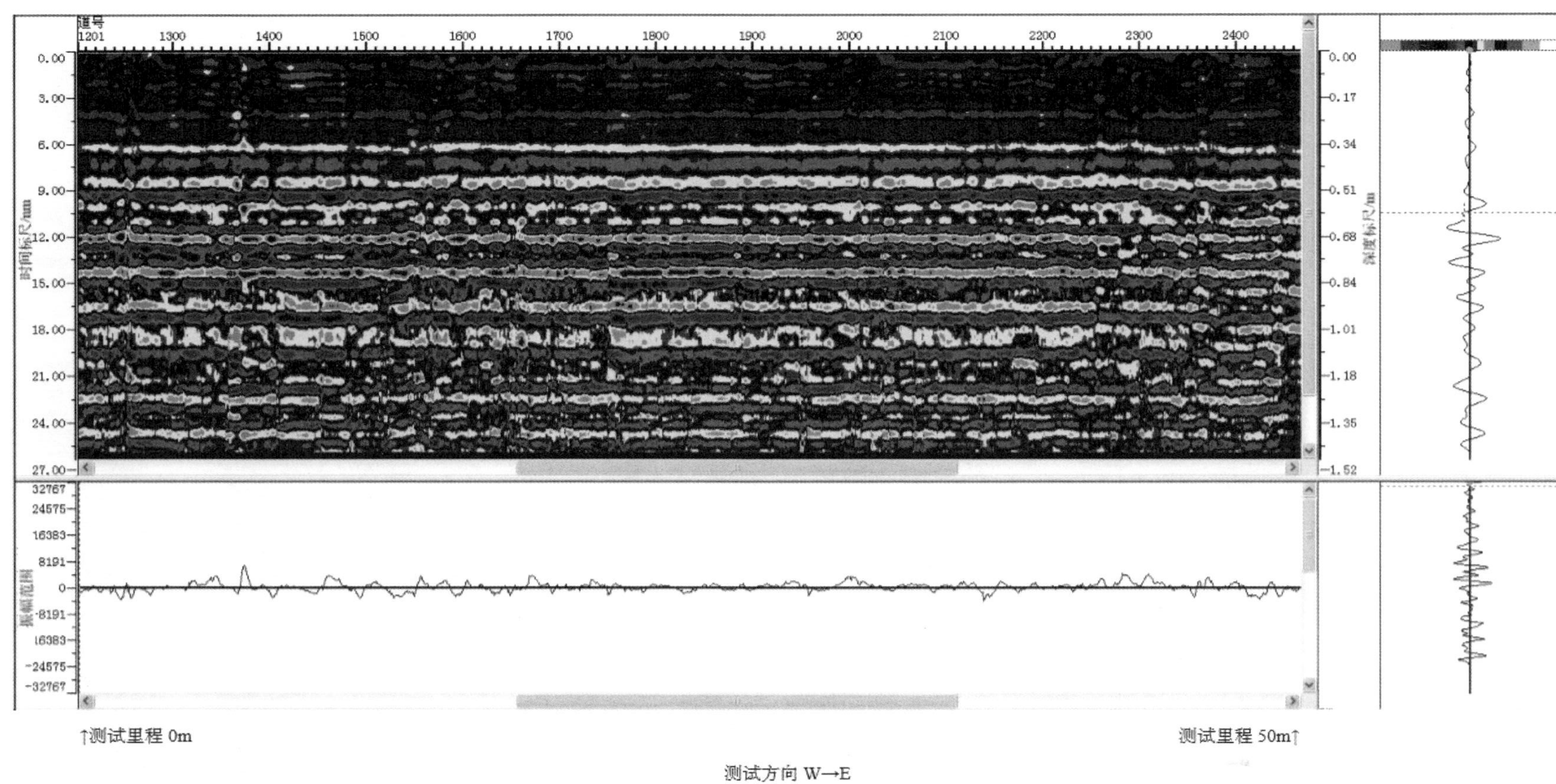

图 11.1（18） 0403 回风巷底板（S 侧，起点回风顺槽尾端→采煤工作面开切眼）雷达测试结果（30 道/m，900MHz 天线）

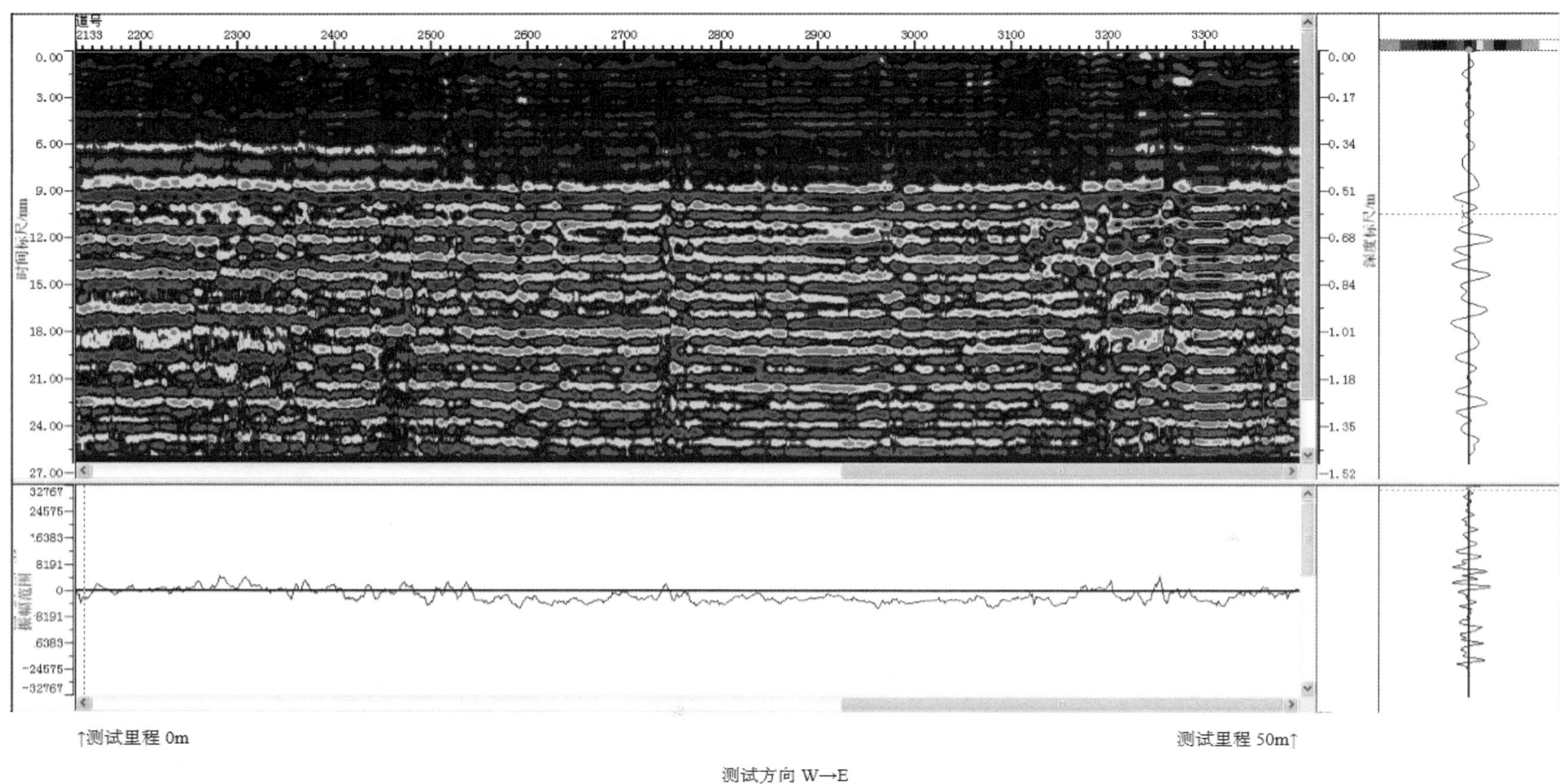

图 11.1（19）　0403 回风巷底板（S 侧，起点回风顺槽尾端→采煤工作面开切眼）雷达测试结果（30 道/m，900MHz 天线）

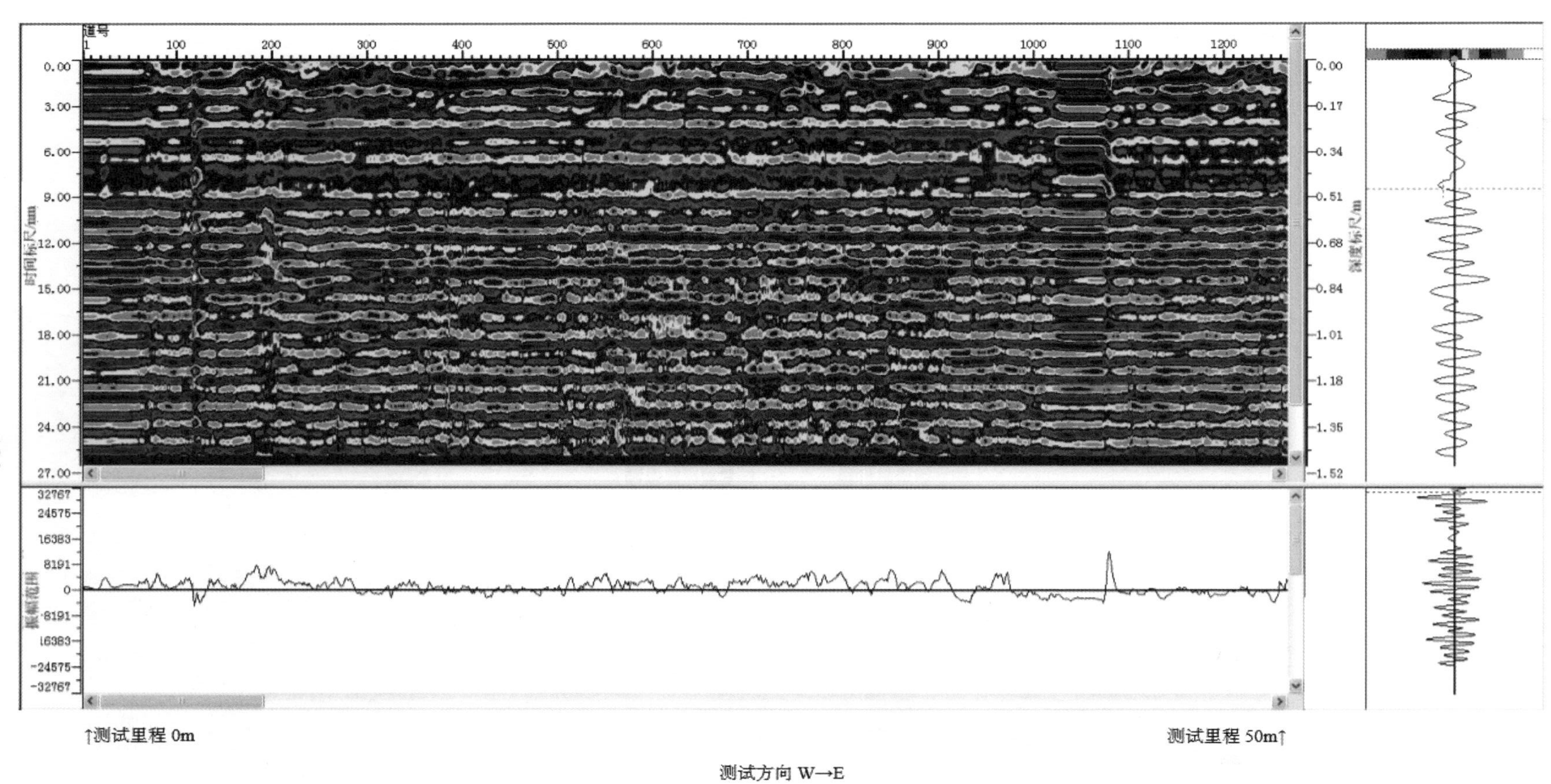

图 11.1（20） 0403 回风巷底板（S 侧，起点回风顺槽尾端→采煤工作面开切眼）雷达测试结果（30 道/m，900MHz 天线）

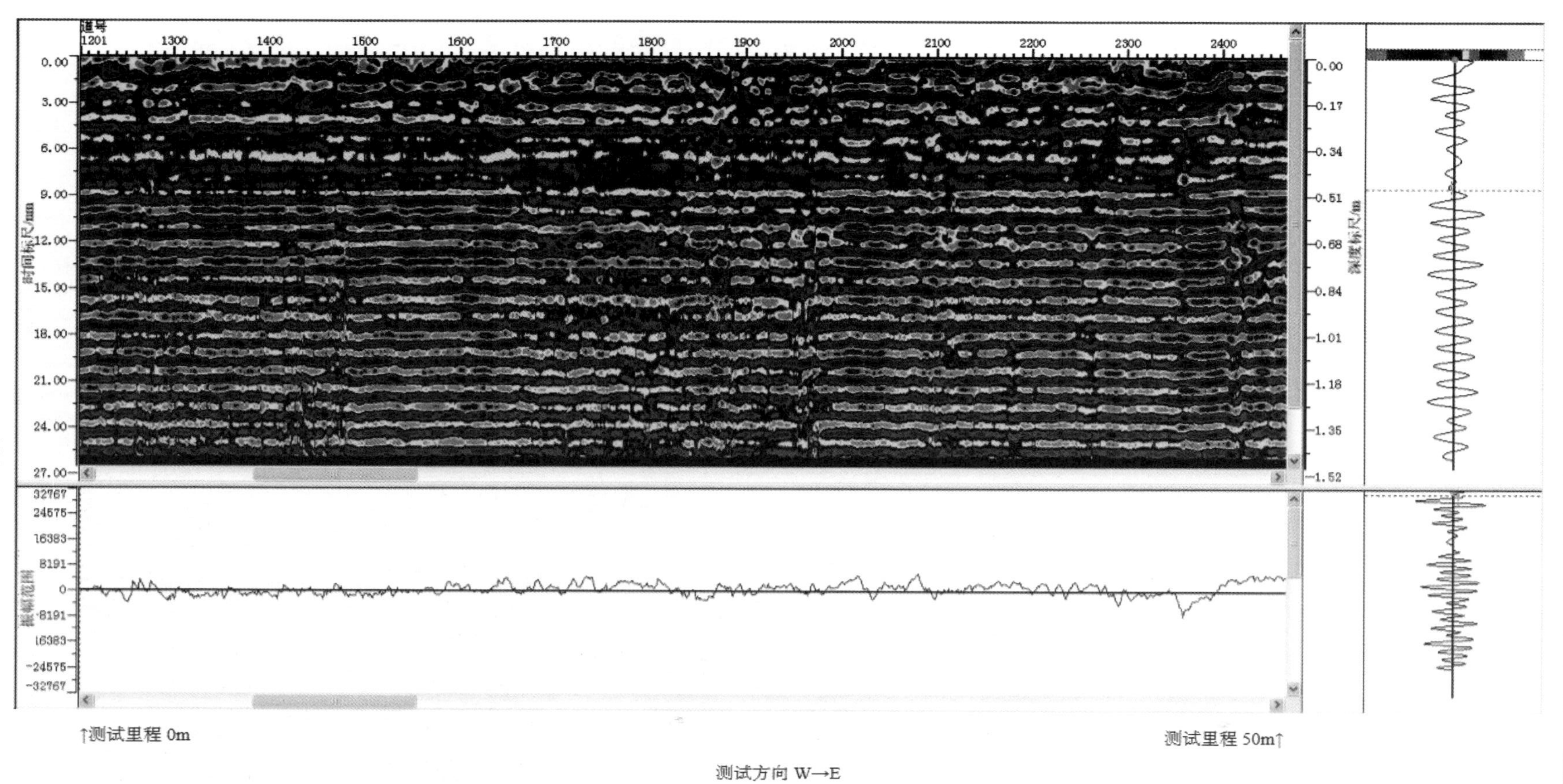

图 11.1（21）　0403 回风巷底板（S 侧，起点回风顺槽尾端→采煤工作面开切眼）雷达测试结果（30 道/m，900MHz 天线）

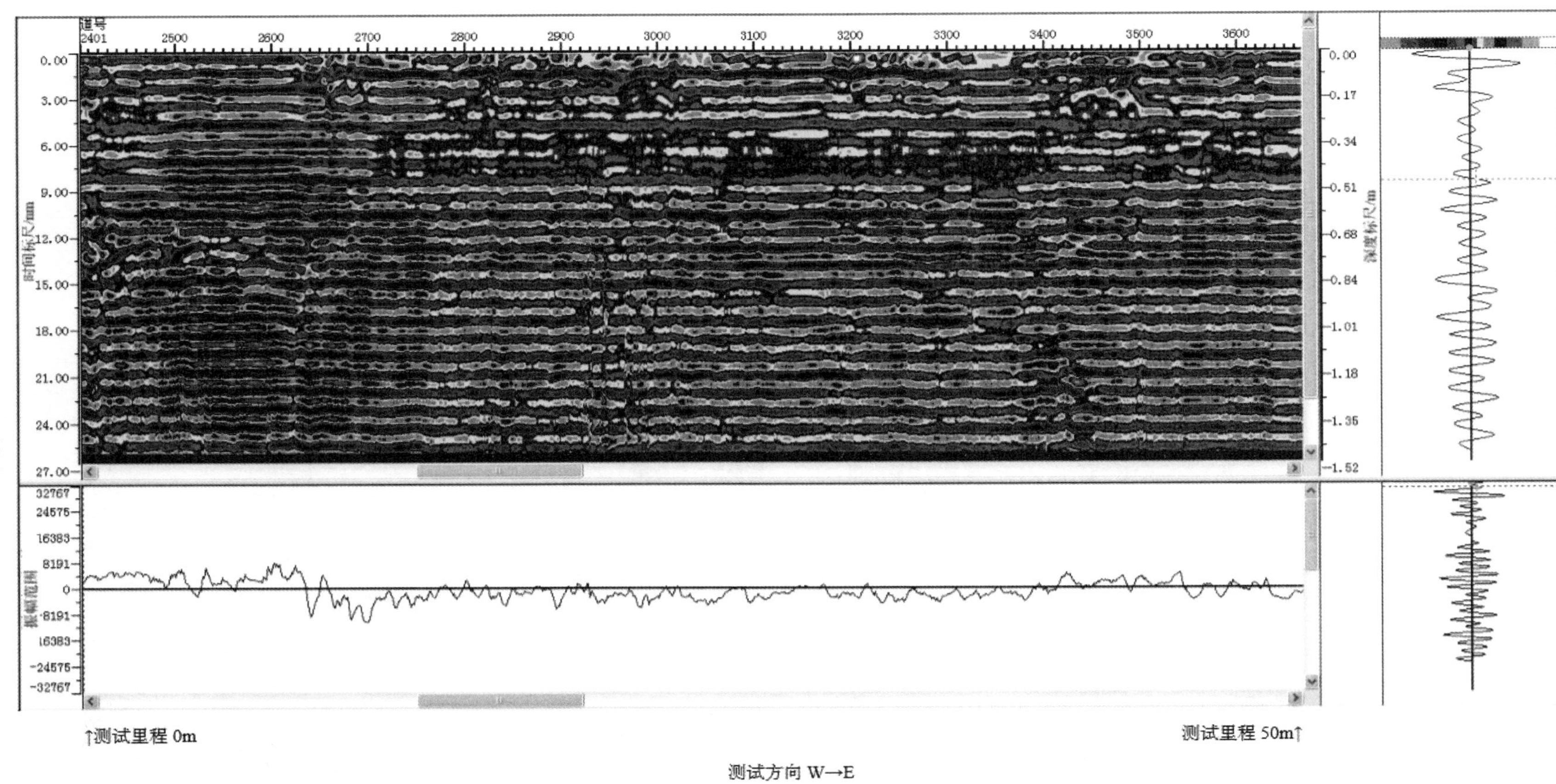

图 11.1（22） 0403 回风巷底板（S 侧，起点回风顺槽尾端→采煤工作面开切眼）雷达测试结果（30 道/m，900MHz 天线）

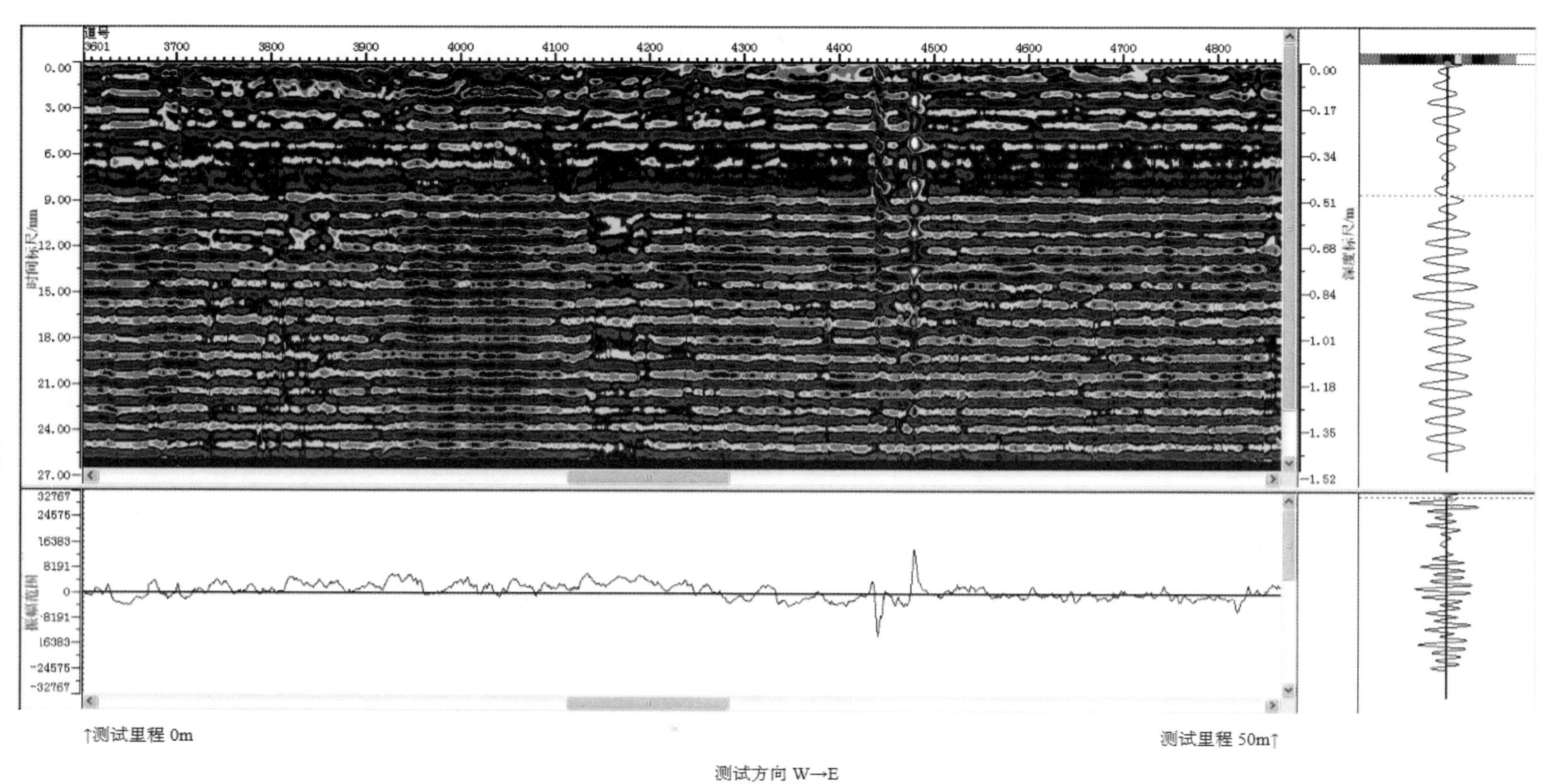

图 11.1（23）　0403 回风巷底板（S 侧，起点回风顺槽尾端→采煤工作面开切眼）雷达测试结果（30 道/m，900MHz 天线）

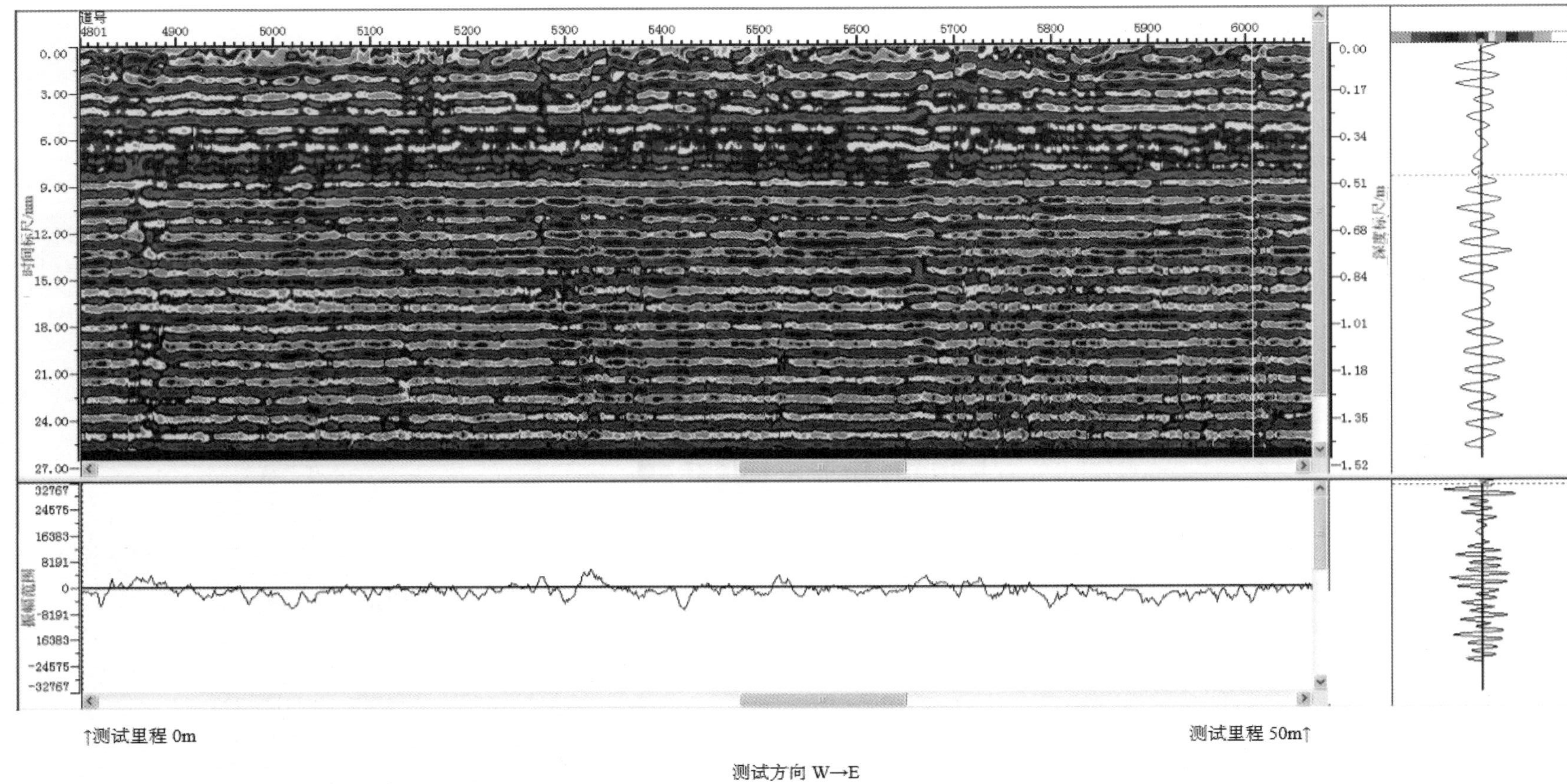

图 11.1（24） 0403 回风巷底板（S 侧，起点回风顺槽尾端→采煤工作面开切眼）雷达测试结果（30 道/m，900MHz 天线）

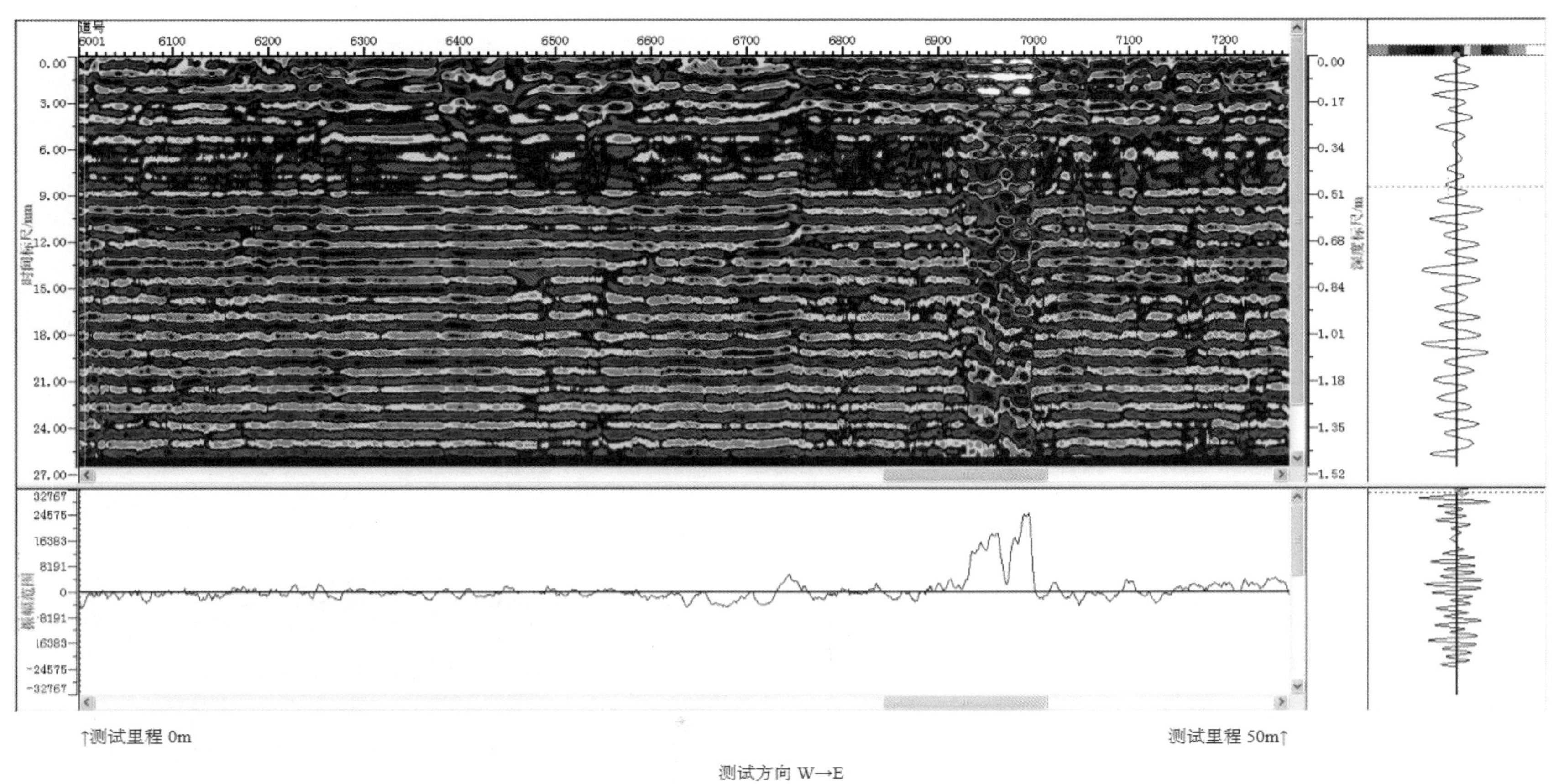

图 11.1（25）　0403 回风巷底板（S 侧，起点回风顺槽尾端→采煤工作面开切眼）雷达测试结果（30 道/m，900MHz 天线）

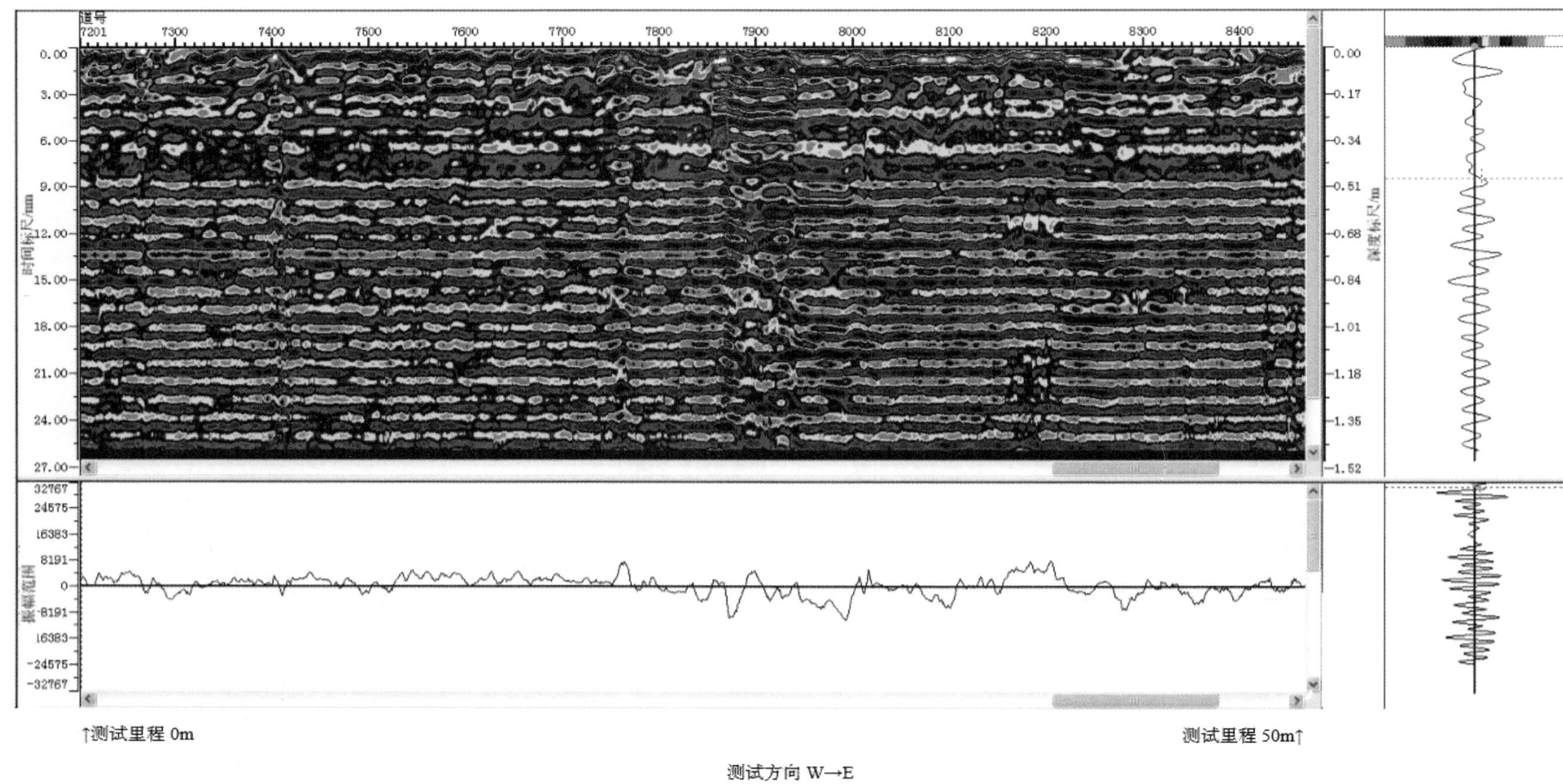

图 11.1（26） 0403 回风巷底板（S 侧，起点回风顺槽尾端→采煤工作面开切眼）雷达测试结果（30 道/m，900MHz 天线）

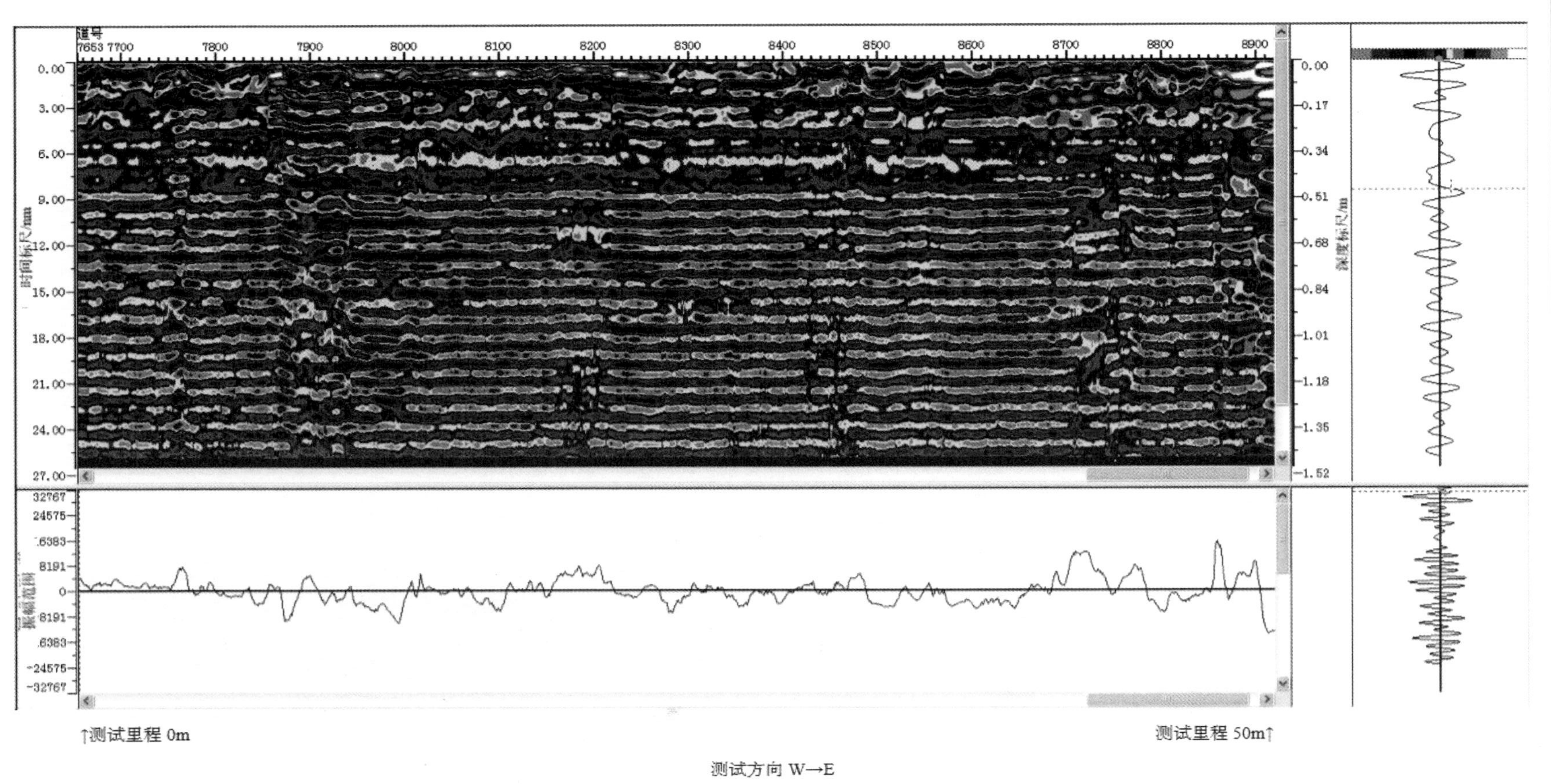

图 11.1（27）　0403 回风巷底板（S 侧，起点回风顺槽尾端→采煤工作面开切眼）雷达测试结果（30 道/m，900MHz 天线）

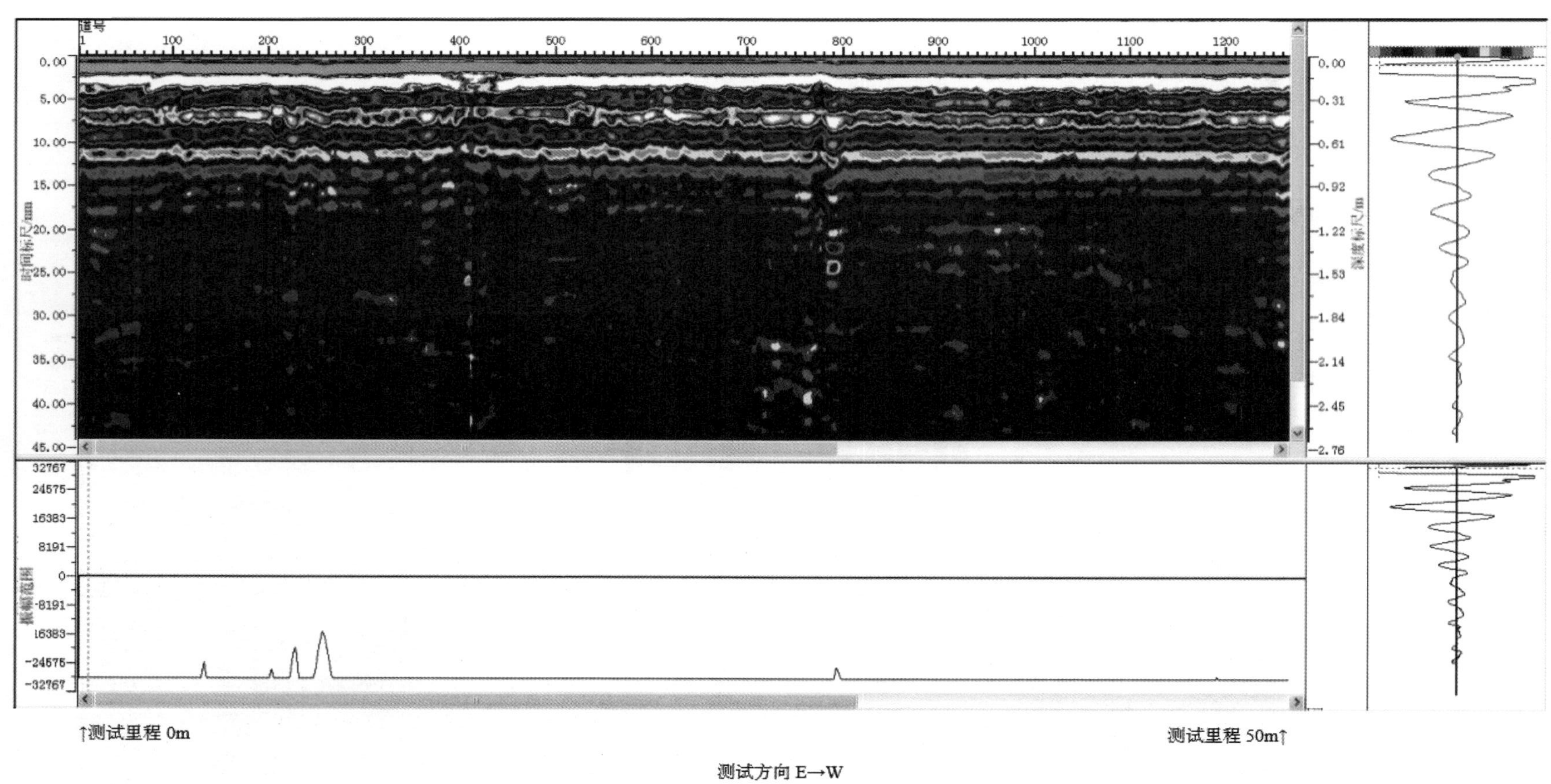

图 11.2（1） 0403 运输巷底板（S 侧）雷达测试结果（30 道/m，500MHz 天线）

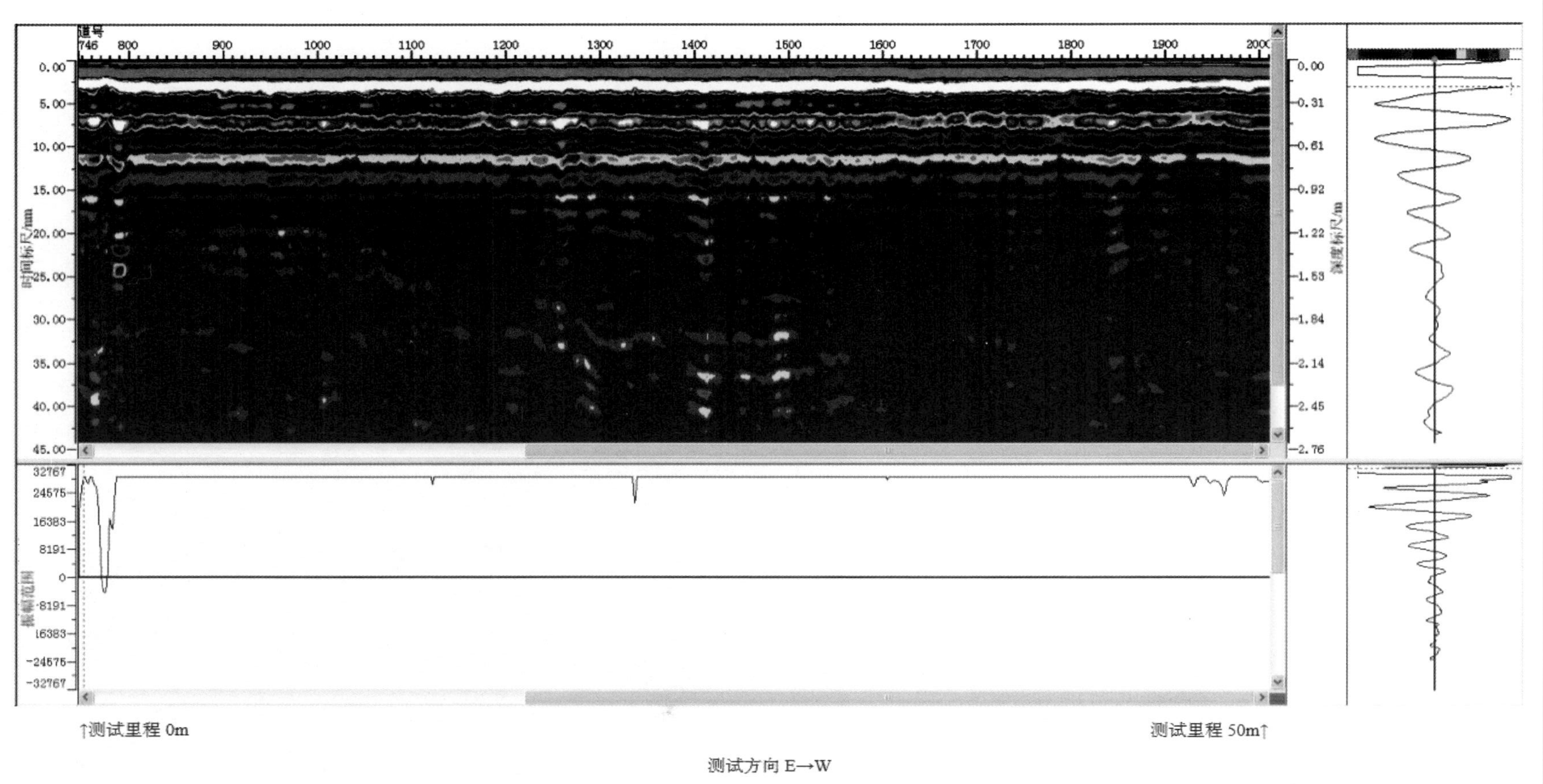

图 11.2（2）　0403 运输巷底板（S 侧）雷达测试结果（30 道/m，500MHz 天线）

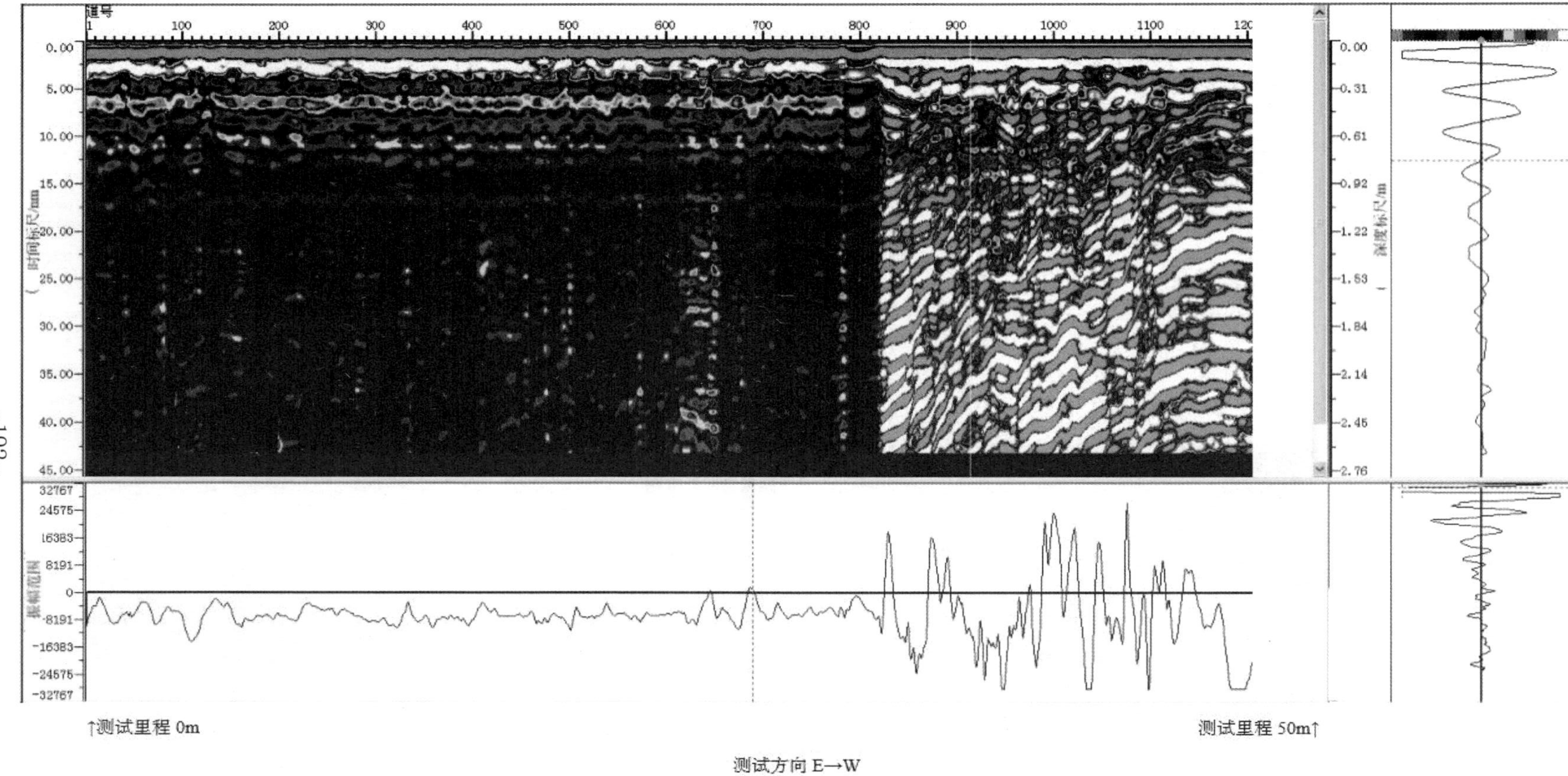

图 11.2（3） 0403 运输巷底板（S 侧）雷达测试结果（30 道/m，500MHz 天线）

第 12 章　0404 回风巷道松动破坏探测解译

12.1　0404 回风巷道变形破坏

0404 回风巷和运输巷现场情况见照片 12.1 至照片 12.6。

照片 12.1　0404 回风巷道爆破掘进网锚支护+工字钢梁锚索支护

照片 12.2　0404 回风巷爆破掘进顶板网锚+工字钢梁锚索支护

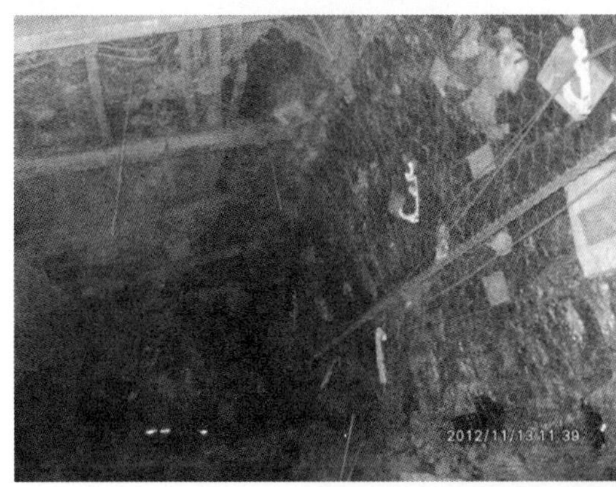

照片 12.3　0404 回风巷道爆破掘进网锚+工字钢梁锚索支护

照片 12.4　0404 运输巷道独臂掘进机掘进网锚+工字钢梁锚索支护

照片 12.5　0404 运输巷道独臂掘进机掘进顶底板与煤层超声波测试

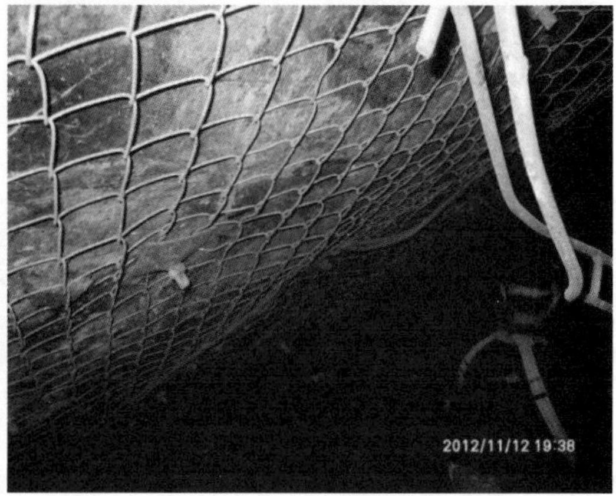

照片 12.6　0404 回风巷道独臂掘进机掘进顶底板与煤层超声波测试

12.2　0404 回风巷道松动破坏探测成果

根据探地雷达现场测试方案，对 0404 回风巷进行测试，0404 运输巷 900MHz 雷达测试结果如图 12.1 和图 12.2 所示，白色横线即为围岩松动范围。

主要探测结论如下。

①0404 回风巷围岩整体稳定，局部破坏地段进行了刚性支架补强加固；

②0404 回风巷围岩松动范围在 25～45cm，个别地方有 60cm、150cm，这些地方引起巷道支护结构受力不均匀，出现金属网的变形和顶板不均匀下沉，顶板开裂、掉块；

③0404 回风巷道锚网梁组合支护结构参数基本合理。

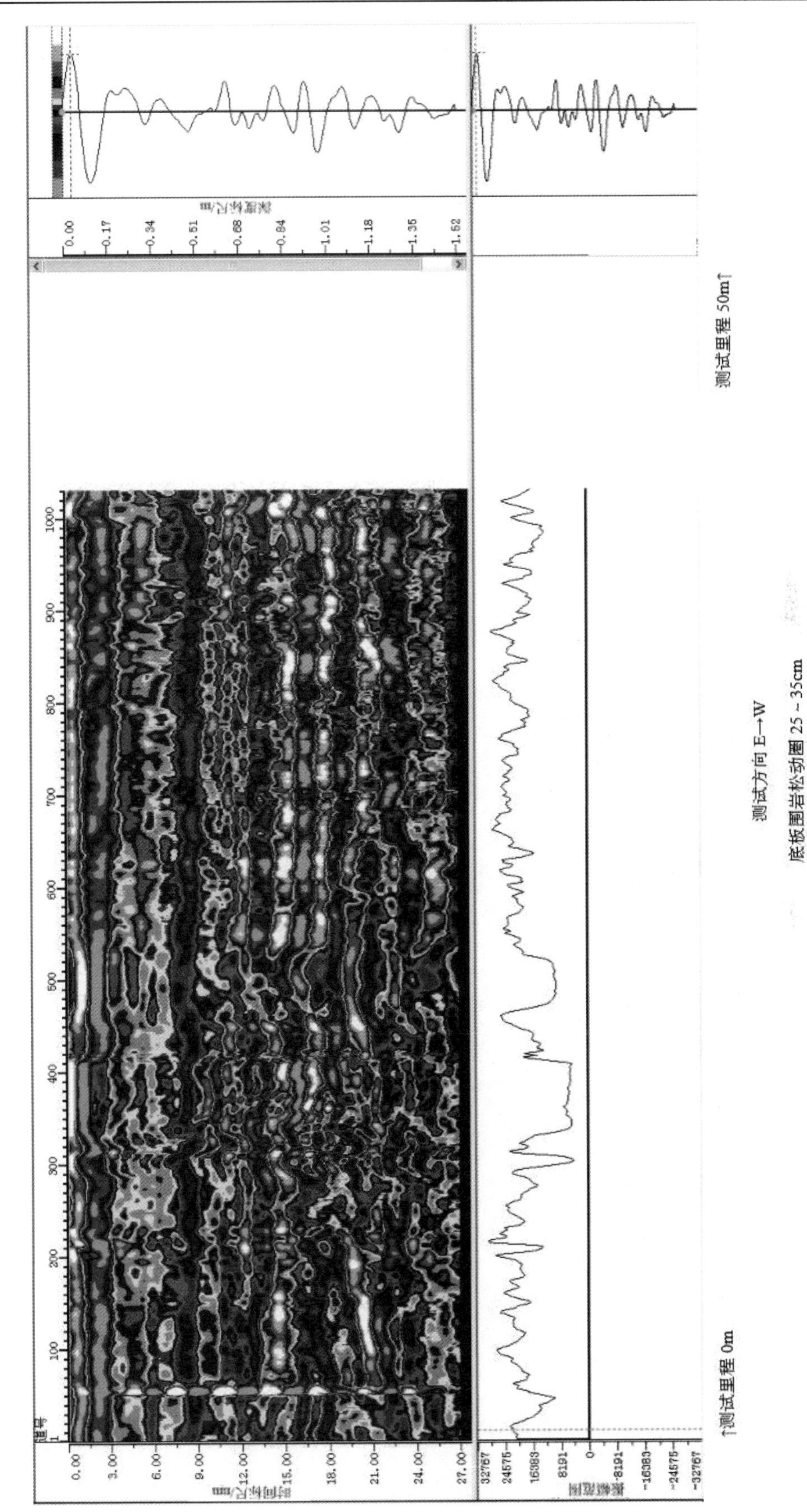

图 12.1（1）　0404 回风巷底板（S 侧）雷达测试结果（50 道/m，900MHz 天线）

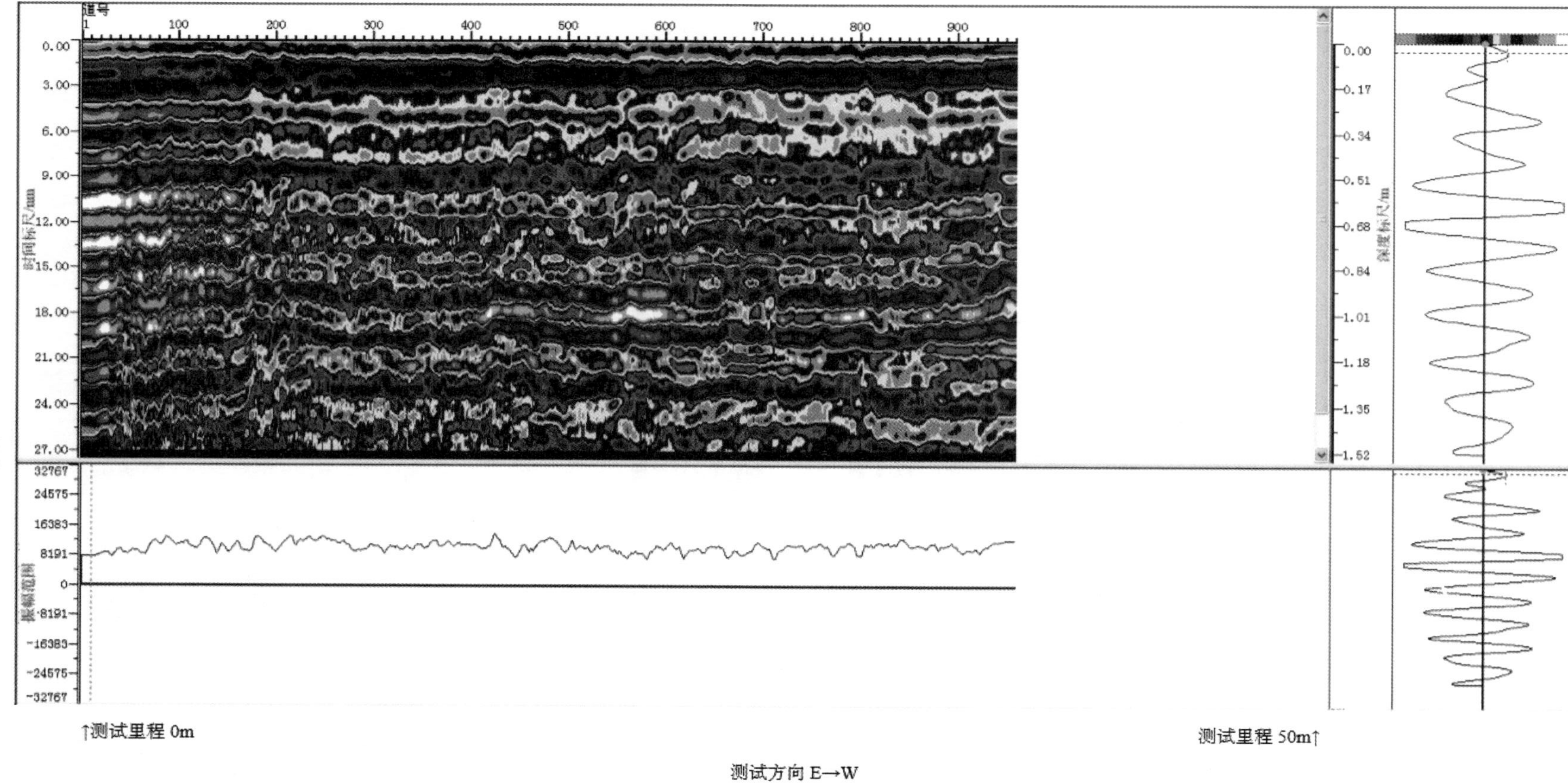

图 12.1（2） 0404 回风巷底板（S 侧）雷达测试结果（50 道/m，900MHz 天线）

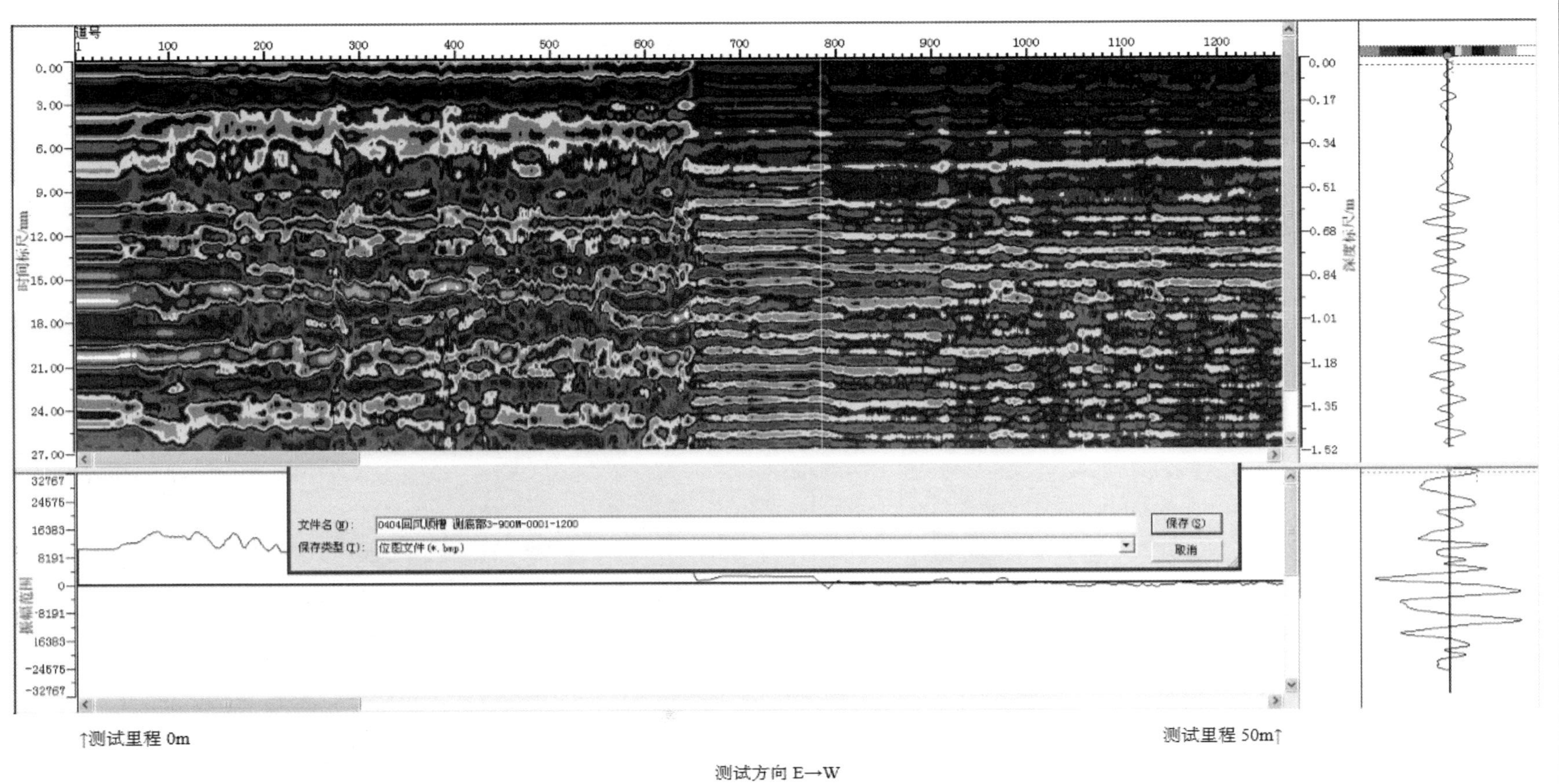

图 12.1（3）　0404 回风巷底板（S 侧）雷达测试结果（50 道/m，900MHz 天线）

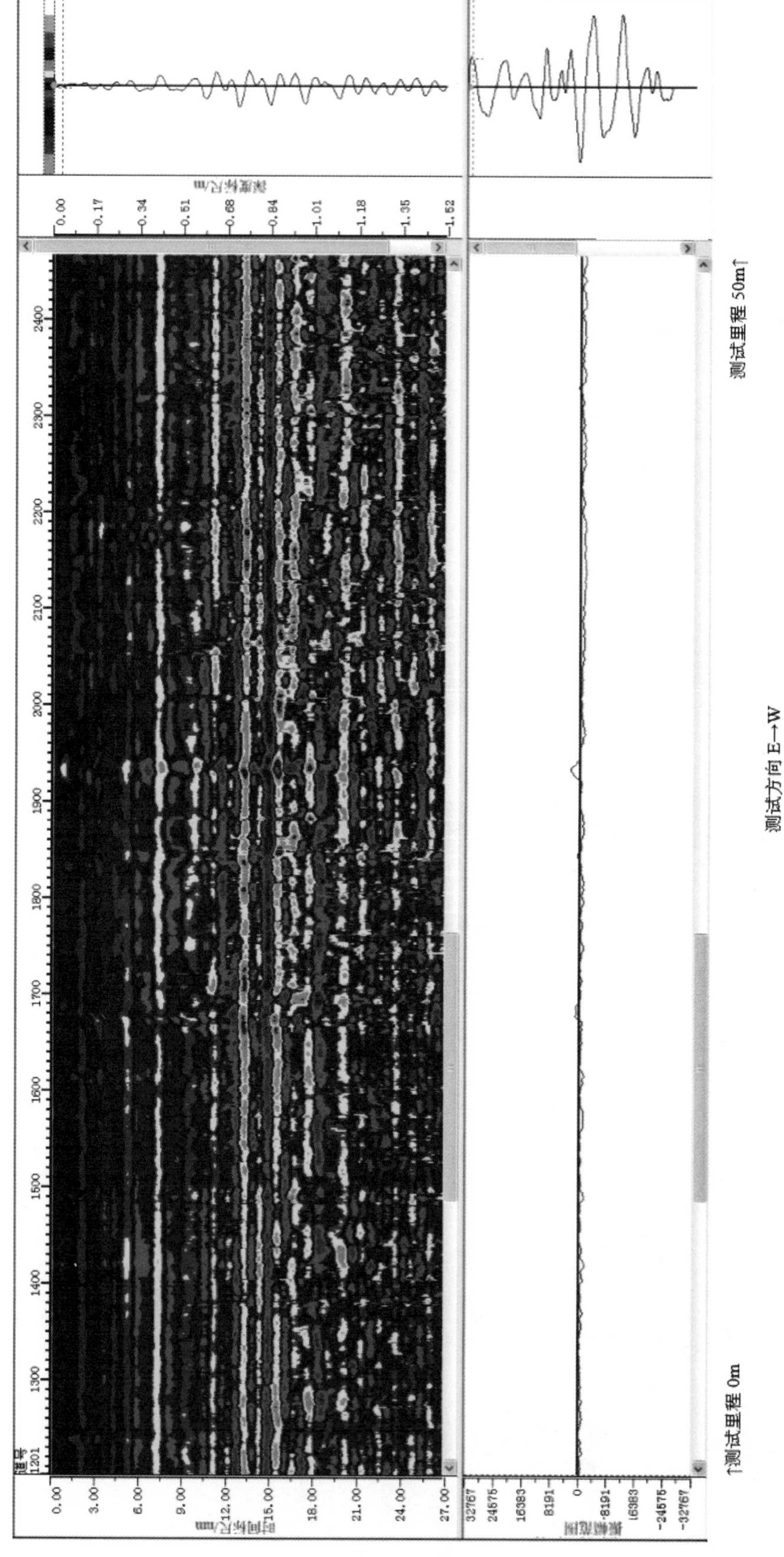

图 12.1（4） 0404 回风巷底板（S 侧）雷达测试结果（50 道/m，900MHz 天线）

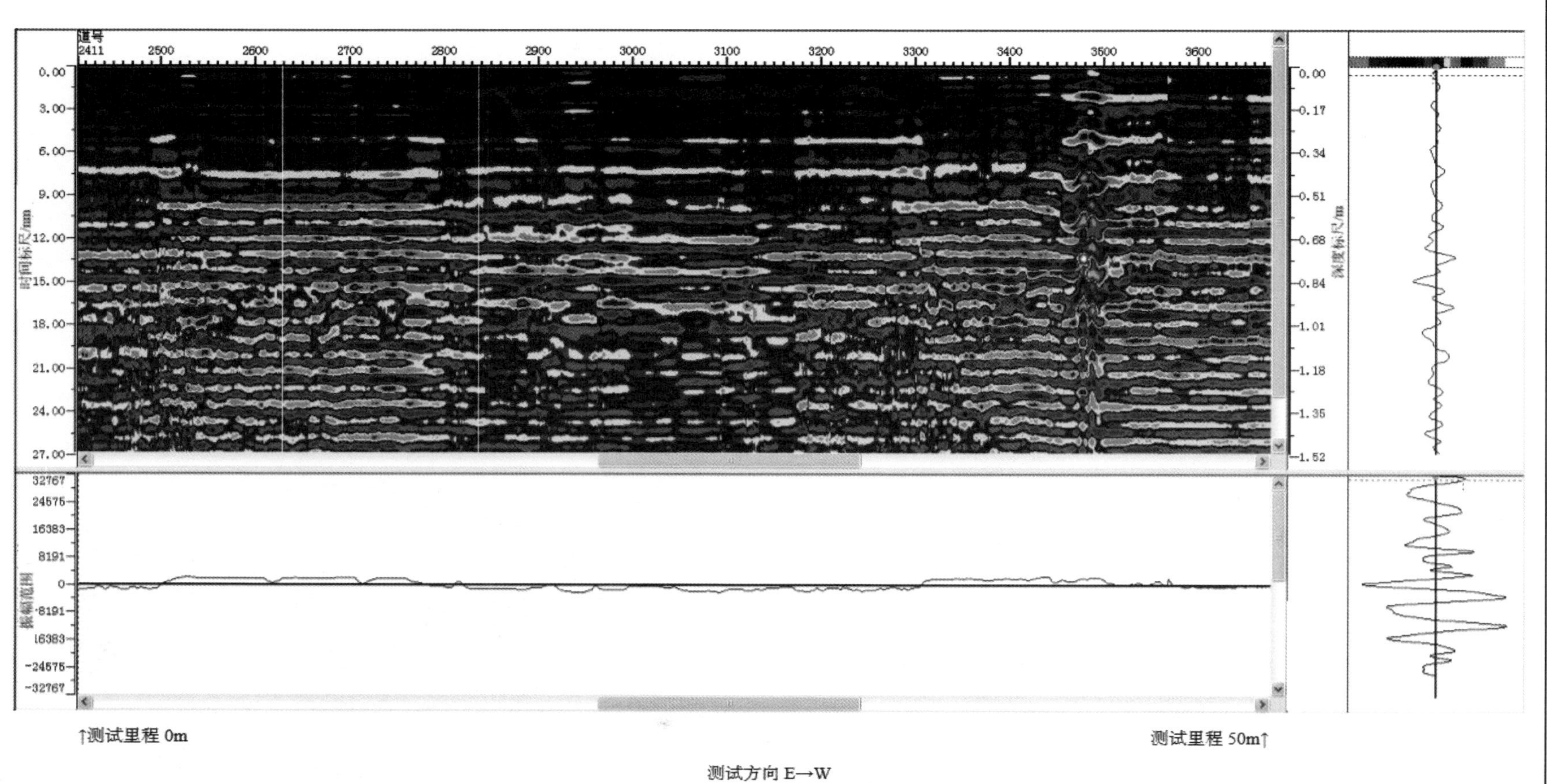

图 12.1（5）　0404 回风巷底板（S 侧）雷达测试结果（50 道/m，900MHz 天线）

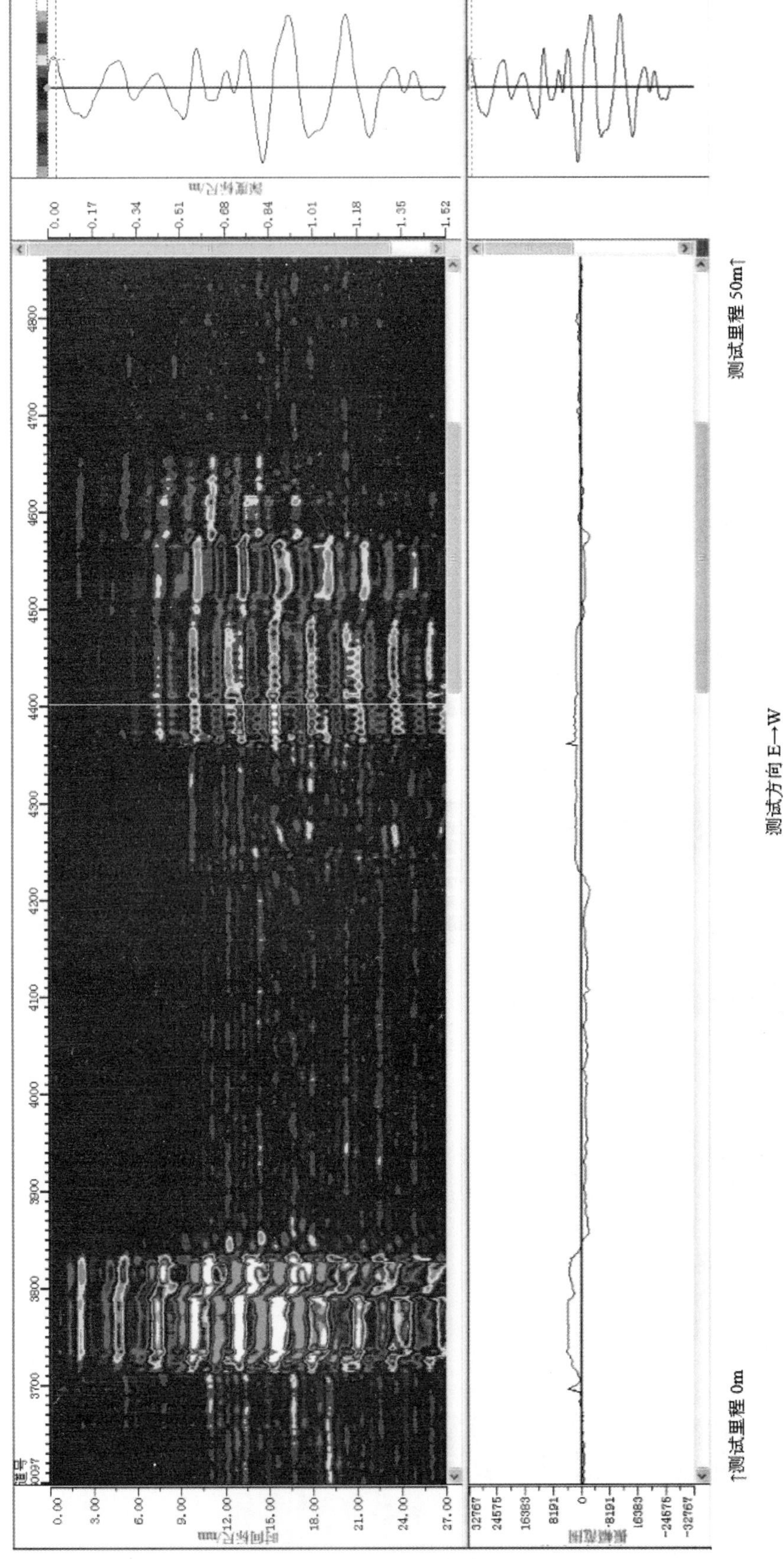

图 12.1（6） 0404 回风巷底板（S 侧）雷达测试结果（50 道/m，900MHz 天线）

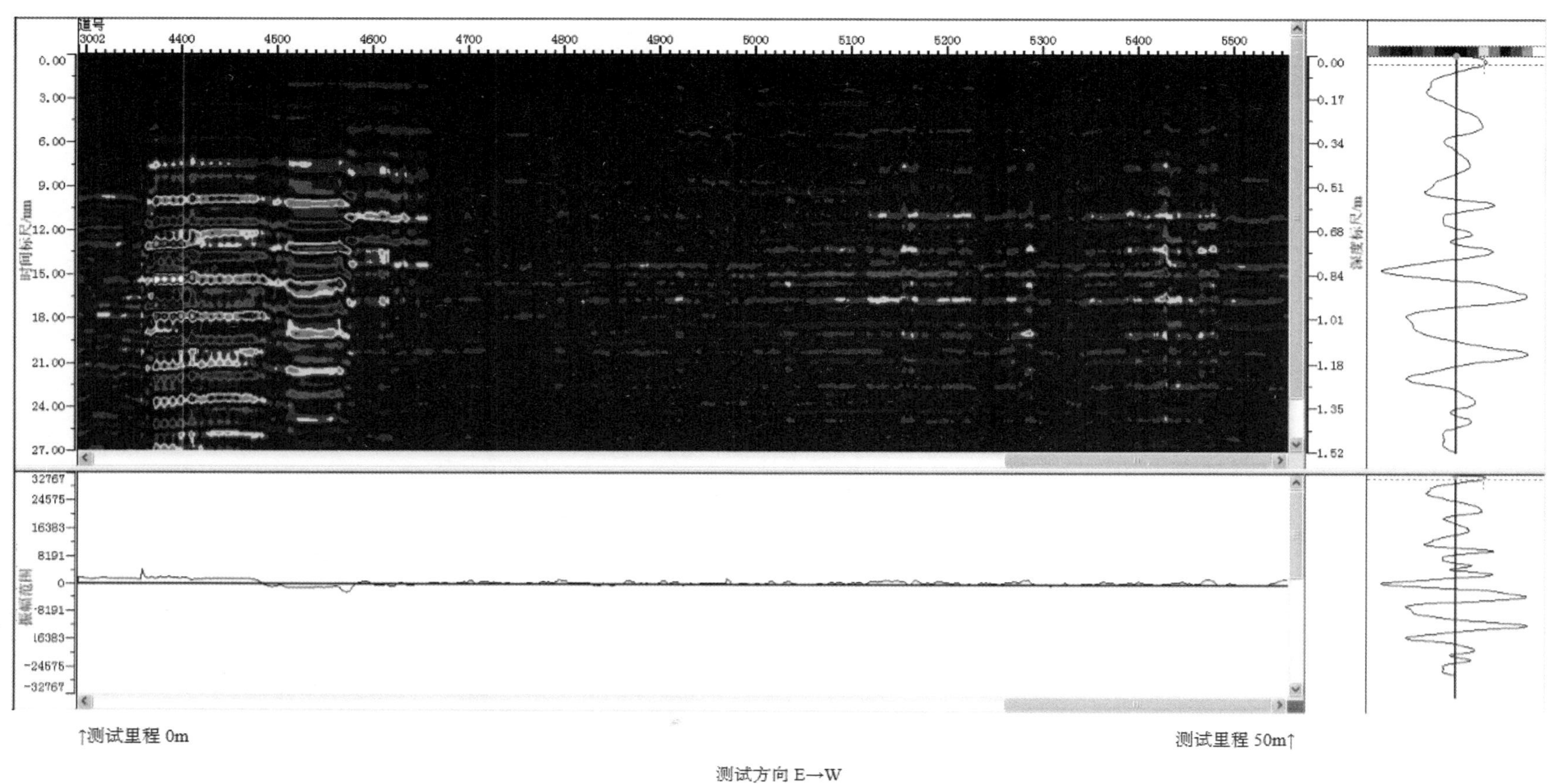

图 12.1（7）　0404 回风巷底板（S 侧）雷达测试结果（30 道/m，900MHz 天线）

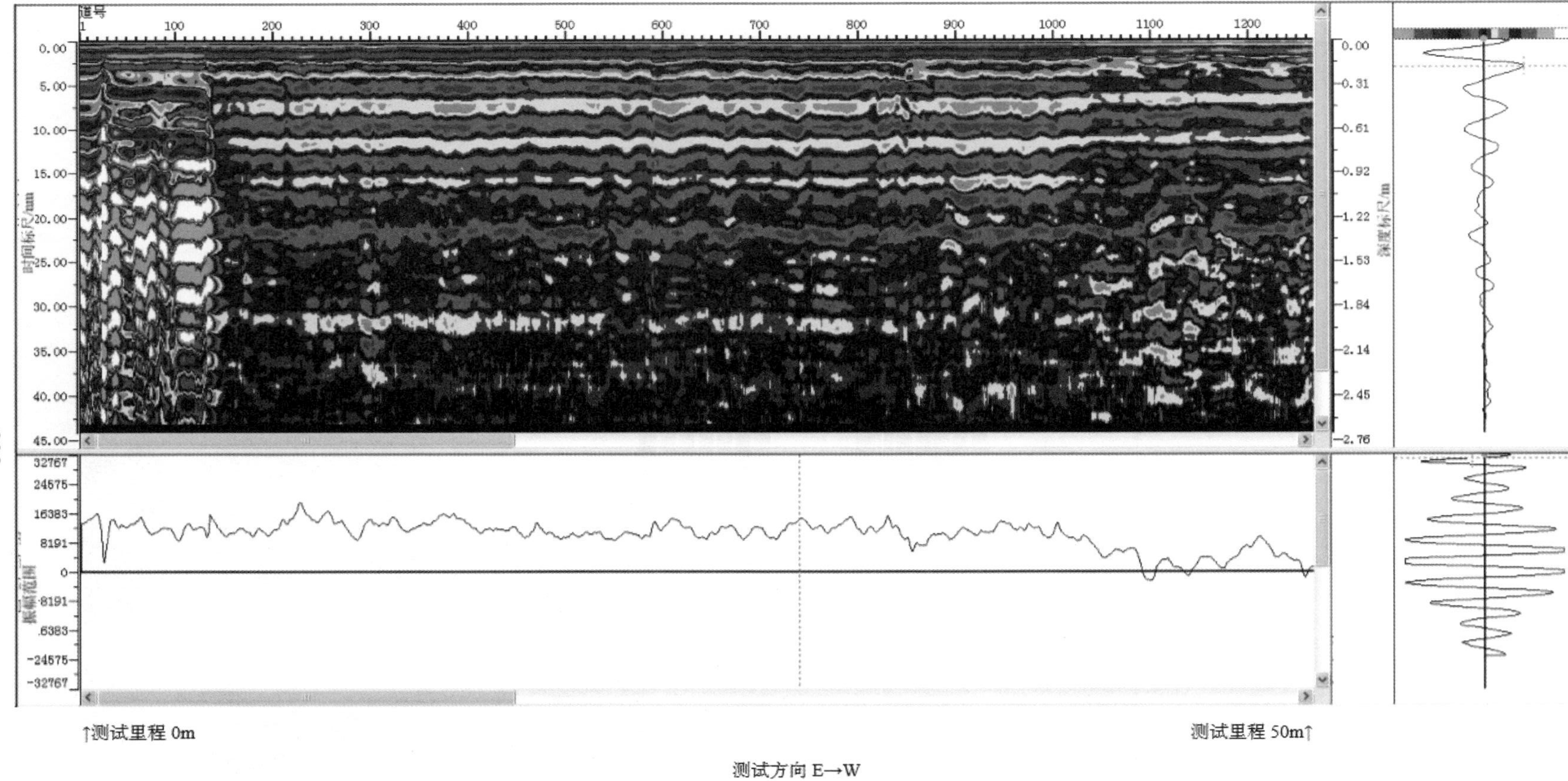

图 12.2（1） 0404 运输巷底板（S 侧）雷达测试结果（100 道/m，900MHz 天线）

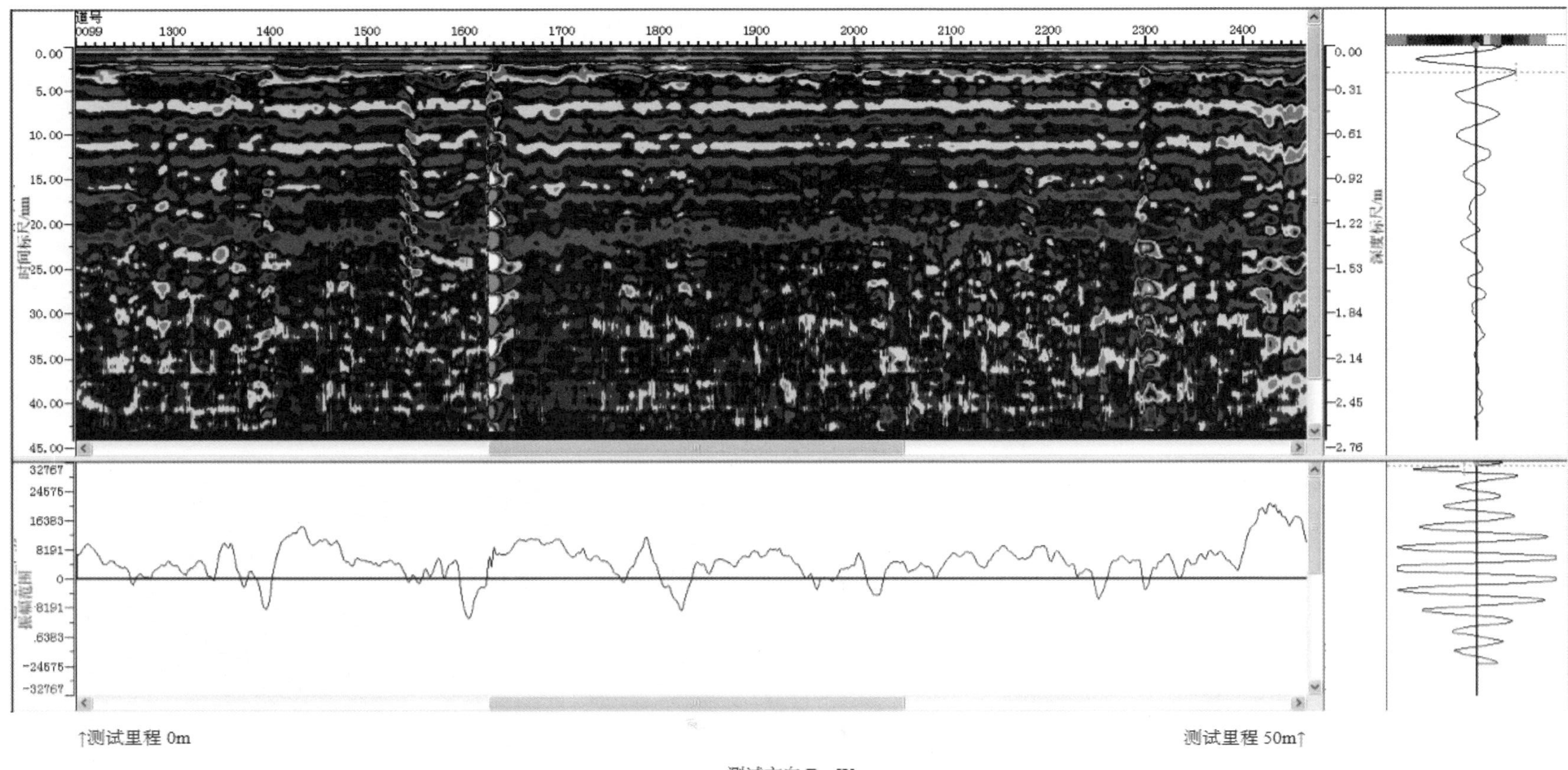

图 12.2（2）　0404 运输巷底板（S 侧）雷达测试结果（100 道/m，900MHz 天线）

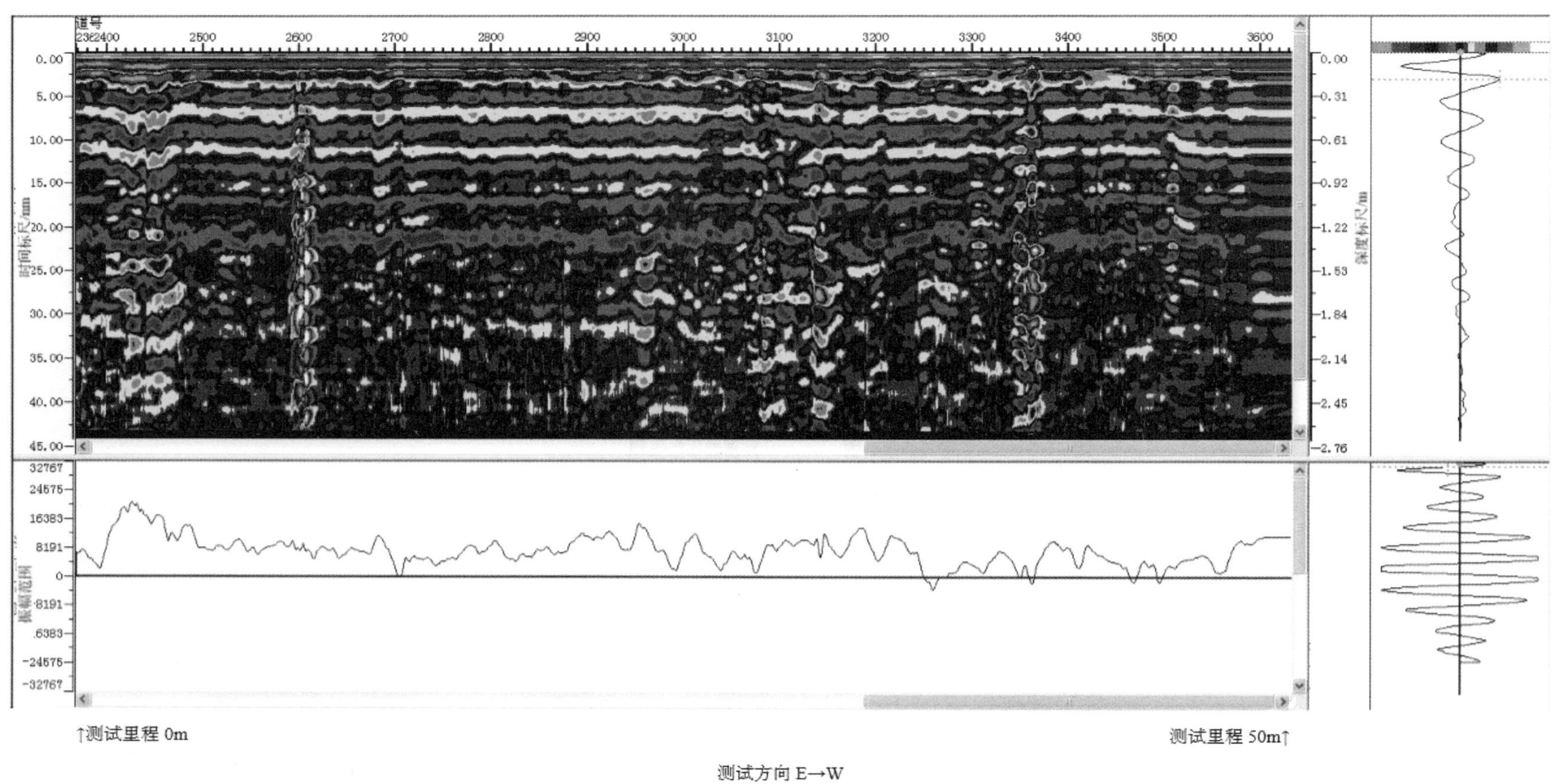

图 12.2（3） 0404 运输巷底板（S 侧）雷达测试结果（100 道/m，900MHz 天线）

第13章　副立井辅助运输巷道松动破坏探测解译

13.1　副立井辅助运输巷道变形破坏

副立井辅助运输巷现场情况见照片13.1至照片13.5。

照片13.1　巷道预制混凝土衬砌形变与工字钢架支护

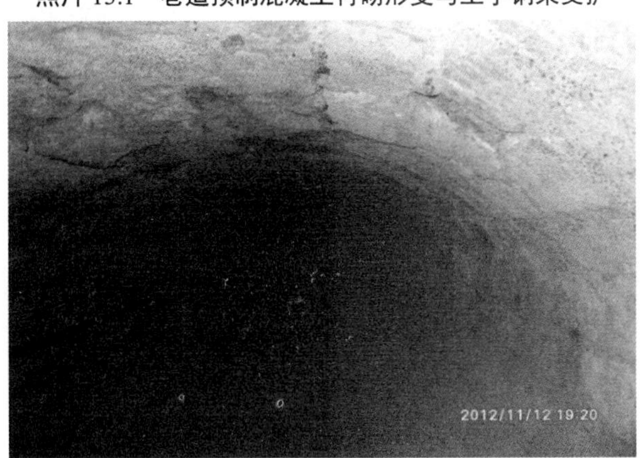

照片13.2　巷道预制混凝土衬砌变形开裂、底鼓严重

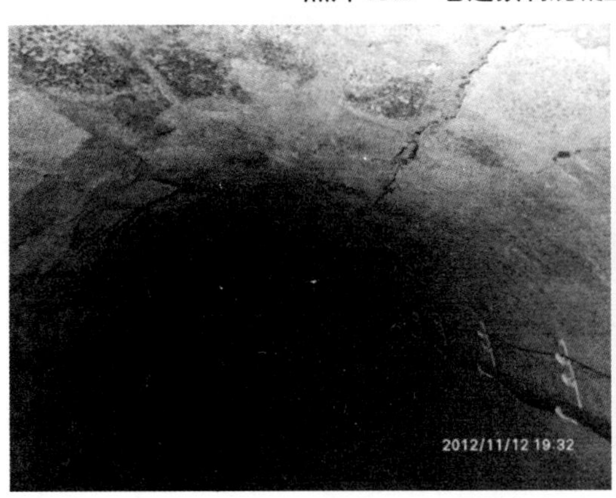

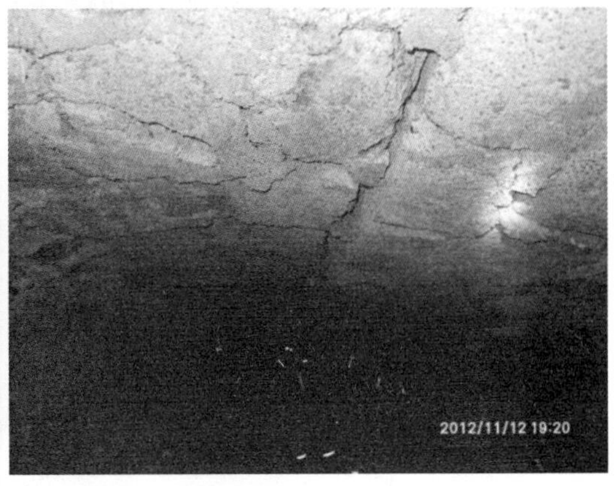

照片13.3　巷道底鼓引起拱顶大变形沉陷与开裂

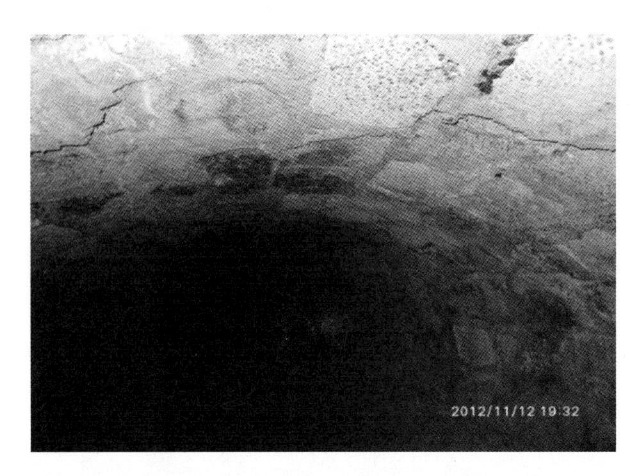

照片 13.4　巷道底鼓纵向雷达检测

照片 13.5　巷道底鼓环向雷达检测

13.2　副立井辅助运输巷道松动破坏探测成果

根据探地雷达现场测试方案，对副立井辅助运输巷进行测试，500MHz 雷达测线布置和测试结果如图 13.1 至图 13.6 所示（环向测试间距 5m）。

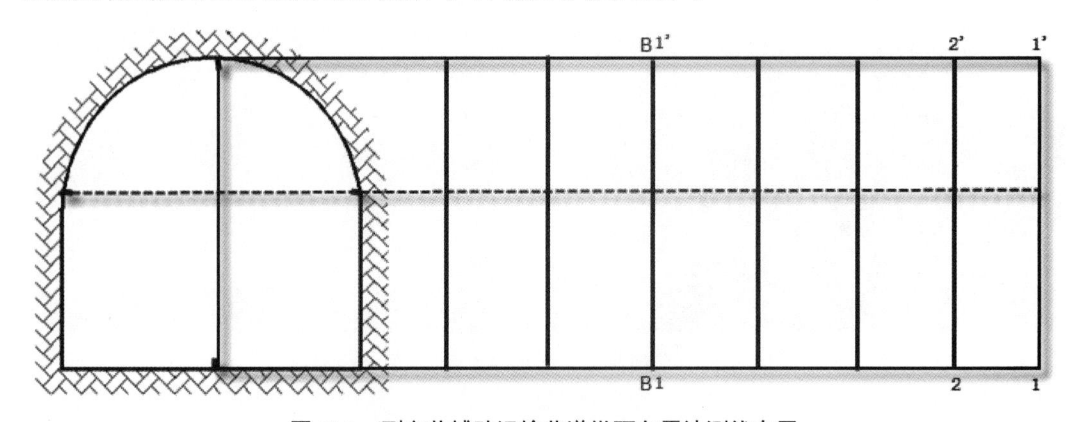

图 13.1　副立井辅助运输巷道纵环向雷达测线布置

主要探测结论如下。

①0402 回风巷和运输巷围岩松动范围在 125～180cm，将引起巷道支护结构受力不均匀；

②0402 回风巷和运输巷锚喷、锚砌组合支护结构参数基本合理；

③0402 回风巷和运输巷衬砌开裂、掉块，有渗水现象；

④0403，0402 采煤工作已经结束，0403，0402 回风巷和运输巷道历经近半年巷道收敛监测，位移基本稳定，可以作为材料、设备等储备巷。

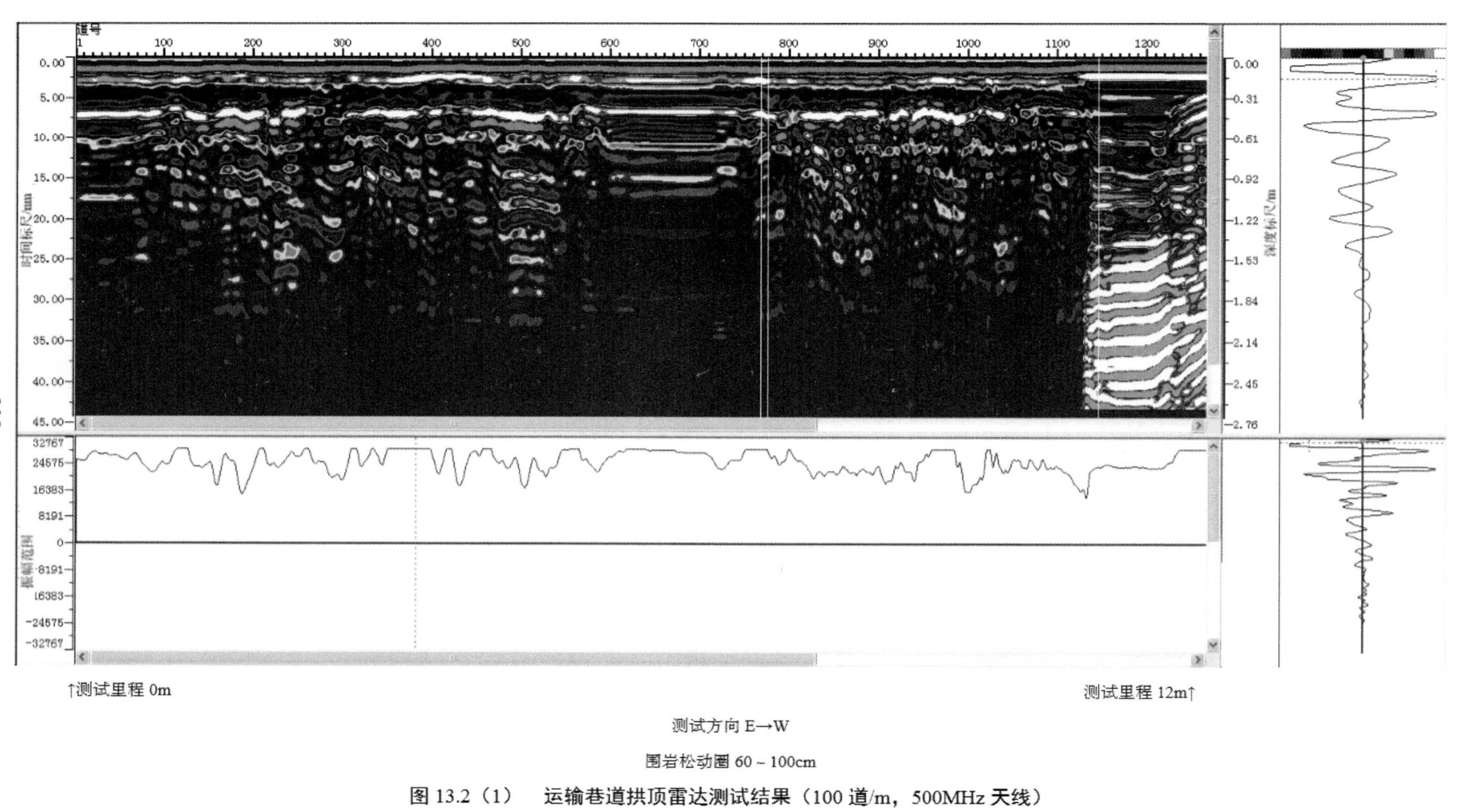

测试方向 E→W

围岩松动圈 60 ~ 100cm

图 13.2（1） 运输巷道拱顶雷达测试结果（100 道/m，500MHz 天线）

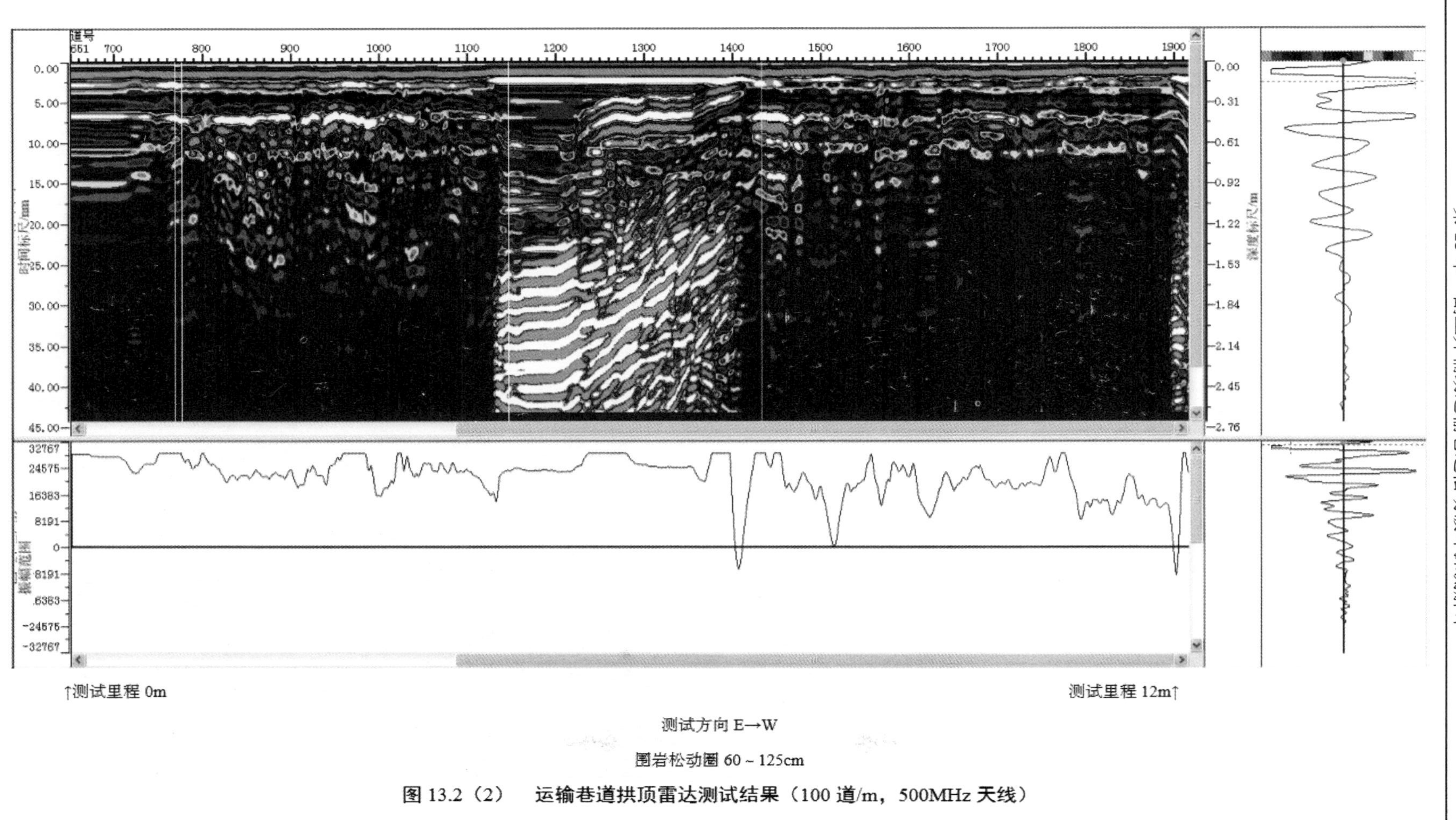

图 13.2（2）　运输巷道拱顶雷达测试结果（100 道/m，500MHz 天线）

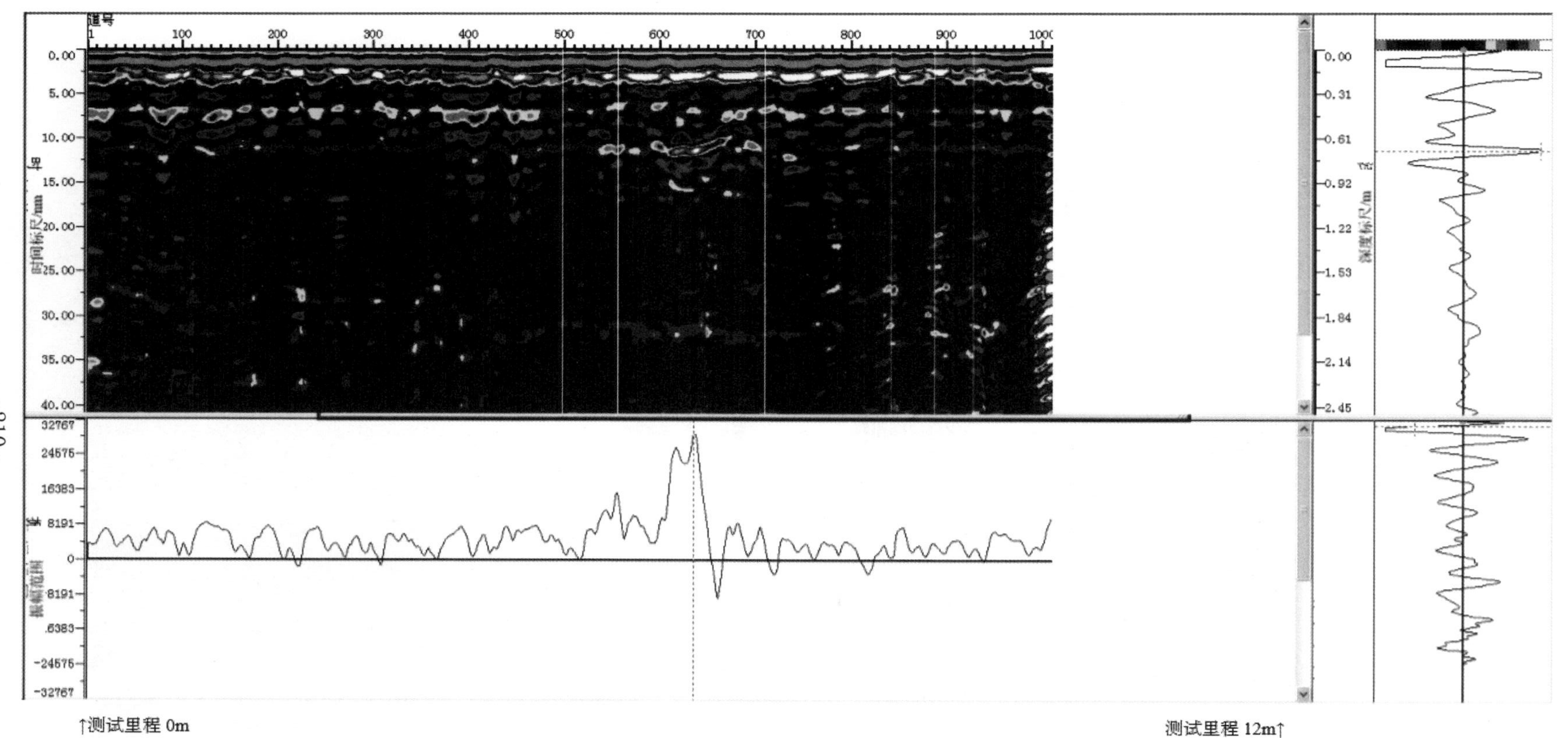

测试方向 E→W

围岩松动圈 30～70cm

图 13.3 运输巷道底板雷达测试结果（100 道/m，500MHz 天线）

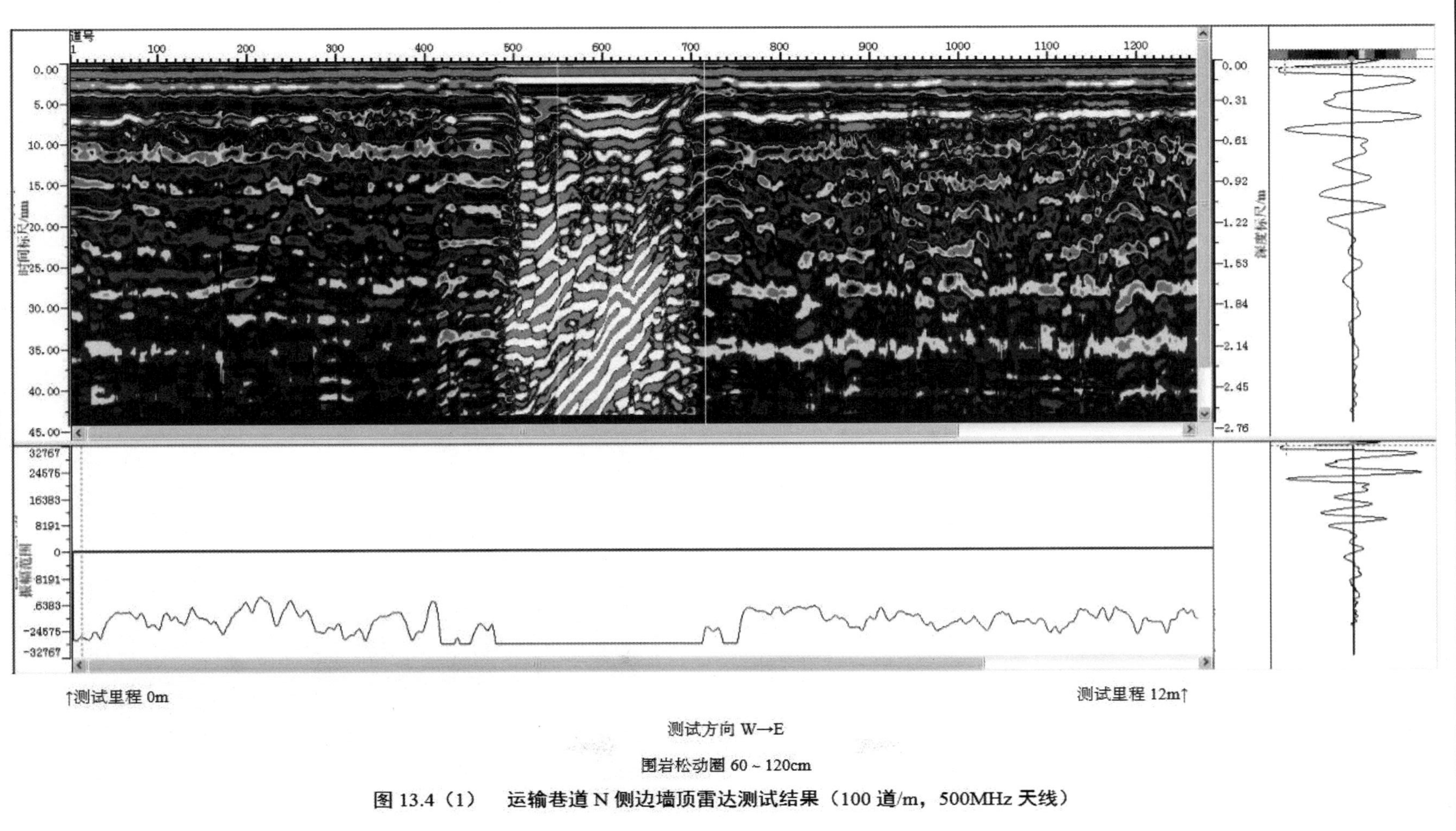

测试方向 W→E

围岩松动圈 60～120cm

图 13.4（1）　运输巷道 N 侧边墙顶雷达测试结果（100 道/m，500MHz 天线）

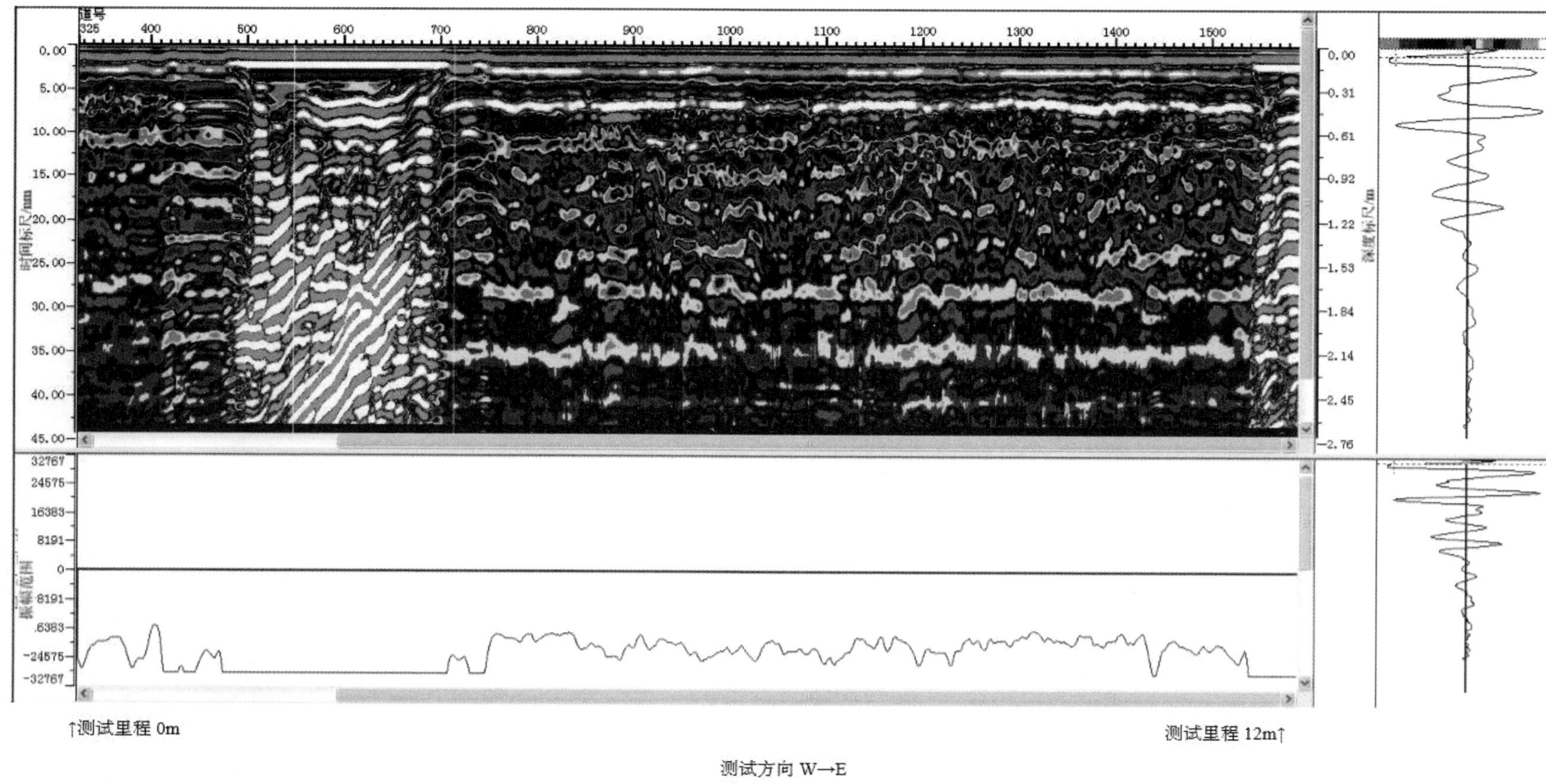

测试方向 W→E

围岩松动圈 60～120cm

图 13.4（2） 运输巷道 N 侧边墙顶雷达测试结果（100 道/m，500MHz 天线）

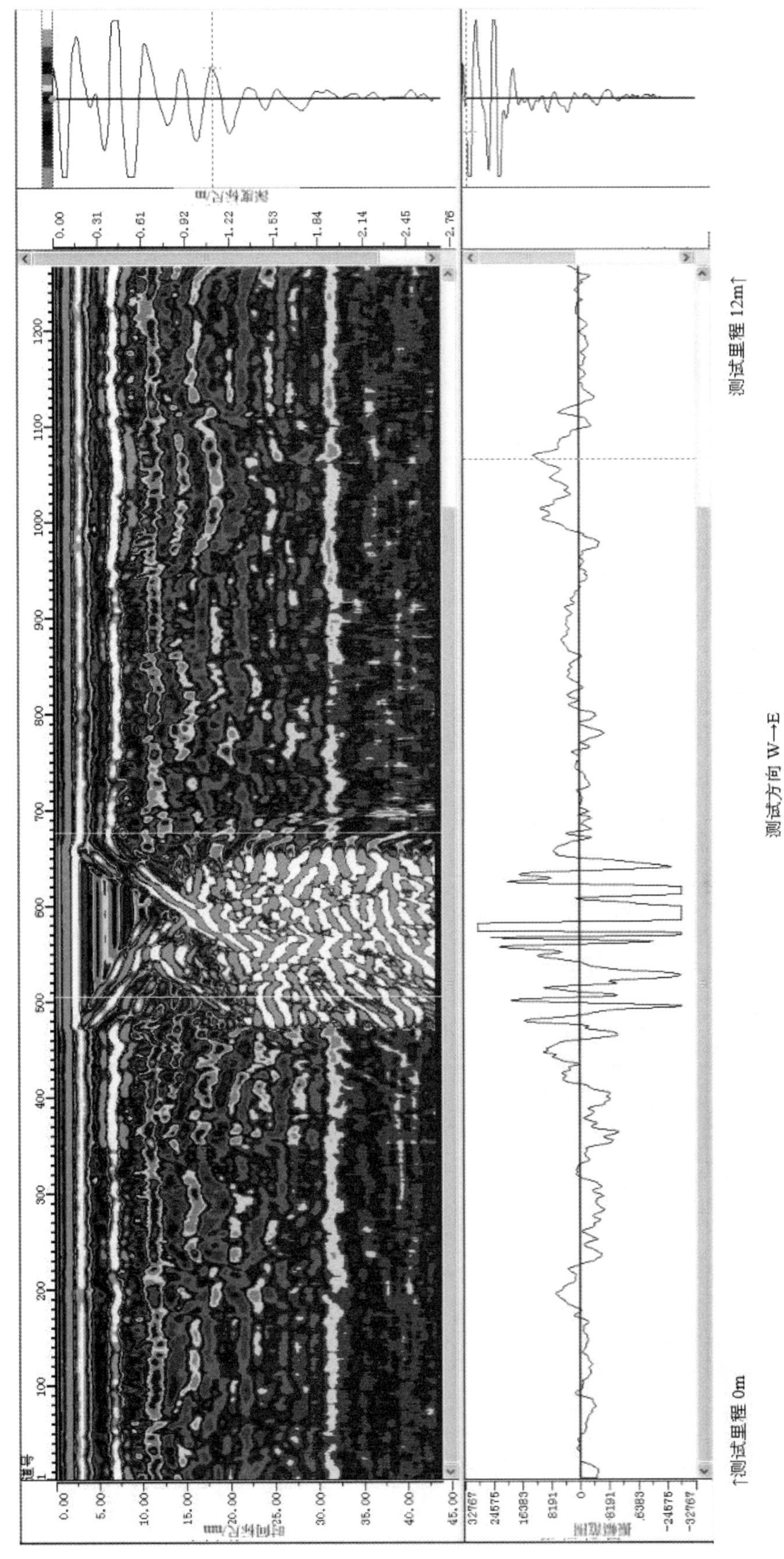

图 13.5（1）　运输巷道 S 侧边墙雷达测试结果（100 道/m，500MHz 天线）

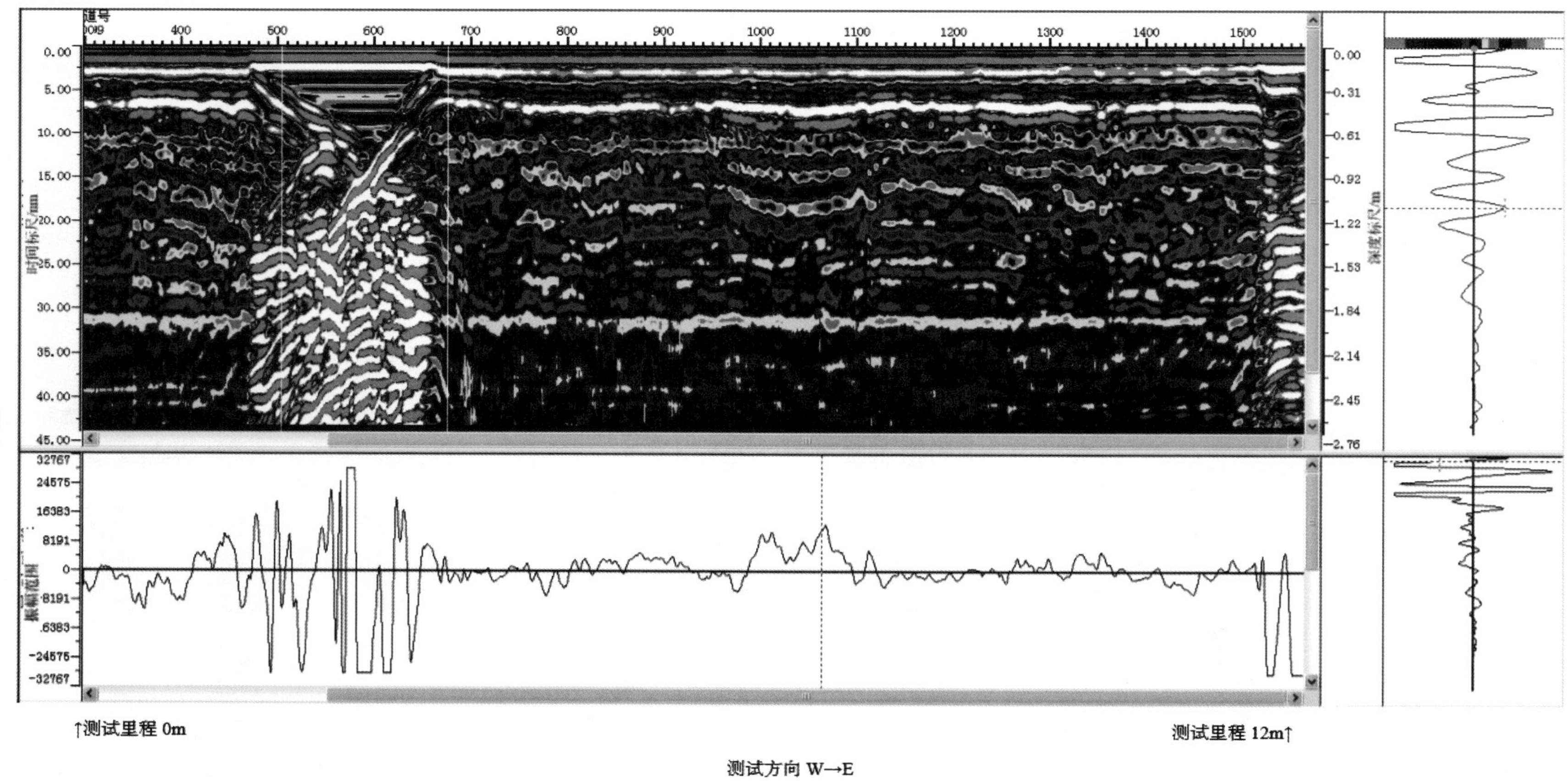

图 13.5（2） 运输巷道 S 侧边墙雷达测试结果（100 道/m，500MHz 天线）

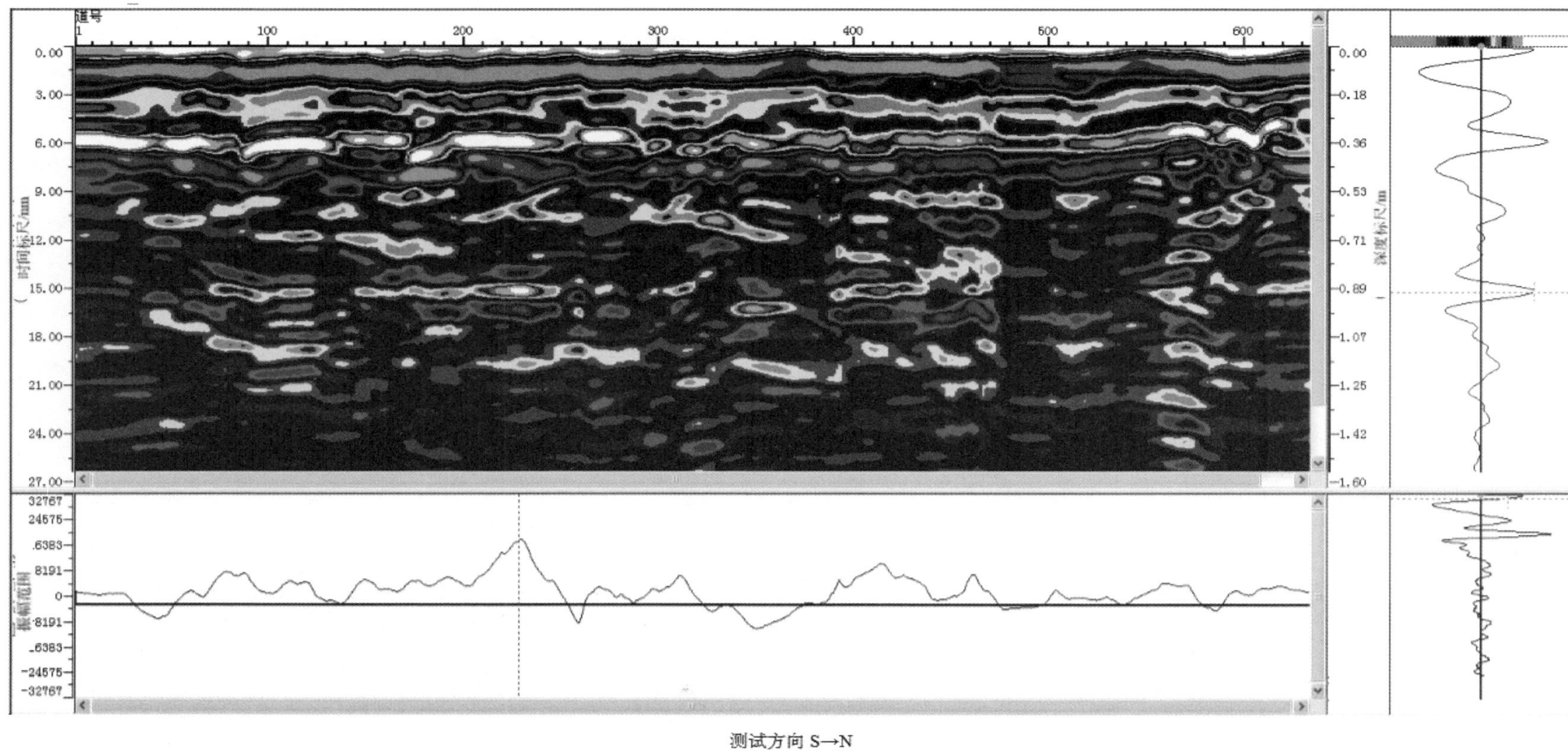

测试方向 S→N

围岩松动圈 60 ~ 100cm

图 13.6（1）　运输巷道 1-1'环向断面雷达测试结果（100 道/m，500MHz 天线）

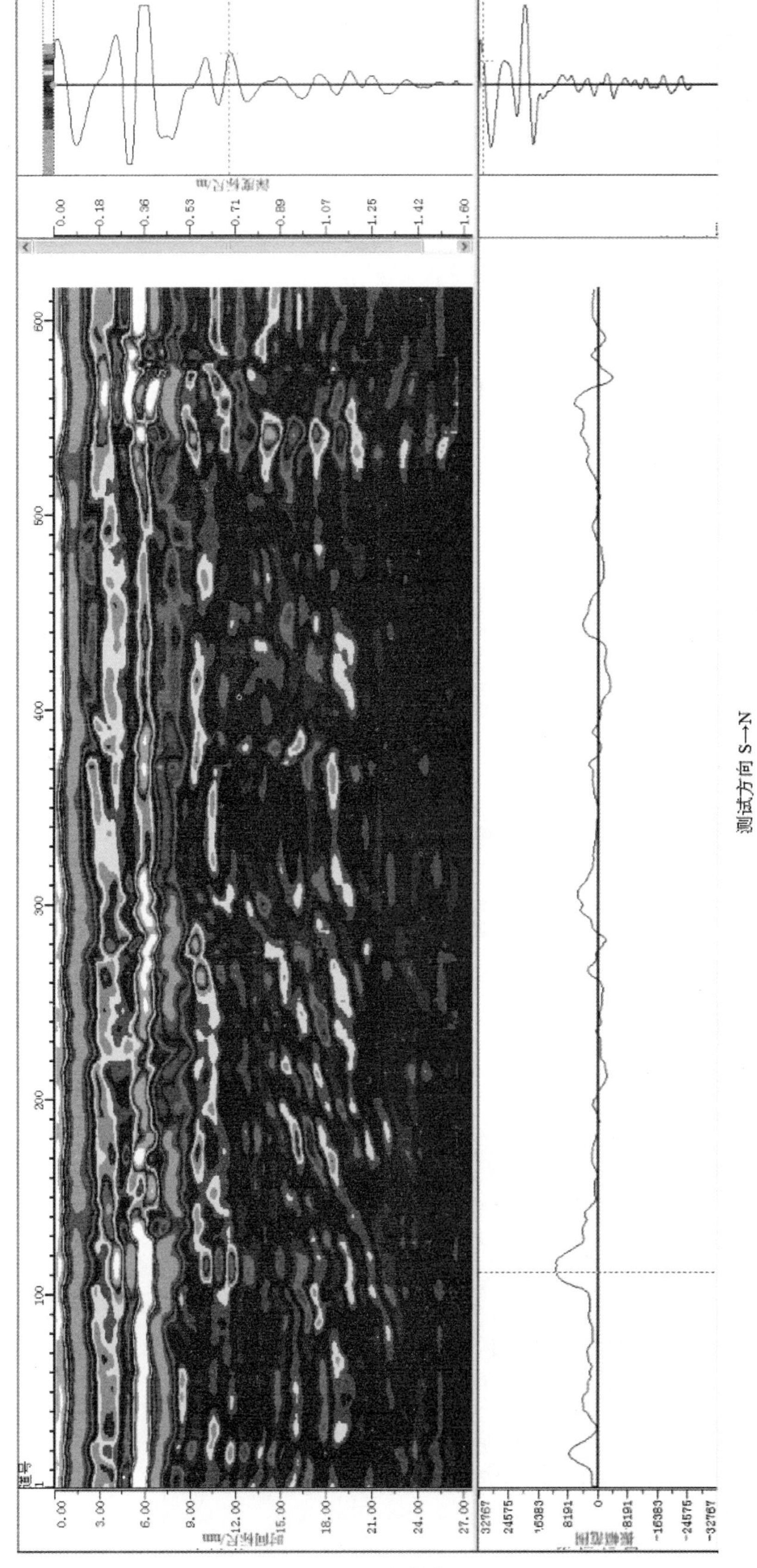

图 13.6（2） 运输巷道 2-2'断面（距离 1-1'环向断面 5m）雷达测试结果（100 道/m，500MHz 天线）

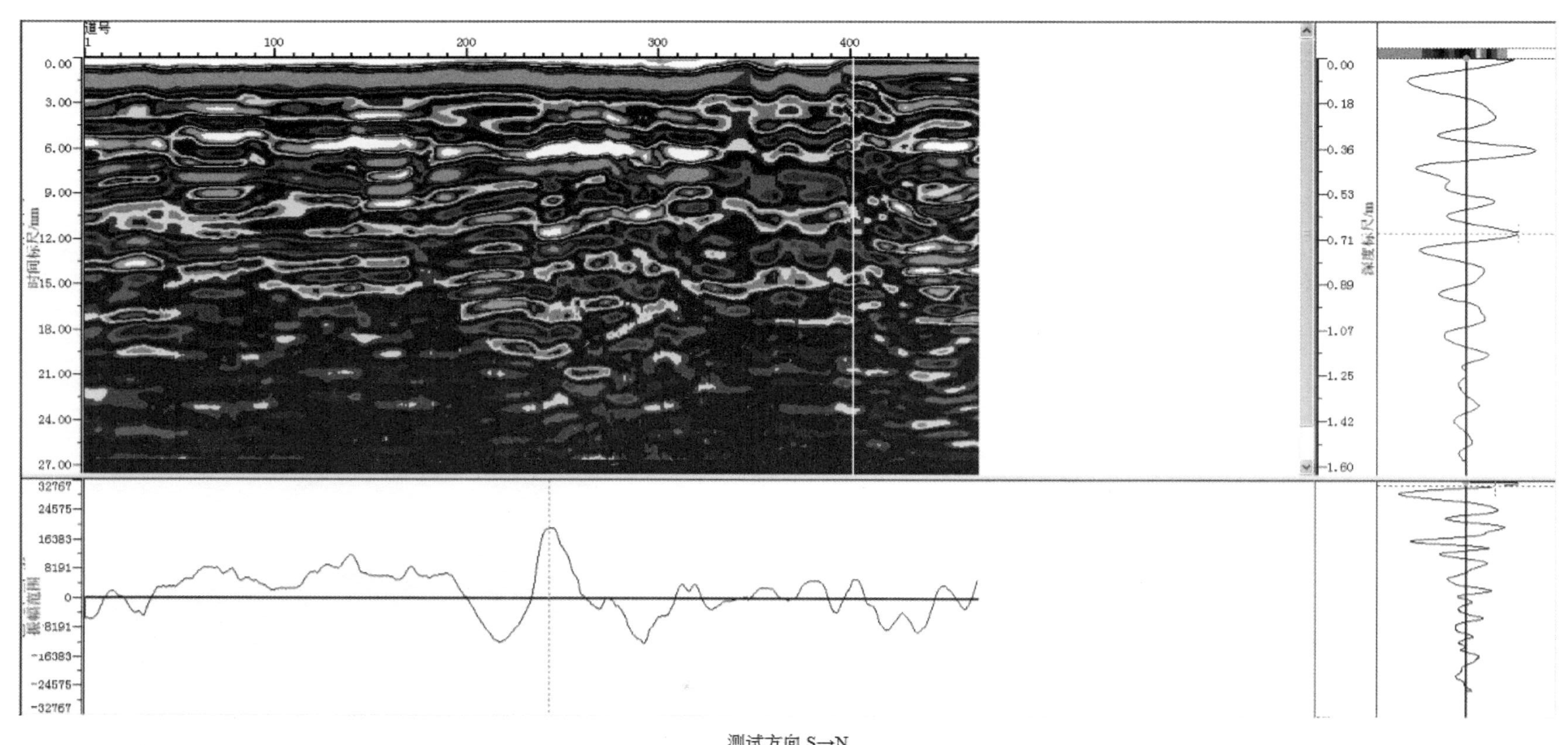

图 13.6（3）　运输巷道 3-3'断面（距离 2-2'环向断面 5m）雷达测试结果（100 道/m，500MHz 天线）

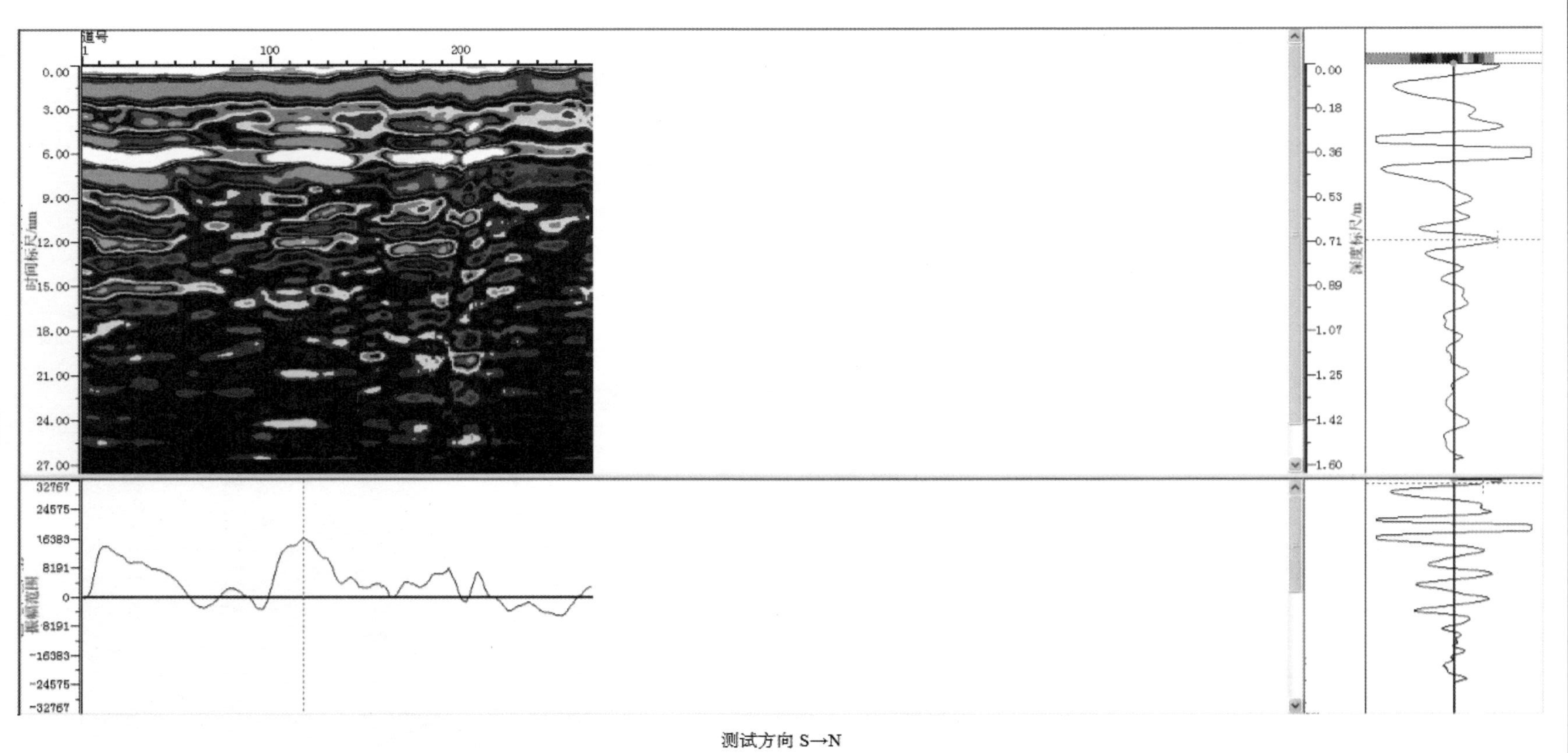

测试方向 S→N

围岩松动圈 60～100cm

图 13.6（4） 运输巷道 4-4'断面（距离 3-3'环向断面 5m）雷达测试结果（100 道/m，500MHz 天线）

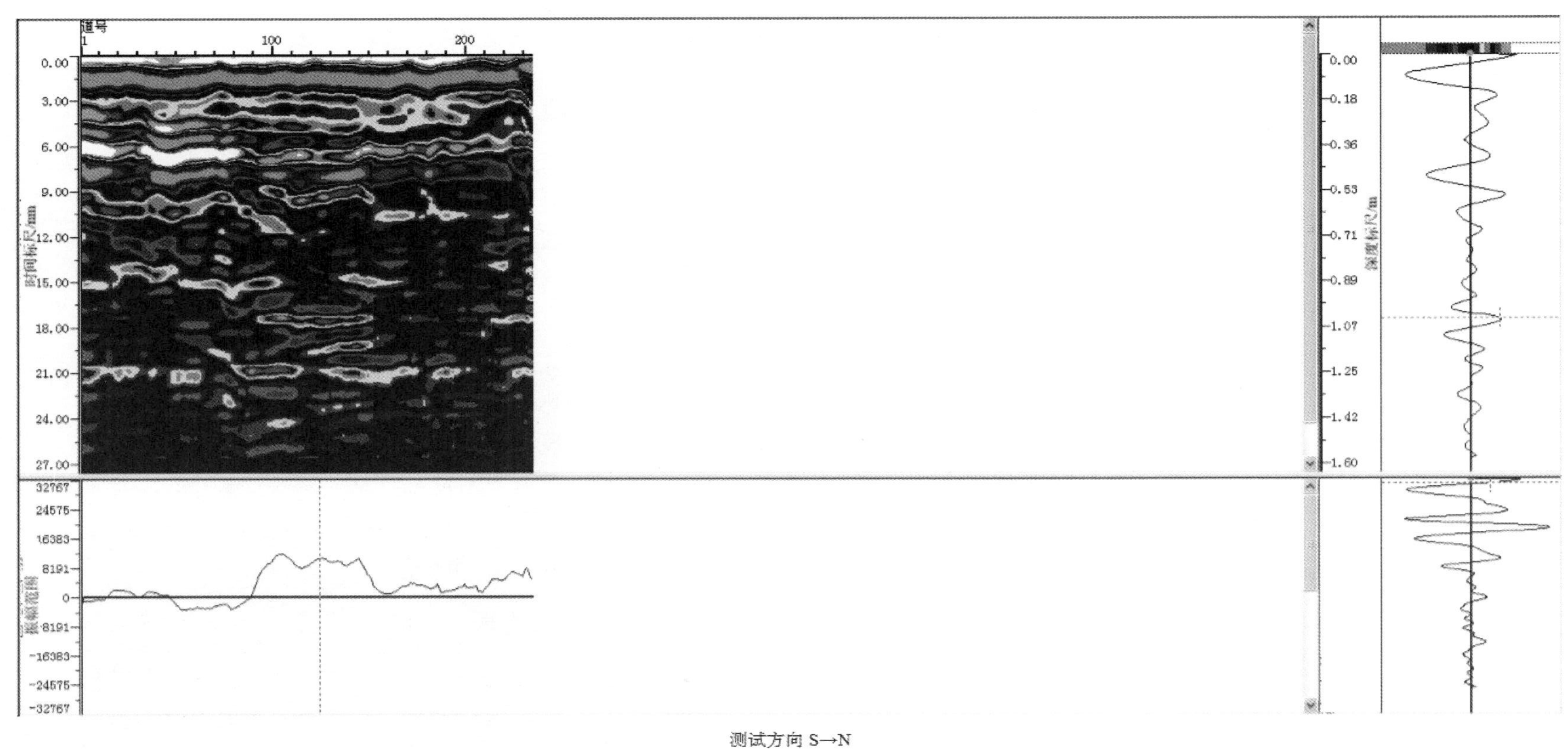

测试方向 S→N

围岩松动圈 60 ~ 100cm

图 13.6（5）　运输巷道 5-5'断面（距离 4-4'环向断面 5m）雷达测试结果（100 道/m，500MHz 天线）

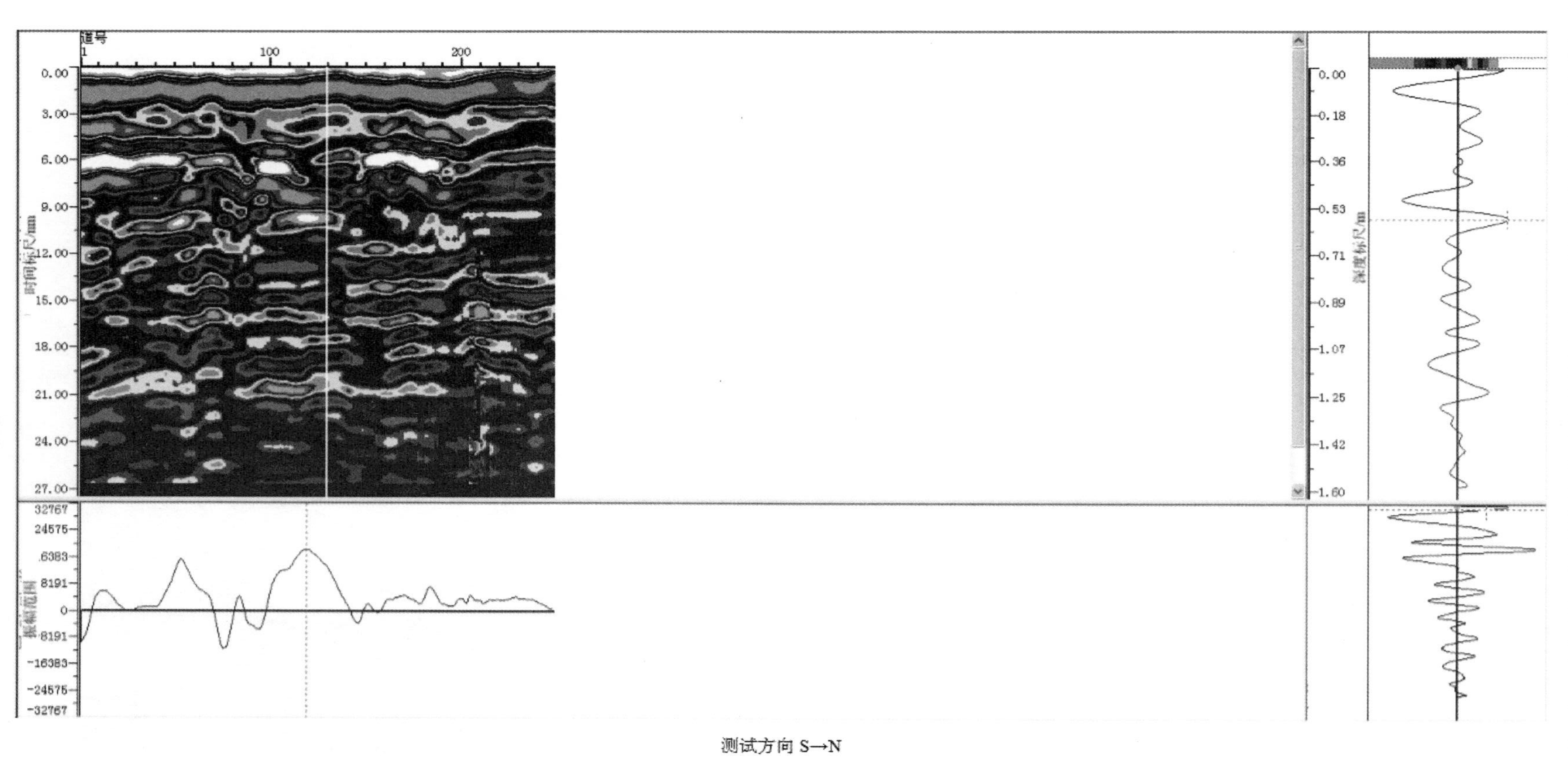

测试方向 S→N

围岩松动圈 60～100cm

图 13.6（6） 运输巷道 6-6'断面（距离 5-5'环向断面 5m）雷达测试结果（100 道/m，500MHz 天线）

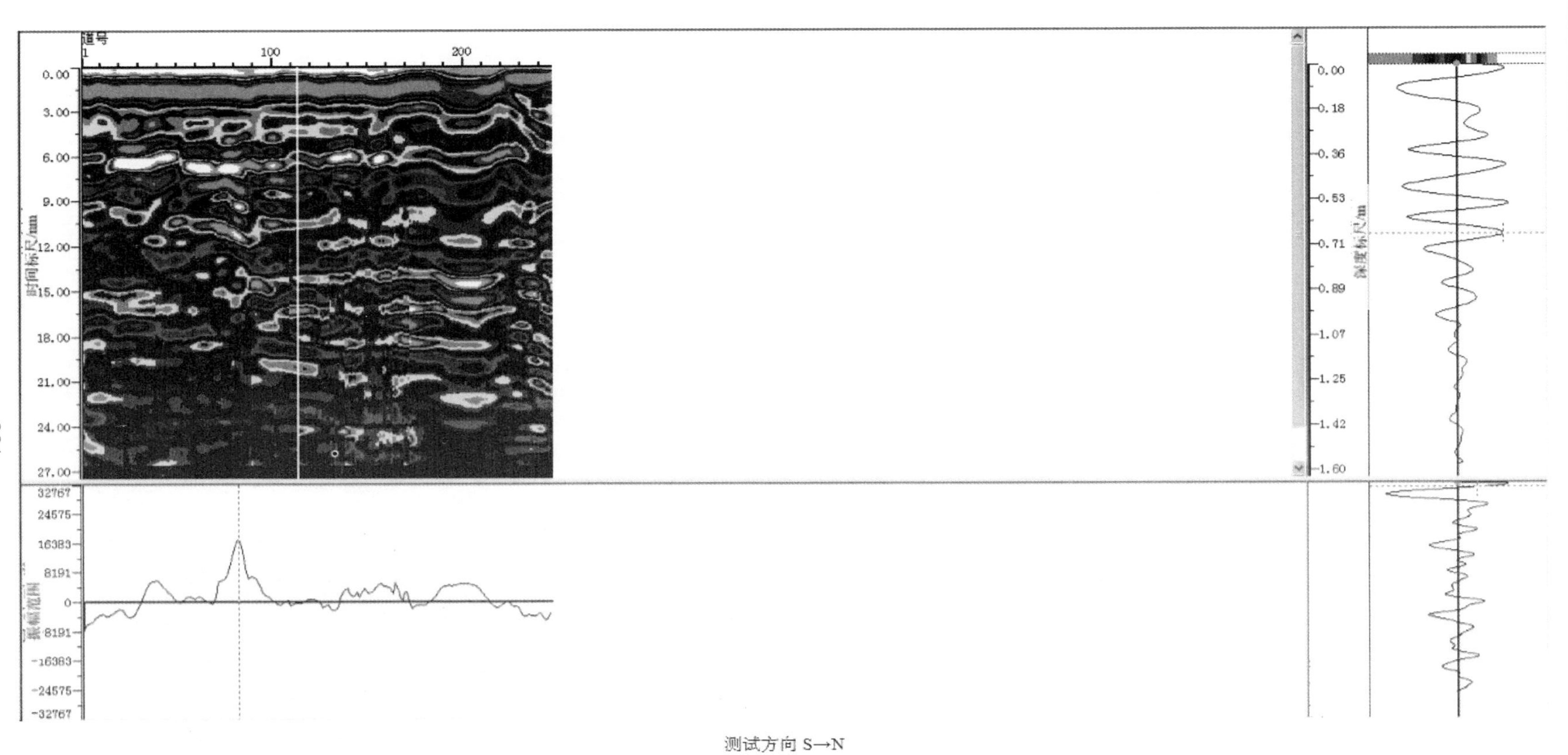

图 13.6（7）　运输巷道 7-7'断面（距离 6-6'环向断面 5m）雷达测试结果（100 道/m，500MHz 天线）

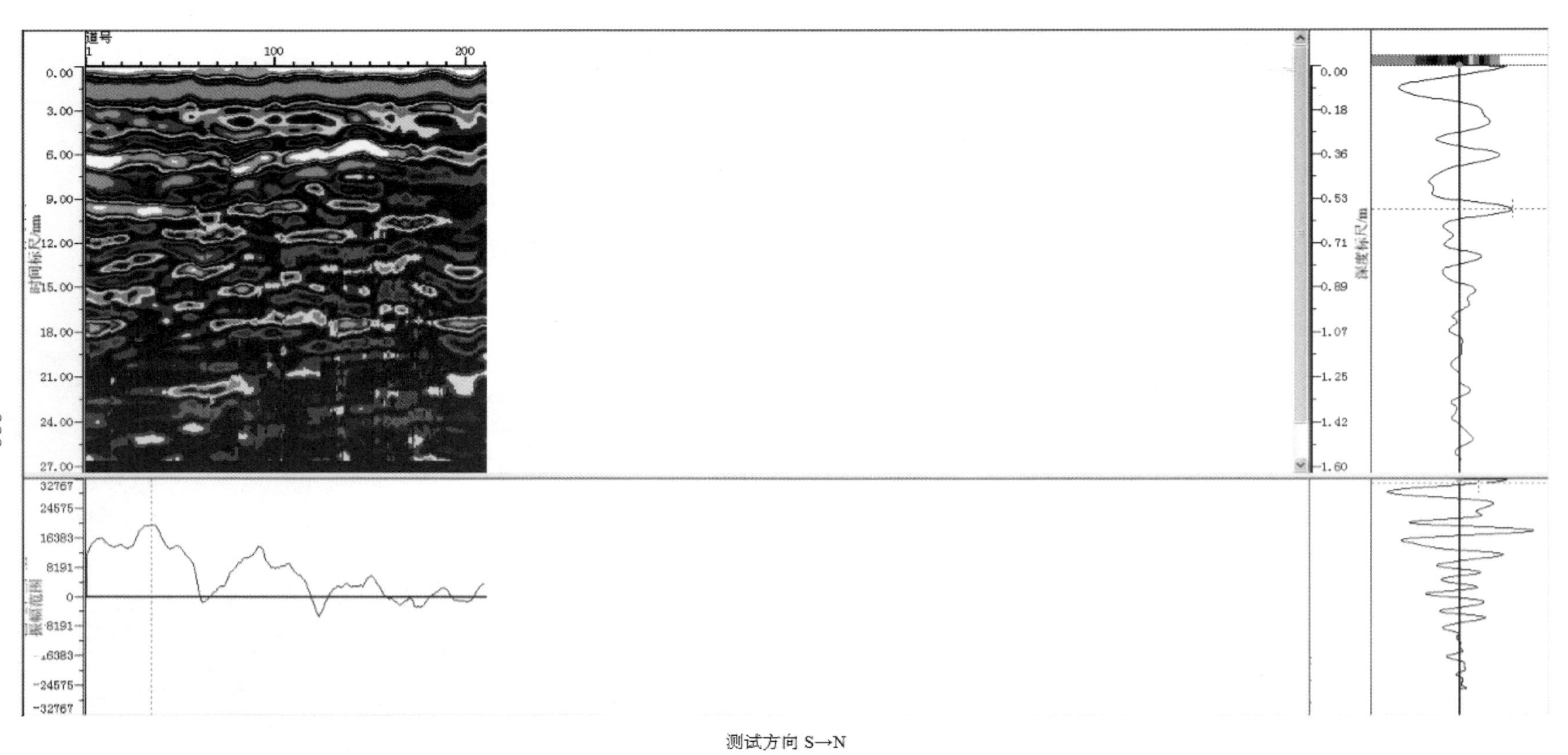

测试方向 S→N

围岩松动圈 60 ~ 100cm

图 13.6（8）　运输巷道 8-8’断面（距离 7-7’环向断面 5m）雷达测试结果（100 道/m，500MHz 天线）

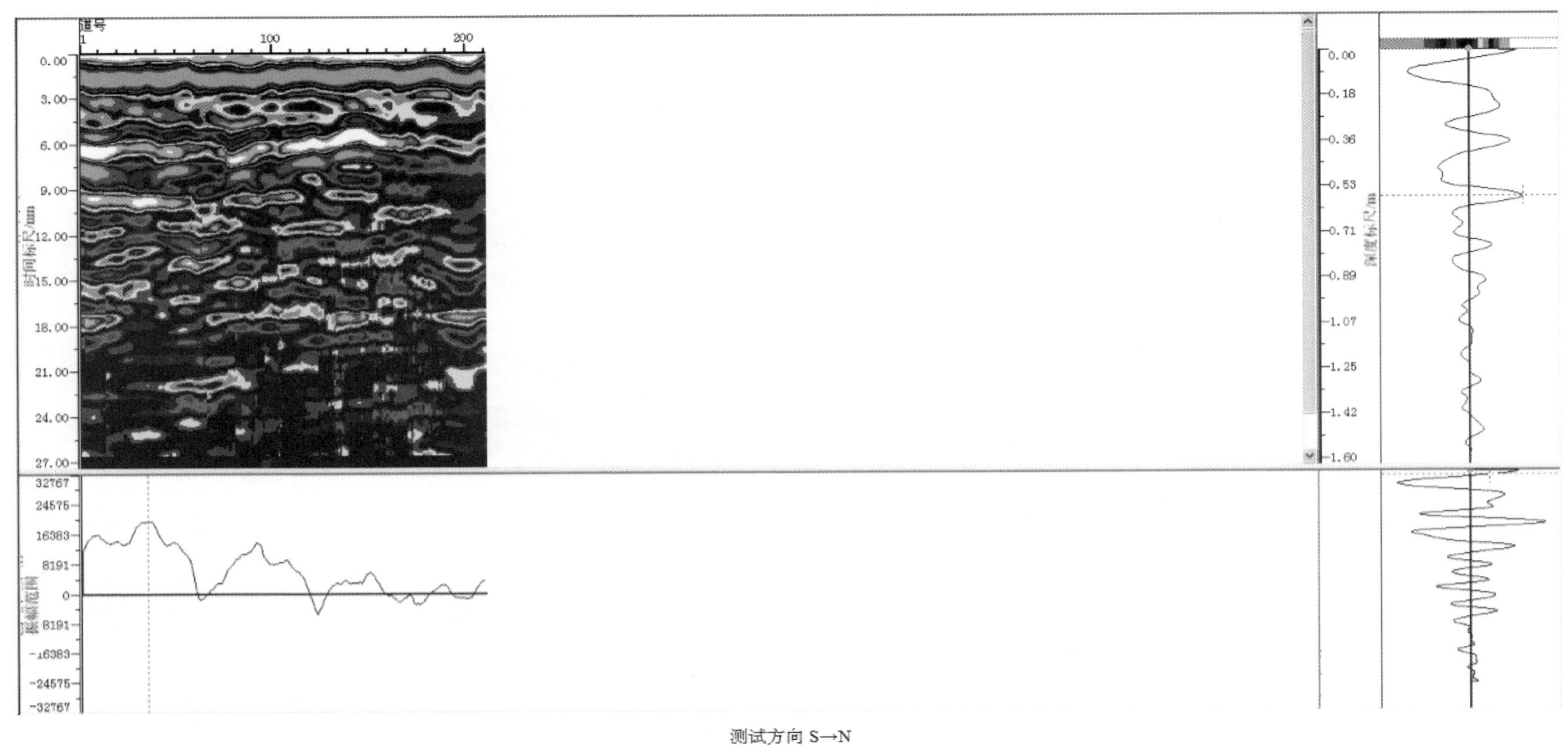

测试方向 S→N

围岩松动圈 60～100cm

图 13.6（9）　运输巷道 9-9’断面（距离 8-8’环向断面 5m）雷达测试结果（100 道/m，500MHz 天线）

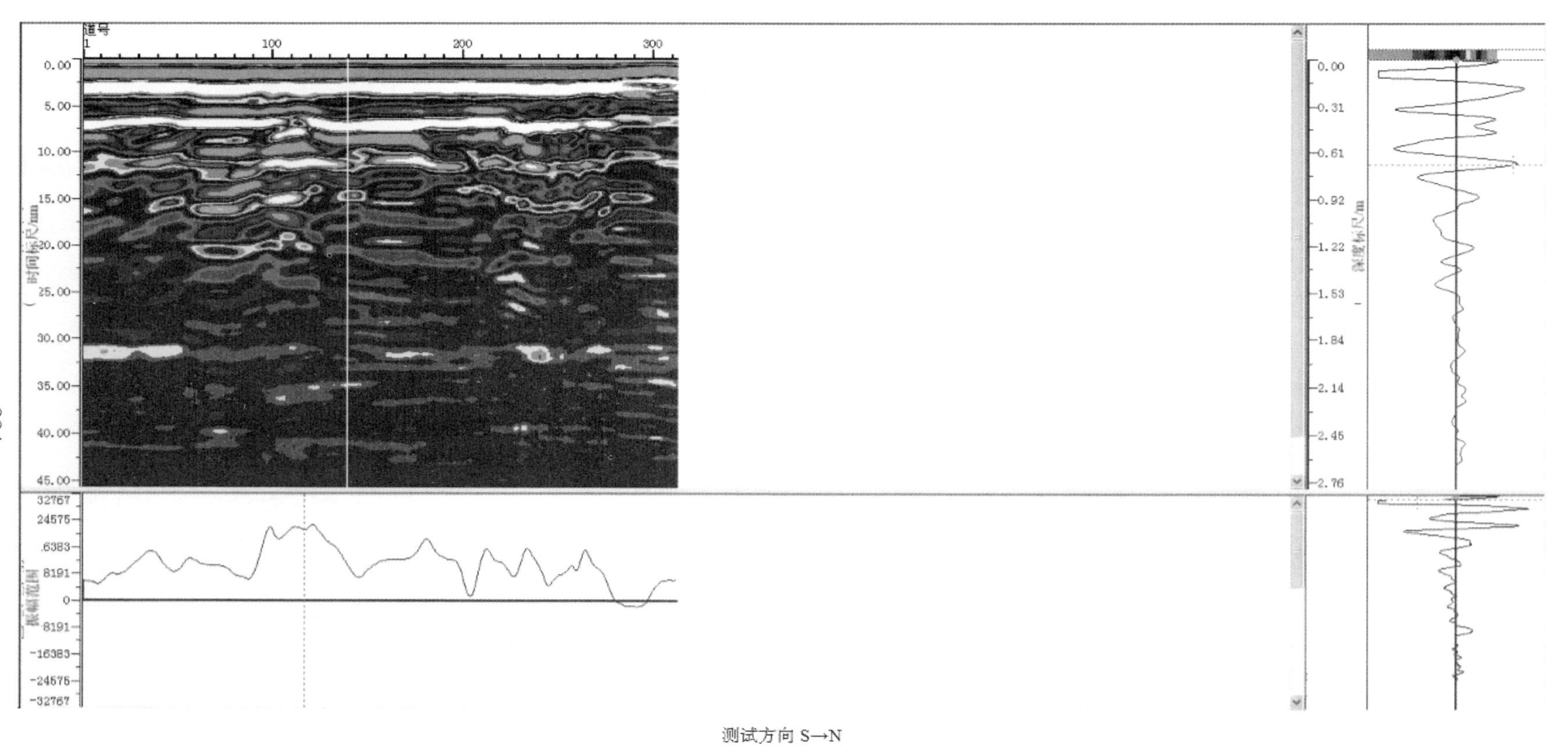

测试方向 S→N

围岩松动圈 60～100cm

图 13.6（10） 运输巷道 B1-B1'断面（距离 9-9'环向断面 5m）雷达测试结果（100 道/m，500MHz 天线）

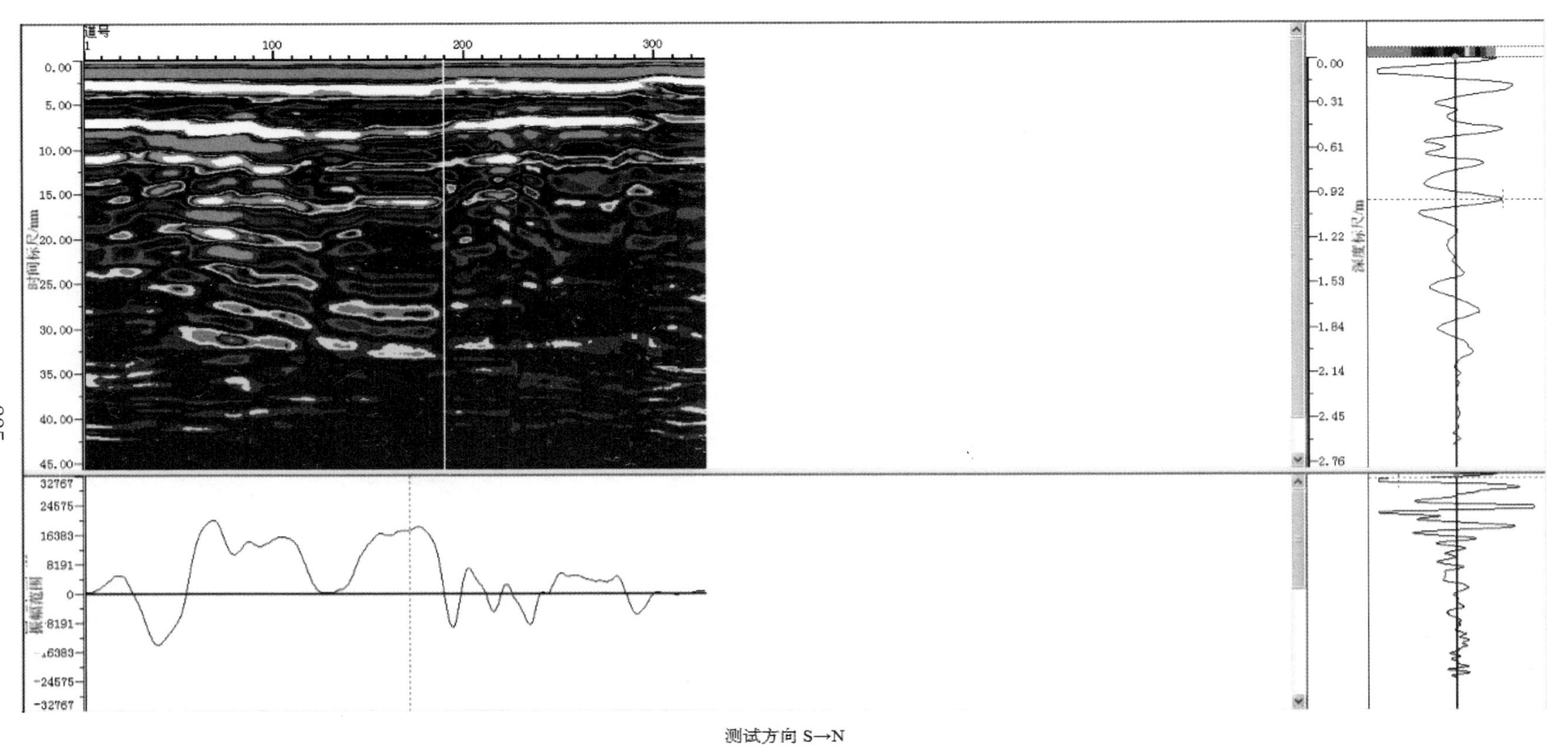

图 13.6（11）　运输巷道 B2-B2'断面（距离 B1-B1'环向断面 5m）雷达测试结果（100 道/m，500MHz 天线）

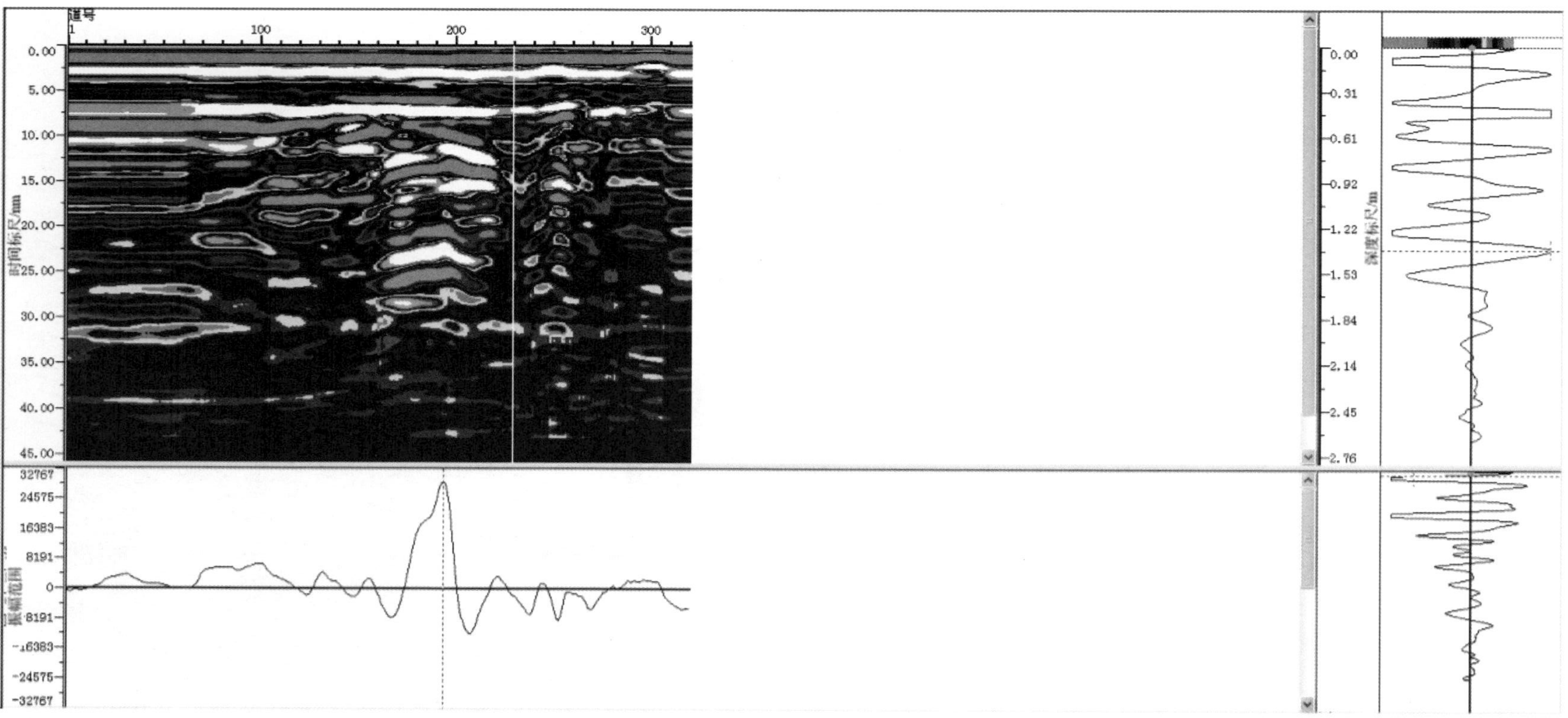

测试方向 S→N

围岩松动圈 60 ~ 100cm

图 13.6（12） 运输巷道 B3-B3'断面（距离 B2-B2'环向断面 5m）雷达测试结果（100 道/m，500MHz 天线）

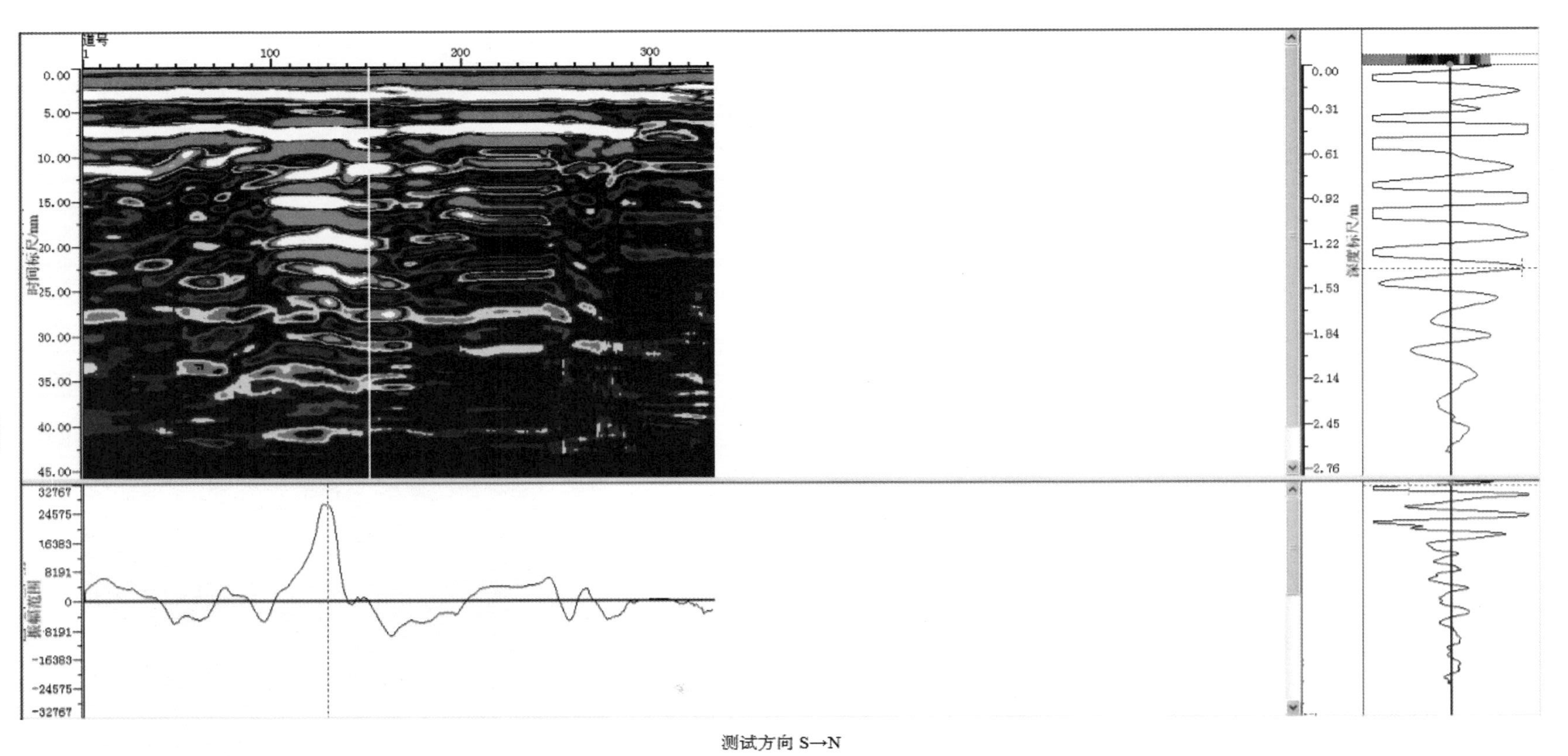

测试方向 S→N

围岩松动圈 60～100cm

图 13.6（13）　运输巷道 B4-B4'断面（距离 B3-B3'环向断面 5m）雷达测试结果（100 道/m，500MHz 天线）

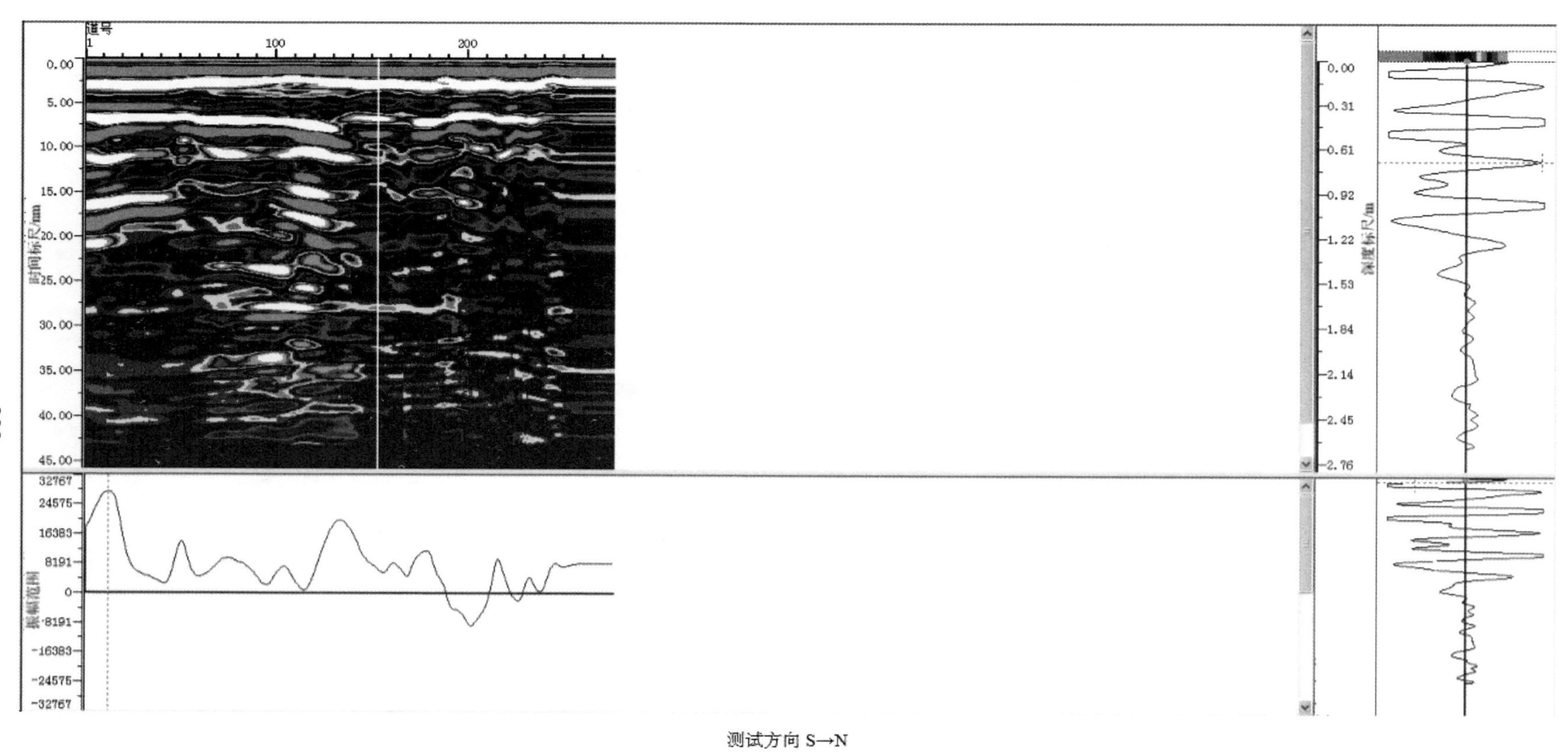

测试方向 S→N

围岩松动圈 60～100cm

图 13.6（14） 运输巷道 B5-B5'断面（距离 B4-B4'环向断面 5m）雷达测试结果（100 道/m，500MHz 天线）

第 14 章　0402 回风、运输巷道松动破坏探测解译

14.1　0402 回风、运输巷道变形破坏

0402 回风巷，0402 运输巷变形破坏情况见照片 14.1 至照片 14.6。

14.2　0402 回风、运输巷道松动破坏探测成果

利用探地雷达现场分别对 0402 回风巷和运输巷进行测试，0402 回风巷 500MHz 雷达测试结果如图 14.1（共计 24m），0402 运输巷 500MHz 雷达测试结果如图 14.2（共计 24m）。

照片 14.1　0402 回风巷道网锚支护大变形失稳

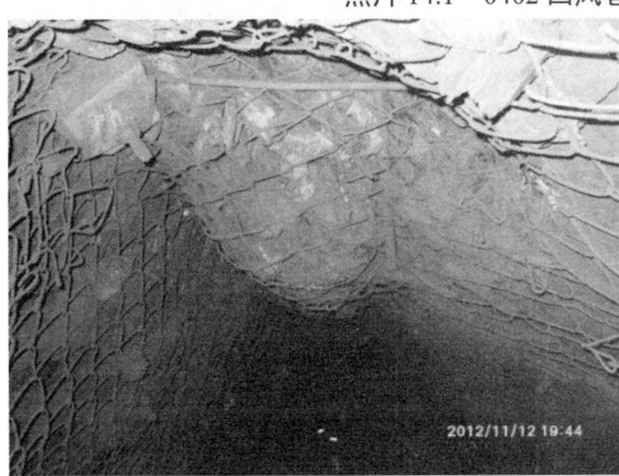

照片 14.2　0402 回风巷道网锚支护大变形失稳与巷道底鼓雷达检测

照片 14.3　0402 回风巷道网锚支护大变形与失稳控制和巷道底鼓雷达检测

照片 14.4　0402 回风巷道底鼓侧帮、顶板失稳补强控制

照片 14.5　0402 回风巷道底鼓侧帮剥落与失稳控制和雷达检测

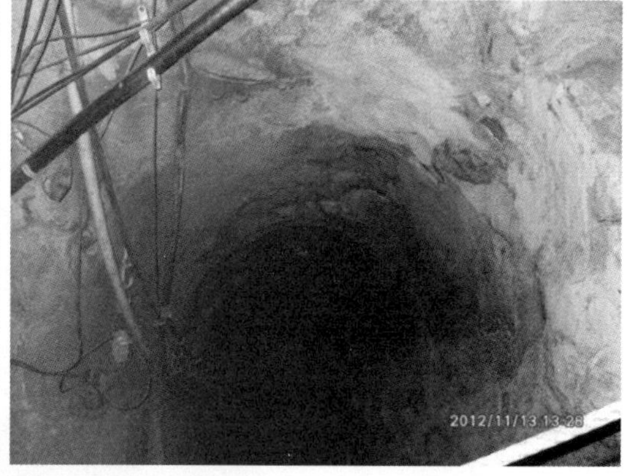

照片 14.6　0402 运输巷道底鼓拱顶衬砌开裂

主要探测结论：0402 回风巷道和运输巷道围岩松动范围在 125～180cm，将引起巷道支护结构受力不均匀。0402 回风巷道和运输巷道衬砌开裂、掉块，有渗水现象，巷道底鼓、顶板下沉比较严重，0402 回风巷道和运输巷道基本稳定，锚喷、锚砌组合支护结构参数基本合理。煤巷工作面 0402 回风巷道和运输巷道，锚网支护结构参数不尽合理，支护强度不足，使用刚性支架控制顶板下沉、巷道底鼓严重不稳定，锚网支护结构参数不合理。煤巷工作面 0402 回风巷道和运输巷道掘进和锚网支护结构参数需要优化调整。0402 采煤工作已经结束，保安煤柱回风巷道和运输巷道历经近半年，基本稳定，可以作为材料、设备等储备巷道。

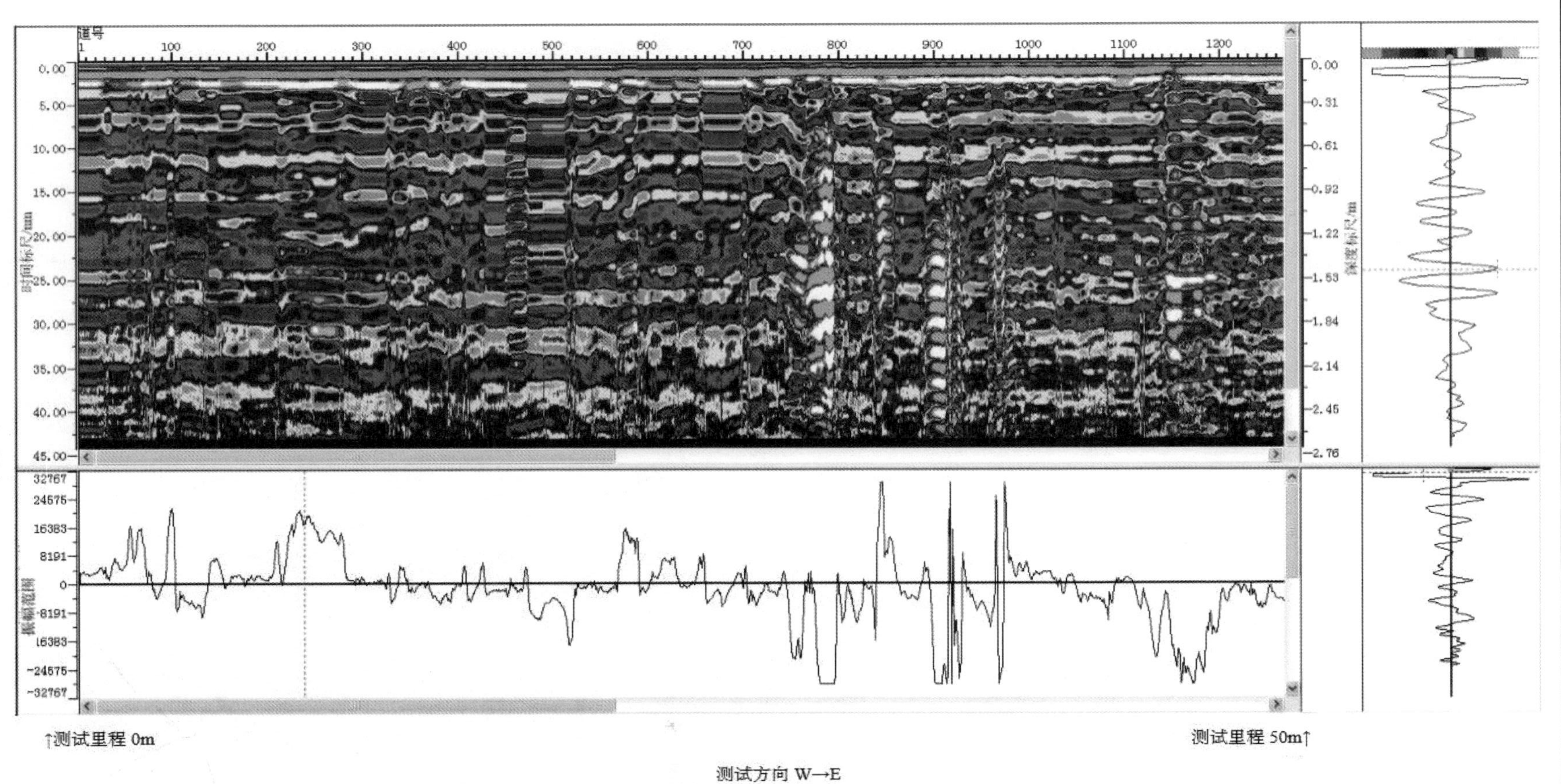

测试方向 W→E

围岩松动圈 125～180cm

图 14.1（1）　0402 回风巷边墙顶（S 侧）雷达测试结果（100 道/m，500MHz 天线）

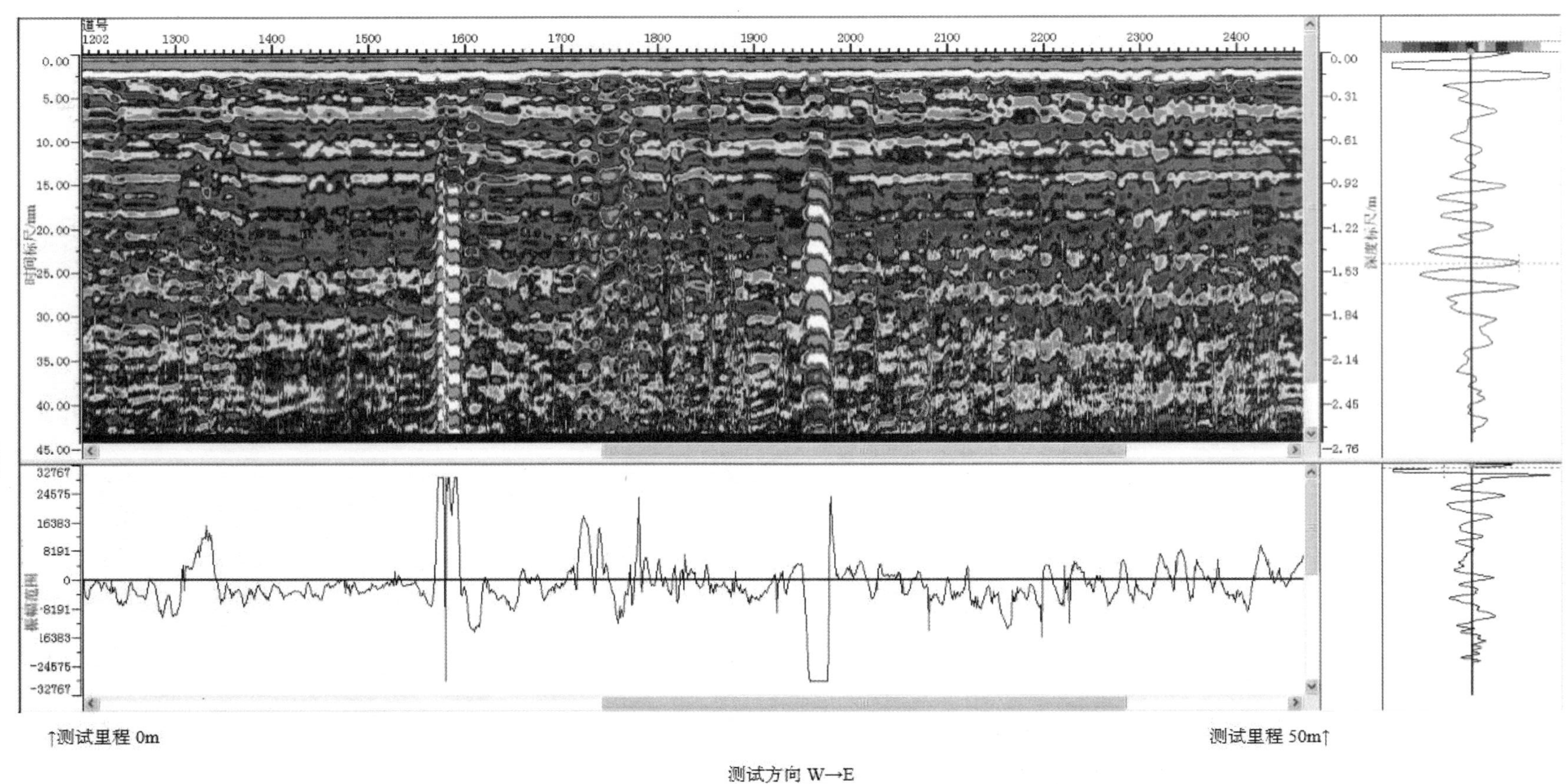

图 14.1（2） 0402 回风巷边墙顶（S 侧）雷达测试结果（100 道/m，500MHz 天线）

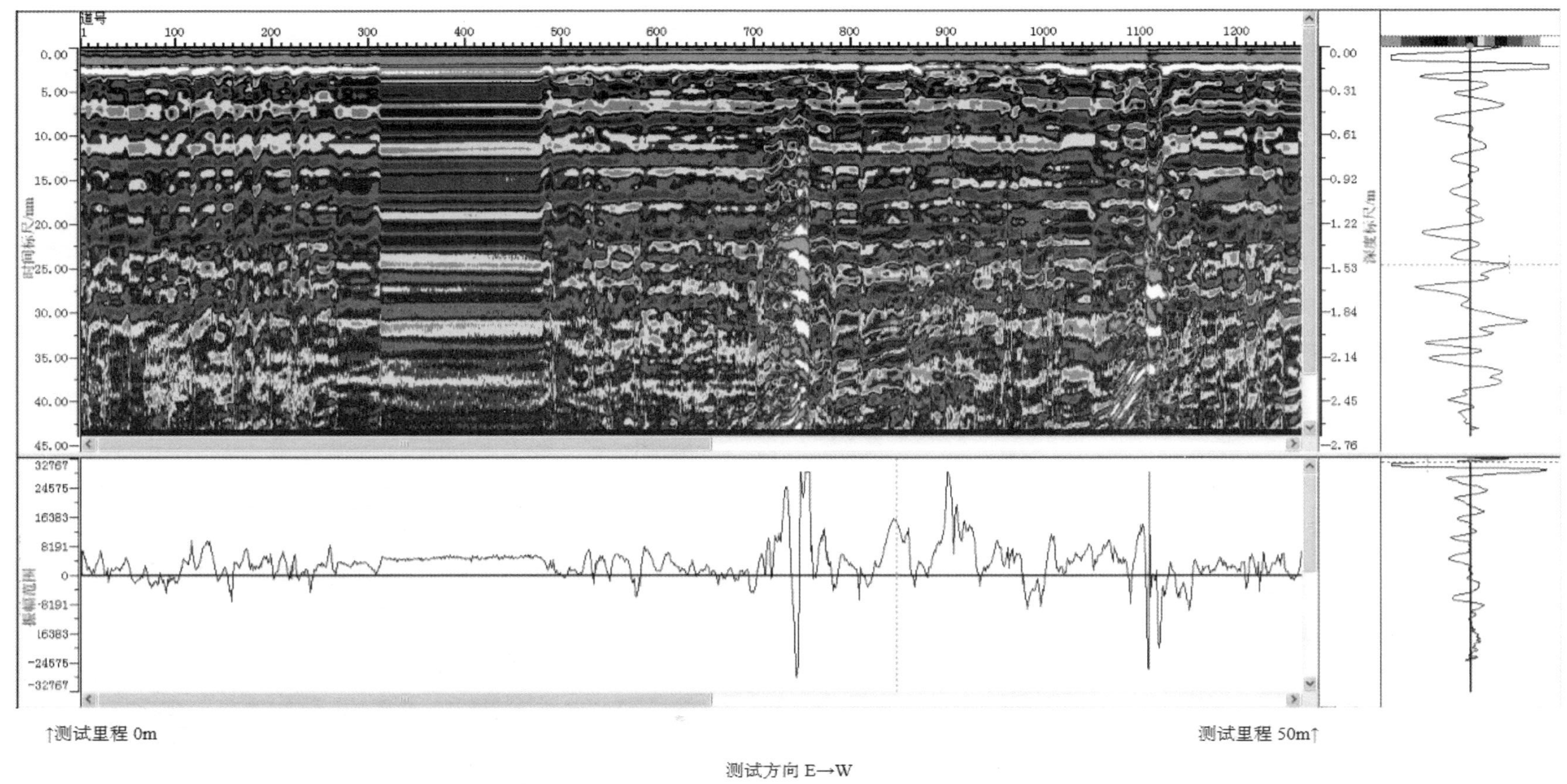

↑测试里程 0m

测试里程 50m↑

测试方向 E→W

围岩松动圈 125～180cm

图 14.2（1）　0402 运输巷边墙顶（S 侧）雷达测试结果（100 道/m，500MHz 天线）

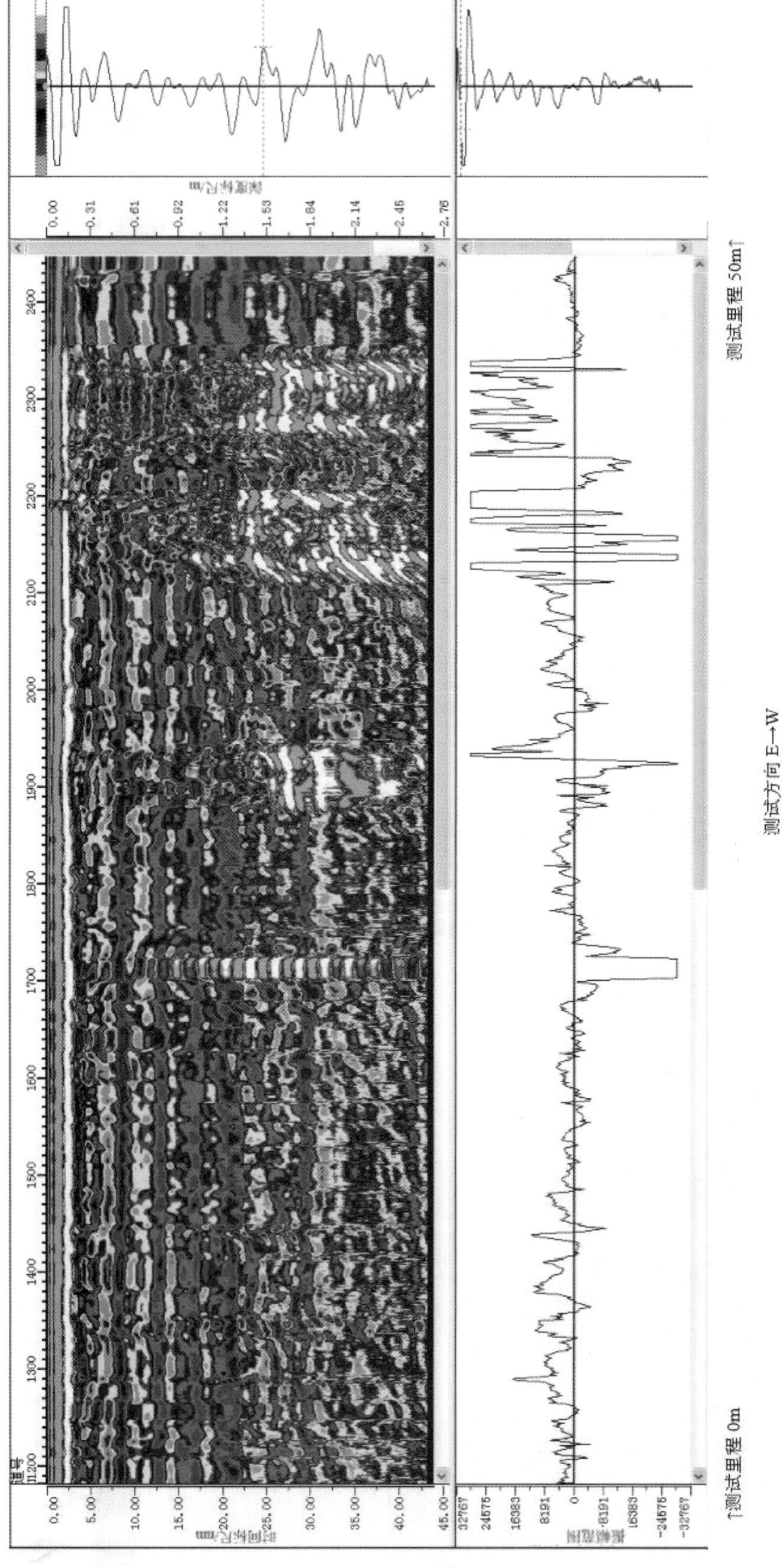

图 14.2（2） 0402 运输巷边墙顶（S 侧）雷达测试结果（100 道/m，500MHz 天线）

第 15 章 巷道底鼓围岩破坏补强措施

巷道底鼓围岩破坏补强措施十分重要，锚网梁支护是指单独或联合采用锚杆、钢网梁、预制混凝土块及补强喷射混凝土等材料稳定巷道围岩的支护技术。广泛应用的锚网梁支护类型大致有如下几种方式：锚杆支护、锚网梁+锚索联合支护、钢筋网喷射混凝土联合支护、锚杆钢筋网喷射混凝土联合支护、锚杆喷射混凝土钢拱架联合支护等。

锚网梁支护与传统支护相比，是一种柔性结构，容易调节围岩变形，发挥围岩的支撑能力。此外，还具有支护及时、围岩与支护密贴封闭、施工灵活等特点，能充分发挥材料的承载作用。从而使其可以在不同岩类、不同跨度、不同用途的巷道结构工程中，作为初期支护、永久支护、临时支护、结构补强及冒落修复等之用。

15.1 及时支护改善围岩的应力状态

围岩开挖有一定的工作面后，锚网梁支护施作即可开展。由于大多数锚杆都能即时提供强度，无需养护时间，补强喷射混凝土也有一定早期强度，有利于提高变形破坏巷道的稳定性维护。由其及时提供的支护抗力，使围岩由开挖后双向应力状态快速转变为三向应力状态，如图 15.1 莫尔应力圆远离抗剪强度线。同时，锚网梁支护的加固作用使围岩的抗剪强度指标值提高，在图 15.1 中又表现为抗剪强度线远离莫尔应力圆。

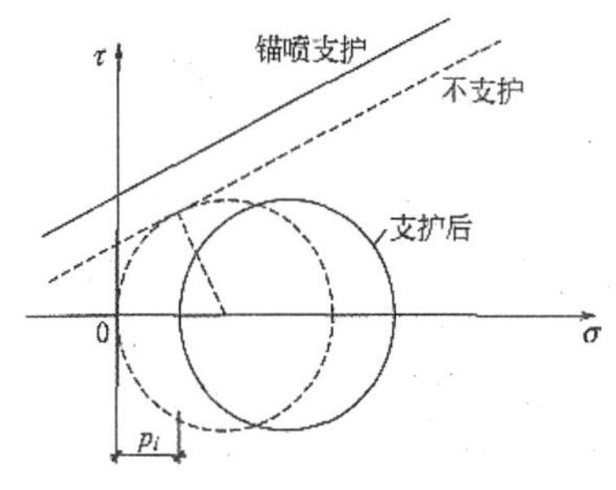

图 15.1 支护的两种作用

可见，锚网梁支护可以及时阻止围岩由于开挖扰动而进入塑性状态，限制围岩中有害变形的发展，提高围岩的稳定性。图 15.2 是 16°和 22°煤岩层倾角 0402 回风、运输巷道无支护变形破坏区分布图，图 15.3 是 22°和 16°煤岩层倾角 0402 回风、运输巷道无支护变形破坏主应力区分布图。分析表明巷道在未得到及时支护的情况下，围岩由于开挖扰动而进入塑性状态（剪切、拉伸破坏），围岩破坏范围是巷道尺寸的 1.0 ~ 1.5 倍，22°煤岩层倾角巷道变形较 16°的大，巷道破坏更加猛烈。可见，限制巷道围岩中有害变形的发展，是提高巷道围岩稳定性的前提。

15.2 主动适应围岩变形与充分发挥围岩支撑能力

锚杆锚入岩体后，可以作为围岩的一部分随其变形而不会失去作用，是一种典型的柔性结构；而衬砌混凝土预制块、喷射混凝土本身尽管为一脆性材料，但由于采用喷射成型工艺，其形状可以随巷道轮廓任意变化，厚度也可薄可厚，在喷射混凝土衬砌强度增长过程中，尤其是配合多次喷射成型工艺，完全可以适应开挖后围岩变形较大的不利影响。

因此，锚网梁支护是一种“刚”“柔”适度的支护结构，既有能抑制围岩有害变形的一面，又有能适应围岩变形的一面。

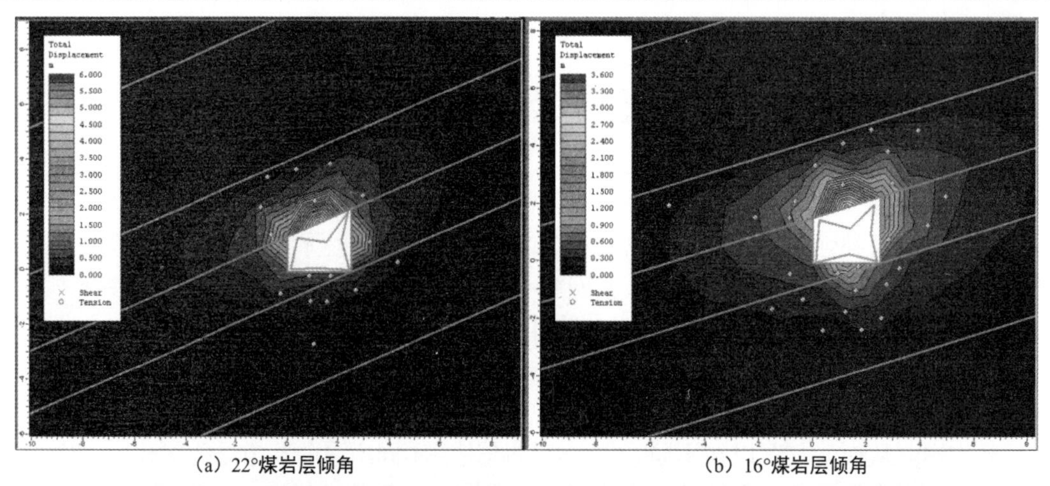

（a）22°煤岩层倾角　　（b）16°煤岩层倾角

图 15.2　22°和 16°煤岩层倾角 0402 回风、运输巷道无支护变形破坏区分布图（剪切、拉伸破坏，单位：m）

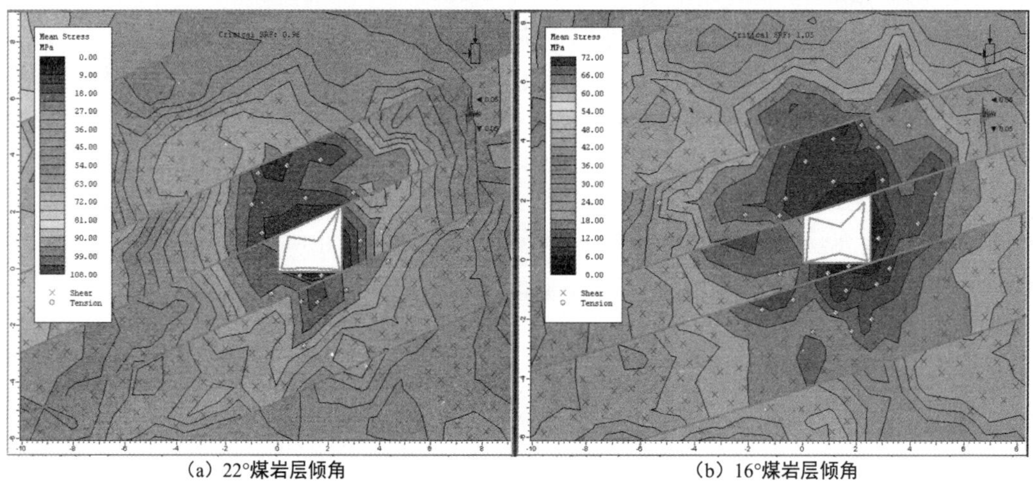

（a）22°煤岩层倾角　　（b）16°煤岩层倾角

图 15.3　22°和 16°煤岩层倾角 0402 回风、运输巷道无支护变形破坏主应力区分布图（剪切、拉伸破坏，单位：m）

这种刚柔适度的支护结构正好符合弹塑性理论中有关的支护刚度要求，由图 15.4 的支护特征曲线可知，支护结构太刚太柔都不行。

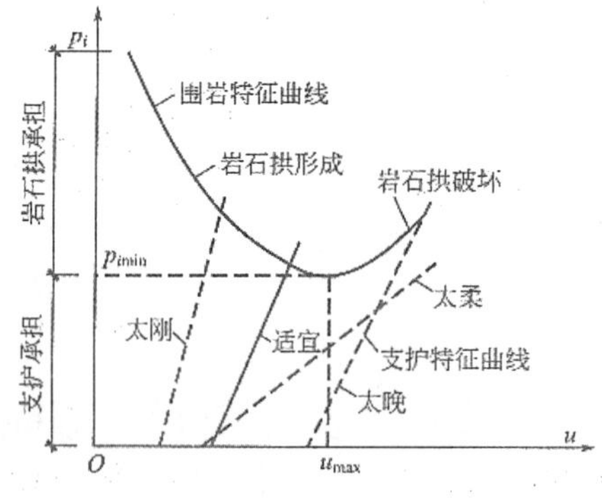

图 15.4　刚柔适度的锚喷支护

①支护结构太刚，则不能充分发挥围岩抗力，使支护承受过大的径向围岩压力，锚杆被拉出或拉断，对衬砌十分有害，提高二次支护工程造价，现场巷道出现了许多此类破坏情况。

②支护结构太柔，则使围岩松散，形成松散压力，也会使支护上所受的荷载加大，这

不仅对衬砌十分有害，也会提高工程造价，现场巷道出现了许多此类破坏情况。

图 15.5 至图 15.7 为 22°和 16°煤岩层倾角 0402 回风运输巷道开挖无支护，即过柔支护，巷道出现破坏情况。因此，锚网梁支护能主动适应围岩变形，充分发挥围岩的支撑能力，降低支护结构受力强度，也能有效地控制围岩塑性区的发展范围，即巷道掘进需要采用新奥法方式进行合理支护。

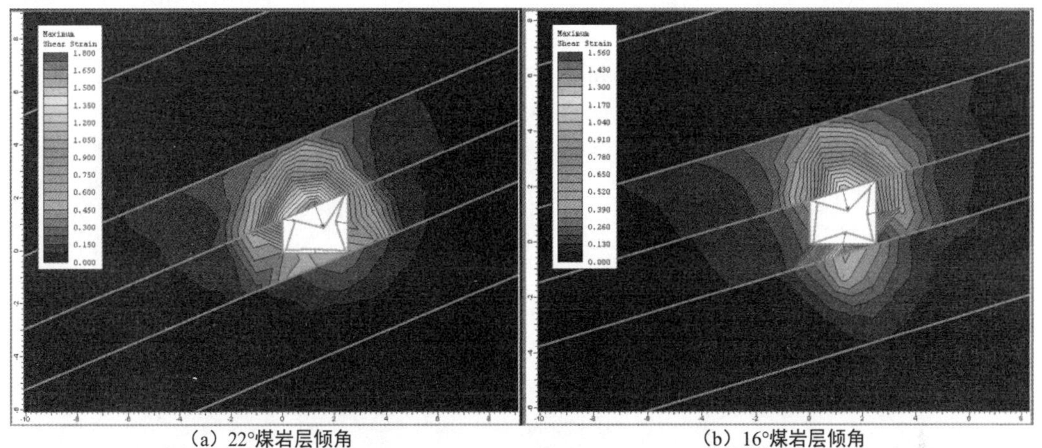

（a）22°煤岩层倾角　　　　（b）16°煤岩层倾角

图 15.5　22°和 16°煤岩层倾角 0402 回风、运输巷道无锚杆剪应变和位移矢量分布图（单位：m）

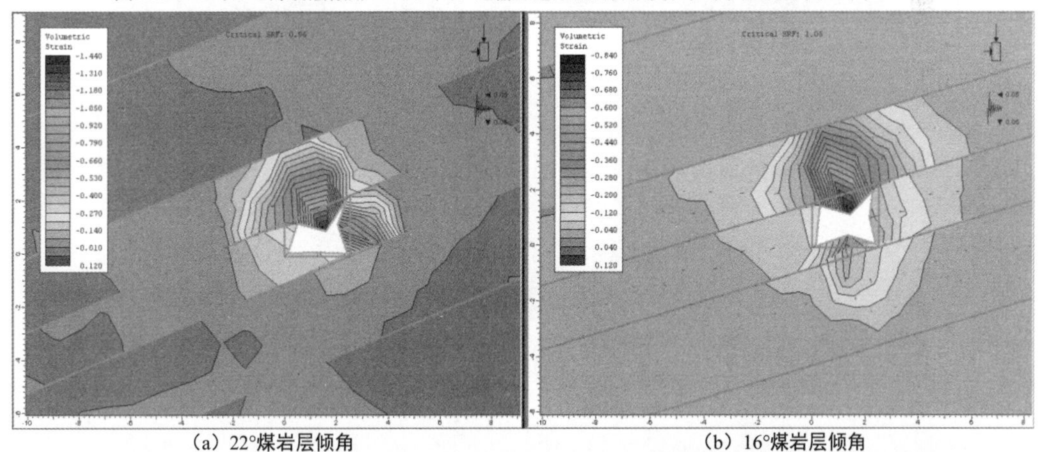

（a）22°煤岩层倾角　　　　（b）16°煤岩层倾角

图 15.6　22°和 16°煤岩层倾角 0402 回风、运输巷道无锚杆拉应变和位移矢量分布图（单位：m）

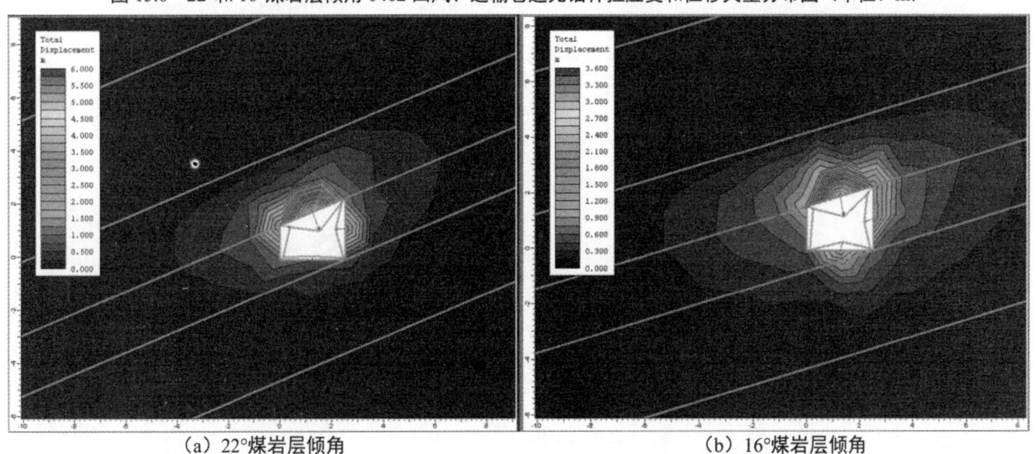

（a）22°煤岩层倾角　　　　（b）16°煤岩层倾角

图 15.7　22°和 16°煤岩层倾角 0402 回风、运输巷道无锚杆位移矢量分布图（单位：m）

15.3 锚网梁支护施工

锚网梁支护基本能适用各级围岩，根据围岩级别不同可分别作初期支护、永久支护、临时支护、结构补强以及冒落修复等之用；施工灵活性首先表现在支护类型、支护参数可根据不同围岩地质条件、不同断面部位和监测信息因地制宜变化调整；其次，施工既可一次完成，也可两次或多次完成，还可根据需要随时调整支护时间而不干扰其他工作；最后，可不受地形、巷道洞形尺寸、埋深等的限制。22°和 16°煤岩层倾角 0402 回风、运输巷道有无锁脚锚杆变形破坏区分布如图 15.8 和图 15.10，22°和 16°煤岩层倾角 0402 回风、运输巷道有无锁脚锚杆拉应变分布如图 15.9 和图 15.11。

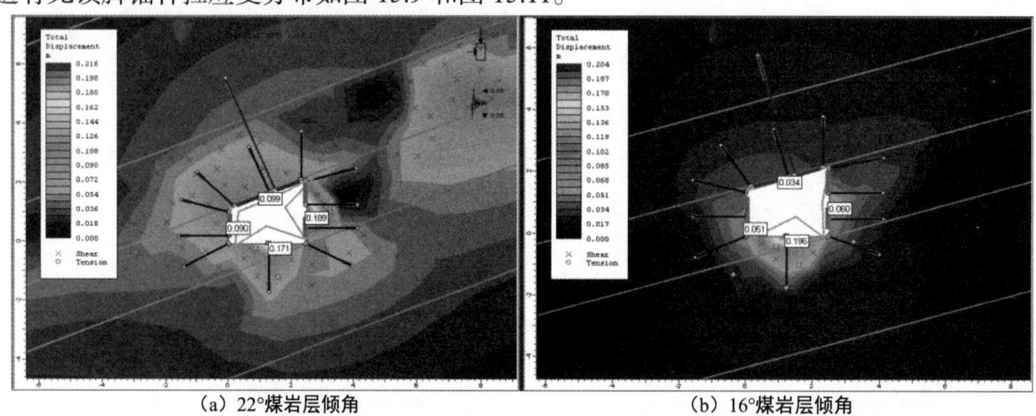

（a）22°煤岩层倾角　　（b）16°煤岩层倾角

图 15.8　22°和 16°煤岩层倾角 0402 回风、运输巷道有锁脚锚杆变形破坏区分布图（剪切、拉伸破坏，单位：m）

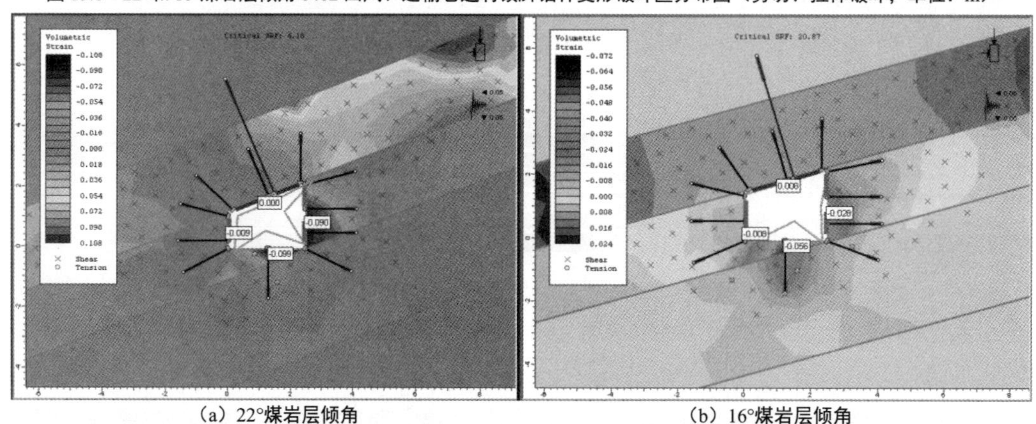

（a）22°煤岩层倾角　　（b）16°煤岩层倾角

图 15.9　22°和 16°煤岩层倾角 0402 回风、运输巷道有锁脚锚杆拉应变分布图（单位：m）

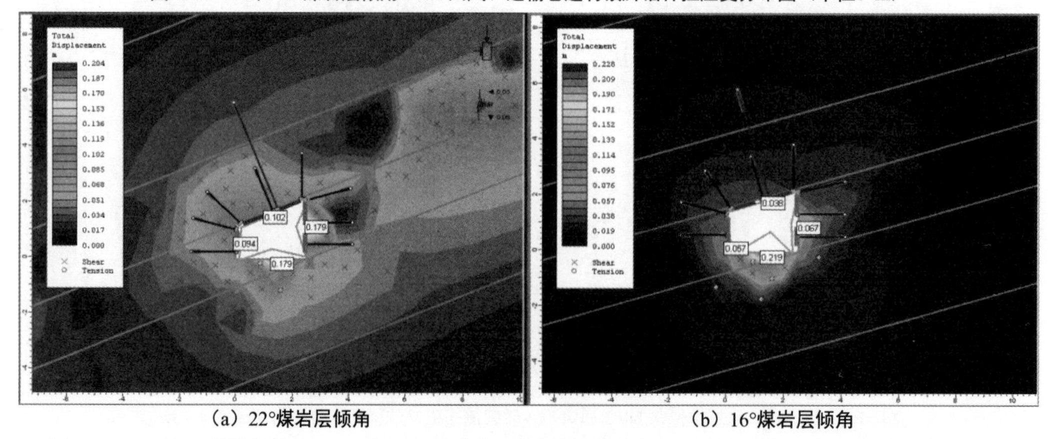

（a）22°煤岩层倾角　　（b）16°煤岩层倾角

图 15.10　22°和 16°煤岩层倾角 0402 回风、运输巷道无锁脚锚杆变形破坏区分布图（剪切、拉伸破坏，单位：m）

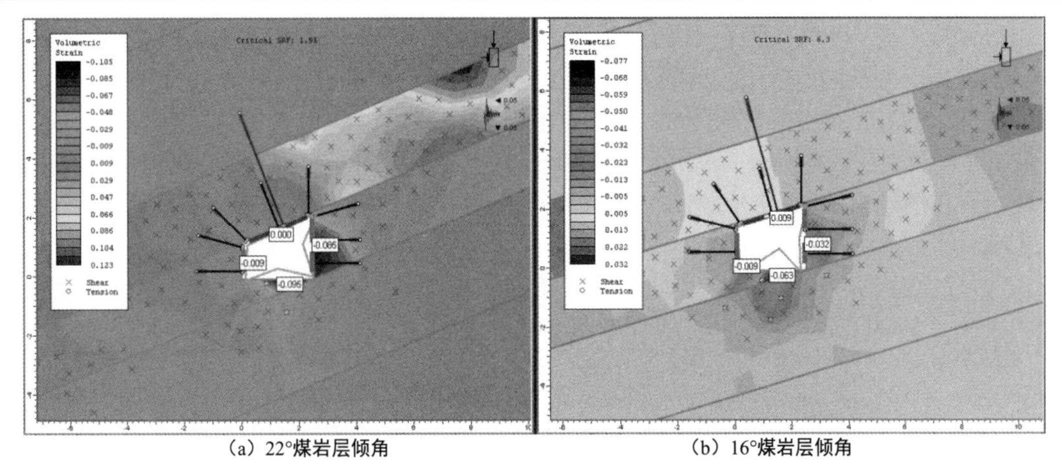

（a）22°煤岩层倾角　　（b）16°煤岩层倾角

图 15.11　22°和 16°煤岩层倾角 0402 回风、运输巷道无锁脚锚杆拉应变分布图（单位：m）

主要分析结论如下。

①在有构造应力和地震影响作用下，0402 回风、运输巷道有无锁脚锚杆 22°煤岩层倾角的总体变形、破坏区和拉应变分布大于 16°煤岩层倾角；

②0402 回风、运输巷道有无锁脚锚杆 16°煤岩层倾角出现的底鼓大于 22°煤岩层倾角的，是由于层状三角岩体所致，清除为好；

③0402 回风、运输巷道有无锁脚锚杆 22°煤岩层倾角 N 边帮出现的凸出明显大于 16°煤岩层倾角的，适当加大锚杆长度十分必要；

④0402 回风、运输巷道有 22°煤岩层倾角支护稳定性控制要难于 16°煤岩层倾角，大于 20°煤岩层倾角巷道支护稳定性相对较差可以证明；

⑤目前，矿山开采已经进入小于 20°煤岩层倾角采掘，面对巷道断面增大、掘进由难以控制的普通炮采转入独臂掘进头机械掘进，有效地保护了围岩的整体性，更能实现新奥法施工，巷道支护稳定性得到改善。

15.4　巷道底鼓围岩破坏补强措施

通过上述分析表明，在煤矿生产中往往所有回采巷道都会出现不同程度的底鼓，尤其随着近些年来煤炭开采逐渐走向深部，进而地应力相应增大，巷道底鼓问题日趋突出严重，从而暴露出很多影响煤矿安全生产的问题。底鼓是煤矿井巷中常发生的一种动力现象，它与围岩的性质、矿山压力、开采深度及地质构造活动性等直接相关。在巷道顶、底板移近量中，人们已经能够将顶板下沉和两帮移近控制在某种程度内，所以大约有 2/3 是由于底鼓引起的。这类问题给深采矿井，特别是软岩矿井的建设和生产的正常进行带来了极大的困难。底鼓使巷道变形、断面变小，影响通风、运输，制约着矿井的安全生产。

矿山回采巷道的底鼓问题一直是十分严重的，观测资料表明，很多矿巷道顶底板移近量多达 1300mm，平均每天多达 10mm，而底鼓量约占顶底移近量的 70%，在掘进期间即需人工卧底 1～2 次，在生产期间还需卧底 1～2 次，严重影响了巷道的正常使用和工作面的正常生产。因此，研究巷道底鼓的机理、预测方法及防治措施等问题，对于解决深部资源开采、建设高产高效矿井、提高生产人员安全保证有着重大的理论意义和实际应用价值。

（1）底鼓的基本形式及影响因素归纳。

根据国内外有关底鼓资料的综合分析，巷道底鼓可以分为三类。

①膨胀性底鼓——由于岩性变化膨胀产生的底鼓。多发生在矿物成分含蒙脱石的黏土

岩层，膨胀岩是与水发生物理化学反应，引起岩石含水量随时间增高且体积发生膨胀的一类岩石，属于易风化和软化的软弱岩石。

②挤压性底鼓——岩壁或刚性衬砌在上部压力下插入底板或挤压底板造成跨中隆起的底鼓。通常发生在直接底板为软弱岩层(如黏土岩、煤等)，两帮和顶板比较完整的情况下。在两帮岩柱的压模效应和应力的作用下，整个巷道都位于松软破碎的底板岩层向巷道内挤压流动。

③张性底鼓——底板岩层由于断面上大压力作用而产生带方向性的强烈褶曲隆起所造成的底鼓，它与顶部张性破坏区处于同一轴线上。

前两类为持续型底鼓，而后一类为应力释放短暂型底鼓。

（2）底鼓的影响因素。

①围岩性质。围岩性质和结构对巷道底鼓起着决定性作用，底板岩石的坚硬程度和厚度，决定着底鼓量的大小。

②地压。围岩中存在高地压是造成巷道底鼓的决定性因素，深部巷道遇到底鼓的情况比浅部巷道多，这完全是由于地压增高所致。位于残留矿柱下面的巷道也有底鼓的现象，这是因为存在着一个高地压带。

③水对岩石强度的影响。由于水的作用减少了岩石层理、节理和裂隙间的摩擦力，使岩石的整体连接强度降低，使岩体沿岩层的节理面、层理面和裂隙面形成滑移面，并将原来层间连接紧密的岩体分为很多薄层，甚至完全丧失强度；岩石中的某些矿物成分遇水产生膨胀。

④支护强度。一般巷道的底板处于不支护状态，主要因为人们总是认为只要支护顶板和两帮就安全了，底鼓无关紧要；锚固底板施工比较困难，出矸石工作量大；一旦支护控制不住底鼓，卧底时的工作量大，可见，这是底鼓大于顶板下沉量的主要原因。

⑤巷道的大小和形状。特别宽大的巷道比窄巷道更易发生底鼓，然而，巷道的宽度是由采矿作业而决定的。在某些情况下，特别是辅助巷道，宽度能保持在一定限度以内，而通过增加巷道高度使横截面保持不变。

（3）巷道底鼓的防治措施。

①卸压法的实质是采用一些人为的措施改变巷道围岩的应力状态，使底板岩层处于应力降低区，从而保证底板岩层的稳定状态。它特别适用于控制高地应力的巷道底鼓。目前出现的卸压法有切缝、打钻孔、爆破及掘巷卸压等形式。打钻孔这种措施在技术上有很大的难度，因为在钻孔间距很小的情况下，打直径为 50 ~ 60mm 的孔而不发生偏斜是非常不容易的。此外这种措施的卸压范围比底板切缝小，因而要考虑到钻孔后发生底鼓的可能性。

②用锚杆加固。底板通常是成层的，因而非常适合于用锚杆加固。木锚杆一般用于巷道范围内的垂直钻孔，钢锚杆则用于斜孔，锚入两帮下面(约与巷道两帮成 35° ~ 40°)的地层中。其作用在于减少巷道底板的破碎程度。这样支护的工作原理主要有两个方面：一是将软弱底板岩层与其下部稳定岩层连接起来，抑制因软弱岩层扩容、膨胀引起的裂隙张开及新裂隙的产生，阻止软弱岩层向上鼓起。二是把几个岩层连接在一起，作为一个组合梁，起承受弯矩的作用。此组合梁的极限抗弯强度比各个单一岩层的抗弯强度的总和大。在各种各样的地质条件下所作的试验表明，成功地加固软弱底板并不一定要求它具有层状构造，底板岩层经过锚杆加固以后增加了抗弯强度。

③底板注浆。一般用于加固已破碎的岩石，提高岩层抗底鼓的能力。当底板岩石承受

的压力超过岩体本身的强度而产生裂隙和裂缝时，应采用注浆的办法使底板岩层的强度提高，达到防治底板底鼓的目的。由于所选择注浆的形式、材料、压力和时间长短不同，岩层中的裂隙可能全部或部分被黏合，当注浆压力高于围岩强度时，会产生新的裂隙并有浆液渗入。注浆后岩层达到的结合强度主要取决于选择的注浆材料：采用聚氨酯材料，岩层间的结合强度较高，加固的效果较好，但底板潮湿时黏和强度较低，成本也较高。注水泥浆虽然成本低，但结合强度较低，所以在选择材料时要根据实际情况合理选择。还应指出，软岩进行底板注浆不能保证取得成效。如果将注浆和锚固结合使用，就可以使原来只适用两者的范围得到扩展。

④巷道壁充填。在巷道和未采煤柱之间的巷道壁充填，主要是通过把侧翼地层压力支点转移到远离巷道的地方而改善压力分布，从而增加底板黏土从未采煤柱的下面向巷道流动的阻力。另外一种用于永久性巷道的底板支护是，在巷道底板上先挖出矩形坑槽，然后再填以遇水硬结的材料，使之成为混凝土反拱。这种支护具有较高而且平均一致作用于底板上的支护阻力。加装可伸缩支撑件可进一步加强混凝土反拱，使其获得更大的抵抗底鼓的残余变形阻力的能力。

⑤巷道中水的控制在很多地下巷道中都有水的存在，而水的存在是造成巷道底鼓的重要原因，因为水的侵蚀会使自然界中几乎所有矿物强度软化。因此重要的是使用什么方法来保证底板不受水的严重影响。这就要求地下巷道排水要及时和通畅，同时要求高标准的排水。

综上所述，巷道底鼓是影响矿井安全生产的重要问题，所以要很好地解决才能使矿井安全，达到高产高效。由于巷道底鼓原因各异，因此，防治巷道底鼓的方法也要求根据其成因及矿山的技术经济条件选择相应的防治办法。

（4）锚梁网支护设计参数确定。

巷道断面设计为宽 4.0m、中高 3.0m。根据巷道工程地质条件，采用组合梁理论和工程类比法确定 0403 回采巷锚、梁、网+锚索支护参数。0403，0404 综采工作面运输巷道支护形式如图 15.12 所示。

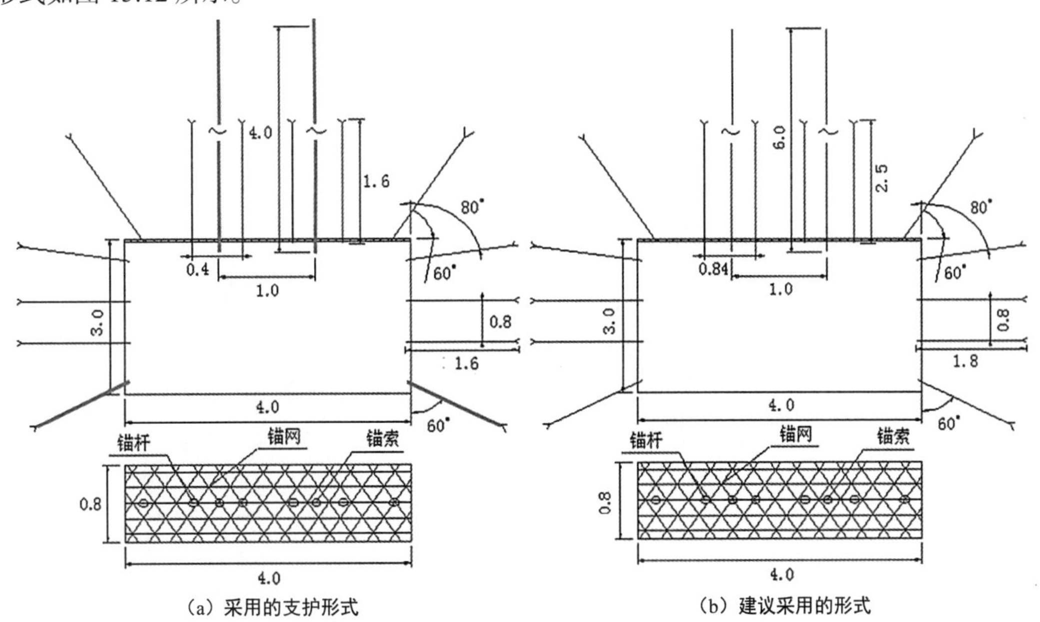

(a) 采用的支护形式　　(b) 建议采用的形式

图 15.12　0403，0404 综采工作面回采巷道支护示意图

建议的顶板锚杆直径 20mm、长 2500mm，安装深度 2400mm，用两卷 Z2380 型树脂锚固剂卷锚固，锚固长度不小于 1000mm，锚杆安装预紧力矩不小于 100N·m，锚杆锚固力不小于 120kN，锚杆间排距为 840mm×800mm；用 12#槽钢做梁，配合 M5 钢带；金属网用 12#镀锌铁丝机械编制，网孔小于 50mm×50mm。顶板锚索钻孔直径均为 27mm，锚索为 18mm、长 6300mm 的钢绞线，锚索安装深度 6000mm，用 3 卷 Z2380 型树脂锚固剂，锚固长度 1800mm，锚索安装预紧力不小于 50kN，锚索锚固力不小于 200kN，锚索间排距为 1600mm×800mm。两帮锚杆直径 18mm、长 1800mm，安装深度 1700mm，用 1 卷 Z2380 型树脂锚固剂卷锚固，锚杆安装预紧力矩不小于 60N · m，锚杆锚固力不小于 50kN，锚杆间排距为 850mm×800mm；钢带为 3mm 钢板条，金属网用 12#镀锌铁丝机械编制，网孔小于 50mm×50mm。

15.5 巷道围岩稳定支护模式

利用新奥法进行巷道支护模式，如图 15.13 至图 15.15 所示。

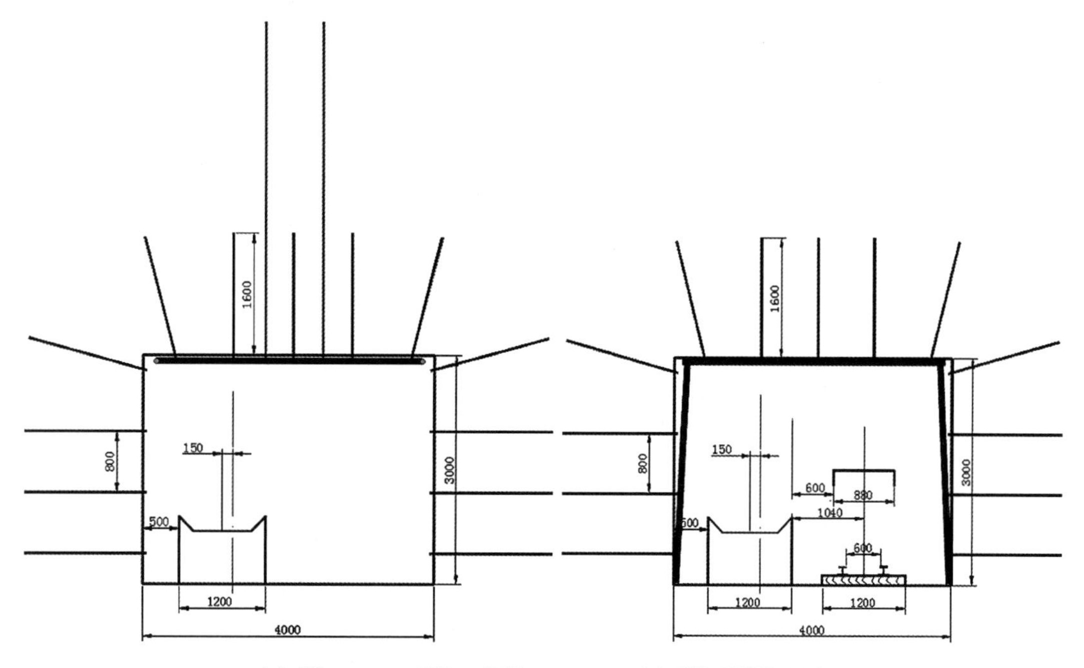

（a）增加 4000mm 锚索×2+钢梁　　（b）增加刚性梯形支架

图 15.13　运输（轨道）顺槽巷道断面支护参数示意图

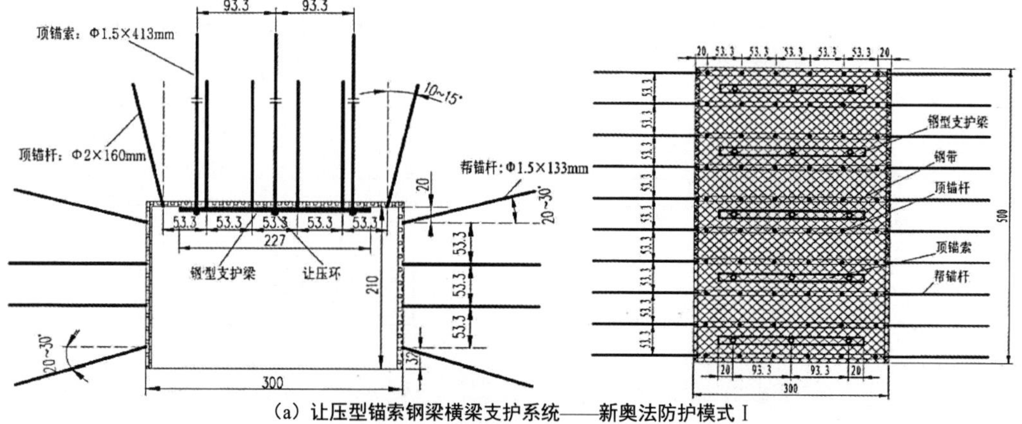

（a）让压型锚索钢梁横梁支护系统——新奥法防护模式 I

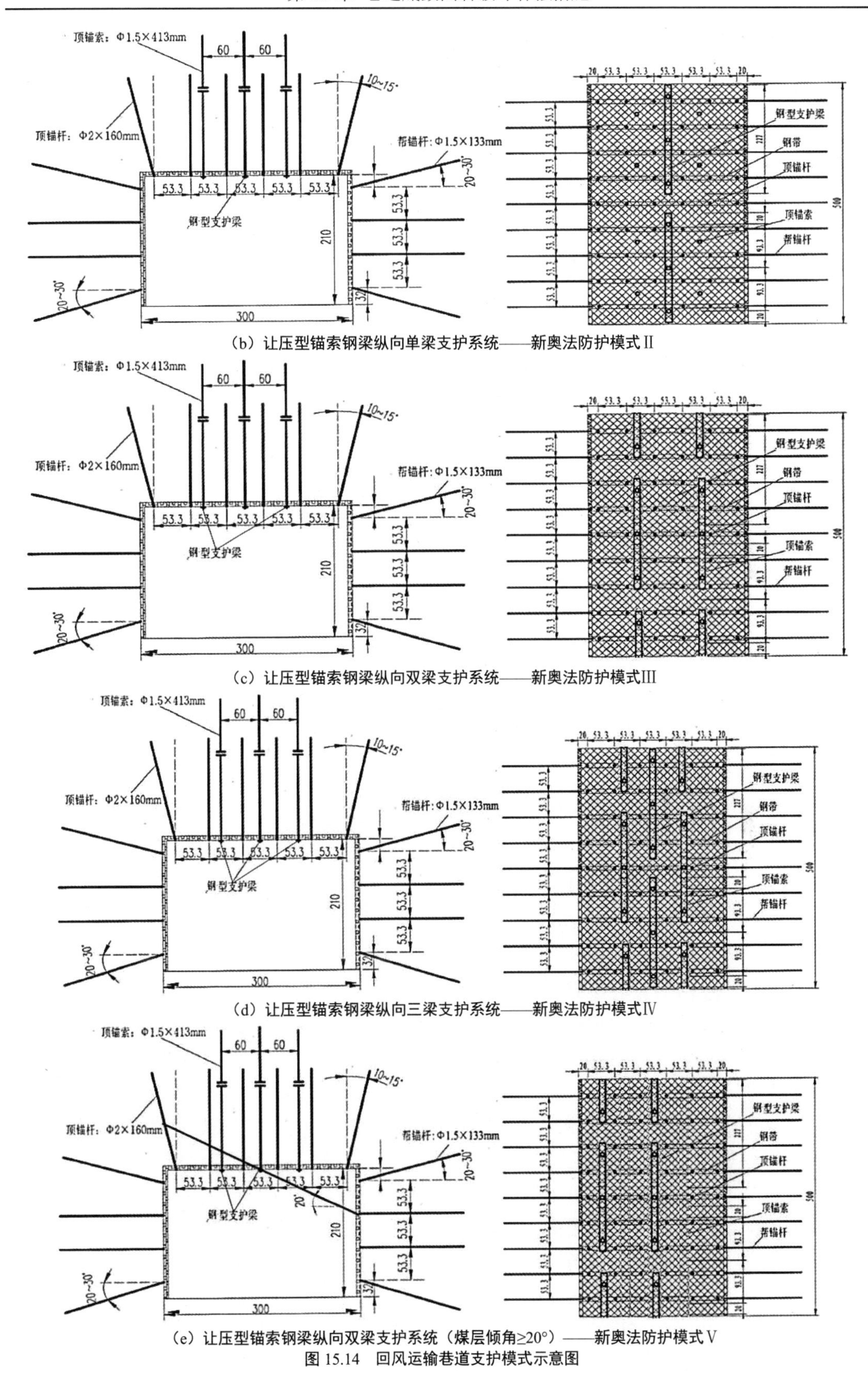

（b）让压型锚索钢梁纵向单梁支护系统——新奥法防护模式Ⅱ

（c）让压型锚索钢梁纵向双梁支护系统——新奥法防护模式Ⅲ

（d）让压型锚索钢梁纵向三梁支护系统——新奥法防护模式Ⅳ

（e）让压型锚索钢梁纵向双梁支护系统（煤层倾角≥20°）——新奥法防护模式Ⅴ

图 15.14　回风运输巷道支护模式示意图

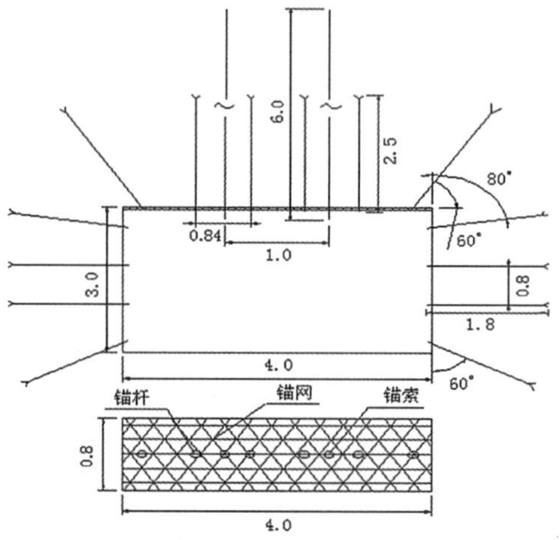

炮采巷道基本支护模式

（a）让压型锚索钢梁横梁支护系统—新奥法防护模式Ⅰ

（b）让压型锚索钢梁纵向单梁、双梁和三梁支护系统—新奥法防护模式Ⅱ、模式Ⅲ和模式Ⅳ

（c）让压型锚索钢梁纵向双梁支护系统（煤层倾角≥20°）——新奥法防护模式Ⅴ

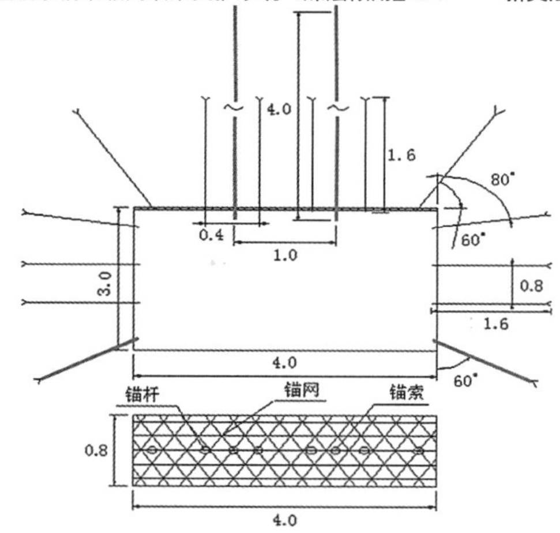

独臂掘进巷道基本支护模式

（a）让压型锚索钢梁横梁支护系统—新奥法防护模式Ⅰ

（b）让压型锚索钢梁纵向单梁、双梁和三梁支护系统—新奥法防护模式Ⅱ、模式Ⅲ和模式Ⅳ

（c）让压型锚索钢梁纵向双梁支护系统（煤层倾角≥20°）——新奥法防护模式Ⅴ

图 15.15　回采运输巷道支护模式示意图

15.6　巷道围岩稳定支护分析

根据上述支护设计方案进行现场工业性实验，具体监测方案如下：沿实验巷道走向每隔 30m 布置一条测线，监测范围为 120m，在每条监测线内，分别安设顶板离层仪 1 个、锚杆测力计 3 个，巷道顶板及上、下帮各布置 1 个巷道围岩表面变形基点，本试验在实验顺槽锚杆支护段设置了多个观测断面，分别对巷道表面位移、顶板离层、锚杆锚固力等情况进行了连续观测，观测时间长达 110d，由观测结果可分析巷道围岩变形规律与锚杆支护效果。巷道围岩变形包括顶板下沉、两帮移近等，观测结果如图 15.16 和图 15.17 所示。

根据监测数据，工作面回采期间巷道表面变形量观测结果如下：回采期间巷道由于受超前采动支撑压力的影响，巷道围岩变形较掘进期间明显剧烈。回采期间巷道顶底板累计移近量为 420mm，两帮累计移近量为 350mm，在此期间巷道顶底板和两帮最大变形速度分别达到 22mm/d，18.5mm/d。巷道受工作面超前支撑压力影响范围为 40 ~ 60m，剧烈影响范围为 15 ~ 25m。观测结果表明，回采期间巷道变形量和变形速度比掘进期间大，这主要受工作面采动影响所致。总之，巷道顶、底板和两帮的相对移近量及移近速度都很小。

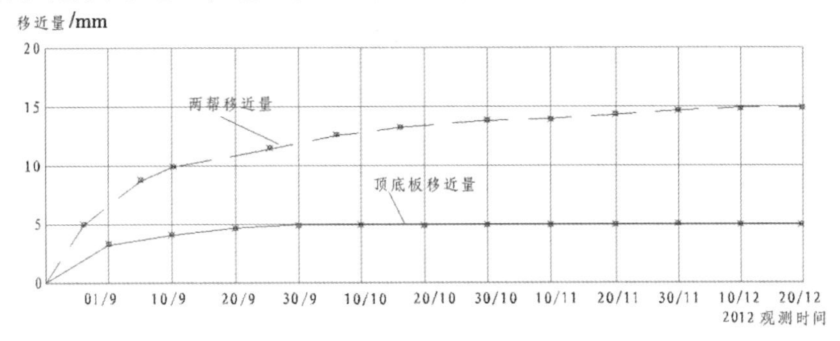

图 15.16 巷道顶底板、两帮移近量曲线

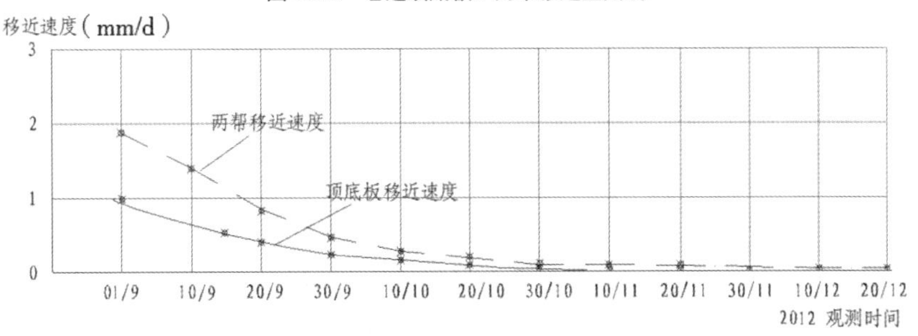

图 15.17 巷道顶底板、两帮移近速度曲线

综上所述，巷道从掘进到回采历时 1 年多时间，巷道未发生冒顶、片帮事故，巷道顶板没有出现离层、破碎、下垂及网兜现象，顶板锚杆和锚索基本上无损坏，巷道围岩稳定。回采期间，巷道安全、畅通，工作面上出口断面积始终保持在 8m 以上，无需任何维修，完全可以满足生产、使用要求。通过对试验巷道的矿压观测，初步掌握了复合顶板锚、梁、网+锚索联合支护巷道的矿压显现规律。试验巷道的矿压观测结果表明，该巷道围岩变形主要发生在回采期间。因此，为了减小巷道变形量，回采期间，应采取超前加强支护的措施，并扩大超前支护的范围，以期减轻回采期间的巷道变形量。

试验表明，在东海矿北区回采巷道中，采用由锚杆、锚索与槽钢组合而成的锚、梁、网+锚索联合支护形式是合理的，所选用的主要技术参数是安全的。试验研究的锚、梁、网+锚索联合支护形式及其主要技术参数可在类似地质条件的巷道中推广应用。

第 16 章　研究展望

项目研究主要开展了：①活动性构造地质条件组合承载结构概念的围岩承载结构耦合稳定理论；②活动性构造地质条件稳帮支顶强底概念的巷道底鼓控制理论；③活动性构造地质条件巷道底鼓破坏支护关键技术。

项目研究展望如下。

（1）活动性构造地质条件组合承载结构概念的围岩承载结构耦合稳定理论。

锚固体、注浆体及支架等巷道支护结构是“支护承载结构”；“外承载结构”是指巷道围岩应力峰值点附近，以部分塑性硬化区和软化区岩体为主体组成承载结构，作为主承载结构（如图 16.1）。

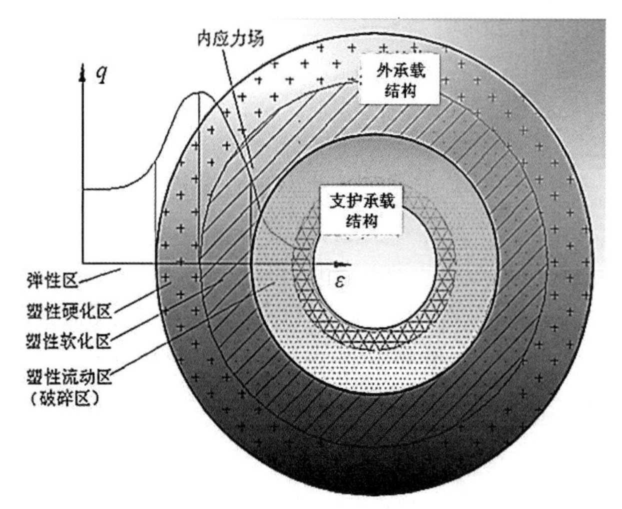

图 16.1　支护承载与外承载结构示意图

当巷道围岩应力较低时，巷道掘出后，围岩经过短暂的应力调整，形成稳定的外承载结构。当巷道围岩应力较高时，巷道掘出后，在应力调整过程中，围岩破碎区、松动圈、塑性区迅速扩大，外承载结构迅速外移（向围岩内部），在外结构外移的过程中，若没有支护结构来调整应力场并达到新的平衡，则外结构将持续外移，直至巷道破坏形成平衡的应力场为止；但是若支护结构过早形成，围岩应力场尚处在初期剧烈的调整阶段，则支护结构难以承受应力场的作用而失稳，达不到调整应力场和缩小围岩松动范围、维护巷道稳定的目的。因此，支护结构通过应力场影响外结构的形成过程，当支护结构在强度、支护时间与外结构的形成实现耦合，外结构就能较早形成，巷道围岩才能稳定。

（2）活动性构造地质条件稳帮支顶强底概念的巷道底鼓控制理论。

活动性构造地质条件巷道比一般巷道更容易产生底鼓，回采巷道底板难以在两帮煤体传递的支撑压力作用下产生压模效应。若在支撑压力作用下两帮被破坏，相当于巷道宽度加大。巷道比活动性构造地质条件巷道底鼓量小主要是由于一般煤巷道两帮煤体强度较大，在支撑压力的作用下两帮破碎区和塑性区小，底板“暴露”的宽度较小。因而，使底板可承受较大的水平应力，从而使底鼓量减小；而活动性构造地质条件巷道由于两帮破碎区和塑性区较大，底板“暴露”宽度较大，在水平构造应力的作用下产生剪切破坏或压曲，从而底板水平位移增大，底鼓量增大（如图 16.2）。

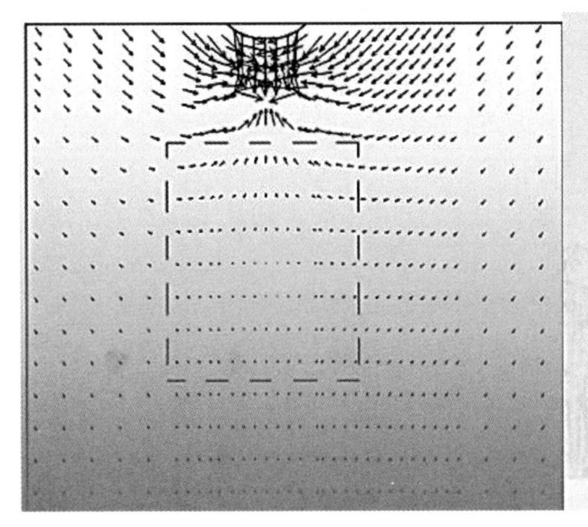
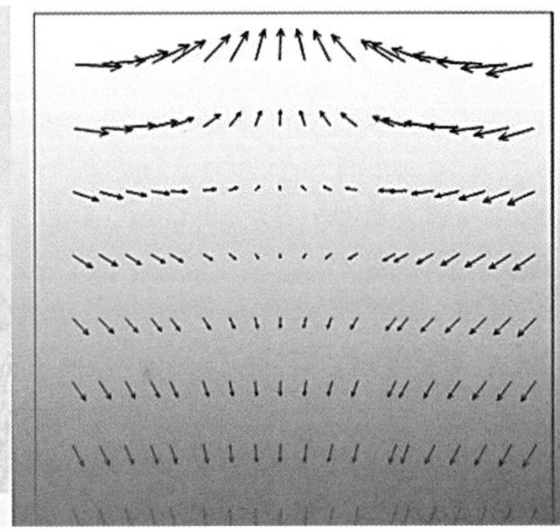

图 16.2　底板岩层运动规律分析

顶板强度越大，底鼓量越小，两帮强度越大，底鼓量越小。因此，在加固帮角控制底鼓的基础上，提出"稳帮支顶强底"底鼓控制技术。稳帮支顶就是在水平构造应力动压巷道掘出后，及时通过锚杆、锚索、注浆等手段，加固两帮、顶板、顶角和底角，达到控制巷道底鼓的目的。

（3）活动性构造地质条件巷道底鼓破坏支护关键技术。

活动性构造地质条件组合承载结构概念的围岩承载结构耦合稳定理论，揭示了活动性构造地质条件巷道与一般巷道应力环境和围岩条件的差异，为活动性构造地质条件巷道的底鼓控制提供了理论指导。活动性构造地质条件稳帮支顶强底概念的巷道底鼓控制理论，提高了两帮和顶板支护强度，能够较大幅度地减少巷道围岩的强度损失，缩小破碎区、塑性区等围岩软化区的范围，从而有效地控制底鼓。

（4）与国内外同类技术比较。

本研究与国内外同类技术综合比较见表 16.1。

表 16.1　与国内外同类技术综合比较

比较内容	国内外已有成果	本研究预期成果
研究范围	研究范围较小，大多没有考虑基本顶的活动规律对底鼓的作用，且活动性构造应力巷道研究较少	专门针对活动性构造应力巷道，研究范围为巷道较大范围围岩，包括基本顶和老底岩层
研究方法	认为巷道外部围岩是稳定的	巷道外部围岩稳定是相对的，且随着活动性构造应力的增加，巷道围岩的破碎区与塑性区不断扩大
围岩移动规律	底鼓来自底板岩层，两帮变形由底鼓引起	底板岩层中存在 0 应变点，应变点以下岩石不参与底鼓，大量底鼓岩石来自两帮和底脚深处；两帮变形加剧底鼓
沿空掘巷底鼓	较少研究	沿空掘巷底鼓主要是由于巷道实体煤帮活动性构造应力的作用，窄煤柱起抑制底鼓的作用
底鼓控制原理	改变底板岩层的应力状态，基本不涉及巷道其他部位岩层	考虑巷道全断面围岩稳定来控制底鼓。提出了活动性构造应力巷道围岩支护承载、外承载结构耦合稳定原理
底鼓控制技术	加固法、卸压法，如混凝土反拱、底板锚杆、底板注浆和底板切槽等	活动性构造应力巷道不宜采用卸压法，提出了固帮强顶底鼓控制技术，针对具体条件，通过加固帮角、两帮、底角、顶板等不同部位或组合加固控制底鼓
底鼓控制效果	一般巷道底鼓控制可取得较好的效果，难以控制活动性构造应力巷道底鼓	可较好地控制活动性构造应力巷道底鼓

主要参考文献

[1] 夏峰.地下硐室围岩松动圈影响因素分析[D]. 哈尔滨：中国地震局工程力学研究所，2009.

[2] 孙有为.地下洞室的几何性质对松动圈的影响[D]. 哈尔滨：中国地震局工程力学研究所，2006.

[3] 茅晓辉，魏乃栋，付厚利. FLAC3D 在模拟巷道围岩变形规律中的应用[J]. 煤炭工程，2009，11：63-65.

[4] 肖明，张雨霆，陈俊涛，等.地下洞室开挖爆破围岩松动圈的数值分析计算[J]. 岩土力学，2010，31(8)：2613-2618.

[5] 史泽坡. 小屯矿回采巷道松动圈测试与应用[J]. 山东煤炭科技，2009，2：109-110.

[6] 丛利，王磊，石建军. 榆家梁煤矿巷道围岩松动圈测试技术及应用[J]. 煤炭工程，2009，2：60-62.

[7] 刘勇，张丹，贺晓亮. 曾家垭巷道围岩松弛圈的判定研究[J]. 路基工程，2007，133：36-38.

[8] 王学滨，潘一山，李英杰. 围压对巷道围岩应力分布及松动圈的影响[J]. 地下空间与工程学报，2006，2(6)：962-966.

[9] 薛新华. 遗传神经网络法在巷道围岩松动圈预测中的应用岩[J]. 土工程技术，2006，20(5)：237-240.

[10] 陈成宗，何发亮. 巷道工程地质与声波探测技术[M]. 成都：西南交通大学出版社，2005.

[11] 刘家艳，陈勇. 龙滩电站地下洞室开挖爆破松动圈测试及成果分析[J]. 云南水力发电，2005,22(2)：76-81.

[12] 李晓红. 巷道新奥法及其量测技术[M].北京：科学出版社，2002.

[13] 康红普. 深部煤巷锚杆支护技术的研究与实践[J]. 煤矿开采，2008,13(1)：1-5.

[14] SINGH V K，SINGH D，SINGH T N. Prediction of strength properties of some schistose rocks from petrographic properties using artificial neural networks[J]. International Journal of Rock Mechanics & Mining Science, 2001,(38)：269-284.

[15] 宋彦波. 有机高水材料注浆堵水机理及其工程应用研究[D]. 北京：中国矿业大学(北京)，2005.

[16] ROBERT A. Application of ground-probing radar to the detection of cavities,gravel pockets and karstic zones[J]. Source:Journal of Applied Geophysics，1994,(31)：197-204.

[17] WHITELEY B. SIGGINS T. Geotechnical and NDT applications of ground penetrating radar in Australia.Source[J]: Proceedings of SPIE-The International Society for Optical Engineering，2000，(4084)：792-797.

[18] SIGGINS A F，WHITELY R J A. Laboratory simulation of high frequency GPR responses of damaged tunnel liners[J]. Proceedings of SPIE-The International Society for Optical Engineering，2000，(4084)：805-811.

[19] PARK S K，UOMOTO T. Radar image processing for detection of shape of voids and location of reinforcing bars in or under reinforced concrete[J]. Insight:Non-Destructive Testing and Condition Monitoring，1997，(39)：488-492.

[20] CARDARELLI E，MARRONE C，ORLANDO L. Evaluation of tunnel stability using integrated geophysical methods[J]. Journal of Applied Geophysics，2003，(52)：93-102.

[21] HOLB P，GEOTEST S A，DUMITRESCU T. Detection of cavities with the aid of electric measurements and ground-probing radar in a water-delivery tunnel [J]. Journal of Applied Geophysics，1994，(31)：185-195.

[22] MURRAY W L，WILLIAMS C，SIGGINS C，Whiteley A F. Submersible radar for civil ngineering applications [J]. Proceedings of SPIE-The International Society for Optical Engineering，2000，(4048)：55-58.

[23] 刘传孝，蒋金泉，杨永杰，等. 国内外探地雷达技术的比较与分析[J]. 煤炭学报，27(2)：123-127.

[24] 刘传孝，蒋金泉，杨永杰，等. 几种探地雷达的对比研究[J]. 煤田地质与勘探，2002，30(4)：49-51.

[25] 刘传孝，王同旭，杨永杰. 高应力区巷道围岩破碎范围的数值模拟及现场测定的方法研究[J]. 岩石力学与工程学报，2004，23(14)：2413-2416.

[26] 刘传孝. 探地雷达空洞探测机理研究及应用实例分析[J]. 岩石力学与工程学报，2000，19(2)：238-241.

[27] 白冰，周健. 探地雷达测试技术发展概况及其应用现状[J]. 岩石力学与工程学报，2001，20(4)：527-531.

[28] 李纯洁，孔德森，王立才. 探地雷达在松动圈确定与巷道支护参数优化中的应用[J]. 山东科技大学学报：自然科学版，2008，27(1)：19-22.

[29] 刘传孝. 巷道围岩松动圈雷达探测研究[J]. 矿山压力与顶板管理，2000，1：27-29.

[30] 王建军. 应用物探方法探测硐室围岩爆破松动圈工程实例[J]. 资源环境与工程，2008，22，82-85.

[31] 董方庭. 巷道围岩松动圈支护理论及应用技术[M]. 北京：煤炭工业出版社，1994.

[32] 许金升. 巷道围岩破裂范围研究[D]. 沈阳：东北大学，2003.

[33] 孙亚飞. 小波分析理论应用于岩石松动圈声波测试的研究[D]. 武汉：武汉理工大学，2008.

[34] BRADY B H G，BROWN E T. Rock mechanics fo underground m ining [M]. London: William Clowes Ltd，1985：86-134.

[35] SUYKENS J A K, VANDEWALLE J. Least square support vector machine classifiers[J]. Neural Processing Letters,1999,9(3),293-300.

[36] J KENNEDY，EBERHART R C. Particle Swarm Optimization[M]. Australia:IEEE international conference on neural networks,Perth,1995.

[37] SHI Y, EBERHART R A. modified particle swarm optimizer[J]. IEEE World Congress on Computational Intelligence,1998：69-72.

[38] 邹红英，肖明. 地下洞室开挖松动圈评估方法研究[J]. 岩石力学与工程学报,2010，29(3)：513-519.

[39] 罗蔚. 基于霍克-布朗破坏准则的围岩松动圈计算[J]. 中国水运,2006，4(11)：97-98.

[40] 刘家艳,陈勇. 龙滩电站地下洞室开挖爆破松动圈测试及成果分析[J]. 云南水力发电，2005,22(2)：76-81.

[41] 陈殿赋，陈义东. 松动圈理论在大断面硐室施工中的成功应用[J]. 煤矿安全,2005，36(5)：25-27.

[42] 石建军，马念杰，闫德忠. 巷道围岩松动圈测试技术及应用[J]. 煤炭工程，2008，3：32-34.

[43] 赵君. 巷道围岩松动圈测试技术与应用[J]. 矿业快报，2004，426：17-18.

[44] 郑学贵，丁浩. 小净距巷道围岩松动圈测试与分析[J]. 公路交通技术，2005，1：95-98.